算法训练营

海量图解 + 竞赛刷题

陈小玉　著

进阶篇

电子工业出版社
Publishing House of Electronics Industry
北京·BEIJING

内 容 简 介

本书以海量图解的形式，详细讲解常用的数据结构与算法，并结合竞赛实例引导读者进行刷题实战。通过对本书的学习，读者可掌握 22 种高级数据结构、7 种动态规划算法、5 种动态规划优化技巧，以及 5 种网络流算法，并熟练应用各种算法解决实际问题。

本书总计 8 章。第 1 章讲解实用数据结构，包括并查集、优先队列；第 2 章讲解区间信息维护与查询，包括倍增、ST、RMQ、LCA、树状数组、线段树和分块；第 3 章讲解字符串处理，包括字典树、AC 自动机和后缀数组；第 4 章讲解树上操作问题，包括点分治、边分治、树链剖分和动态树；第 5 章讲解各种平衡二叉树，包括 Treap、伸展树和 SBT；第 6 章讲解数据结构进阶，包括 KD 树、左偏树、跳跃表、树套树和可持久化数据结构；第 7 章讲解动态规划及其优化，包括背包问题、线性 DP、区间 DP、树形 DP、数位 DP、状态压缩 DP、插头 DP 和动态规划优化方法；第 8 章讲解网络流问题，包括常用网络流算法、二分图最大匹配、最大流最小割定理和最小费用最大流。本书对每个算法都进行详细图解并搭配竞赛实例，重点讲解如何分析问题、优化算法，以期读者在短时间内掌握该算法并进行刷题实战。

本书面向对算法感兴趣的读者，无论是想扎实内功或参加算法竞赛的学生，还是想进入行业领先企业的求职者，抑或是想提升技术的在职人员，都可以参考本书。若读者从未学过数据结构与算法方面的基础知识，则可参考《算法训练营：海量图解+竞赛刷题（入门篇）》。

图书在版编目（CIP）数据

算法训练营：海量图解+竞赛刷题：进阶篇 / 陈小玉著. —北京：电子工业出版社，2021.5

ISBN 978-7-121-40886-1

Ⅰ．①算⋯ Ⅱ．①陈⋯ Ⅲ．①数据结构②算法分析 Ⅳ．①TP311.12

中国版本图书馆 CIP 数据核字（2021）第 055138 号

责任编辑：张国霞

印　　刷：天津千鹤文化传播有限公司

装　　订：天津千鹤文化传播有限公司

出版发行：电子工业出版社

　　　　　北京市海淀区万寿路 173 信箱　　邮编 100036

开　　本：787×980　　1/16　　印张：41　　字数：920 千字

版　　次：2021 年 5 月第 1 版

印　　次：2024 年 7 月第 9 次印刷

印　　数：12801～13600 册　　定价：139.80 元

前言

近年来，算法行业非常火爆，越来越多的人在学习算法。目前，计算机的最重要领域之一是人工智能，而人工智能的核心是算法，算法已渗透到互联网、商业、金融业、航空、军事等各个领域，正在改变着这个世界。

写作背景

在 IT 领域，数据结构与算法的应用无处不在。数据结构与算法是计算机开发人员的基本功，很多面试都要考查数据结构与算法。学习数据结构与算法不仅可以培养我们的算法思维，提高我们分析问题、解决问题的能力，还可以让我们快速学习新技术，以更高的视角看待问题。

数据结构与算法教材一般晦涩难懂。为了让更多的人轻松学习算法、爱上算法，笔者写作了《趣学数据结构》《趣学算法》两本书。笔者发现，读者特别喜欢搭配了大量图解的通俗易懂的讲解方式。很多读者也在呼吁笔者写一本结合算法竞赛实例进行讲解的书。经过近两年的筹备，《算法训练营：海量图解+竞赛刷题（入门篇）》和《算法训练营：海量图解+竞赛刷题（进阶篇）》两本书终于要和大家见面了，非常感谢各位读者的大力支持。

学习建议

算法学习的过程，实际上是通过大量实例，充分体会遇到问题时该如何分析：采用什么数据结构，使用什么算法策略，算法的复杂性如何，是否有优化的可能，等等。这里有以下几个建议。

✧　第 1 个建议：学经典，多理解。

算法书有很多，初学者最好选择图解较多的入门书，当然，也可以选择多本书，从多个角度进行对比和学习。先看书中的图解，理解各种经典问题的求解方法，如果还不明白，则可以看视频讲解，理解之后再看代码，尝试自己动手上机运行。如有必要，则可以将算法的求解过程通过图解方式展示出来，以加深对算法的理解。

✧　第 2 个建议：看题解，多总结。

在掌握书中的经典算法之后，可以在刷题网站进行专项练习，比如贪心算法、分治算法、动态规划、网络流等。算法比数据结构更加灵活，对同一道题目可以采用不同的算法解决，算法复杂性也不同。如果想不到答案，则可以看题解，比较自己的想法与题解的差距。要多总结题目类型及最优解法，然后找相似的题目并自己动手解决问题。

❖ 第 3 个建议：举一反三，灵活运用。

通过专项刷题，见多识广，总结常用的算法模板，熟练应用套路，举一反三、灵活运用，逐步提升刷题速度，力争"bug free"（无缺陷）。

如何进行刷题实战

刷题的过程就是熟练应用数据结构与算法的过程。在刷题过程中，要学会分析问题、解决问题的方法，总结常用的算法模板和套路，快速写出代码，通过锻炼达到"bug free"。可以集中时间进行系统性专项刷题，不可三天打鱼、两天晒网，也不可随机刷题。题不在多，在于精。通过看书掌握一种数据结构与算法之后，便可找该知识相关的简单题目试手，从易到难。刷题时，可以先在编译系统中编译通过，等测试用例通过且检查无误后再提交，因为在比赛中多次提交会被罚时。刷题网站有很多，算法竞赛刷题网站有 Vjudge、POJ、HDU、Code Forces、洛谷等，找工作刷题网站有 LeetCode。提交结果类型如下。

- AC（Accepted）：通过。
- WA（Wrong Answer）：答案错误。
- TLE（Time Limit Exceed）：超时。
- OLE（Output Limit Exceed）：超过输出限制。
- MLE（Memory Limit Exceed）：超出内存。
- RE（Runtime Error）：运行时错误。
- PE（Presentation Error）：格式错误。
- CE（Compile Error）：无法编译。

测试用例通过而提交不通过是很正常的，因为在测试用例中仅有一两组数据，而在后台有大量测试数据。遇到提交不通过的情况时，要首先根据提示判断错误类型，根据错误类型分析原因；然后冷静分析算法逻辑、易错点、特殊情况判断等，看看选择的数据结构和算法是否合适，是否存在死循环。在刷题过程中会发现很多"坑"，一定要记录下来，避免下次"踩坑"。

看题目时要看数据规模、时间限制和空间限制，看看设计的算法是否会超时超限，做到心中有数。如果限制时间为 1s，则问题规模（n）和算法时间复杂度之间的关系如下。

- $n \leqslant 11$：$O(n!)$。
- $n \leqslant 25$：$O(2^n)$。
- $n \leqslant 5000$：$O(n^2)$。
- $n \leqslant 10^6$：$O(n\log n)$。

- $n \leqslant 10^7$：$O(n)$。
- $n > 10^8$：$O(\log n)$。

本书特色

本书具有以下特色。

（1）完美图解，通俗易懂。本书对每个算法的基本操作都有图解演示，通过图解，许多问题都变得简单，可迎刃而解。

（2）实例丰富，简单有趣。本书结合大量竞赛实例，讲解如何利用数据结构与算法解决实际问题，使复杂难懂的问题变得简单有趣，帮助读者轻松掌握算法知识，体会其中的妙处。

（3）深入浅出，透析本质。本书透过问题看本质，重点讲解如何分析和解决问题。本书采用了简洁易懂的代码，对数据结构设计和算法的描述全面细致，而且有算法复杂性分析及优化过程。

（4）实战演练，循序渐进。本书在对每个数据结构与算法讲解清楚后，都进行了实战演练，使读者在实战中体会数据结构与算法的设计和操作，从而提高独立思考、动手实践的能力。书中有丰富的练习题和竞赛题，可帮助读者及时检验知识掌握情况，为从小问题出发，逐步解决大型复杂性工程问题奠定基础。

（5）网络资源，技术支持。本书为读者提供书中所有范例程序的源代码、竞赛题及答案解析，读者对这些源代码可以自由修改编译，以符合自己的需要。本书提供博客、微信群、QQ群技术支持，可随时为读者答疑解惑。

建议和反馈

写书是极其琐碎、繁重的工作，尽管笔者已经尽力使本书的内容和网络支持接近完美，但仍然可能存在很多漏洞和瑕疵。欢迎读者提供关于本书的反馈意见，因为对本书的评论和建议都有利于我们改进和提高，以帮助更多的读者。如果对本书有什么评论和建议，或者有问题需要帮助，可以加入 QQ 群 1029262418，也可以致信 rainchxy@126.com 与笔者交流，笔者将不胜感激。

读者资源请参照本书封底提示。

致谢

感谢笔者的家人和朋友在本书写作过程中提供的大力支持。感谢电子工业出版社工作严谨、高效的张国霞编辑促成本书的早日出版。感谢提供宝贵意见的同事们。感谢提供技术支持的同学们。感恩遇到这么多良师益友！

目录

第**1**章 | 实用数据结构

1.1 并查集

📖 原理 并查集详解

若某个部落过于庞大，则部落成员见面也有可能不认识。已知某个部落的成员关系图，任意给出其中两个人，判断是否有亲戚关系。规定：①若 x、y 是亲戚，y 和 z 是亲戚，则 x 和 z 也是亲戚；②若 x、y 是亲戚，则 x 的亲戚也是 y 的亲戚，y 的亲戚也是 x 的亲戚。

如何才能快速判断两个人是否有亲戚关系呢？以上规定中的第①条是传递关系，第②条相当于两个集合的合并，因此对该问题可以采用并查集轻松解决。并查集是一种树形数据结构，用于处理集合的合并及查询问题。

1. 算法步骤

（1）初始化。将每个节点所在的集合号都初始化为其自身编号。

（2）查找。查找两个元素所在的集合，即找祖宗。查找时，采用递归的方法找其祖宗，找到祖宗（集合号等于自身）时停止；然后回归，回归时将祖宗到当前节点路径上的所有节点都统一为祖宗的集合号。

（3）合并。若两个节点的集合号不同，则将两个节点合并为一个集合，合并时只需将一个节点的祖宗集合号修改为另一个节点的祖宗集合号。擒贼先擒王，只改祖宗即可！

2. 完美图解

假设现在有 7 个人，首先输入亲戚关系图，然后判断两个人是否有亲戚关系。

（1）初始化。

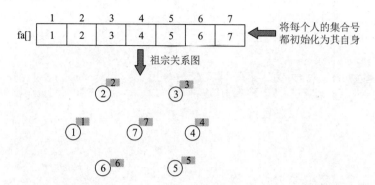

（2）查找。输入亲戚关系 2、7，查找到 2 的集合号为 2，7 的集合号为 7。

（3）合并。两个元素的集合号不同，将两个元素合并为一个集合。**在此约定将小的集合号赋值给大的集合号，因此修改 fa[7]=2。**

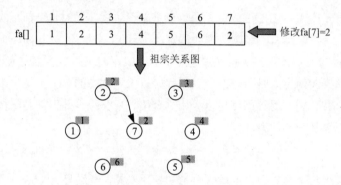

（4）查找。输入亲戚关系 4、5，查找到 4 的集合号为 4，5 的集合号为 5。

（5）合并。两个元素的集合号不同，将两个元素合并为一个集合，修改 fa[5]=4。

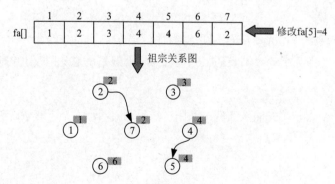

（6）查找。输入亲戚关系 3、7，查找到 3 的集合号为 3，7 的集合号为 2。

（7）合并。两个元素的集合号不同，将两个元素合并为一个集合，修改 fa[3]=2。

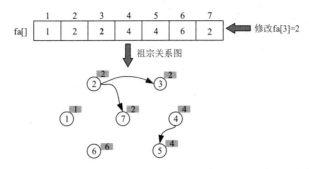

（8）查找。输入亲戚关系 4、7，查找到 4 的集合号为 4，7 的集合号为 2。

（9）合并。两个元素的集合号不同，将两个元素合并为一个集合，修改 fa[4]=2。擒贼先擒王，只改祖宗即可！有两个节点的集合号为 4，只需修改两个节点中的祖宗，无须将集合号为 4 的所有节点都检索一遍，这正是并查集的巧妙之处！

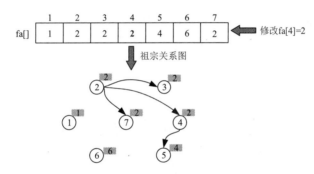

（10）查找。输入亲戚关系 3、4，查找到 3 的集合号为 2，4 的集合号为 2。

（11）合并。两个元素的集合号相同，无须合并。

（12）查找。输入亲戚关系 5、7，查找到 7 的集合号为 2，查找到 5 的集合号不等于 5，所以找 5 的祖宗。首先找到其父节点 4，4 的父节点为 2，2 的集合号等于 2（祖宗），搜索停止。返回时，将祖宗到当前节点路径上所有节点的集合号都统一为祖宗的集合号。更新 5 的集合号为祖宗的集合号 2。

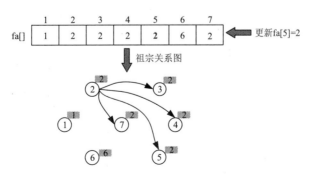

3

（13）合并。两个元素的集合号相同，无须合并。

（14）查找。输入亲戚关系 5、6，查找到 5 的集合号为 2，6 的集合号为 6。

（15）合并。两个元素的集合号不同，将两个元素合并为一个集合，修改 fa[6]=2。

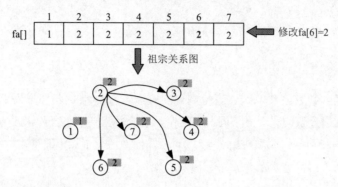

（16）查找。输入亲戚关系 2、3，查找到 2 的集合号为 2，3 的集合号为 2。

（17）合并。两个元素的集合号相同，无须合并。

（18）查找。输入亲戚关系 1、2，查找到 1 的集合号为 1，2 的集合号为 2。两个元素的集合号不同，将两个元素合并为一个集合，修改 fa[2]=1。

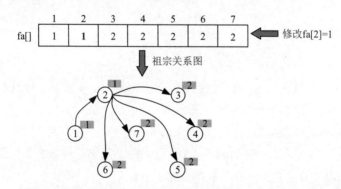

假设到此为止，亲戚关系图已经输入完毕。可以看到 3、4、5、6、7 这些节点的集合号并没有被修改为 1，这样做真的可以吗？现在，若判断 5 和 2 是不是亲戚关系，则过程如下。

（1）查找到 5 的集合号为 2，5 的集合号不等于 5，找其祖宗。首先查找到 5 的父节点 2，2 的父节点 1，1 的集合号为 1（祖宗），搜索停止。将祖宗 1 到 5 这条路径上所有节点的集合号都更新为 1。

（2）查找到 2 的集合号为 1，找其祖宗。2 的祖宗为 1，1 的集合号为 1（祖宗），搜索停止。将祖宗 1 到 2 这条路径上所有节点的集合号都更新为 1。

（3）5 和 2 的集合号都为 1，因此 5 和 2 是亲戚关系。

3．算法实现

（1）初始化。将节点 i 的集合号初始化为其自身编号。

```
void init(){//初始化集合号
    for(int i=1;i<=n;i++)
        fa[i]=i;//把节点i的集合号初始化为其自身编号
}
```

（2）查找。查找两个元素所在的集合，即找祖宗。查找时，采用递归的方法找其祖宗（集合号等于自身）。回归时，将祖宗到当前节点路径上的所有节点都统一为祖宗的集合号。

```
int Find(int x){//查找
    if(x!=fa[x])
        fa[x]=Find(fa[x]);
    return fa[x];
}
```

$fa[x]$ 表示 x 的集合号，若 $x!=fa[x]$，则说明 x 节点不是祖宗。继续向上找，找到祖宗后返回。回归时将祖宗到当前节点路径上的所有节点都统一为祖宗的集合号，如下图所示。

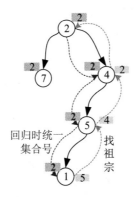

（3）合并。先找到 x 的集合号 a，y 的集合号 b，若 a 和 b 相等，则无须合并。若 a 和 b 不相等，则将 a 的集合号修改为 b，或者将 b 的集合号修改为 a。擒贼先擒王，只改祖宗即可！

```
void Union(int x,int y){//合并
    int a=Find(x);
    int b=Find(y);
    if(a!=b)
        fa[b]=a;
}
```

输入 1 和 8 的亲戚关系，先找到 1 的祖宗 2，8 的祖宗 6，将 6 的集合号修改为 2 即可。

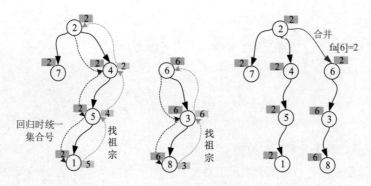

4. 算法分析

若有 n 个节点、e 条边（关系），则每条边 (u,v) 进行集合合并时，都要查找 u 和 v 的祖宗，查找的路径为从当前节点一直到根节点，n 个节点组成的树的平均高度为 $\log n$，因此并查集中，合并集合的时间复杂度为 $O(e\log n)$。

训练 1　畅通工程

题目描述（HDU1232）：现有城镇道路统计表，表中列出了每条直接相连的城镇道路。"畅通工程"的目标是使全省任意两个城镇间都可以通过道路连接（间接通过道路连接也可以）。问最少还需要建设多少条道路？

输入：输入包含多个测试用例，每个测试用例的第 1 行都包含两个正整数，分别是城镇数量 N（$N<1000$）和道路数量 M；随后的 M 行对应 M 条道路，每行都给出一对正整数，分别是该条道路连接的两个城镇的编号。城镇编号为 $1\sim N$。注意：两个城市之间可以有多条道路相通。当 N 为 0 时，输入结束。

输出：对每个测试用例，都单行输出最少还需要建设的道路数量。

输入样例	输出样例
4 2	1
1 3	0
4 3	2
3 3	998
1 2	
1 3	
2 3	
5 2	
1 2	
3 5	
999 0	
0	

题解：可以将一个连通分量看作一个集合，一条道路可以使两个连通分量连通起来，相当于两个集合的合并。因此只要统计道路网络的连通分量数 ans，再添加 ans-1 条道路即可。使用并查集可轻松解决。

1. 算法设计

（1）初始化。初始化每个节点的集合号为其自身。

（2）合并。每输入一条边的两个端点 x、y，都合并 x、y 的集合。

（3）统计并输出结果。统计有多少个集合（集合号等于自身），每个集合都相当于一个连通分量，若有 ans 个集合，则添加 ans-1 条边即可使其连通。最少还需要建设 ans-1 条道路。

2. 完美图解

5 个城镇，两条道路（1-2、3-5），一共 3 个集合，只需修建两条道路即可。

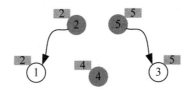

3. 算法实现

```
for(i=1;i<=n;i++)
    fa[i]=i; //初始化集合号为其自身
for(i=0;i<m;i++){//输入 m 条边，每条边的端点都为 x、y，合并集合
    scanf("%d%d",&x,&y);
    Union(x,y);//合并集合
}
for(i=1;i<=n;i++){//统计集合个数
    if(i==fa[i])
        ans++;
}
printf("%d\n",ans-1);//输出答案
```

❖ 训练 2　方块栈

题目描述（POJ1988）：贝西正在玩方块游戏，方块编号为 $1 \sim N$（$1 \leqslant N \leqslant 30,000$），开始时每个方块都相当于一个栈。贝西执行 P 个（$1 \leqslant P \leqslant 100,000$）操作，操作类型有两种：M X Y，将包含 X 的栈整体移动到包含 Y 的栈顶部；C X，查询 X 方块下的方块数量。请统计贝西每个操作的结果。

输入：第 1 行为单个整数 P，表示操作的数量。第 2～P+1 行：每一行都描述一个操作（注意：N 的值不会出现在输入文件中，没有一种移动操作会请求将栈移动到自身）。

输出：对每个 C 操作，都输出统计结果。

输入样例	输出样例
6	1
M 1 6	0
C 1	2
M 2 4	
M 2 6	
C 3	
C 4	

题解：本题包括移动和计数两种操作，方块的整体移动可以使用二维数组实现，但是操作数量很大，若一个一个地移动，则会超时。整体移动相当于集合的合并，因此可以借助并查集实现，在集合查找和合并时，更新树根下方的方块数量即可。使用并查集可以快速、高效地解决该问题。

1. 算法设计

（1）初始化。初始化每个方块的集合号都为其自身。

（2）查询或者合并。

- C X：查询 X 的集合号，并输出 X 方块下的方块数量。$d[i]$ 表示第 i 个方块下的方块数量。查询 X 的祖宗，在返回过程中将经过路径上节点的集合号统一为祖宗的集合号，将当前节点的 d 值加上其父节点的 d 值。

- M $X Y$：合并 X、Y 集合号。cnt$[i]$ 表示第 i 个栈的方块数量。首先找到 X、Y 所在的集合祖宗 a、b，然后将 a 的集合号修改为 b，fa$[a]$=b，更新 $d[a]$=cnt$[b]$，cnt$[b]$+=cnt$[a]$。

2. 完美图解

（1）初始化。根据输入样例，初始时每个方块的集合号都为其自身，fa$[i]$=i；在每个方块下都有 0 个方块，$d[i]$=0；每个栈只有 1 个方块，cnt$[i]$=1。

（2）合并。M 1 6：将包含 1 的栈整体移动到包含 6 的栈。首先找到 1 和 6 的祖宗 1、6，然后将 1 的集合号修改为 6，fa$[1]$=6，更新 $d[1]$=cnt$[6]$=1，cnt$[6]$+=cnt$[1]$=2。

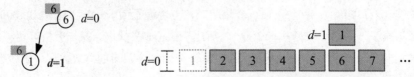

（3）查询。C 1：查询 1 下面有多少个方块。首先查询 1 的集合号，找祖宗，在查询过程中

将当前节点的 d 值加上其父节点的 d 值，$d[1]+=d[6]=1$。

（4）合并。M 2 4：将包含 2 的栈整体移动到包含 4 的栈。首先找到 2 和 4 的祖宗 2、4，然后将 2 的集合号修改为 4，fa[2]=4，更新 $d[2]=$cnt[4]=1，cnt[4]+=cnt[2]=2。

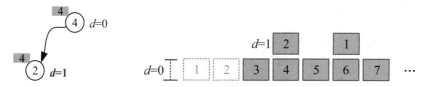

（5）合并。M 2 6：将包含 2 的栈整体移动到包含 6 的栈。首先找到 2 和 6 的祖宗 4、6，然后将 4 的集合号修改为 6，fa[4]=6，更新 $d[4]=$cnt[6]=2，cnt[6]+=cnt[4]=4（注意：只修改祖宗集合号，2 号方块的集合号及 d 值并没有修改，下次查询 2 的集合号时才会更新。这正是并查集的妙处）。

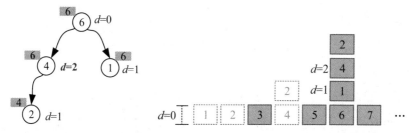

（6）查询。C 3：查询 3 下面有多少个方块。首先查询到 3 的集合号为 3，$d[3]=0$。

（7）查询。C 4：查询 4 下面有多少个方块。首先查询 4 的集合号，在查询过程中将当前节点的集合号修改为其父节点的集合号，将当前节点的 d 值加上其父节点的 d 值，$d[4]+=d[6]=2$。

（8）若继续查询 C 2，则查询 2 下面有多少个方块。先查询 2 的祖宗，在返回过程中将当前节点的 d 值加上其父节点的 d 值，$d[2]+=d[4]=3$。

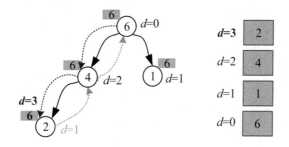

3. 算法实现

（1）初始化。

```
void Init(){
```

```
for(int i=1;i<N;i++){
    fa[i]=i;//每个方块的集合号都为其自身
    d[i]=0;//第i个节点下方的方块数量为0
    cnt[i]=1;//第i个栈的方块数量为1
}
}
```

（2）查询。查询 x 的集合号，集合号等于自身时停止。在返回过程中，将经过路径上节点的集合号都统一为祖宗的集合号，将当前节点的 d 值加上其父节点的 d 值。

```
int Find(int x){
    int fx=fa[x];
    if(x!=fa[x]){
        fa[x]=Find(fa[x]);
        d[x]+=d[fx];
    }
    return fa[x];
}
```

（3）合并。首先找到 x、y 所在的集合祖宗 a、b，然后将 a 的集合号修改为 b，更新 $d[a]$=cnt[b]，cnt[b]+=cnt[a]。

```
void Union(int x,int y){
    int a,b;
    a=Find(x);
    b=Find(y);
    fa[a]=b;
    d[a]=cnt[b];
    cnt[b]+=cnt[a];
}
```

❖ 训练3 食物链

题目描述（POJ1182）：在动物王国中有三类动物 A、B、C，这三类动物的食物链构成了有趣的环形：A 吃 B，B 吃 C，C 吃 A。现有 N 个动物，编号为 1～N。每个动物都是 A、B、C 中的一种。食物链关系有两种描述：1 X Y，表示 X、Y 是同类；2 X Y，表示 X 吃 Y。对 N 个动物，用上述两种描述方式说出 K 句话，这 K 句话有的是真的，有的是假的。一句话满足以下三个条件之一时，就是假话，否则是真话：①当前的话与前面的某些真话冲突；②在当前的话中 X 或 Y 比 N 大；③当前的话表示 X 吃 X。请确定假话的数量。

输入：第 1 行包含两个整数 N（1≤N≤50,000）和 K（0≤K≤100,000）。在以下 K 行中，每行都包含三个正整数 C、X、Y，其中 C 表示食物链关系描述的种类，C=1 或 2。

输出：单行输出假话的数量。

输入样例

```
100 7
1 101 1
2 1 2
2 2 3
2 3 3
1 1 3
2 3 1
1 5 5
```

输出样例

```
3
```

题解: 可以使用并查集来查询和合并食物链中动物间的关系。fa[i]表示第 i 个动物的集合号; $d[i]$ 表示第 i 个动物在食物链中的深度; 在 $c\,x\,y$ 中, c 表示食物链关系的种类, $c=1$ 表示 x、y 是同类, $c=2$ 表示 x 吃 y。并查集的基本操作是相同的, 因为本题用深度来表达动物在食物链中的关系, 所以需要考虑 3 个问题: 查找时如何更新深度? 合并时如何更新深度? 深度满足什么关系是真话? 下面分别进行解答。

（1）查找时如何更新深度。首先找祖宗, 集合号等于自身时回归, 在回归过程中需要更新集合号为祖宗的集合号, 更新当前节点的深度累加其父节点的深度。但是本题只有三种类型的动物, 这三类动物的食物链构成了有趣的环形。A 吃 B, B 吃 C, C 吃 A。也就是说, 深度只可以是 0、1、2, 因此若深度等于 3, 则将深度转换为 0（模 3 运算）。当前节点的深度累加其父节点的深度模 3 运算, 即 $d[x]=(d[x]+d[\text{fx}])\%3$。当输入 1 吃 2、2 吃 3、3 吃 4 时, 并查集如下图中左图所示。当查询 1 的集合号时, 首先找到祖宗 4, 回归时更新 3 号节点的深度为 1, 集合号为 4; 更新 2 号节点的深度为 2, 集合号为 4; 更新 1 号节点的深度为 0, 集合号为 4, 如下图中右图所示。

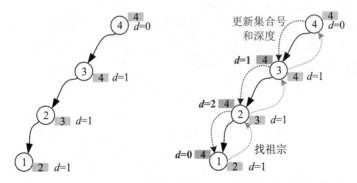

（2）合并时如何更新深度。假设 x 的集合号为 a, y 的集合号为 b, 若 $a\neq b$, 则合并集合号 fa[a]=b, 更新 a 的深度 $d[a]=(d[y]-d[x]+3+c-1)\%3$。因为该食物链为环形, 所以需要取模运算, 为避免减法出现负值, 进行减法运算后加上 3 然后取模运算即可。输入 6 吃 2, 两个节点属于不同的集合 7、4, 执行合并, fa[7]=4。更新 7 的深度为 $d[7]=(d[2]-d[6]+3+2-1)\%3=2$。合并更新后如下图所示。

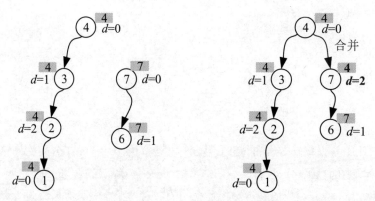

当下次查询 6 的集合号时，找到祖宗 4，回归时更新 6 的深度为 $d[6]=(d[6]+d[7])\%3=0$，查询更新后如下图所示。同 1、2 号节点的关系表达一致，深度 $d=0$ 的节点吃 $d=2$ 的节点。

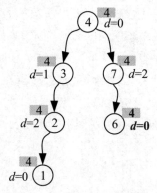

（3）深度满足什么关系是真话。同一集合中的两个节点 x、y 若是同类，则深度差为 0；若是 x 吃 y，则深度差 $d[x]-d[y]=1$ 或者 $d[x]-d[y]=-2$。如上图所示，1 吃 2，高度差为-2；2 吃 3，高度差为 1；3 吃 1，高度差为 1。当高度差为-2 时，令其加 3，转换为 1。当高差为 1 时，加 3 变成了 4，为了统一，将结果模 3 即可，若 x 吃 y，则$(d[x]-d[y]+3)\%3=1$。在 $c\ x\ y$ 指令中，$c=1$ 表示 x、y 是同类，$c=2$ 表示 x 吃 y。令 $c-1$，同类时 $c-1=0$，x 吃 y 时 $c-1=1$，因此无论是同类还是吃的关系，公式统一为$(d[x]-d[y]+3)\%3=c-1$。若不满足此关系，则为假话。

1. 算法设计

（1）若 x 或 y 大于 n，或者 x 吃 y（$x=y$），则为假话。

（2）执行 $c\ x\ y$ 指令时，首先查询 x、y 的集合号。查询集合号回归时，更新路径上每个节点的深度，$d[x]=(d[x]+d[fx])\%3$。若 x 的集合号为 a，y 的集合号为 b，则分以下两种情况。

- $a \neq b$：合并集合号 fa[a]=b，更新 a 的深度 $d[a]=(d[y]-d[x]+3+c-1)\%3$。
- $a = b$：若($d[x]-d[y]+3)\%3$!=$c-1$，则为假话。

2．完美图解

（1）合并。2 1 2：1 吃 2。首先找到 1 和 2 所在的集合号 1、2，两个集合号不等，将 1 的集合号修改为 2，更新 $d[1]=(d[2]-d[1]+3+2-1)\%3=1$。

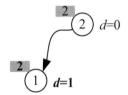

（2）合并。2 2 3：2 吃 3。首先找到 2 和 3 所在的集合号 2、3，两个集合号不等，将 2 的集合号修改为 3，更新 $d[2]=(d[3]-d[2]+2-1+3)\%3=1$。

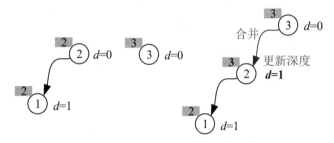

（3）查询。1 1 3：查询 1 和 3 是同类。首先查询 1 的集合号，在查询过程中，1 的父节点为 2，2 的父节点为 3，3 的父节点为 3，更新 1 的集合号等于父节点的集合号 3，将当前节点的 d 值加上其父节点的 d 值，$d[1]+=d[2]=2$。回归时集合号统一为 3，1 的集合号和 3 的集合号相等，但它们是不是同类呢？若满足($d[x]-d[y]+3)\%3=0$，则是同类，否则不是同类。也就是说，当集合号相等时，若 x、y 为同类，则它们的 d 值之差加 3 模 3 后为 0。此时($d[1]-d[3]+3)\%3=2$，因此为假话。

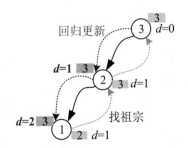

（4）合并。2 3 1：3 吃 1。首先找到 3 和 1 所在的集合祖宗 3、3，两个集合号相等，若满

足$(d[x]-d[y]+3)\%3=1$，就是真话，也就是说，当集合号相等时，若 x 吃 y，则它们的 d 值之差加 3 模 3 后为 1。此时$(d[3]-d[1]+3)\%3=1$，是真话。

（5）查询。1 5 5：查询 5 和 5 是否是同类。首先查询到 5 和 5 的集合号均为 5，集合号相等，若满足$(d[x]-d[y]+3)\%3=0$，则是同类，否则不是同类。此时$(d[5]-d[5]+3)\%3=0$，是真话。

（6）合并。2 5 2：5 吃 2。首先找到 5 和 2 所在的集合祖宗 5、3，两个集合号不等，将 5 的集合号修改为 3，更新 $d[5]=(d[2]-d[5]+2-1+3)\%3=2$。

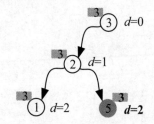

（7）合并。2 6 1：6 吃 1。首先找到 6 和 1 所在的集合祖宗 6、3，两个集合号不等，将 6 的集合号修改为 3，更新 $d[6]=(d[1]-d[6]+2-1+3)\%3=0$。

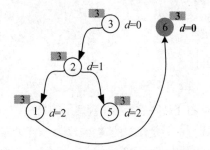

（8）合并。2 3 7：3 吃 7。首先找到 3 和 7 所在的集合祖宗 3、7，两个集合号不等，将 3 的集合号修改为 7，更新 $d[3]=(d[7]-d[3]+2-1+3)\%3=1$，如下图中左图所示。下次查询 6 时，会更新从 6 到祖宗 7 的所有节点（6—3—7）的集合号和 d 值，如下图中右图所示。

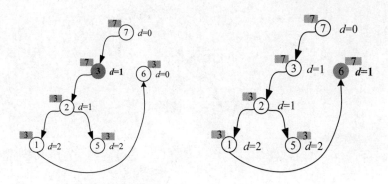

3．算法实现

（1）初始化。

```
void Init(){//初始化集合号及深度
    for(int i=1;i<=n;i++){
        fa[i]=i;
        d[i]=0;
    }
}
```

（2）查找集合号。查询 x、y 的集合号，在返回过程中，除了统一集合号，还需要更新 d 值（将当前节点的 d 值累加其父节点的 d 值模 3）。

```
int Find(int x){//查找
    int fx=fa[x];
    if(x!=fa[x]){
        fa[x]=Find(fa[x]);
        d[x]=(d[x]+d[fx])%3;//更新 x 的深度
    }
    return fa[x];
}
```

（3）判断假话数量。对输入的每条指令，若 x 或 y 大于 n，或 x 吃 y（$x=y$），则为假话，计数器加 1；否则查询集合号，若 x 的集合号为 a，y 的集合号为 b，则 $a \ne b$ 时合并集合号 fa[a]=b，更新 a 的深度 $d[a]=(d[y]-d[x]+3+c-1)\%3$；在 $a=b$ 时进行判断，若 $(d[x]-d[y]+3)\%3!=c-1$，则为假话。

```
while(k--){
    scanf("%d%d%d",&c,&x,&y);//读入指令
    if(x>n||y>n||(c==2&&x==y))//若 x 或 y 大于 n，或 x 吃 y（x=y），则为假话，计数器加 1
        total++;
    else{
        a=Find(x),b=Find(y);//查询集合号
        if(a==b){//同一集合
            if((d[x]-d[y]+3)%3!=c-1)//判断为假话，计数器加 1
                total++;
        }
        else{
            fa[a]=b;//合并集合
            d[a]=(d[y]-d[x]+3+c-1)%3;//更新 a 的深度
        }
    }
}
```

❖ 训练 4　帮派

题目描述（POJ1703）：警察局决定从两个帮派青龙帮和白蛇帮开始治理混乱，首先需要确定犯罪分子属于哪个团伙。比如，有两名罪犯，他们是否属于同一帮派？警察必须根据不完整的信息做出判断，因为歹徒总是暗中行动的。假设有 N（$N \leqslant 10^5$）个罪犯，编号为 $1 \sim N$，其中至少有一人属于青龙帮，至少有一人属于白蛇帮，请依次给出 M（$M \leqslant 10^5$）个消息，消息类型有两种：D a b，表示 a 和 b 属于不同的帮派；A a b，表示查询 a 和 b 是否属于同一帮派。

输入：第 1 行包含单个整数 T（$1 \leqslant T \leqslant 20$），即测试用例的数量。每个测试用例都以两个整数 N 和 M 开始；接着是 M 行，每行都包含如上所述的一个消息。

输出：对每一个查询操作，都根据之前获得的信息进行判断，答案可能是 In the same gangs、In the different gangs 和 Not sure yet，分别表示在同一帮派中、在不同的帮派中和还不确定。

输入样例	输出样例
1	Not sure yet.
5 5	In different gangs.
A 1 2	In the same gang.
D 1 2	
A 1 2	
D 2 4	
A 1 4	

题解：可以用一个集合表示一个帮派，根据集合号判定是否属于同一帮派。在并查集的基本操作中，Union(x, y) 表示将 x、y 合并为同一个集合。与并查集的集合合并不同，本题要求将两者划分为不同的集合，该怎么办呢？

（1）划分为不同集合的方法：可以给每个节点 x 都复制一个影子 $x+n$，将 x、y 划分为不同的集合，只需将 x 和 y 的影子（$y+n$）合并为一集合，并将 x 的影子（$x+n$）和 y 合并为同一集合。执行 Union(x, $y+n$)、Union($x+n$, y)，表示 x、y 属于不同的集合。

（2）判定是否属于同一集合：因为将 x、y 划分为不同的集合时，与彼此的影子进行了合并，即 x 和 y 的影子（$y+n$）集合号相等或者 x 的影子（$x+n$）和 y 集合号相等时，说明 x、y 属于不同的集合；而 x 和 y 集合号相等或者 x 的影子（$x+n$）和 y 的影子（$y+n$）集合号相等时，说明 x、y 属于同一集合；对于其他情况，不确定其是否属于同一集合。

（3）合并优化：若将高树合并到矮树之下，则合并后的树高增 1；若将矮树合并到高树之下，则合并后的树高不变。树高越大，查找祖宗时经过的节点越多，效率越低。因此采用启发式合并，将矮树合并到高树之下，若树的高度一样，则合并后树根的高度增 1。

1. 算法设计

（1）初始化。将 n 扩大为 $2n$ 个节点，初始化每个节点的集合号都为其自身，高度为 0。

（2）划分为不同的集合。执行 Union(x, $y+n$)、Union($x+n$, y)，表示 x、y 属于不同的集合。

（3）判定是否属于同一集合。若(Find($y+n$)==Find(x)||Find($x+n$)==Find(y))，则属于不同的集合；若(Find(x)==Find(y)||Find($x+n$)==Find($y+n$))，则属于同一集合；否则不确定是否属于同一集合。

2．完美图解

根据输入样例，求解过程如下。

（1）初始化。根据样例，一共有 5 个节点，将其扩大为 10 个节点。初始化每个节点的集合号都为其自身，高度 h 为 0。

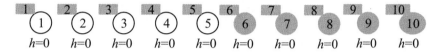

（2）A 1 2：查询 1 和 2 是否属于同一帮派。Find(1)=1，Find(6)=6，Find(2)=2，Find(7)=7，前两个判定条件均不满足，不确定 1 和 2 是否属于同一帮派。

（3）D 1 2：将 1 和 2 划分为不同的集合。将 1 和 2+5 合并，将 1+5 和 2 合并。

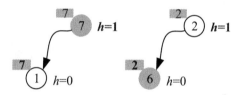

（4）A 1 2：查询 1 和 2 是否属于同一帮派。因为(Find(2+5)==Find(1)||Find(1+5)==Find(2))，所以 1 和 2 不属于同一帮派。

（5）D 2 4：将 2 和 4 划分为不同的集合。可以将 2 和 4+5 合并，将 2+5 和 4 合并。将高度小的树合并到高度大的树下面，因此将 9 合并到 2 下面，将 4 合并到 7 下面。

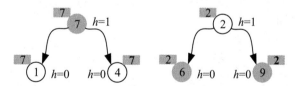

（6）A 1 4：表示查询 1 和 4 是否属于同一帮派。因为(Find(1)==Find(4)||Find(1+5)==Find(4+5))，所以 1 和 4 属于同一帮派。

3．算法实现

（1）初始化。初始化每个节点的集合号为其自身，高度为 0。

```
void Init(){
```

```
    for(int i=1;i<=2*n;i++){
        fa[i]=i;
        h[i]=0;
    }
}
```

（2）查找集合号。与在并查集中查找集合号的方法一样。

```
int Find(int x){
    if(x!=fa[x])
        fa[x]=Find(fa[x]);
    return fa[x];
}
```

（3）划分为不同的集合。将 x、y 划分为不同的集合，分为两个步骤：①Union(x, $y+n$)，②Union ($x+n$, y)。Union()操作与并查集的合并方法一致，这里只是做了合并优化，把矮树合并到高树之下，若树的高度一样，则合并后树根的高度增 1。

```
void Union(int x,int y){
    int a=Find(x);
    int b=Find(y);
    if(a==b) return;
    if(h[a]>h[b]) //启发式合并，就是把矮树合并到高树之下
        fa[b]=a;
    else{
        fa[a]=b;
        if(h[a]==h[b])//若树的高度一样，合并后树根的高度h+1
            h[b]++;
    }
}
```

（4）判定结果。若划分不同的集合，则执行 Union(x, $y+n$)、Union($x+n$, y)。若判定结果，则根据 3 个判定条件输出答案即可。

```
while(m--){
    char ch[2];
    int x,y;
    scanf("%s%d%d",ch,&x,&y);
    if(ch[0]=='D'){
        Union(x,y+n);
        Union(x+n,y);
    }
    else{
        if(Find(y+n)==Find(x)||Find(x+n)==Find(y))
            printf("In different gangs.\n");
```

```
    else if(Find(x)==Find(y)||Find(x+n)==Find(y+n))
        printf("In the same gang.\n");
    else
        printf("Not sure yet.\n");
    }
}
```

1.2　优先队列

📖 原理 1　优先队列的实现原理

在算法设计中经常需要从序列中查找最值（最小值或最大值），例如最短路径、哈夫曼编码等都需要查找最小值。若顺序查找最值需要 $O(n)$ 时间，而使用优先队列（priority queue）查找最值只需 $O(1)$ 时间，则入队和出队需要 $O(\log n)$ 时间。

在树形结构中有两种比较特殊的二叉树：满二叉树和完全二叉树。

满二叉树：指一棵深度为 k 且有 2^k-1 个节点的二叉树。满二叉树的每一层都"充满"节点，达到最大节点数。

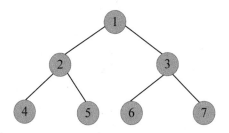

完全二叉树：除了最后一层，每一层都是满的（达到最大节点数），最后一层节点是从左向右出现的。深度为 k 的完全二叉树，其每个节点都与深度为 k 的满二叉树中的节点一一对应。完全二叉树和上图中的满二叉树节点一一对应。完全二叉树除了最后一层，前面每一层都是满的，最后一层必须从左向右排列。也就是说，若 2 没有左子节点，则 2 不可以有右子节点，若 2 没有右子节点，则 3 不可以有左子节点。

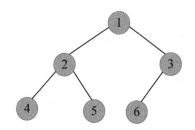

性质：若对完全二叉树从上至下、从左至右编号，则编号为 i 的节点其左子节点编号必为 $2i$，其右子节点编号必为 $2i+1$；其双亲编号必为 $i/2$。

例如，有一棵完全二叉树，2 号节点的双亲节点为 1，左子节点为 4，右子节点为 5；3 号节点的双亲节点为 1，左子节点为 6，右子节点为 7。

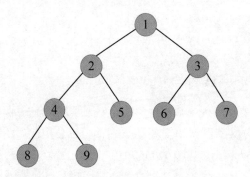

若每一个节点的值都大于或等于左右子节点的值，则称之为最大堆（大顶堆或大根堆）；若每一个节点的值都小于或等于左右子节点的值，则称其为最小堆（小顶堆或小根堆）。可以将堆看作一棵完全二叉树的顺序存储结构，一个数据元素序列及其对应的完全二叉树如下图所示，该完全二叉树满足最大堆的定义。

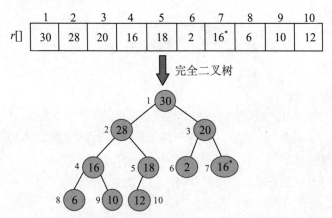

普通队列是先进先出的，优先队列与普通队列不同，每次出队时都按照优先级顺序出队。优先队列是通过堆实现的，优先队列中的元素存储满足堆的定义。上图中每一个节点的值都大于或等于左右子节点的值，满足最大堆的定义，是最大值优先的最大堆。

优先队列有出队和入队两种基本操作。

1. 出队

出队时，堆顶（队头）出队，最后一个元素代替堆顶的位置，重新调整为堆。

完美图解：

一个最大堆如下图所示。出队时，堆顶 30 出队，最后一个元素 12 代替堆顶。

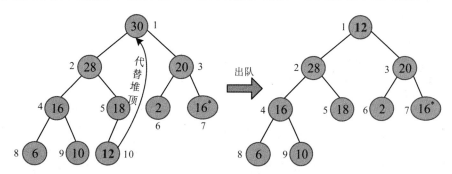

出队后，除了堆顶，其他节点都满足最大堆的定义，只需堆顶执行下沉操作，即可调整为堆。下沉指堆顶与左右子节点比较，若比子节点大，则已调整为堆；若比子节点小，则与较大的子节点交换，交换到新的位置后继续向下比较，从根节点一直比较到叶子。

堆顶下沉的过程如下。

（1）堆顶 12 和两个子节点 28、20 比较，比子节点小，与较大的子节点 28 交换。

（2）12 再和两个子节点 16、18 比较，比子节点小，与较大的子节点 18 交换。

（3）比较到叶子时停止，已调整为堆。

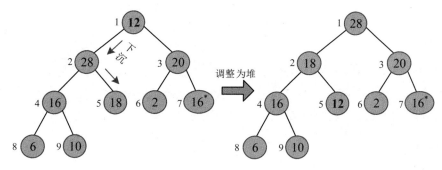

调整堆的过程就是堆顶从根下沉到叶子的过程。

算法代码：

```
void Sink(int k) {//下沉操作
    while(2*k<=n){//若有左子节点，k 的左子节点为 2k，右子节点为 2k+1
        int j=2*k;//j 指向左子节点
        if(j<n&&r[j]<r[j+1])//若有右子节点，且左子节点比右子节点小
            j++;   //j 指向右子节点
        if(r[k]>=r[j])//比较大的子节点大
            break;   //已满足堆
        else
```

```
        swap(r[k],r[j]);//与较大的子节点交换
    k=j;//k 指向交换后的新位置，继续向下比较，一直下沉到叶子
    }
}

void pop(){//出队
    cout<<r[1]<<endl;//输出堆顶
    r[1]=r[n--];//最后一个元素代替堆顶，n 减 1
    Sink(1);//堆顶下沉操作
}
```

2. 入队

入队时，将新元素放入最后一个元素之后，重新调整为堆。

完美图解：

例如 29 入队，首先将 29 放入最后一个元素 12 的后面。

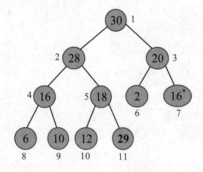

入队后除了新入队的元素，其他节点都满足最大堆的定义，只需新元素执行上浮操作，即可调整为堆。上浮指新元素与其父节点比较，若小于或等于父节点，则已调整为堆；若比父节点大，则与父节点交换，交换到新的位置后，继续向上比较，从叶子一直比较到根。

新元素上浮的过程如下。

（1）新元素 29 和其父节点 18 比较，比父节点大，与父节点交换。

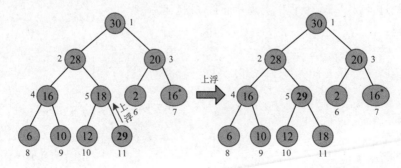

（2）29 再和其父节点 28 比较，比父节点大，与父节点交换。

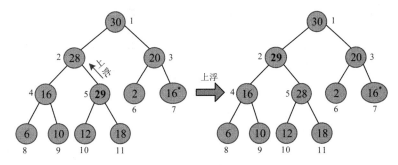

（3）29 再和其父节点 30 比较，比父节点小，已调整为堆。

算法代码：

```
void Swim(int k){//上浮操作
    while(k>1&&r[k]>r[k/2]){//若大于父节点
        swap(r[k],r[k/2]);//与父节点交换
        k=k/2;//k 指向交换后的新位置，继续向上比较，一直上浮到根
    }
}

void push(int x){//入队
    r[++n]=x;//n 加 1 后，将新元素放入尾部
    Swim(n);//最后一个元素上浮操作
}
```

3．算法分析

优先队列是利用堆实现的一种特殊队列，堆是按照完全二叉树顺序存储的，有 n 个节点的完全二叉树的高度为 $[\log_2 n]+1$。出队时，堆顶元素出队，最后一个元素代替堆顶，新的堆顶从根下沉到叶子，最多达到树的高度，时间复杂度为 $O(\log n)$；入队时，新元素从叶子上浮到根，最多达到树的高度，时间复杂度也为 $O(\log n)$。

📖 原理 2　优先队列详解

普通的队列是一种先进先出的数据结构，从队尾入队，从队头出队。在优先队列中，元素被赋予优先级，优先级高的元素先出队。上节介绍了优先队列的实现原理，在实际的算法实现中，可以直接调用 C++中的 STL 函数 priority_queue，在 Java 中也提供了优先队列接口 PriorityQueue。

优先队列 priority_queue 的成员函数如下。

- empty()：若优先队列为空，则返回真。

- pop()：出队。
- push()：入队。
- top()：取堆顶（队头），返回优先队列中优先级最高的元素。
- size()：返回优先队列中元素的个数。

优先队列的用法：

```
priority_queue<int,vector<int>,cmp>que;
```

其中，第 1 个参数为数据类型，第 2 个参数为容器类型，第 3 个参数为比较函数。后两个参数根据需要也可以省略。

```
priority_queue<int>que; //参数为数据类型，默认优先级（最大值优先）
```

如何控制优先队列的优先级？若不是最大值优先，则可以采用下面 4 种方法。

（1）使用 C++自带的库函数<functional>。首先，在头文件中引用 include 库函数：

```
#include<functional>
```

functional 提供了以下基于模板的比较函数对象。

- equal_to<Type>：等于。
- not_equal_to<Type>：不等于。
- greater<Type>：大于。
- greater_equal<Type>：大于或等于。
- less<Type>：小于。
- less_equal<Type>：小于或等于。

其次，创建优先队列：

```
priority_queue<int,vector<int>,less<int> >que1; //最大值优先
priority_queue<int,vector<int>,greater<int> >que2;//最小值优先
```

注意：">>"会被认为错误，它是右移运算符，这里用空格号隔开，表示的含义不同。

（2）自定义优先级①，队列元素为数值型：

```
struct cmp1{
    bool operator ()(int &a,int &b){
        return a<b;//最大值优先
    }
};
struct cmp2{
    bool operator ()(int &a,int &b){
        return a>b;//最小值优先
```

```
   }
};
```

创建优先队列：

```
priority_queue<int,vector<int>,cmp1>que3;//最大值优先
priority_queue<int,vector<int>,cmp2>que4;//最小值优先
```

（3）自定义优先级②，队列元素为结构体类型：

```
struct node1{
   int x,y;   //结构体中的成员
   bool operator < (const node1 &a) const {
      return x<a.x;//最大值优先
   }
};
struct node2{
   int x,y;
   bool operator < (const node2 &a) const {
      return x>a.x;//最小值优先
   }
};
```

创建优先队列：

```
priority_queue<node1>que5; //使用时要把数据定义为 node1 类型
priority_queue<node2>que6; //使用时要把数据定义为 node2 类型
```

（4）自定义优先级③，队列元素为结构体类型：

```
struct node3{
   int x,y;   //结构体中的成员
};
bool operator <(const node3 &a, const node3 &b){ //在结构体外面定义
   return a.x<b.x; //按成员 x 最大值优先
}
struct node4{
   int x,y;   //结构体中的成员
};
bool operator <(const node4 &a, const node4 &b){
   return a.y>b.y; //按成员 y 最小值优先
}
```

创建优先队列：

```
priority_queue<node3>que7; //使用时要把数据定义为 node3 类型
priority_queue<node4>que8; //使用时要把数据定义为 node4 类型
```

∵ 训练 1　第 k 大的数

题目描述（HDU4006）：小明和小宝正在玩数字游戏。游戏有 n 轮，小明在每轮中都可以写一个数，或者问小宝第 k 大的数是什么（第 k 大的数指有 $k-1$ 个数比它大）。游戏格式为：I c，表示小明写下一个数 c；Q，表示小明问第 k 大的数。请对小明的每个询问都给出第 k 大的数。

输入：输入包含多个测试用例。每个测试用例的第 1 行都包含两个正整数 n、k（$1 \leqslant k \leqslant n \leqslant 1000000$），表示 n 轮游戏和第 k 大的数。然后是 n 行，格式为 I c 或 Q。

输出：对每个询问 Q，都单行输出第 k 大的数。

输入样例	输出样例
8 3	1
I 1	2
I 2	3
I 3	
Q	
I 5	
Q	
I 4	
Q	

提示：当写下的数字个数小于 k 个时，小明不会问小宝第 k 大的数。

题解：本题数据范围很大，直接暴力肯定超时，因此可以借助优先队列实现。

1. 算法设计

（1）使用优先队列（最小值优先）存储最大的 k 个数。

（2）插入。若队中元素个数小于 k，则直接入队；若当前输入元素大于队头，则队头出队，当前元素入队。

（3）查询。队头（堆顶）就是第 k 大的数，输出即可。

2. 完美图解

根据输入样例，操作过程如下。

（1）插入。I 1：元素个数小于 3，直接入队。I 2：元素个数小于 3，直接入队。I 3：元素个数小于 3，直接入队。

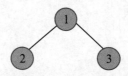

（2）查询。查询第 3 大的数，队头 1 为第 3 大的数。数字 3 是第 1 大。

（3）插入。I 5：元素个数不小于 3，5 比队头大，则队头出队，5 入队。

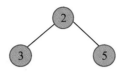

（4）查询。查询第 3 大的数，队头 2 为第 3 大的数。

（5）插入。I 4：元素个数不小于 3，4 比队头大，则队头出队，4 入队。

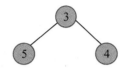

（6）查询。查询第 3 大的数，队头 3 为第 3 大的数。

3. 算法实现

```
priority_queue<int,vector<int>,greater<int> >q;//小顶堆，最小值优先
while(~scanf("%d%d",&n,&k)){
    while(q.size())//初始化队列为空
        q.pop(); //出队
    for(i=1;i<=n;i++){
        cin>>c;
        if(c=='I'){
            scanf("%d",&num);
            if(q.size()<k) //堆中的元素个数小于 k
                q.push(num);//入队
            else if(q.top()<num) //当堆顶小于输入的元素时
                q.pop(),q.push(num);//堆顶出队，元素入队
        }                          //堆中永远存储最大的 k 个元素
        else
            printf("%d\n",q.top()); //堆顶为第 k 大的元素
    }
}
```

⋰ 训练 2　围栏修复

题目描述（POJ3253）：约翰想修牧场周围的篱笆，需要 N 块（$1 \leqslant N \leqslant 20000$）木板，第 i 块木板的长度为 L_i（$1 \leqslant L_i \leqslant 50000$，整数）米。他购买了一块足够长的木板（长度为 L_i 的总和，$i=1,2,\cdots,N$），以便得到 N 块木板，切割时木屑损失的长度不计。唐向约翰收取切割费用，切割一块木板的费用与其长度相同，切割 21 米的木板需要 21 美分。唐让约翰决定切割木板的顺序和位置。约翰知道以不同的顺序切割木板，将会产生不同的费用。请帮助约翰确定他得到 N 块木板的最低花费。

输入：第 1 行包含整数 N，表示木板的数量。第 2..N+1 行，每行都包含一个所需木板的长度 L_i。

输出：一个整数，即进行 N–1 次切割的最低花费。

输入样例	输出样例
3	34
8	
5	
8	

题解：本题类似哈夫曼树的构建方法，每次都选择两个最小的合并，直到合并为一棵树。每次合并的结果就是切割的费用。

1．算法设计

使用优先队列（最小值优先），每次都弹出两个最小值 t_1、t_2，$t=t_1+t_2$，sum+=t，将 t 入队，继续，直到队空。sum 为所需花费。

2．算法实现

定义一个优先队列（最小值优先），输入元素入队。若队中只有一个元素，则直接累加输出即可。若队中多于一个元素，则每次都取两个最小值，累加和值，并将和值入队。

```
priority_queue<int,vector<int>,greater<int> >q;//优先队列，最小值优先
for(int i=0;i<n;i++){
    cin>>t;
    q.push(t);//入队
}
sum=0;
while(q.size()>1){//队中元素个数大于1个
    t1=q.top();//取最小值
    q.pop();
    t2=q.top();//取最小值
    q.pop();
    t=t1+t2;
    sum+=t;
    q.push(t);
}
```

⁂ 训练 3　表演评分

题目描述（**POJ2833**）：在演讲比赛中，评委对参赛者的表演进行评分。评分方法：给定 n 个正整数评分，删除最大的 n_1 个和最小的 n_2 个评分，将其余评分的平均值作为参赛者的最终成

绩。请给出参赛者的最终成绩。

输入：输入包含几个测试用例，每个测试用例都包含两行：第 1 行包含 3 个整数 n_1、n_2 和 n（$1 \leq n_1, n_2 \leq 10$，$n_1 + n_2 < n \leq 5 \times 10^6$）；第 2 行包含 n 个正整数 a_i（$1 \leq a_i \leq 10^8$，$1 \leq i \leq n$）。在最后一个测试用例后跟 3 个 0。

输出：对每个测试用例，都单行输出参赛者的最终成绩，保留小数点后 6 位。

输入样例	输出样例
1 2 5	3.500000
1 2 3 4 5	562.500000
4 2 10	
2121187 902 485 531 843 582 652 926 220 155	
0 0 0	

提示：此问题的输入数据非常大。对 C++ I/O，建议使用 scanf 和 printf。内存限制可能不允许将所有内容都存储在内存中。

题解：本题数据量很大，不要存储所有数据，只需用两个队列分别存储最大的 n_1 个数和最小的 n_2 个数即可。

1. 算法设计

定义两个优先队列，q_1 最大值优先，存储最小的 n_2 个数；q_2 最小值优先，存储最大的 n_1 个数。用总和减去这两个优先队列的元素值，然后求平均数。

2. 算法实现

```
priority_queue<int> q1;//最大值优先，存储最小的n2个数
priority_queue<int,vector<int>,greater<int> > q2;//最小值优先，存储最大的n1个数
sum=0;
for(i=0;i<n;i++){
    scanf("%d",&x);
    sum+=x;
    q1.push(x);
    q2.push(x);
    if(q1.size()>n2)
        q1.pop();//最大值抛弃，存储最小的n2个数
    if(q2.size()>n1)
        q2.pop();//最小值抛弃，存储最大的n1个数
}
while(!q1.empty()){//减去最小的n2个数
    sum-=q1.top();
    q1.pop();
}
while(!q2.empty()){//减去最大的n1个数
```

```
    sum-=q2.top();
    q2.pop();
}
printf("%.6lf\n",1.0*sum/(n-n1-n2));//注意：元素的个数为n-n1-n2
```

⁂ 训练4 丛林探险

题目描述（POJ2431）：一群人开着一辆卡车冒险进入丛林深处，卡车油箱坏了，每走 1 米就会漏 1 升油，他们需要到最近的城镇（距离不超过 10^6 米）修理卡车。卡车当前位置和城镇之间有 N（$1 \leqslant N \leqslant 10^4$）个加油站，每个加油站都可以加油 $1 \sim 100$ 升，卡车油箱容量没有限制。目前卡车距离城镇 L 米，有 P 升油（$1 \leqslant P \leqslant 10^6$）。他们希望在前往城镇的路上尽可能少地停下加油，请给出到达城镇所需的最少加油次数。

输入：第 1 行包含单个整数 N，表示加油站的数量。第 2..N+1 行，每行都包含两个整数，用于描述加油站，第 1 个整数是从城镇到加油站的距离，第 2 个整数是该加油站的可用油量。第 N+2 行，每行都包含两个整数 L 和 P。

输出：输出到达城镇所需的最少加油次数。若无法到达城镇，则输出–1。

输入样例	输出样例
4	2
4 4	
5 2	
11 5	
15 10	
25 10	

题解：若在可以到达的距离范围内有多个加油站，则将这些站点的加油量入队（优先队列）。若走到下一个加油站之前油会耗尽，则需要加油（优先队列中最大加油量）后继续走，当油量大于或等于卡车到城镇的距离 L 时结束。

1. 完美图解

在输入样例中，卡车距离城镇 25 米，有 10 升油。沿着这条路，距离城镇 4、5、11 和 15 米有 4 个加油站（可求出这些加油站距离卡车 21、20、14 和 10 米），这些加油站可分别提供多达 4、2、5、10 升的油。

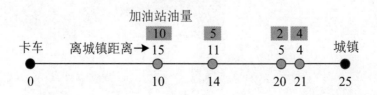

　　求解的过程：因为卡车有 10 升油，所以首先开车 10 米，在第 1 个加油站加油 10 升，在第 2 个加油站加油 5 升，油箱的油量累计可到达距离 25，可直接开车到镇上。答案：停靠 2 次。

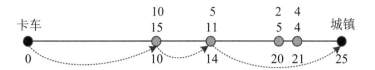

2. 算法设计

（1）按照距离降序排序。

（2）初始化。加油次数 ans=0，当前可到达的位置 pos=P，第 k 个站点 k=0。

（3）若 pos<L，则执行第 4 步；否则结束，输出答案。

（4）若可到达的位置超过第 k 个加油站，则将第 k 个站点的加油量入队（最大值优先），k++，一直循环到不满足条件为止。

（5）若队列为空，则输出−1；否则加油（pos+=que.top();que.pop();ans++），转向第 3 步。

3. 算法实现

```
struct node{
    int dis,add;//距离，可加油量
}port[N];

bool cmp(node a,node b){
    return a.dis>b.dis;//按距离降序
}

sort(port,port+n,cmp);//按到城镇的距离降序排序
void solve(){
    priority_queue<int>que;//最大值优先
    //ans:加油次数 ; pos:当前可到达的位置; k:第 k 个加油站
    int ans=0,pos=P,k=0;
    while(pos<L){
     while(pos>=L-port[k].dis&&k<n){//可到达位置超过第 k 个加油站
        que.push(port[k].add);
        k++;
      }
      if(que.empty()){
        printf("-1\n");
        return ;
      }
      else{
        pos+=que.top();
```

```
        que.pop();
        ans++;
    }
  }
  printf("%d\n",ans);
}
```

第 **2** 章 区间信息维护与查询

2.1 倍增、ST、RMQ

📖 原理 1 倍增

任意整数均可被表示成若干个 2 的次幂项之和。例如整数 5，其二进制表示为 101，该二进制数从右向左第 0、2 位均为 1，则 $5=2^2+2^0$；整数 26，其二进制表示为 11010，该二进制数从右向左第 1、3、4 位均为 1，则 $26=2^4+2^3+2^1$。也就是说，2 的次幂项可被拼成任一需要的值。

倍增，顾名思义就是成倍增加。若问题的状态空间特别大，则一步步递推的算法复杂度太高，可以通过倍增思想，只考察 2 的整数次幂位置，快速缩小求解范围，直到找到解。

例如在一棵树中，每一个节点的祖先都比该节点大，要查找 4 的祖先中等于 x 的祖先节点。最笨的办法就是一个一个地向上比较祖先节点，判断哪一个等于 x。若树特别大，则搜索效率很低。虽然祖先是有序的，但不是按顺序存储的，无法得到中间节点的下标，因此不可以采用普通的二分搜索，这时怎么办呢？答案是采用倍增思想：将 x 和当前节点向上 2^i 个节点进行比较，若 x 大于该节点，则向上跳 2^i 个节点，加大增量 2^{i+1}，继续比较；若 x 小于该节点，则减少增量 2^{i-1}，继续比较，直到相等，返回查找成功；或者增量减为 2^0 仍不相等，返回查找失败。

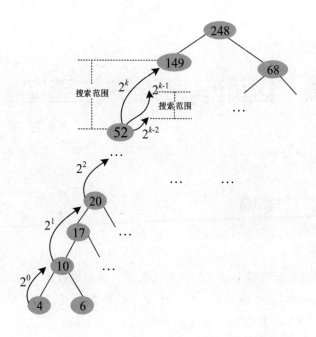

📖 原理 2　ST

ST（Sparse Table，稀疏表）算法采用了倍增思想，在 $O(n\log n)$ 时间构造一个二维表之后，可以在 $O(1)$ 时间在线查询 $[l,\ r]$ 区间的最值，有效解决在线 RMQ（Range Minimum/Maximum Query，区间最值查询）问题。

如何实现呢？设 $F[i,j]$ 表示 $[i,\ i+2^j-1]$ 区间的最值，区间长度为 2^j。

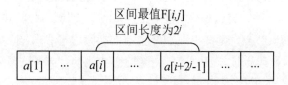

根据倍增思想，长度为 2^j 的区间可被分成两个长度为 2^{j-1} 的子区间，然后求两个子区间的最值即可。递推公式：$F[i,j]=\max(F[i,j-1],\ F[i+2^{j-1},j-1])$。

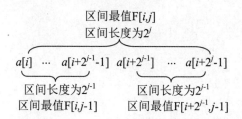

1．ST 创建

若 F[i, j]表示[i, $i+2^j-1$]区间的最值，区间长度为 2^j，则 i 和 j 的取值范围是多少呢？

若数组的长度为 n，最大区间长度 $2^k \leqslant n < 2^{k+1}$，则 $k=[\log_2 n]$，比如 $n=8$ 时 $k=3$，$n=10$ 时 $k=3$。在程序中，$k=\log2(n)$，也可用通用表达方式 $k=\log(n)/\log(2)$，$\log()$ 表示以 e 为底的自然对数。

算法代码：

```
void ST_create(){//创建ST
    for(int i=1;i<=n;i++)//初始化
        F[i][0]=a[i];//表示[i,i]区间的最值，区间长度为2^0
    int k=log2(n); //或者 log(n)/log(2.0);
    for(int j=1;j<=k;j++)
        for(int i=1;i<=n-(1<<j)+1;i++) //n-2^j+1
            F[i][j]=max(F[i][j-1],F[i+(1<<(j-1))][j-1]);
}
```

例如有 10 个元素 $a[1..10]=\{5,3,7,2,12,1,6,4,8,15\}$，其查询最值的 ST 如下图所示。

F[i, j]表示[i, $i+2^j-1$]区间的最值，区间长度为 2^j。

- F[1,0]表示[$1,1+2^0-1$]区间，即[1,1]的最值为 5，第 0 列为数组自身。
- F[1,1]表示[$1,1+2^1-1$]区间，即[1,2]的最值为 5。
- F[2,3]表示[$2,2+2^3-1$]区间，即[2,9]的最值为 12。
- F[6,2]表示[$6,6+2^2-1$]区间，即[6,9]的最值为 8。

F[][] j 　　i	0	1	2	3
1	5	5	7	12
2	3	7	12	12
3	7	7	12	15
4	2	12	12	
5	12	12	12	
6	1	6	8	
7	6	6	15	
8	4	8		
9	8	15		
10	15			

2．ST 查询

若查询[l,r]区间的最值，则首先计算 k 值，和前面的计算方法相同，区间长度为 $r-l+1$，$2^k \leqslant r-l+1 < 2^{k+1}$，因此 $k=\log2(r-l+1)$。

若查询区间的长度大于或等于 2^k 且小于 2^{k+1}，则根据倍增思想，可以将查询区间分为两个查询区间，取两个区间的最值即可。两个区间分别为从 l 向后的 2^k 个数及从 r 向前的 2^k 个数，这两个区间可能有重叠，但对求最值没有影响。

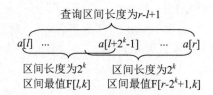

算法代码：

```
int ST_query(int l,int r) {//求[l,r]区间的最值
    int k=log2(r-l+1);
    return max(F[l][k],F[r-(1<<k)+1][k]);//取两个区间的最值
}
```

3. 算法分析

创建 ST 时，初始化需要 $O(n)$ 时间，两个 *for* 循环需要 $O(n\log n)$ 时间，总时间复杂度为 $O(n\log n)$。区间查询实际上是查表的过程，计算 k 值后从表中读取两个数取最大值即可，因此查询的时间复杂度为 $O(1)$。一次建表，多次使用，这种查表法就是动态规划。

📖 原理3　RMQ

RMQ（区间最值查询）问题有多种解决方法，用线段树和 ST 解决 RMQ 问题的对比如下：

- 线段树预处理的时间为 $O(n\log n)$，查询的时间为 $O(\log n)$，支持在线修改；
- ST 预处理的时间为 $O(n\log n)$，查询的时间为 $O(1)$，不支持在线修改。

⛏ 训练1　区间最值差

题目描述（POJ3264）：每天挤奶时，约翰的 N 头奶牛（$1 \leqslant N \leqslant 50,000$）都以相同的顺序排队。他挑选一系列连续的奶牛来玩游戏。为了让所有奶牛都玩得开心，它们的高度差异不应太大。约翰列出了 Q 组（$1 \leqslant Q \leqslant 200,000$）奶牛和它们的高度（$1 \leqslant \text{height} \leqslant 1,000,000$）。他希望确定每个小组中最高和最矮的奶牛之间的高度差异。

输入：第 1 行包含两个整数 N 和 Q。接下来 N 行，每行都包含一个整数，表示奶牛的高度。最后 Q 行，每行都包含两个整数 A 和 B（$1 \leqslant A \leqslant B \leqslant N$），代表从 A 到 B 的奶牛范围。

输出：输出 Q 行，每行都包含一个整数，表示该范围内最高和最矮奶牛的高度差。

输入样例	输出样例
6 3	6
1	3
7	0

```
3
4
2
5
1 5
4 6
2 2
```

题解： 本题求解区间最大值和最小值之差，是典型的 RMQ 问题，可以使用 ST 解决。

1．算法设计

（1）创建 ST。

（2）查询[a,b]区间的最大值和最小值，然后输出其差值。

2．算法实现

```
int Fmax[maxn][20];//Fmax[i][j]表示[i,i+2^j-1]区间的最大值，区间长度为2^j
int Fmin[maxn][20];
void ST_create(){//创建ST
    for(int i=1;i<=N;i++)
        Fmax[i][0]=Fmin[i][0]=h[i]; //初始化
    int k=log2(N);
    for(int j=1;j<=k;j++)
        for(int i=1;i<=N-(1<<j)+1;i++){//N-2^j+1
            Fmax[i][j]=max(Fmax[i][j-1],Fmax[i+(1<<(j-1))][j-1]);
            Fmin[i][j]=min(Fmin[i][j-1],Fmin[i+(1<<(j-1))][j-1]);
        }
}


int RMQ(int l,int r){//求[l..r]区间的最值差
    int k=log2(r-l+1);
    int m1=max(Fmax[l][k],Fmax[r-(1<<k)+1][k]);
    int m2=min(Fmin[l][k],Fmin[r-(1<<k)+1][k]);
    return m1-m2;//区间最值差
}
```

❖ 训练 2 最频繁值

题目描述（POJ3368）： 给定 n 个整数的非递减序列 $a_1,a_2,\cdots,a_n$，对每个索引 i 和 j 组成的查询（$1\leqslant i\leqslant j\leqslant n$），都确定整数 $a_i,\cdots,a_j$ 中的最频繁值（出现次数最多的值）。

输入： 包含多个测试用例。每个测试用例都以两个整数 n 和 q（$1\leqslant n$，$q\leqslant100000$）的行开始。下一行包含 n 个整数 $a_1,\cdots,a_n$（$-100000\leqslant a_i\leqslant100000$，$i\in\{1,\cdots,n\}$）。对每个 $i\in\{1,\cdots,n-1\}$，都满足 $a_i\leqslant a_{i+1}$。以下 q 行，每行都包含一个查询，由两个整数 i 和 j 组成（$1\leqslant i\leqslant j\leqslant n$），表示

查询的边界索引。在最后一个测试用例后跟一个包含单个 0 的行。

输出：对每个查询，都单行输出一个整数，表示给定范围内最频繁值的出现次数。

输入样例	输出样例
10 3	1
-1 -1 1 1 1 1 3 10 10 10	4
2 3	3
1 10	
5 10	
0	

题解：由于本题可以将元素的出现次数累计，然后进行区间最值查询，所以可以使用 ST 解决。为提高求 log 的效率，首先用动态规划求出数据范围内所有数的 log 值，将其存储在数组 lb[]中，使用时查询即可。F[i][j]表示[i, $i+2^j-1$]区间的最大值，区间长度为 2^j。

1. 算法设计

（1）求出数据范围内所有数的 log 值，将其存储在数组 lb[]中。

（2）非递减序列的相等元素一定相邻，将每个元素都和前面的元素比较，将重复次数累计并存入 F[i][0]中。

（3）创建 ST。

（4）查询[l, r]区间的最大值。若第 l 个数和前一个数相等，则首先统计第 l 个数在查询区间[l, r]的出现次数，再查询剩余区间的最大值，两者再求最大值即可。

2. 完美图解

（1）求出数据范围内所有数的 log 值，将其存储在数组 lb[]中，规律如下。

- 2^i 和它的前一个数&运算必然是 0，此时其 log 值比前一个数增加 1。例如 8 的二进制为 1000，7 的二进制为 111，两者与运算为 0，log(8)比 log(7)增加 1。
- 除 2^i 外，其他数和前一个数的与运算均不为 0，其 log 值与前一个数相等。

首先，log[0]=−1。

1&0=0：log[1]=log[0]+1=0。

2&1=0：log[2]=log[1]+1=1。

3&2=2：log[3]=log[2]=1。

4&3=0：log[4]=log[3]+1=2。

5&4=4：log[5]=log[4]=2。

6&5=4：log[6]=log[5]=2。

7&6=6：log[7]=log[6]=2。

8&7=0：log[8]=log[7]+1=3。

……

（2）将输入样例中元素的出现次数累计并存入 F[i][0]中。

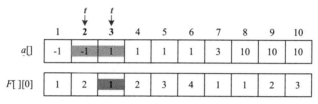

（3）创建 ST。

（4）查询。2 3：查询[2,3]区间最频繁值的出现次数。首先，$t=l=2$，因为 $a[2]=a[1]$，t++，即 $t=3$；此时 $a[3]\neq a[2]$，$t-l=1$，RMQ(t,r)=RMQ(3,3)=1，求两者的最大值，得到[2,3]区间最频繁值的出现次数为 1。注意：不可以直接查询 RMQ(2,3)，想一想，为什么？

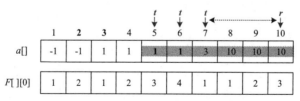

（5）查询。1 10：查询[1,10]区间最频繁值的出现次数。首先，$t=l=1$，$a[1]\neq a[0]$，$t-l=0$，RMQ(t,r)=RMQ(1,10)=4，求两者的最大值，得到[1,10]区间最频繁值的出现次数为 4。

（6）查询。5 10：查询[5,10]区间最频繁值的出现次数。首先，$t=l=5$，因为 $a[5]=a[4]$，t++，即 $t=6$；$a[6]=a[5]$，t++，即 $t=7$；此时 $a[7]\neq a[6]$，$t-l=2$，RMQ(t,r)=RMQ(7,10)=3，求两者的最大值，得到[5,10]区间最频繁值的出现次数为 3。

	1	2	3	4	5	6	7	8	9	10
$a[]$	-1	-1	1	1	**1**	**1**	**3**	**10**	**10**	**10**
$F[\ ][0]$	1	2	1	2	3	4	1	1	2	3

若直接查询 RMQ(5,10)=4，但是 $a[5]$在[5,10]区间的出现次数是 2，则不是 4。因此若 $a[l]$和前一个数 $a[l-1]$相等，则需要先统计 $a[l]$在[l, r]区间的出现次数，再查询剩余区间的最值，比较两者的最大值。

3．算法实现

```
void Initlog(){//求解所有 log 值，将其存储到数组 lb[]中
    lb[0]=-1;
    for(int i=1;i<maxn;i++)
```

```
        lb[i]=(i&(i-1))?lb[i-1]:lb[i-1]+1;
}

void ST_create(int n){//每个测试用例的元素个数都不同，因此将n作为参数
    for(int j=1;j<=lb[n];j++)
        for(int i=1;i<=n-(1<<j)+1;i++)//n-2^j+1
            F[i][j]=max(F[i][j-1],F[i+(1<<(j-1))][j-1]);
}

int RMQ(int l,int r){//求[l..r]区间的最大值
    if(l>r) return 0;
    int k=lb[r-l+1];
    return max(F[l][k],F[r-(1<<k)+1][k]);
}

for(int j=1;j<=q;j++){//查询最频繁值的出现次数
    scanf("%d%d",&l,&r);
    int t=l;
    while(t<=r&&a[t]==a[t-1])//本题数据非递减有序，因此可以这样统计
        t++;
    printf("%d\n",max(t-l,RMQ(t,r)));//t-l为第1个数在查询区间[l,r]的重复次数
}
```

❖ 训练3 最小分段数

题目描述（HDU3486）：姚耀想聘请 m 个人，有 n 个人前来面试。姚耀决定为这项任务选择 m 个面试官。首先，他将面试者按到来的顺序分成 m 段，每段的长度都是 $\lfloor n/m \rfloor$，这意味着他忽略了来晚的面试者。然后将每段都分配给面试官，面试官从他们中选择最好的一个作为雇员。每个面试者都有一个能力值，能力值越高越好。姚耀希望尽可能减少雇员，且员工的能力值总和大于 k。请帮他找到最小的 m。

输入：输入包含多个测试用例。每个测试用例的第 1 行都包含两个数字 n 和 k，表示面试的人数和姚耀想聘用的员工能力值之和（$n \leq 200000$，$k \leq 1000000000$）；第 2 行都包含 n 个数字 $v_1, v_2, \cdots, v_n$（$0 \leq v_i \leq 1000$），分别表示每个面试者的能力值。以两个 -1 结束，不处理。

输出：对每个测试用例，都单行输出可以找到的最小 m。若找不到，则输出 -1。

输入样例	输出样例
11 300	3
7 100 7 101 100 100 9 100 100 110 110	
-1 -1	

提示：需要 3 名面试官来帮助姚耀。第 1 个面试官面试 1～3 号，第 2 个面试官面试 4～6 号，第 3 个面试官面试 7～9 号，剩下的人（10～11 号）被忽略。每段最大的能力值之和 100+101+100=301>300，满足条件。

题解： 本题穷举超时，但后台数据较弱，二分也可通过。实际上不满足单调性，不可二分。例如，6 199 1 1 100 100 1 1，二分首先分 3 段，不行然后分 4 段，实际上分 2 段即可。本题可以采用 RMQ+优化，当区间长度和上次相同时，不再重新计算，直接累加下一个区间最值即可。

1. 算法设计

首先创建 ST 表，然后枚举分段 1～n，用 pre 记录上次分段的区间长度，在当前区间长度与上次相同时，直接累加下一区间的最值。例如，$t=10/4=2$，分成 4 段，区间长度为 2，累加区间[1,2]、[3,4]、[5,6]、[7,8]的最值，$t=10/5=2$，分成 5 段，区间长度和上次相同，直接累加区间[9,10]的最值，不必再重新累加 5 个分段的最值。

2. 算法实现

```
void solve(){
    ST(n);
    int i,j=0,t,ans=0,pre=0;
    for(i=1;i<=n;i++){
        t=n/i;
        if(pre!=t){//如果区间长度和上次一样，则不用初始化，直接累加下一个区间即可
            j=0; ans=0;
        }
        for(;j<i;j++)
            ans+=RMQ(t*j+1,j*t+t);
        pre=t;
        if(ans>k) break;
    }
    if(i>n)  printf("-1\n");
    else  printf("%d\n",i);
}
```

❖ 训练 4 二维区间最值差

题目描述（POJ2019）： 约翰正在寻找最平坦的土地种植玉米。他花了很大的代价调查他的 $N×N$ 公顷的方形农场（$1 \le N \le 250$）。每公顷都有一个整数高度（$0 \le$ 高度 ≤ 250）。有 K（$1 \le K \le 100,000$）组查询，整数 B（$1 \le B \le N$）是方形田地的一个边长，查询 $B×B$ 子矩阵中最大高度和最小高度的差值。

输入： 第 1 行包含 3 个整数 N、B 和 K。第 2..N+1 行，每行都包含 N 个整数，代表 $N×N$ 公

顷每公顷的高度，每行的第 1 个整数都表示第 1 列，第 2 个整数都表示第 2 列。接下来 K 行，每行都包含两个整数（在 1..$N-B+1$ 范围内），分别表示查询子矩阵左上角的行和列。

输出： 对每个查询，都单行输出子矩阵中最大高度和最小高度的差值。

输入样例	输出样例
5 3 1	5
5 1 2 6 3	
1 3 5 2 7	
7 2 4 6 1	
9 9 8 6 5	
0 6 9 3 9	
1 2	

题解： 本题属于二维区间最值查询问题，可以使用 ST 解决，只不过增加了一维，且查询时需要注意区间问题。Fmax[k][i][j]表示第 k 行[i, $i+2^j-1$]区间的最大值，区间长度为 2^j。

1. 算法设计

（1）求出数据范围内所有数的 log 值，将其存储在数组 lb[]中。

（2）将每个元素 $a[k][i]$ 都存入 F[k][i][0]中。

（3）创建二维 ST。

（4）从当前位置(x, y)开始，向右 B 列，向下 B 行，查询每一行的最大值和最小值，再求区间最大值和最小值。输出二维区间的最大值和最小值之差。

2. 算法实现

```
void ST(int n){//创建ST
    for(int k=1;k<=n;k++)//多了一维
        for(int i=1;i<=n;i++)
            Fmax[k][i][0]=Fmin[k][i][0]=a[k][i];
    for(int k=1;k<=n;k++)
        for(int j=1;j<=lb[n];j++)
            for(int i=1;i+(1<<j)-1<=n;i++){
                Fmax[k][i][j]=max(Fmax[k][i][j-1],Fmax[k][i+(1<<(j-1))][j-1]);
                Fmin[k][i][j]=min(Fmin[k][i][j-1],Fmin[k][i+(1<<(j-1))][j-1]);
            }
}

void solve(int x,int y,int B){//从坐标为(x,y)的地方开始，右下扩展B长度
    int k=lb[B];
    int maxx=-1;
    int minx=0x3f3f3f3f;
    int l=y,r=y+B-1;
```

```
for(int i=x;i<x+B;i++){//查询每一行的最值
    maxx=max(maxx,max(Fmax[i][l][k],Fmax[i][r-(1<<k)+1][k]));
    minx=min(minx,min(Fmin[i][l][k],Fmin[i][r-(1<<k)+1][k]));
}
printf("%d\n",maxx-minx);
}
```

2.2 最近公共祖先 LCA

最近公共祖先（Lowest Common Ancestors，LCA）指有根树中距离两个节点最近的公共祖先。祖先指从当前节点到树根路径上的所有节点。

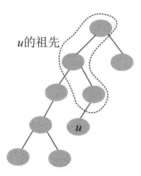

u 和 v 的公共祖先指一个节点既是 u 的祖先，又是 v 的祖先。u 和 v 的最近公共祖先指距离 u 和 v 最近的公共祖先。若 v 是 u 的祖先，则 u 和 v 的最近公共祖先是 v。

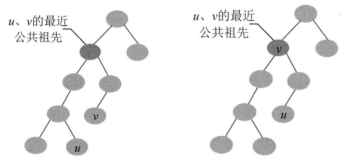

可以使用 LCA 求解树上任意两点之间的距离。求 u 和 v 之间的距离时，若 u 和 v 的最近公共祖先为 lca，则 u 和 v 之间的距离为 u 到树根的距离加上 v 到树根的距离减去 2 倍的 lca 到树根的距离：dist[u]+dist[v]−2×dist[lca]。

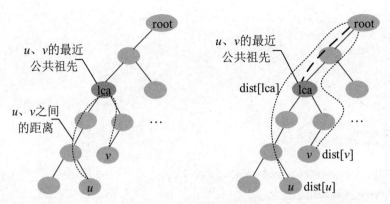

求解 LCA 的方法有很多，包括暴力搜索法、树上倍增法、在线 RMQ 算法、离线 Tarjan 算法和树链剖分。

在线算法： 以序列化方式一个一个地处理输入，也就是说，在开始时并不需要知道所有输入，在解决一个问题后立即输出结果。

离线算法： 在开始时已知问题的所有输入数据，可以一次性回答所有问题。

📖 原理1 暴力搜索法

暴力搜索法有两种：向上标记法和同步前进法。

1. 向上标记法

从 u 向上一直到根节点，标记所有经过的节点；若 v 已被标记，则 v 节点为 LCA(u, v)；否则 v 也向上走，第1次遇到已标记的节点时，该节点为 LCA(u, v)。

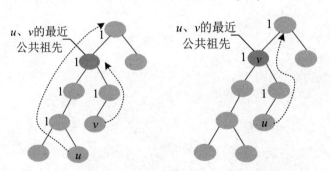

2. 同步前进法

将 u、v 中较深的节点向上走到和深度较浅的节点同一深度，然后两个点一起向上走，直到走到同一个节点，该节点就是 u、v 的最近公共祖先，记作 LCA(u,v)。若较深的节点 u 到达 v 的同一深度时，那个节点正好是 v，则 v 节点为 LCA(u, v)。

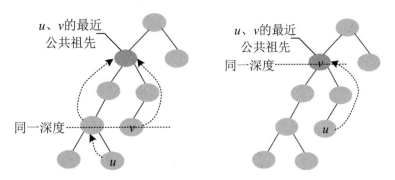

3. 算法分析

以暴力搜索法求解 LCA，两种方法的时间复杂度在最坏情况下均为 $O(n)$。

📖 原理 2　树上倍增法

树上倍增法不仅可以解决 LCA 问题，还可以解决很多其他问题，掌握树上倍增法是很有必要的。

$F[i, j]$ 表示 i 的 2^j 辈祖先，即 i 节点向根节点走 2^j 步到达的节点。

u 节点向上走 2^0 步，则为 u 的父节点 x，$F[u, 0]=x$；向上走 2^1 步，到达 y，$F[u, 1]=y$；向上走 2^2 步，到达 z，$F[u, 2]=z$；向上走 2^3 步，节点不存在，令 $F[u, 3]=0$。

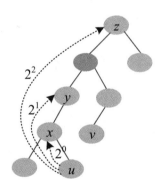

$F[i, j]$ 表示 i 的 2^j 辈祖先，即 i 节点向根节点走 2^j 步到达的节点。可以分两个步骤：i 节点先向根节点走 2^{j-1} 步得到 $F[i, j-1]$；再从 $F[i, j-1]$ 节点出发向根节点走 2^{j-1} 步，得到 $F[F[i, j-1], j-1]$，该节点为 $F[i, j]$。

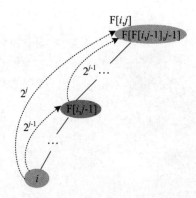

递推公式：$F[i,j]=F[F[i,j-1],j-1]$，$i=1,2,\cdots n$，$j=0,1,2,\cdots k$，$2^k \leqslant n$，$k=\log_2 n$。

1. 算法设计

（1）创建 ST。

（2）利用 ST 求解 LCA。

2. 完美图解

和前面暴力搜索中的同步前进法一样，先让深度大的节点 y 向上走到与 x 同一深度，然后 x、y 一起向上走。和暴力搜索不同的是，向上走是按照倍增思想走的，不是一步一步向上走的，因此速度较快。

问题一：怎么让深度大的节点 y 向上走到与 x 同一深度呢？

假设 y 的深度比 x 的深度大，需要 y 向上走到与 x 同一深度，$k=3$，则求解过程如下。

（1）y 向上走 2^3 步，到达的节点深度比 x 的深度小，什么也不做。

（2）减少增量，y 向上走 2^2 步，此时到达的节点深度比 x 的深度大，y 上移，$y=F[y][2]$。

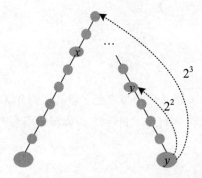

（3）减少增量，y 向上走 2^1 步，此时到达的节点深度与 x 的深度相等，y 上移，$y=F[y][1]$。

（4）减少增量，y 向上走 2^0 步，到达的节点深度比 x 的深度小，什么也不做。此时 x、y 在同一深度。

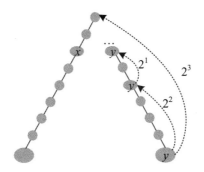

总结：按照增量递减的方式，到达的节点深度比 x 的深度小时，什么也不做；到达的节点深度大于或等于 x 的深度时，y 上移，直到增量为 0，此时 x、y 在同一深度。

问题二：x、y 一起向上走，怎么找最近的公共祖先呢？

假设 x、y 已到达同一深度，现在一起向上走，$k=3$，则其求解过程如下。

（1）x、y 同时向上走 2^3 步，到达的节点相同，什么也不做。

（2）减少增量，x、y 同时向上走 2^2 步，此时到达的节点不同，x、y 上移，$x=F[x][2]$，$y=F[y][2]$。

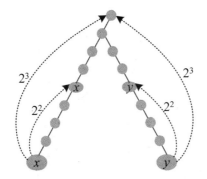

（3）减少增量，x、y 同时向上走 2^1 步，此时到达的节点不同，x、y 上移，$x=F[x][1]$，$y=F[y][1]$。

（4）减少增量，x、y 同时向上走 2^0 步，此时到达的节点相同，什么也不做。

此时 x、y 的父节点为最近公共祖先节点，即 $\text{LCA}(x,y)=F[x][0]$。

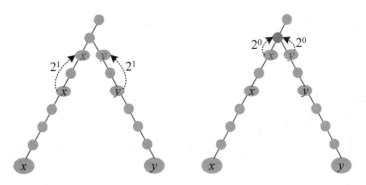

完整的求解过程如下图所示。

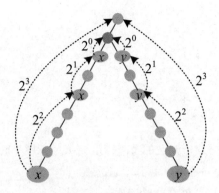

总结：按照增量递减的方式，到达的节点相同时，什么也不做；到达的节点不同时，同时上移，直到增量为 0。此时 x、y 的父节点为公共祖先节点。

3. 算法实现

```
void ST_create(){//构造 ST
    for(int j=1;j<=k;j++)
        for(int i=1;i<=n;i++)//i 先走 2^(j-1)步到达 F[i][j-1]，再走 2^(j-1)步
            F[i][j]=F[F[i][j-1]][j-1];
}

int LCA_st_query(int x,int y) {//求 x、y 的最近公共祖先
    if(d[x]>d[y])//保证 x 的深度小于或等于 y
        swap(x,y);
    for(int i=k;i>=0;i--)//y 向上走到与 x 同一深度
        if(d[F[y][i]]>=d[x])
            y=F[y][i];
    if(x==y)
        return x;
    for(int i=k;i>=0;i--)//x、y 一起向上走
        if(F[x][i]!=F[y][i])
            x=F[x][i],y=F[y][i];
    return F[x][0];//返回 x 的父节点
}
```

4. 算法分析

采用树上倍增法求解 LCA，创建 ST 需要 $O(n\log n)$ 时间，每次查询都需要 $O(\log n)$ 时间。一次建表、多次使用，该算法是基于倍增思想的动态规划，适用于多次查询的情况。若只有几次查询，则预处理需要 $O(n\log n)$ 时间，还不如暴力搜索快。

📖 原理 3　在线 RMQ 算法

两个节点的 LCA 一定是两个节点之间欧拉序列中深度最小的节点,寻找深度最小值时可以使用 RMQ 算法。

1. 完美图解

欧拉序列指在深度遍历过程中把依次经过的节点记录下来,把回溯时经过的节点也记录下来,一个节点可能被记录多次,相当于从树根开始,一笔画出一个经过所有节点的回路。

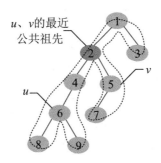

该树的欧拉序列为 1 2 4 6 8 6 9 6 4 2 5 7 5 2 1 3 1,搜索时得到 6 和 5 首次出现的下标 i、j,然后查询该区间深度最小的节点,为 6 和 5 号节点的最近公共祖先。

2. 算法实现

(1)深度遍历,得到 3 个数组:首次出现的下标是 pos[],深度遍历得到的欧拉序列是 seq[],深度是 dep[]。

```
pos[u]=++tot;//u 首次出现的下标
seq[tot]=u;//dfs 遍历得到的欧拉序列
dep[tot]=d;//深度
void dfs(int u,int d) {//dfs 序
    vis[u]=true;
    pos[u]=++tot;//u 首次出现的下标
    seq[tot]=u;//dfs 遍历得到的欧拉序列
    dep[tot]=d;//深度
    for(int i=head[u];i;i=e[i].next){
        int v=e[i].to,w=e[i].c;
        if(vis[v])
```

```
            continue;
        dist[v]=dist[u]+w;
        dfs(v,d+1);
        seq[++tot]=u;//dfs 遍历序列
        dep[tot]=d;//深度
    }
}
```

（2）根据欧拉序列的深度，创建区间最值查询的 ST。F(i, j)表示[i, $i+2^j-1$]区间深度最小的节点下标。

```
void ST_create(){//创建 ST
    for(int i=1;i<=tot;i++)//初始化
        F[i][0]=i;//记录下标,不是最小深度
    int k=log2(tot);
    for(int j=1;j<=k;j++)
        for(int i=1;i<=tot-(1<<j)+1;i++)//tot-2^j+1
            if(dep[F[i][j-1]]<dep[F[i+(1<<(j-1))][j-1]])
                F[i][j]=F[i][j-1];
            else
                F[i][j]=F[i+(1<<(j-1))][j-1];
}
```

（3）查询[l, r]区间深度最小的节点下标，与 RMQ 区间查询类似。

```
int RMQ_query(int l,int r){//查询[l,r]的区间最值
    int k=log2(r-l+1);
    if(dep[F[l][k]]<dep[F[r-(1<<k)+1][k]])
        return F[l][k];
    else
        return F[r-(1<<k)+1][k];//返回深度最小的节点下标
}
```

（4）求 x、y 的最近公共祖先，先得到 x、y 首次出现在欧拉序列中的下标，然后查询该区间深度最小的节点的下标，根据下标读取欧拉序列的节点即可。

```
int LCA(int x,int y) {//求 x、y 的最近公共祖先
    int l=pos[x],r=pos[y];//读取第 1 次出现的下标
    if(l>r)
        swap(l,r);
    return seq[RMQ_query(l,r)];//返回节点
}
```

5. 算法分析

在线 RMQ 算法是基于倍增和 RMQ 的动态规划算法，其预处理包括深度遍历和创建 ST，

需要 $O(n\log n)$ 时间，每次查询都需要 $O(1)$ 时间。

注意：虽然都用到了 ST，但是在线 RMQ 算法中的 ST 和树上倍增算法中的 ST，其表达的含义是不同的，前者表示区间最值，后者表示向上走的步数。

📖 原理 4　Tarjan 算法

这里的 Tarjan 算法是用于解决 LCA 问题的离线算法，在《算法训练营：海量图解+竞赛刷题（入门篇）》中会讲解求连通分量的 Tarjan 算法。在线算法指每读入一个查询（求一次 LCA 就叫作一次查询），都需要运行一次程序得到本次查询答案。若一次查询需要 $O(\log n)$ 时间，则 m 次查询需要 $O(m\log n)$ 时间。离线算法指首先读入所有查询，然后运行一次程序得到所有查询答案。Tarjan 算法利用并查集优越的时空复杂性，可以在 $O(n+m)$ 时间内解决 LCA 问题。

1．Tarjan 算法

（1）初始化集合号数组和访问数组，fa[i]=i，vis[i]=0。

（2）从 u 出发深度优先遍历，标记 vis[u]=1，深度优先遍历 u 所有未被访问的邻接点，在遍历过程中更新距离，回退时更新集合号。

（3）当 u 的邻接点全部遍历完毕时，检查关于 u 的所有查询，若存在一个查询 u、v，而 vis[v]=1，则利用并查集查找 v 的祖宗，找到的节点就是 u、v 的最近公共祖先。

2．完美图解

在树中求 5、6 的最近公共祖先，求解过程如下。

（1）初始化所有节点的集合号都等于自己，fa[i]=i，vis[i]=0。

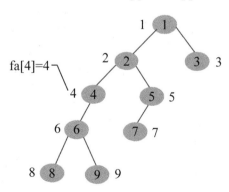

（2）从根节点开始深度优先遍历，在遍历过程中标记 vis[]=1。

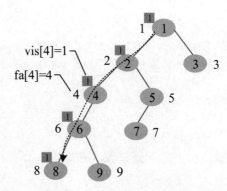

（3）8 号节点的邻接点已访问完毕，更新 fa[8]=6，没有 8 相关的查询，回退到 6。

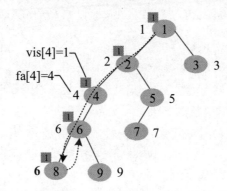

（4）遍历 6 号节点的下一个邻接点 9，标记 vis[9]=1，9 号节点的邻接点已访问完毕，更新 fa[9]=6，没有 9 相关的查询，回退到 6。

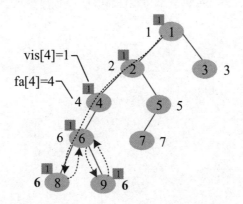

（5）6 号节点的邻接点已访问完毕，更新 fa[6]=4，有 6 相关的查询 5（查询 5 6），但是 vis[5]≠1，什么也不做，返回到 4。

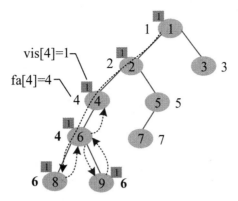

（6）4 号节点的邻接点已访问完毕，更新 fa[4]=2，没有 4 相关的查询，返回到 2。

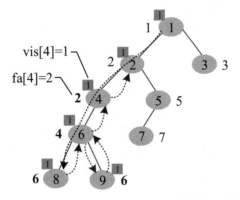

（7）遍历 2 号节点的下一个邻接点 5，标记 vis[5]=1，继续深度遍历到 7，标记 vis[7]=1，7
号节点的邻接点已访问完毕，更新 fa[7]=5，没有 7 相关的查询，回退到 5。

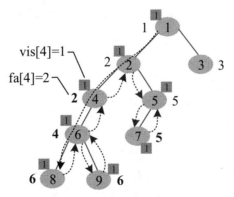

（8）5 号节点的邻接点已访问完毕，更新 fa[5]=2，有 5 相关的查询 6（查询 5 6），且
vis[6]=1，此时需要从 6 号节点开始使用并查集查找祖宗。

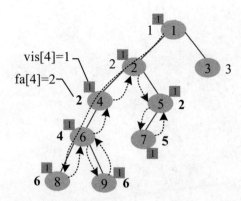

（9）从 6 号节点开始利用并查集查找祖宗的的过程如下。首先判断 6 的集合号 fa[6]=4，找 4 的集合号 fa[4]=2，找 2 的集合号 fa[2]=2，找到祖宗（集合号为其自身）后返回，并更新祖宗到当前节点路径上所有节点的集合号，即更新 6、4 的父节点 fa[4]=2，fa[6]=2，此时 fa[6]就是 5 和 6 的最近公共祖先。

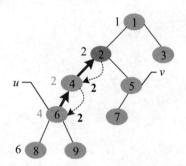

总结：在当前节点 u 的邻接点已访问完毕时，检查 u 相关的所有查询 v，若 vis[v]≠1，则什么也不做；若 vis[v]=1，则利用并查集查找 v 的祖宗，lca(u,v)=fa[v]。实际上，u 的祖宗就是 u 向上查找第 1 个邻接点未访问完的节点，它的 fa[]还没有更新，仍满足 fa[i]=i，它就是 v 的祖宗。

3. 算法实现

```
int find(int x){//并查集找祖宗
    if(x!=fa[x])
        fa[x]=find(fa[x]);
    return fa[x];
}

void tarjan(int u){//Tarjan算法
    vis[u]=1;
    for(int i=head[u];i;i=e[i].next){
        int v=e[i].to,w=e[i].c;
        if(vis[v])
```

```
            continue;
        dis[v]=dis[u]+w;
        tarjan(v);
        fa[v]=u;
    }
    for(int i=0;i<query[u].size();i++){//u 相关的所有查询
        int v=query[u][i];
        int id=query_id[u][i];
        if(vis[v]){
            int lca=find(v);
            ans[id]=dis[u]+dis[v]-2*dis[lca];
        }
    }
}
```

4．算法分析

离线 Tarjan 算法用到了并查集的优越性，m 次查询的时间为 $O(n+m)$。

❖ 训练 1　最近公共祖先

题目描述（POJ1330）：一棵树如下图所示，每个节点都标有{1,2,…,16}的整数，节点 8 是树根。若节点 x 位于根和 y 之间的路径中，则 x 是 y 的祖先，节点也是自己的祖先。8、4、10 和 16 是 16 的祖先，8、4、6 和 7 是 7 的祖先。若 x 是 y 的祖先和 z 的祖先，则 x 被称为 y 和 z 的公共祖先，因此 8 和 4 是 16 和 7 的公共祖先。若 x 是 y 和 z 的公共祖先并且在它们的公共祖先中最接近 y 和 z，则 x 被称为 y 和 z 的最近公共祖先，16 和 7 的最近公共祖先是 4。若 y 是 z 的祖先，则 y 和 z 的最近公共祖先是 y，4 和 12 的最近公共祖先是 4。编写一个程序，找到树中两个不同节点的最近公共祖先。

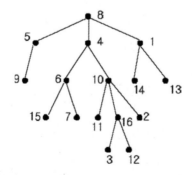

输入：第 1 行包含一个整数 T，表示测试用例的数量。每个测试用例的第 1 行都包含整数 N（$2 \leqslant N \leqslant 10,000$），表示树中的节点数。节点用 1～$N$ 标记。接下来的 $N-1$ 行，每行都包含一对表示边的整数，第 1 个整数是第 2 个整数的父节点（有 N 个节点的树则恰好有 $N-1$ 条边）。每个测试用例的最后一行都包含两个不同的整数，求其最近公共祖先。

输出：对每个测试用例，都单行输出两个节点的最近公共祖先。

输入样例	输出样例
2	4
16	3
1 14	
8 5	
10 16	
5 9	
4 6	
8 4	
4 10	
1 13	
6 15	
10 11	
6 7	
10 2	
16 3	
8 1	
16 12	
16 7	
5	
2 3	
3 4	
3 1	
1 5	
3 5	

题解：由于本题数据量不大，所以可以暴力求解最近公共祖先 LCA。

1. 算法设计

（1）初始化父节点 fa[i]=i，访问标记 flag[i]=0。

（2）从 u 向上标记到树根。

（3）v 向上，第 1 个遇到的带有标记的节点即为 u、v 的最近公共祖先。

2. 算法实现

```
int LCA(int u,int v){//暴力求解最近公共祖先
    if(u==v)
        return u;
    flag[u]=1;
    while(fa[u]!=u){//u向上走到根
        u=fa[u];
```

```
        flag[u]=1;
    }
    if(flag[v])
        return v;
    while(fa[v]!=v){//v 向上
        v=fa[v];
        if(flag[v])
            return v;
    }
    return 0;
}
```

训练 2　树上距离

题目描述（HDU2586）：有 n 栋房屋，由一些双向道路连接起来。每两栋房屋之间都有一条独特的简单道路（"简单"意味着不可以通过两条道路去一个地方）。人们每天总是喜欢这样问："我从 A 房屋到 B 房屋需要走多远？"

输入：第 1 行是单个整数 T（$T \leq 10$），表示测试用例的数量。每个测试用例的第 1 行都包含 n（$2 \leq n \leq 40000$）和 m（$1 \leq m \leq 200$），表示房屋数量和查询数量。下面的 $n-1$ 行，每行都包含三个数字 i、j、k，表示有一条道路连接房屋 i 和房屋 j，长度为 k（$0 < k \leq 40000$），房屋被标记为 $1 \sim n$。接下来的 m 行，每行都包含两个不同的整数 i 和 j，求房屋 i 和房屋 j 之间的距离。

输出：对每个测试用例，都输出 m 行查询答案，在每个测试用例后都输出一个空行。

输入样例	输出样例
2	10
3 2	25
1 2 10	
3 1 15	100
1 2	100
2 3	
2 2	
1 2 100	
1 2	
2 1	

题解：本题中任意两个房子之间的路径都是唯一的，是连通无环图，属于树形结构，所以求两个房子之间的距离相当于求树中两个节点之间的距离。可以采用最近公共祖先 LCA 的方法求解。求解 LCA 的方法有很多，在此使用树上倍增+ST 解决。

1. 算法设计

（1）根据输入数据采用链式前向星存储图。

（2）深度优先搜索，求深度、距离，初始化 F[v][0]。

（3）创建 ST。

（4）查询 x、y 的最近公共祖先 lca。

（5）输出 x、y 的距离 dist[x]+dist[y]–2×dist[lca]。

2. 完美图解

求 u 和 v 之间的距离，若 u 和 v 的最近公共祖先为 lca，则 u 和 v 之间的距离为 u 到树根的距离加上 v 到树根的距离，再减去 2 倍的 lca 到树根的距离：dist[u]+dist[v]–2×dist[lca]。

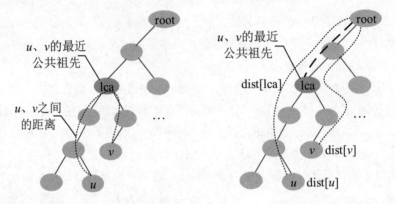

3. 算法实现

```
void dfs(int u){//求深度、距离，初始化F[v][0]
    for(int i=head[u];i;i=e[i].next){
        int v=e[i].to;
        if(v==F[u][0])
            continue;
        d[v]=d[u]+1;//深度
        dist[v]=dist[u]+e[i].c;//距离
        F[v][0]=u; //F[v][0]存放v的父节点
        dfs(v);
    }
}

void ST_create(){//构造ST
    for(int j=1;j<=k;j++)
        for(int i=1;i<=n;i++)//i先走2^(j-1)步到达F[i][j-1]，再走2^(j-1)步
            F[i][j]=F[F[i][j-1]][j-1];
}
```

```
int LCA_st_query(int x,int y){//求 x、y 的最近公共祖先
    if(d[x]>d[y])//保证 x 的深度小于或等于 y
        swap(x,y);
    for(int i=k;i>=0;i--)//y 向上走到与 x 同一深度
        if(d[F[y][i]]>=d[x])
            y=F[y][i];
    if(x==y)
        return x;
    for(int i=k;i>=0;i--)//x、y 一起向上走
        if(F[x][i]!=F[y][i])
            x=F[x][i],y=F[y][i];
    return F[x][0];//返回 x 的父节点
}
```

❖ 训练 3 距离查询

题目描述（POJ1986）：约翰有 N 个农场，标记为 1～N。有 M 条垂直和水平的道路连接农场，每条道路的长度各不相同。每个农场都可以直接连接到北部（N）、南部（S）、东部（E）或西部（W）最多 4 个其他农场。农场位于道路的终点，正好一条道路连接一对农场，没有两条道路交叉。他希望知道两个农场之间的道路长度，农场的地图如下图所示。"1 6 13 E"表示从 F1 到 F6 有一条长度为 13 的道路，F6 在 F1 的东部。

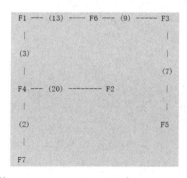

输入：第 1 行包含两个整数 N（2≤N≤40,000）和 M（1≤M<40,000）。第 2..M+1 行，每行都包含 4 个字符 a、b、l、d，表示两个农场 a 和 b 由一条路相连，长度为 l（1≤l≤1000），d 是字符"N""S""E"或"W"，表示从 a 到 b 的道路方向。第 M+2 行包含单个整数 K（1≤K≤10,000），表示查询个数。接下来的 K 行，每行都包含距离查询的两个农场的编号。

输出：对每个查询，都单行输出两个农场的距离。

输入样例	输出样例
7 6	13

```
1 6 13 E                                                3
6 3 9 E                                                 36
3 5 7 S
4 1 3 N
2 4 20 W
4 7 2 S
3
1 6
1 4
2 6
```

题解： 本题实际上为树上距离查询问题，可以采用 Tarjan 算法离线处理所有查询。

1．算法设计

（1）根据输入数据采用链式前向星存储图。

（2）采用 Tarjan 算法离线处理所有查询。

2．算法实现

```
void LCA(int u){//最近公共祖先
    fa[u]=u;
    vis[u]=true;
    for(int i=head[u];i!=-1;i=E[i].next){
        int v=E[i].to;
        if(!vis[v]){
            dis[v]=dis[u]+E[i].lca;//E[i].lca为u、v的边权
            LCA(v);
            fa[v]=u;
        }
    }
    for(int i=qhead[u];i!=-1;i=QE[i].next){
        int v=QE[i].to;
        if(vis[v]){
            QE[i].lca=dis[u]+dis[v]-2*dis[find(v)];//Find(v)为并查集找祖宗
            QE[i^1].lca=QE[i].lca;//i^1为i的反向边，QE[i].lca表示查询u、v的最短距离
        }
    }
}
```

✧ 训练 4　城市之间的联系

题目描述（HDU2874）： 由于大部分道路在战争期间已被完全摧毁，所以两个城市之间可能没有路径，也没有环。已知道路状况，想知道任意两个城市之间是否存在路径。若答案是肯定的，则输出它们之间的最短距离。

输入：输入包含多个测试用例。每个用例的第 1 行都包含 3 个整数 n、m、c（$2 \leq n \leq 10000$，$0 \leq m < 10000$，$1 \leq c \leq 1000000$）。n 表示城市数，编号为 $1 \sim n$。接下来的 m 行，每行都包含 3 个整数 i、j 和 k，表示城市 i 和城市 j 之间的道路，长度为 k。最后 c 行，每行都包含 i、j 两个整数，表示查询城市 i 和城市 j 之间的最短距离。

输出：对每个查询，若两个城市之间没有路径，则输出"Not connected"，否则输出它们之间的最短距离。

输入样例	输出样例
5 3 2	Not connected
1 3 2	6
2 4 3	
5 2 3	
1 4	
4 5	

题解：本题的两点之间无环，且有可能不连通，有可能不是一棵树，而是由多棵树组成的森林。因此需要判断是否在同一棵树中，若不在同一棵树中，则输出"Not connected"，否则可以使用求解最近公共祖先的 Tarjan 算法求解。

1. 算法设计

（1）根据输入的数据，采用链式前向星存储图。

（2）采用 Tarjan 算法离线处理所有查询。因为本题的操作对象可能有多棵树，因此需要注意两个问题：①修改 Tarjan 算法，引入一个 root 参数，用来判断待查询的两个节点是否在同一棵树中；②对未访问过的节点再次执行 Tarjan 算法。

（3）将每个查询中两个节点之间的距离都存储在答案数组中。

2. 算法实现

```
void LCA(int u,int deep,int root){//求解最近公共祖先
    fa[u]=u;
    dis[u]=deep;
    vis[u]=root;//标记 u 属于根为 root 的树
    for(int i=ehead[u];~i;i=e[i].next){
        int v=e[i].to;
        if(vis[v]==-1){
            LCA(v,deep+e[i].w,root);
            fa[v]=u;
        }
    }
    for(int i=qhead[u];~i;i=qe[i].next){
        int v=qe[i].to;
```

```
            if(vis[v]==root)//v和u在同一棵树中
                ans[qe[i].id]=dis[v]+dis[u]-2*dis[Find(v)];//Find(v)为并查集找祖宗
        }
}

for(int i=1;i<=n;i++){
    if(vis[i]==-1)//若未访问，则从i开始执行
        LCA(i,0,i);
}
```

2.3 树状数组

📖 原理1　一维树状数组

有一个包含 n 个数的数列 2,7,1,12,5,9…，请计算前 i 个数的和值，即前缀和 $sum[i]=a[1]+a[2]+\cdots+a[i]$（$i=1,2,\cdots,n$）。该怎么计算呢？一个一个加起来怎么样？

```
sum=0;
for(int k=1;k<=i;k++)
    sum+=a[k];
```

若用这种办法，则计算前 n 个数的和值需要 $O(n)$时间。而且若对 $a[i]$进行修改，则对 $sum[i],sum[i+1],\cdots,sum[n]$都需要修改，在最坏的情况下需要 $O(n)$时间。当 n 特别大时效率很低。

树状数组可以高效地计算数列的前缀和，其查询前缀和与点更新（修改）操作都可以在 $O(\log n)$时间内完成，那么树状数组是怎么巧妙实现这些的呢？

1. 树状数组的由来

树状数组引入了分级管理制度且设置了一个管理小组，管理小组中的每个成员都管理一个或多个连续的元素。例如，在数列中有 9 个元素，分别用 $a[1],a[2],\cdots,a[9]$存储，还设置了一个管理小组 $c[]$。

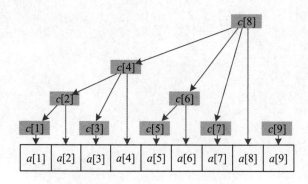

管理小组的每个成员都存储其所有子节点的和。

- $c[1]$: 存储 $a[1]$ 的值。
- $c[2]$: 存储 $c[1]$、$a[2]$ 的和值，相当于存储 $a[1]$、$a[2]$ 的和值。
- $c[3]$: 存储 $a[3]$ 的值。
- $c[4]$: 存储 $c[2]$、$c[3]$、$a[4]$ 的和值，相当于存储 $a[1]$、$a[2]$、$a[3]$、$a[4]$ 的和值。
- $c[5]$: 存储 $a[5]$ 的值。
- $c[6]$: 存储 $c[5]$、$a[6]$ 的和值，相当于存储 $a[5]$、$a[6]$ 的和值。
- $c[7]$: 存储 $a[7]$ 的值。
- $c[8]$: 存储 $c[4]$、$c[6]$、$c[7]$、$a[8]$ 的和值，相当于存储 $a[1]$～$a[8]$ 的和值。
- $c[9]$: 存储 $a[9]$ 的值。

从上图可以看出，这个管理数组 $c[]$ 是树状的，因此叫作树状数组。怎么利用树状数组求前缀和及点更新呢？

1）查询前缀和

若想知道 sum[7]，则只需 $c[7]$ 加上左侧所有子树的根即可，即 sum[7]=$c[4]$+$c[6]$+$c[7]$。

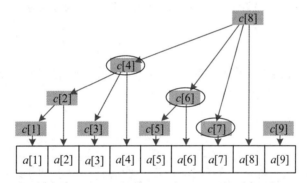

- sum[4]: 左侧没有子树，直接找 $c[4]$ 即可，sum[4]=$c[4]$。
- sum[5]: 左侧有一棵子树，其根为 $c[4]$，sum[5]=$c[4]$+$c[5]$。
- sum[9]: 左侧有一棵子树，其根为 $c[8]$，sum[9]=$c[8]$+$c[9]$。

2）点更新

点更新指修改一个元素的值，例如对 $a[5]$ 加上一个数 y，则需要更新该元素的所有祖先节点，即 $c[5]$、$c[6]$、$c[8]$，令这些节点都加上 y 即可，对其他节点都不需要修改。

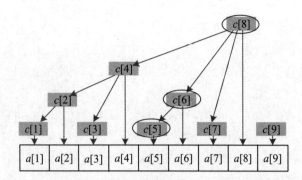

为什么只修改其祖先节点呢？因为当前节点只和祖先有关系，和其他节点没有关系。

- $c[5]$：存储 $a[5]$ 的值，修改 $a[5]$ 加上 y，因此 $c[5]$ 也要加上 y。
- $c[6]$：存储 $c[5]$、$a[6]$ 的和值（$a[5]$、$a[6]$），$a[5]$ 加上 y，$c[6]$ 也要加上 y。
- $c[8]$：存储 $c[4]$、$c[6]$、$c[7]$、$a[8]$ 的和值（$a[1] \sim a[8]$），$a[5]$ 加上 y，$c[8]$ 也要加上 y。

那么这个管理数组（树状数组）是怎么得来的呢？下面详细讲解。

2. 树状数组的实现

树状数组，又叫作二进制索引树（Binary Indexed Trees），通过二进制分解划分区间。那么 $c[i]$ 存储的是哪些值？

1）区间长度

若 i 的二进制表示末尾有 k 个连续的 0，则 $c[i]$ 存储的区间长度为 2^k，从 $a[i]$ 向前数 2^k 个元素，即 $c[i]=a[i-2^k+1]+a[i-2^k+2]+\cdots+a[i]$。

例如：$i=6$，6 的二进制表示为 110，末尾有 1 个 0，即 $c[6]$ 存储的值区间长度为 2（2^1），存储的是 $a[5]$、$a[6]$ 的和值，即 $c[6]=a[5]+a[6]$。

$i=5$，5 的二进制表示为 101，末尾有 0 个 0，即 $c[5]$ 存储的值区间长度为 1（2^0），它存储的是 $a[5]$ 的值，即 $c[5]=a[5]$。动手试一试，其他值是不是也这样？

怎么得到这个区间的长度呢？若 i 的二进制表示末尾有 k 个连续的 0，则 $c[i]$ 存储的值区间长度为 2^k，换句话说，区间长度就是 i 的二进制表示下最低位的 1 及它后面的 0 构成的数值。例如 $i=20$，其二进制表示为 10100，末尾有两个 0，区间长度为 2^2（4），其实就是 10100 最低位的 1 及其后面的 0 构成的数值 100（该数为二进制，其十进制为 4）。

最低位的1

$$i\quad 1\ 0\ (1\ 0\ 0)$$

怎么得到 100 呢？可以先把 10100 取反，得到 01011，然后加 1 得到 01100，此时，最低位的 1 仍然为 1，而该位前面的其他位与原值相反，因此与原值 10100 进行与运算即可。

最低位的1

$$
\begin{array}{r}
i\quad 1\ 0\ (1\ 0\ 0) \\
\sim i\quad 0\ 1\ 0\ 1\ 1 \\
+\ 1 \\
\hline
0\ 1\ 1\ 0\ 0 \\
\&\ 1\ 0\ 1\ 0\ 0 \\
\hline
0\ 0\ (1\ 0\ 0)
\end{array}
$$

- 取反运算（～）：1 变成 0，0 变成 1。
- 与运算（&）：两位都是 1，则为 1，否则为 0。

在计算机中二进制数采用的是补码表示，$-i$ 的补码正好是 i 取反加 1，因此 $(-i)\&i$ 就是区间的长度。若将 $c[i]$ 存储的值区间长度用 lowbit(i) 表示，则 lowbit(i)=$(-i)\&i$。

算法代码：

```
int lowbit(int i){
    return (-i)&i;
}
```

2）前驱和后继

直接前驱：$c[i]$ 的直接前驱为 $c[i-\text{lowbit}(i)]$，即 $c[i]$ 左侧紧邻的子树的根。

直接后继：$c[i]$ 的直接后继为 $c[i+\text{lowbit}(i)]$，即 $c[i]$ 的父节点。

前驱：$c[i]$ 的直接前驱、其直接前驱的直接前驱等，即 $c[i]$ 左侧所有子树的根。

后继：$c[i]$ 的直接后继，其直接后继的直接后继等，即 $c[i]$ 的所有祖先。

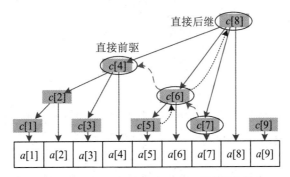

$c[7]$ 的直接前驱为 $c[6]$，$c[6]$ 的直接前驱为 $c[4]$，$c[4]$ 没有直接前驱；$c[7]$ 的前驱为 $c[6]$、$c[4]$。

$c[5]$ 的直接后继为 $c[6]$，$c[6]$ 的直接后继为 $c[8]$，$c[8]$ 没有直接后继；$c[5]$ 的后继为 $c[6]$、$c[8]$。

3）查询前缀和

前 i 个元素的前缀和 $sum[i]$ 等于 $c[i]$ 加上 $c[i]$ 的前驱，$sum[7]$ 等于 $c[7]$ 加上 $c[7]$ 的前驱，$c[7]$ 的前驱为 $c[6]$、$c[4]$，因此 $sum[7]=c[7]+c[6]+c[4]$。

算法代码：

```
int sum(int i){//求前缀和a[1]..a[i]
    int s=0;
    for(;i>0;i-=lowbit(i))//直接前驱i-=lowbit(i);
        s+=c[i];
    return s;
}
```

4）点更新

若对 $a[i]$ 进行修改，令 $a[i]$ 加上一个数 z，则只需更新 $c[i]$ 及其后继（祖先），即令这些节点都加上 z 即可，不需要修改其他节点。修改 $a[5]$，令其加上 2，则只需 $c[5]+2$，对 $c[5]$ 的后继分别加上 2，即 $c[6]+2$、$c[8]+2$。

算法代码：

```
void add(int i,int z) {//a[i]加上z
    for(;i<=n;i+=lowbit(i))//直接后继，即父节点i+=lowbit(i)
        c[i]+=z;
}
```

注意：树状数组的下标从 1 开始，不可以从 0 开始，因为 lowbit(0)=0 时会出现死循环。

5）查询区间和

若求区间和值 $a[i]+a[i+1]+\cdots+a[j]$，则求解前 j 个元素的和值减去前 $i-1$ 个元素的和值即可，即 $sum[j]-sum[i-1]$。

算法代码：

```
int sum(int i,int j) {//求区间和a[i]..a[j]
    return sum(j)-sum(i-1);
}
```

3. 算法分析

树状数组是通过二进制分解划分区间的。树状数组的性能与 n 的二进制位数有关，n 的二进制位数为 $[\log n]+1$，$[x]$ 表示向下取整，即取小于或等于 x 的最大整数。$[\log 5]=2$，5 的二进制位数为 3 位；$[\log 8]=3$，8 的二进制位数为 4。

如何求解树状数组的高度呢？树状数组底层的叶子是 $c[1]$，因此从开始一直找其后继（祖先）直到树根，就是树状数组的高度。$c[1]$–$c[2^1]$–$c[2^2]$–$c[2^3]$–$\cdots$–$c[n]$，每次都是 2 倍增长，假设 $n=2^x$，则 $x=\log n$，因此树高 $h=O(\log n)$。更新时，从叶子更新到树根，执行的次数不超过树的高度，因此更新的时间复杂度为 $O(\log n)$。

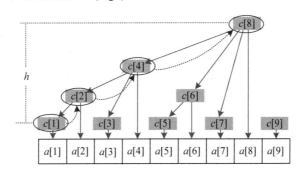

查询前缀和时，需要不停地查找前驱，那么前驱最多有多少个呢？n 的二进制数有 $k=[\log n]+1$ 位，在最多的情况下，每一位都是 1，则 $n=$ "111$\cdots$1" 可以被表示为 $n=2^{k-1}+2^{k-2}+\cdots+2^1+2^0$。$7=$ "111" $=2^2+2^1+2^0$，$c[7]$ 的前驱为 $c[7-2^0]$、$c[7-2^0-2^1]$、$c[7-2^0-2^1-2^2]$，最后一个为 $c[0]$，表示不存在，因此 $c[7]$ 的前驱为 $c[6]$、$c[4]$。前驱的个数与 n 的二进制数的位数有关，不超过 $O(\log n)$，因此查询前缀和的时间复杂度为 $O(\log n)$，即树状数组修改和查询的时间复杂度均为 $O(\log n)$。

📖 原理 2　多维树状数组

我们已经知道一维树状数组修改和查询的时间复杂度均为 $O(\log n)$，可以扩展为 m 维树状数组，其时间复杂度为 $O(\log^m n)$，对该算法只需加上一层循环即可。二维数组 $a[n][n]$、树状数组 $c[][]$ 的查询和修改方法如下。

（1）查询前缀和。二维数组的前缀和实际上是从数组左上角到当前位置 (x, y) 矩阵的区间和，在一维数组查询前缀和的代码中加上一层循环即可。

算法代码：

```
int sum(int x,int y) {//求左上角(1,1)到右下角(x,y)矩阵区间和
    int s=0;
    for(int i=x;i>0;i-=lowbit(i))
        for(int j=y;j>0;j-=lowbit(j))
            s+=c[i][j];
    return s;
}
```

（2）更新。若对 $a[x][y]$ 进行修改（加上 z），则在一维数组更新的代码中加上一层循环即可。

算法代码：

```
void add(int x,int y,int z) {//a[x][y]加上z
    for(int i=x;i<=n;i+=lowbit(i))
        for(int j=y;j<=n;j+=lowbit(j))
            c[i][j]+=z;
}
```

（3）查询区间和值。对二维数组查询区间和，实际上是求从左上角(x_1,y_1)到右下角(x_2,y_2)子矩阵的区间和。先求出左上角$(1,1)$到右下角(x_2, y_2)的区间和 $sum(x_2, y_2)$，然后减去$(1,1)$到(x_1-1, y_2)的区间和 $sum(x_1-1,y_2)$，再减去$(1,1)$到(x_2, y_1-1)的区间和 $sum(x_2, y_1-1)$，因为这两个矩阵的交叉区域多减了一次，所以再加回来，加上$(1,1)$到(x_1-1, y_1-1)的区间和 $sum(x_1-1, y_1-1)$。

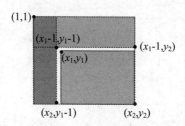

算法代码：

```
int sum(int x1,int y1,int x2,int y2) {//求左上角(x1,y1)到右下角(x2,y2)子矩阵的区间和
    return sum(x2,y2)-sum(x1-1,y2)-sum(x2,y1-1)+sum(x1-1,y1-1);
}
```

4. 树状数组的局限性

树状数组主要用于查询前缀和、区间和及点更新，对点查询、区间修改效率较低。

前缀和查询：求$a[1]..a[i]$的前缀和，普通数组需要$O(n)$时间，树状数组需要$O(\log n)$时间。

区间和查询：求$a[i]..a[j]$的区间和，普通数组需要$O(n)$时间，树状数组需要$O(\log n)$时间。

点更新：修改$a[i]$加上z，普通数组需要$O(1)$时间，树状数组需要$O(\log n)$时间。

点查询：查找第i个元素，普通数组需要$O(1)$时间，树状数组需要$O(\log n)$时间（求$sum[i]-sum[i-1]$）。

区间修改：若对一个区间$a[i]..a[j]$的所有元素都加上z，则普通数组需要$O(n)$时间，树状数组不能有效操作，只能一个一个地修改和更新，需要$O(n\log n)$时间。

减法规则：当问题满足减法规则时，例如求区间和$a[i]..a[j]$，则$sum(i,j)=sum[j]-sum[i-1]$。当问题不满足减法规则时，例如求区间$a[i]..a[j]$的最大值，则不可以用$a[1]..a[j]$的最大值减去$a[1]..a[i-1]$的最大值，此时可以用线段树解决。

❈ 训练 1 数星星

题目描述（POJ2352）：星星由平面上的点表示，星星的等级为纵横坐标均不超过自己的星星数量（不包括自己）。下图中，5 号星的等级为 3（纵横坐标均不超过 5 号星的星星有 3 颗：1、2 和 4 号）。2 和 4 号星的级别是 1。在该地图上有一颗 0 级星、两颗 1 级星、一颗 2 级星和一颗 3 级星。计算给定地图上每个级别的星星数量。

输入：第 1 行包含星星的数量 N（$1 \leqslant N \leqslant 15000$）。以下 N 行描述星星的坐标，每行都包含两个整数 X、Y（$0 \leqslant X, Y \leqslant 32000$）。平面上的一个点只可以有一颗星星。以 Y 坐标升序输入，在 Y 坐标相等时以 X 坐标升序输入。

输出：输出包含 N 行，第 1 行包含 0 级的星星数量，第 2 行包含 1 级的星星数量……最后一行包含 $N-1$ 级的星星数量。

输入样例	输出样例
5	1
1 1	2
5 1	1
7 1	1
3 3	0
5 5	

提示：数据量巨大，这里使用 scanf 而不是 cin 来读取数据，避免超出时间限制。

题解：每颗星星的等级都为它左下方的星星个数。输入所有星星（按照 y 升序，若 y 相等，则 x 升序）的坐标，依次输出等级 0～$n-1$ 的星星数量。

输入样例的地图如下图所示，图中星星旁边的数字为输入顺序，1 号星的左下没有星星，等级为 0；2 号星的左边有 1 颗星星，等级为 1；3 号星的左边有 2 颗星星，等级为 2；4 号星的左下有 1 颗星星，等级为 1；5 号星的左边有 3 颗星星，等级为 3。因此等级为 0 的有 1 个，等级为 1 的有 2 个，等级为 2 的有 1 个，等级为 3 的有 1 个，等级为 4 的有 0 个。

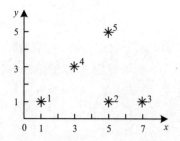

本题看似二维数据，实际上输入数据已经按照 y 升序，也就是说，读到一个点时，当前点的 y 坐标肯定大于或等于已经输入的 y 坐标。如果 y 坐标相等，则 x 坐标肯定大于已经输入的 x 坐标，所以每次只要计算 x 坐标比当前点小的点就行了。该问题的本质是统计 x 坐标前面星星的数量，是前缀和问题。因为数据量较大，暴力穷举会超时，所以可以借助树状数组解决。

注意：给的点坐标从 0 开始，树状数组下标从 1 开始（0 的位置不可用），所以需要在输入 x 坐标时加 1 处理。

1. 算法设计

（1）依次输入每一个坐标 x、y，执行 x++。

（2）计算 x 的前缀和 sum(x)，将其作为该星星的等级，用 ans[] 数组累计该等级的数量。

（3）将树状数组中 x 的数量加 1。

2. 算法实现

```
for(int i=0;i<n;i++){
    scanf("%d%d",&x,&y);
    x++;
    ans[sum(x)]++;
    add(x,1);//将x的数量c[x]加1
}

void add(int i,int val) {//将第i个元素增加val，其后继也要增加
    while(i<=maxn){ //是x点的范围，注意不是星星的个数n
        c[i]+=val;
        i+=lowbit(i);//i的后继（父节点）
    }
}

int sum(int i) {//前缀和
    int s=0;
    while(i>0){
        s+=c[i];
        i-=lowbit(i);//i的前驱
```

```
    }
    return s;
}
```

训练 2　公路交叉数

题目描述（POJ3067）：东海岸有 N 个城市，西海岸有 M 个城市（$N \leq 1000$，$M \leq 1000$），将建成 K 条高速公路。每个海岸的城市从北到南编号为 $1,2,\cdots$ 每条高速公路都是直线，连接东海岸的城市和西海岸的城市。建设资金由高速公路之间的交叉数决定。两个高速公路最多在一个地方交叉。请计算高速公路之间的交叉数量。

输入：输入文件以 T 为开头，表示测试用例的数量。每个测试用例都以 3 个数字 N、M、K 为开头。下面 K 行中的每一行都包含两个数字，表示由高速公路连接的城市号。第 1 个是东海岸的城市号，第 2 个是西海岸的城市号。

输出：对每个测试用例，都单行输出 "Test case x: s"，x 表示输入样例编号，s 表示交叉数。

输入样例	输出样例
1	Test case 1: 5
3 4 4	
1 4	
2 3	
3 2	
3 1	

题解：根据输入样例分析，一共有 5 个交叉点。

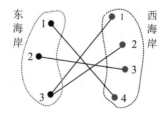

那么，怎么求交叉点呢？首先搞清楚交叉点是怎么产生的。当两条边的城市号都以升序（或降序）形式出现时，不产生交叉点。例如 1 2 和 2 3 不会产生交叉点。

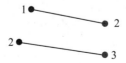

1 4 和 2 3 会产生交叉点，因为东海岸城市 1、2 是升序的，西海岸城市 4、3 是降序的。

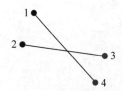

因此交叉点的产生原因和逆序对有关系，所以转变为求解逆序对问题。

1. 算法设计

（1）对输入的边按照 x 升序排列，若 x 相等，则按 y 升序排列。

（2）检查每条边 i，统计 y 的前缀和 $\text{sum}(e[i].y)$，该前缀和是前面比 y 小的正序数，边数减去正序数，即可得到逆序数 $i-\text{sum}(e[i].y)$，ans 累加逆序数。

（3）将树状数组中 $e[i].y$ 的值加 1。

2. 完美图解

根据输入样例，其交叉点求解过程如下。

（1）对输入的边按照 x 升序，若 x 相等，则按 y 升序。

排序结果：

1	4
2	3
3	1
3	2

（2）按照排序结果检查每条边 i，统计 y 的前缀和 $\text{sum}(e[i].y)$，将 ans 累加 $i-\text{sum}(e[i].y)$。

- $i=0$：1 4。$\text{sum}(4)=0$，$i-\text{sum}(4)=0$；4 的前缀和为 0，说明 4 前面没有数，因为前面还没有输入边，所以逆序边数量 ans=0。

- $i=1$：2 3。$\text{sum}(3)=0$，$i-\text{sum}(3)=1$。3 的前缀和为 0，说明 3 前面没有数，所以前面的 1 条边是逆序的，当前边和逆序边会产生交叉点，累加逆序边数量 ans=1。

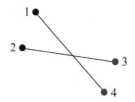

- $i=2$：3 1。sum(1)=0，i−sum(1)=2。1 的前缀和为 0，说明 1 前面没有数，因此前面的两条边是逆序的，当前边和每条逆序边会产生交叉点，累加逆序边数量 ans=3。

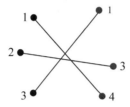

- $i=3$：3 2。sum(2)=1，i−sum(2)=2；前面的 3 条边已经有 1 条边是正序的，将该边减去，其余两条边是逆序的，当前边和每个逆序边都会产生交叉点，累加逆序边数量 ans=5。

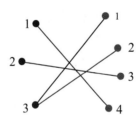

3. 算法实现

```
void add(int i) {//加1操作, 参数省略
    while(i<=m){
        ++c[i];
        i+=lowbit(i);
    }
}

int sum(int i){//求前缀和
    int s=0;
    while(i>0){
        s+=c[i];
        i-=lowbit(i);
    }
    return s;
```

```
}
for(int i=0;i<k;i++){
    ans+=i-sum(e[i].y);
    add(e[i].y);
}
```

训练 3 子树查询

题目描述（POJ3321）：在卡卡的房子外面有一棵苹果树，树上有 N 个叉（编号为 $1\sim N$，根为 1），它们通过分支连接。苹果在叉上生长，两个苹果不会在同一个叉上生长。一个新的苹果可能会在一个空叉上长出来，卡卡还可能会从树上摘一个苹果作为他的甜点。卡卡想了解一棵子树上有多少苹果。

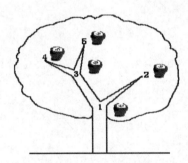

输入：第 1 行包含一个整数 N（$N \le 100,000$），表示树中叉的数量。以下 N–1 行，每行都包含两个整数 u 和 v，表示叉 u 和叉 v 通过分支连接。下一行包含整数 M（$M \le 100,000$）。以下 M 行，每行都包含一个消息，C x 表示改变 x 叉上的苹果状态。若叉上有苹果，则卡卡会选择摘掉它，否则一个新的苹果在这个空叉上长大；Q x 表示查询 x 叉上方子树中的苹果数量，包括 x 叉上的苹果（若存在）。注意：开始时树上长满了苹果。

输出：对每个查询，都单行输出答案。

输入样例	输出样例
3	3
1 2	2
1 3	
3	
Q 1	
C 2	
Q 1	

题解：本题包含两种操作，一种是点更新，一种是查询以当前节点为根的子树的苹果数量。点更新很简单，那么如何得到以当前节点为根的子树的苹果数量呢？

若将一棵树深度遍历，则记录遍历时当前节点进来和出去时的序号，两个序号之间的节点就是当前节点的子树节点。可以利用 DFS 序将子树转换为序列，然后求解区间和。

1. 算法设计

（1）根据输入的分支构建树。

（2）采用深度遍历求树的 DFS 序列，记录进出 i 节点的序号 L[i] 和 R[i]。

（3）Q x：查询以 x 节点为根的子树中的苹果数量，只需计算进出 x 节点的区间和[L[x],R[x]]，即 sum(R[x])–sum(L[x]–1)。

（4）C x：若判断 x 节点的值为 1，则在树状数组中点更新–1，否则+1。然后 $a[x] \mathbin{\char`^}= 1$，进行异或运算，1 变为 0，0 变为 1。

2. 完美图解

输入数据如下。

```
5
1 3
1 2
3 5
3 4
```

（1）构建一棵树，深度优先遍历的 dfs 序列如下图所示。

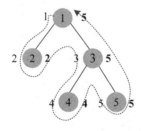

节点 i 进来和出去时的序号如下：

```
i   L[]  R[]
1   1    5
2   2    2
3   3    5
4   4    4
5   5    5
```

（3）查询或更新操作。

- Q 1：查询以 1 号节点为根的子树中的苹果数量。1 号节点的进出序号为 L[1]=1，R[1]=5，查询[1,5]的区间和，sum(R[1])–sum(L[1]–1)=5–0=5，所以 1 号节点的子树中的苹果数量为 5。

- Q 3：查询以 3 号节点为根的子树中的苹果数量。3 号节点的进出序号为 L[3]=3，R[3]=5，查询[3,5]的区间和，sum(R[3])–sum(L[3]–1)=5–2=3。所以 3 号节点的子树中的苹果数量为 3。

- C 2：改变 2 号节点的苹果状态。2 号节点有苹果（值为 1），在树状数组中点更新–1，然后 $a[2]$^=1，进行异或运算，1 变为 0，0 变为 1，此时 $a[2]$=0。

- Q 1：查询以 1 号节点为根的子树中的苹果数量，1 号节点的进出序号为 L[1]=1、R[1]=5，查询[1,5]的区间和，sum(R[1])–sum(L[1]–1)=4–0=4。所以 1 号节点的子树中的苹果数量为 4。

3．算法实现

```
void dfs(int u,int fa){//DFS 序列
    L[u]=dfn++;
    for(int i=head[u];i;i=E[i].next){
        int v=E[i].v;
        if(v==fa) continue;
        dfs(v,u);
    }
    R[u]=dfn-1;
}
//主函数中的更新和查询操作
if(op[0]=='C'){//更新操作
    if(a[L[v]])
        add(L[v],-1);
    else
        add(L[v],1);
    a[L[v]]^=1;
}
else{//查询操作
    int s1=sum(R[v]);
    int s2=sum(L[v]-1);
    printf("%d\n",s1-s2);
}
```

✕ 训练 4　矩形区域查询

题目描述（POJ1195）：移动电话的基站区域分为多个正方形单元，形成 $S \times S$ 矩阵，行和列的编号为 0～S–1，每个单元都包含一个基站。一个单元内活动手机的数量可能发生变化，因为手机从一个单元移动到另一个单元，或手机开机、关机。编写程序，改变某个单元的活动手机

数量，并查询给定矩形区域中当前活动手机的总数量。

输入：输入和输出均为整数。每个输入都占一行，包含一个指令和多个参数。所有值始终在以下数据范围内。若 A 为负，则可以假设它不会将值减小到零以下。

- 表大小：$1 \times 1 \leqslant S \times S \leqslant 1024 \times 1024$。
- 单元值：$0 \leqslant V \leqslant 32767$。
- 更新量：$-32768 \leqslant A \leqslant 32767$。
- 输入中的指令数：$3 \leqslant U \leqslant 60002$。
- 整个表中的最大电话数：$M = 2^{30}$。

指　　令	参　　数	含　　义
0	S	初始化 $S \times S$ 矩阵为 0。该指令只会在第一个指令中出现一次
1	$X\ Y\ A$	(X, Y) 单元的活动手机数增加 A。A 为正数或负数
2	$L\ B\ R\ T$	查询(X, Y) 单元的活动手机总数。$L \leqslant X \leqslant R,\ B \leqslant Y \leqslant T$
3		结束程序。该指令只会在最后一个指令中出现一次

输出：对指令 2，单行输出矩形区域中当前活动手机的总数量。

输入样例	输出样例
0 4	3
1 1 2 3	4
2 0 0 2 2	
1 1 1 2	
1 1 2 -1	
2 1 1 2 3	
3	

题解：本题包括单点更新与矩形区间和查询，是非常简单的二维树状数组问题。

1．算法设计

直接采用二维树状数组进行点更新和矩阵区间和查询即可。注意：本题坐标从 0 开始，树状数组下标必须从 1 开始，所以对输入下标做加 1 处理。

2．算法实现

```
void add(int x,int y,int z) {//点更新
    for(int i=x;i<=n;i+=lowbit(i))
        for(int j=y;j<=n;j+=lowbit(j))
            c[i][j]+=z;
}

int sum(int x,int y) {//区间和：左上角(1,1)到右下角(x,y)的矩阵区间和
```

```
    int s=0;
    for(int i=x;i>0;i-=lowbit(i))
        for(int j=y;j>0;j-=lowbit(j))
            s+=c[i][j];
    return s;
}

int sum(int x1,int y1,int x2,int y2) {//求左上角(x1,y1)到右下角(x2,y2)的子矩阵区间和
    return sum(x2,y2)-sum(x1-1,y2)-sum(x2,y1-1)+sum(x1-1,y1-1);
}
```

2.4 线段树

📖 原理 1 线段树的基本操作

线段树（segment tree）是一种基于分治思想的二叉树，它的每个节点都对应一个[L, R]区间，叶子节点对应的区间 $L=R$。每一个非叶子节点[L, R]其左子节点的区间都为[$L, (L+R)/2$]，右子节点的区间都为[$(L+R)/2+1, R$]。[1,10]区间的线段树如下图所示。

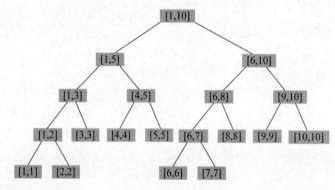

因为线段树对区间进行二分，是一棵平衡二叉树，所以树高为 $O(\log n)$，树上的操作大多与树高相关。线段树主要用于更新和查询，一般至少有一个是区间更新或查询。更新和查询的种类变化多样，灵活运用线段树可以解决多种问题。

1. 线段树的存储方式

对于区间最值（最大值或最小值）查询问题，线段树的每个节点都包含三个域：l、r、mx，其中 l 和 r 分别表示区间的左右端点，mx 表示[l, r]区间的最值。本题以最大值为例，若有 10 个元素 $a[1..10]=\{5,3,7,2,12,1,6,4,8,15\}$，则构建的线段树如下图所示。

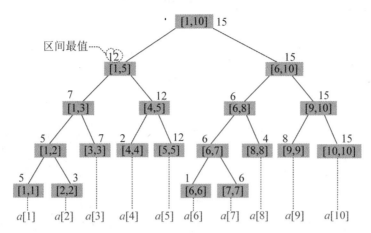

线段树除了最后一层,其他层构成一棵满二叉树,因此采用顺序存储方式,用一个数组 tree[] 存储节点。若一个节点的存储下标为 k,则其左子节点的下标为 $2k$,其右子节点的下标为 $2k+1$。

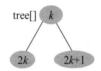

线段树根节点的存储下标为 1,其左右子节点的存储下标分别为 2、3,有 10 个元素的线段树,其存储下标如下图所示。

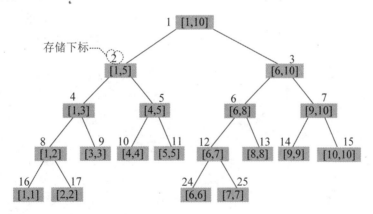

2. 创建线段树

可以采用递归的方法创建线段树,算法步骤如下。

（1）若是叶子节点（$l=r$）,则节点的最值就是对应位置的元素值。

（2）若是非叶子节点,则递归创建左子树和右子树。

（3）节点的区间最值等于该节点左右子树最值的最大值。

算法代码：

```
void build(int k,int l,int r) {//创建线段树,节点的存储下标为k,节点的区间为[l,r]
    tree[k].l=l;
    tree[k].r=r;
    if(l==r){
        tree[k].mx=a[l];
        return;
    }
    int mid,lc,rc;
    mid=(l+r)/2;//划分点
    lc=k*2;  //左子节点的存储下标
    rc=k*2+1;//右子节点的存储下标
    build(lc,l,mid);
    build(rc,mid+1,r);
    tree[k].mx=max(tree[lc].mx,tree[rc].mx);//节点的最大值等于左右子节点最值的最大值
}
```

3. 点更新

点更新指修改一个元素的值，例如将 $a[i]$ 修改为 v。采用递归进行点更新，算法步骤如下。

（1）若是叶子节点，满足 $l=r$ 且 $l=i$，则修改该节点的最值为 v。

（2）若是非叶子节点，则判断是在左子树中更新还是在右子树中更新。

（3）返回时更新节点的最值。

例如，修改第 5 个节点的值为 14 时，先从树根向下找第 5 个元素所在的叶子节点，将其最值修改为 14，返回时更新路径上所有节点的最值（左右子节点最值的最大值）。

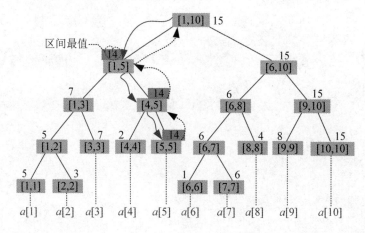

算法代码：

```
void update(int k,int i,int v) {//将a[i]更新为v
```

```
if(tree[k].l==tree[k].r&&tree[k].l==i){//找到a[i]
     tree[k].mx=v;
     return ;
}
int mid,lc,rc;
mid=(tree[k].l+tree[k].r)/2;//划分点
lc=k*2;    //左子节点的存储下标
rc=k*2+1;//右子节点的存储下标
if(i<=mid)
     update(lc,i,v);//到左子树中更新
else
     update(rc,i,v);//到右子树中更新
tree[k].mx=max(tree[lc].mx,tree[rc].mx);//返回时更新最值
}
```

4. 区间查询

区间查询指查询一个[l, r]区间的最值。采用递归的方法进行区间查询的算法步骤如下。

（1）若节点所在的区间被查询区间[l, r]覆盖，则返回该节点的最值。

（2）判断是在左子树中查询，还是在右子树中查询。

（3）返回最值。

例如，在[1,10]的线段树中查询[3,5]区间的最值，过程如下。

（1）计算树根[1,10]的划分点，mid=(1+10)/2=5，待查询区间 l=3、r=5、r≤mid，说明查询区间在左子树中，到左子树中查询。

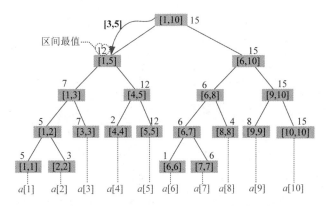

（2）计算左子树树根[1,5]的划分点，mid=(1+5)/2=3，待查询区间 l=3、r=5、r>mid、l≤mid，说明查询区间横跨左右子树两个区间，需要到左、右子树中查询[3,5]，然后求最大值。

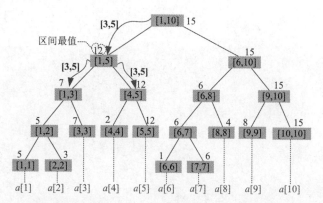

（3）计算左子树树根[1,3]的划分点，mid=(1+3)/2=2，待查询区间 l=3、r=5、l>mid，说明查询区间在右子树中，到右子树中查询，该右子树[3,3]被查询区间覆盖，返回最值 7。

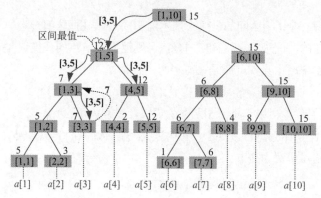

（4）右子树为[4,5]，待查询区间为[3,5]，被查询区间覆盖，返回区间最值 12。

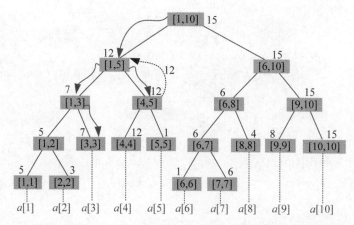

（5）左右子树分别返回最值 7、12，然后求最大值，即可得到查询区间[3,5]的最值为 12。

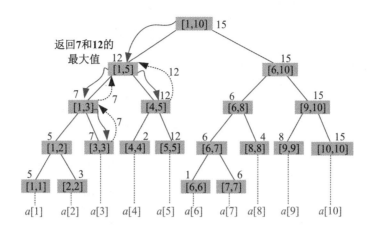

算法代码：

```
int query(int k,int l,int r) {//求[l,r]区间的最值
    if(tree[k].l>=l&&tree[k].r<=r)//查询区间覆盖该节点区间
        return tree[k].mx;
    int mid,lc,rc;
    mid=(tree[k].l+tree[k].r)/2;//划分点
    lc=k*2;   //左子节点的存储下标
    rc=k*2+1;//右子节点的存储下标
    int Max=-inf;//注意: 局部变量可以, 全局变量不可以
    if(l<=mid)
        Max=max(Max,query(lc,l,r));//到左子树中查询
    if(r>mid)
        Max=max(Max,query(rc,l,r));//到右子树中查询
    return Max;
}
```

📖 原理 2 线段树中的"懒操作"

上面讲的是对线段树的点更新和区间查询，若要求对区间中的所有点都进行更新，该怎么办？若对区间的每个点都进行更新，则时间复杂度较高，可以引入懒操作。下面讲解带有懒标记的区间更新和区间查询操作。

1. 区间更新

对[l, r]区间进行更新，例如将[l, r]区间的所有元素都更新为v，步骤如下。

（1）若当前节点的区间被查询区间[l, r]覆盖，则仅对该节点进行更新并做懒标记，表示该节点已被更新，对该节点的子节点暂不更新。

（2）判断是在左子树中查询还是在右子树中查询。在查询过程中，若当前节点带有懒标记，则将懒标记下传给子节点（将当前节点的懒标记清除，将子节点更新并做懒标记），继续查询。

（3）在返回时更新最值。

例如，在[1,10]区间的线段树中修改[4,8]区间的值为20，其过程如下。

（1）先判断[4,8]区间是否覆盖树根区间[1,10]，树根划分点 mid=(1+10)/2=5，查询区间横跨树根的左右子树区间，分别到左右子树中查找区间[4,8]，若当前节点有懒标记，则下传懒标记。

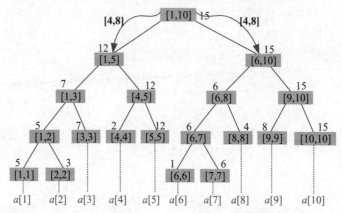

（2）在左子树[1,5]中查找更新区间[4,8]，划分点 mid=(1+5)/2=3，查询区间在右子树中，到右子树[4,5]中查找区间[4,8]，若该节点有懒标记，则下传懒标记。更新区间[4,8]正好覆盖[4,5]区间，更新最值并做懒标记。

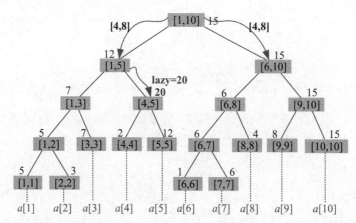

（3）在右子树[6,10]中查找更新区间[4,8]，划分点 mid=(6+10)/2=8，查询区间在左子树中，到左子树[6,8]中查找更新区间[4,8]，若该节点有懒标记，则下传懒标记。更新区间[4,8]正好覆盖[6,8]区间，更新最值并做懒标记。

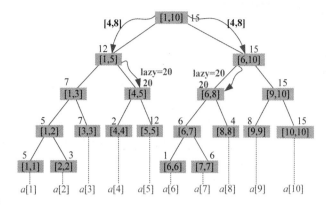

（4）返回时，更新节点的最值为其左右子树最值的最大值。

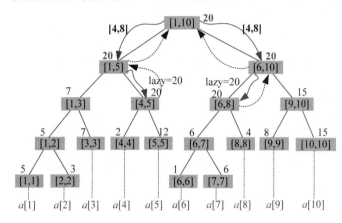

算法代码：

```
void lazy(int k,int v){
    tree[k].mx=v;//更新最值
    tree[k].lz=v;//做懒标记
}

void pushdown(int k) {//向下传递懒标记
    lazy(2*k,tree[k].lz);//下传给左子节点
    lazy(2*k+1,tree[k].lz);//下传给右子节点
    tree[k].lz=-1;//清除自己的懒标记
}

void update(int k,int l,int r,int v) {//将[l,r]区间的所有元素都更新为v
    if(tree[k].l>=l&&tree[k].r<=r)//找到该区间
        return lazy(k,v);//更新并做懒标记
    if(tree[k].lz!=-1)
        pushdown(k);//懒标记下传
```

```
int mid,lc,rc;
mid=(tree[k].l+tree[k].r)/2;//划分点
lc=k*2;  //左子节点的存储下标
rc=k*2+1;//右子节点的存储下标
if(l<=mid)
    update(lc,l,r,v);//到左子树中更新
if(r>mid)
    update(rc,l,r,v);//到右子树中更新
tree[k].mx=max(tree[lc].mx,tree[rc].mx);//返回时更新最值
}
```

2.区间查询

带有懒标记的区间查询和普通的区间查询有所不同，在查询过程中若遇到节点有懒标记，则下传懒标记，继续查询。例如，查询[6,7]区间的最值，过程如下。

（1）求树根[1,10]的划分点，mid=(1+10)/2=5，查询区间[6,7]在右子树中，继续判断，经过[6,8]区间时，该节点有懒标记，则下传懒标记（当前节点的懒标记清除，下传至左右子节点）。

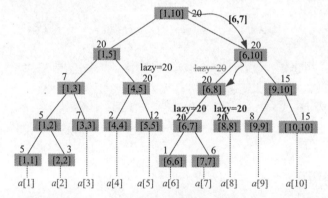

（2）继续判断，找到[6,7]区间，返回该区间的最值即可。

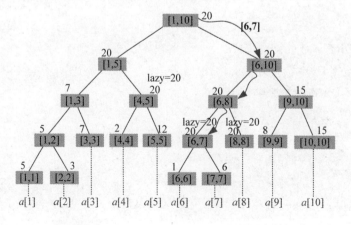

算法代码：

```
int query(int k,int l,int r) {//求[l..r]区间的最值
    int Max=-inf;
    if(tree[k].l>=l&&tree[k].r<=r)//找到该区间
        return tree[k].mx;
    if(tree[k].lz!=-1)
        pushdown(k);//懒标记下传
    int mid,lc,rc;
    mid=(tree[k].l+tree[k].r)/2;//划分点
    lc=k*2;  //左子节点的存储下标
    rc=k*2+1;//右子节点的存储下标
    if(l<=mid)
        Max=max(Max,query(lc,l,r));//到左子树中查询
    if(r>mid)
        Max=max(Max,query(rc,l,r));//到右子树中查询
    return Max;
}
```

3. 算法分析

线段树采用了分治算法策略，其点更新、区间更新、区间查询均可在 $O(\log n)$ 时间内完成。树状数组和线段树都用于解决频繁修改和查询的问题，树状数组可以实现点更新、区间和查询，线段树可以实现点更新、区间更新和区间查询。树状数组比线段树节省空间，代码简单易懂，但是线段树用途更广、更灵活，凡是可以用树状数组解决的问题都可以用线段树解决。

⋰ 训练 1　敌兵布阵

题目描述（HDU1166）：A 国在海岸线沿直线布置了 N 个工兵营地。C 国通过先进的监测手段对 A 国每个工兵营地的人数都掌握得一清二楚。每个工兵营地的人数都可能发生变动，可能增加或减少若干人手。

输入：第 1 行包含一个整数 T，表示有 T 组数据。每组数据的第 1 行都包含一个正整数 N（$N \leqslant 50000$），表示有 N 个工兵营地。接下来有 N 个正整数，第 i 个正整数 a_i 代表第 i 个工兵营地开始时有 a_i 个人（$1 \leqslant a_i \leqslant 50$）。再接下来每行都有一条命令，每组数据最多有 40000 条命令，命令有 4 种形式：①Add $i\,j$，表示第 i 个营地增加 j 个人（$j \leqslant 30$）；②Sub $i\,j$，表示第 i 个营地减少 j 个人（$j \leqslant 30$）；③Query $i\,j$，$i \leqslant j$，表示查询第 $i\sim j$ 个营地的总人数（int 以内）；④End，表示结束，在每组数据的最后出现。命令中的 i 和 j 均为正整数。

输出：对第 i 组数据，首先单行输出"Case i:"，然后对每个 Query 都单行输出查询区间的总人数。

输入样例	输出样例
1	Case 1:
10	6
1 2 3 4 5 6 7 8 9 10	33
Query 1 3	59
Add 3 6	
Query 2 7	
Sub 10 2	
Add 6 3	
Query 3 10	
End	

题解： 本题包括点更新和区间查询，可以采用树状数组或者线段树解决。

1．算法设计

（1）创建线段树，存储区间和。

（2）点更新，查询到该点后进行点更新，返回时更新区间和。

（3）区间查询，首先查找该区间，然后返回区间和值。

创建线段树时可以采用存储区间信息和不存储区间信息两种方法，本题采用不存储区间信息的方法创建线段树，并对两种区间查询方法进行对比。

2．创建线段树的两种方法

创建线段树的方法不同，数据结构和区间查询时的参数也不同。

（1）节点存储区间信息。每个节点都存储区间信息 l、r，以及其他信息如最值或和值。在前面线段树的基本操作中就采用了这种方式，进行区间查询时只需 3 个参数：待查询区间 L、R 和当前节点的编号。

（2）节点不存储区间信息。每个节点都不存储区间信息 l、r，用数组存储其他信息如最值或和值。进行区间查询时需要 5 个参数：待查询区间 L、R；当前节点的 l、r；当前节点编号 rt。节点不存储区间信息构建线段树的代码如下，区间查询的代码在后面给出。

```
#define lson l,m,rt<<1
#define rson m+1,r,rt<<1|1
void build(int l,int r,int rt) {//构建线段树
    if(l==r){
        scanf("%d",&sum[rt]);
        return ;
    }
    int m=(l+r)>>1;
    build(lson);
    build(rson);
```

```
    sum[rt]=sum[rt*2]+sum[rt*2+1];//更新区间和
}
```

3. 区间查询的两种方法

无论采用哪种方法创建线段树，都可以采用区间覆盖和区间相等两种方法进行区间查询。以节点不存储区间信息的 5 个参数区间和查询为例，3 个参数类似。

（1）区间覆盖。判断条件为覆盖时，查询区间无须改变，一直是[L, R]，累加左右两个区间查询的和值。

```
int query(int L,int R,int l,int r,int rt) {//区间查询 1
    if(L<=l&&r<=R)//判断条件为覆盖，查询区间[L,R]覆盖当前节点区间[l,r]
        return sum[rt];
    int m=(l+r)>>1;
    int ret=0;//定义变量，分两种情况累加区间和（或者求最值）
    if(L<=m)  ret+=query(L,R,lson);
    if(R>m)  ret+=query(L,R,rson);
    return ret;//返回结果
}
```

2）区间相等。判断条件为相等且跨两个区间查询时，左右子树的查询范围分别变为[L, m]、[m+1, R]。

```
int query(int L,int R,int l,int r,int rt) {//区间查询 2
    if(L==l&&r==R)//判断条件为相等，查询区间[L,R]等于当前节点区间[l,r]
        return sum[rt];
    int m=(l+r)>>1;
    if(R<=m)//分三种情况直接返回结果
        return query(L,R,lson);
    else if(L>m)
            return query(L,R,rson);
        else return query(L,m,lson)+query(m+1,R,rson);//左右子树查询范围分别变为[L,m]、[m+1,R]
}
```

⟐ 训练 2　简单的整数问题

题目描述（POJ3468）：有 N 个整数 $A_1,A_2,\cdots,A_N$，需要对其进行两种操作，一种操作是对给定区间中的每个数都添加一个给定的数，另一种操作是查询给定区间中数的总和。

输入：第 1 行包含两个数 N 和 Q（$1 \leqslant N$, $Q \leqslant 10^5$）；第 2 行包含 N 个数，为 $A_1,A_2,\cdots,A_N$ 的初始值（$-10^9 \leqslant A_i \leqslant 10^9$）；接下来的 Q 行，每行都表示一种操作，"C $a\ b\ c$" 表示将 $A_a,A_{a+1},\cdots,A_b$ 中的每一个数都加 c（$-10^4 \leqslant c \leqslant 10^4$），"Q $a\ b$" 表示查询 $A_a,A_{a+1},\cdots,A_b$ 的总和。

输出：对每个查询，都单行输出区间和的值。

输入样例	输出样例
10 5	4
1 2 3 4 5 6 7 8 9 10	55
Q 4 4	9
Q 1 10	15
Q 2 4	
C 3 6 3	
Q 2 4	

提示： 总和可能超过 32 位整数的范围。

题解： 本题有区间更新和区间查询两种操作。

1. 算法设计

（1）创建线段树，每个节点都存储区间信息[l, r]及区间和 val。

（2）区间查询，在查询区间和的过程中若有懒标记则下传。

（3）区间更新，先查找区间，再更新区间和并打懒标记，在查找过程中若有懒标记则下传。

2. 算法实现

```
void build(int x,int l,int r){//创建线段树
    t[x].l=l;t[x].r=r;
    if(l==r){
        scanf("%lld",&t[x].val);
        return;
    }
    int mid=(l+r)>>1;
    build(x*2,l,mid);
    build(x*2+1,mid+1,r);
    t[x].val=t[x*2].val+t[x*2+1].val;
}

void pushdown(int x){//下传标记
    if(t[x].lazy){
        t[x*2].lazy+=t[x].lazy;
        t[x*2].val+=t[x].lazy*(t[x*2].r-t[x*2].l+1);//懒标记值乘以区间长度
        t[x*2+1].lazy+=t[x].lazy;
        t[x*2+1].val+=t[x].lazy*(t[x*2+1].r-t[x*2+1].l+1);
        t[x].lazy=0;
    }
}

void update(int x,int l,int r,ll num){//区间修改
    if(t[x].l==l&&t[x].r==r){
```

```
    t[x].val+=num*(t[x].r-t[x].l+1);//区间中的每个元素都增加num，区间增量为num乘以区间长度
    t[x].lazy+=num;
    return;
  }
  pushdown(x);//下传懒标记
  int mid=(t[x].l+t[x].r)>>1;
  if(r<=mid)
    update(x*2,l,r,num);
  else if(l>mid)
      update(x*2+1,l,r,num);
    else update(x*2,l,mid,num),update(x*2+1,mid+1,r,num);
  t[x].val=t[x*2].val+t[x*2+1].val;
}

ll query(int x,int l,int r){//区间查询
  if(t[x].l==l&&t[x].r==r)
    return t[x].val;
  pushdown(x);
  int mid=(t[x].l+t[x].r)>>1;
  if(r<=mid)
    return query(x*2,l,r);
  else if(l>mid)
      return query(x*2+1,l,r);
    else return query(x*2,l,mid)+query(x*2+1,mid+1,r);
}
```

❖ 训练 3　数据结构难题

题目描述（HDU4902）：有 n 个数字 $a_1,a_2,\cdots,a_n$，每次都可以将$[l, r]$区间的每个数字都更改为数字 x（类型 1），或将$[l, r]$区间每个大于 x 的 a_i 都更改为最大公约数 $\gcd(a_i, x)$（类型 2），请输出最后的序列。

输入：第 1 行包含一个整数 T，表示测试用例的数量。每个测试用例的第 1 行都包含整数 n。下一行包含以空格分隔的 n 个整数 $a_1,a_2,\cdots,a_n$。再下一行包含一个整数 Q，表示操作数量。下面的 Q 行，每行都包含 4 个整数 t、l、r、x，t 表示操作类型，l、r 表示区间左右端点。$T \leqslant 2$，$n,Q \leqslant 100000$，$a_i,x \geqslant 0$ 且在 int32 范围内。

输出：对每个测试用例，都单行输出以空格分隔的最终序列，在序列结束后输出一个空格。

输入样例

```
1
10
  16807    282475249    1622650073    984943658
1144108930    470211272    101027544    1457850878
```

输出样例

```
16807    937186357    937186357    937186357
937186357 1 1 1624379149 1624379149 1624379149
```

91

```
1458777923 2007237709
10
1 3 6 74243042
2 4 8 16531729
1 3 4 1474833169
2 1 8 1131570933
2 7 9 1505795335
2 3 7 101929267
1 4 10 1624379149
2 2 8 2110010672
2 6 7 156091745
1 2 5 937186357
```

题解： 本题是很明显的区间更新问题，但不仅仅是简单的区间更新，而是将$[l,r]$区间每个大于 x 的 a_i 都更改为 $\gcd(a_i, x)$。

1．算法设计

（1）创建线段树。

（2）区间更新（类型 1），将$[l, r]$区间的每个数字都更改为数字 x。

（3）区间更新（类型 2），将$[l, r]$区间每个大于 x 的 a_i 都更改为 $\gcd(a_i, x)$。

2．完美图解

（1）创建线段树。根据输入样例，首先输入 10 个数，将其存储在数组中。

1	2	3	4	5	6	7	8	9	10
16807	282475249	1622650073	984943658	1144108930	470211272	101027544	1457850878	1458777923	2007237709

由于数值较大，为了方便起见，在下图中标记的是数值对应的下标，在程序中记录的是数值自身 data[i]。初时化时，区间最大值、懒标记等于数据自身，maxs[i]=lazy[i]=data[i]。

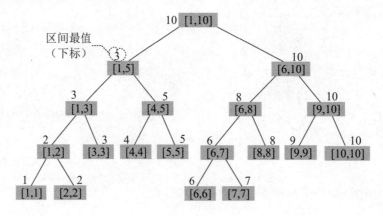

（2）1 3 6 74243042：将[3,6]区间的值修改为 x（x=74243042，用下标 11 标识）。找到[3,3]、[4,5]、[6,6]区间，更新这些区间的懒标记和最大值为 x，返回时更新最大值。

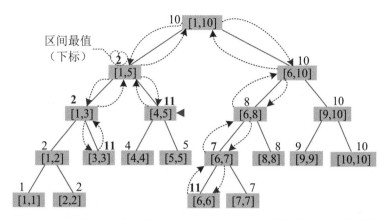

（3）2 4 8 16531729：将[4,8]区间大于 x（x=16531729）的值修改为两者的最大公约数。首先找到[4,5]、[6,8]区间。[4,5]区间带有懒标记，因此更新该区间的懒标记和最大值：lazy[i]=gcd(lazy[i], x)=1，maxs[i]=lazy[i]=1。返回时更新最大值。[6,8]区间没有懒标记，说明该区间的数值不同，因此继续查找左右子树，更新[6,6]、[7,7]、[8,8]区间。该区间的懒标记 lazy[i]=gcd(lazy[i], x)=1，最大值 maxs[i]=lazy[i]=1。返回时更新最大值。

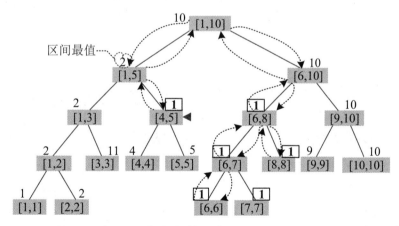

（4）1 3 4 1474833169：将[3,4]区间的值修改为 x（x=1474833169，用下标 12 标识）。找到[3,3]、[4,4]区间，更新这些区间的懒标记和最大值为 x，返回时更新最大值。在查找区间的过程中因为[4,5]区间带有懒标记，所以懒标记下传，再更新[4,4]区间。

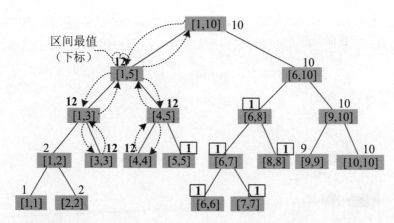

（5）2 1 8 1131570933：将[1,8]区间大于 x（x=1131570933）的值修改为两者的最大公约数。首先找到[1,5]、[6,8]区间。[6,8]区间的最大值比 x 小，什么也不做。[1,5]区间没有懒标记，说明该区间内的数值不同，因此继续查找左右子树，更新[1,2]、[3,3]、[4,4]、[5,5]区间，其中[1,2]、[5,5]区间的最大值比 x 小，什么也不做。只需更新[3,3]、[4,4]区间的懒标记和最大值：lazy[i]=gcd(lazy[i],x)=1，maxs[i]=lazy[i]=1，返回时更新最大值。

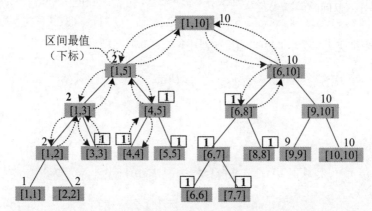

（6）2 7 9 1505795335：将[7,9]区间大于 x（x=1505795335）的值修改为两者的最大公约数。首先找到[7,7]、[8,8]、[9,9]区间，这 3 个区间的最大值比 x 小，什么也不做。

（7）2 3 7 101929267：将[3,7]区间大于 x（x=101929267）的值修改为两者的最大公约数。首先找到[3,3]、[4,5]、[6,7]区间，这 3 个区间的最大值比 x 小，什么也不做。

（8）1 4 10 1624379149：将[4,10]区间的值修改为 x（x=1624379149，用下标 13 标识）。找到[4,5]、[6,10]区间，更新这些区间的懒标记和最大值为 x，返回时更新最大值。

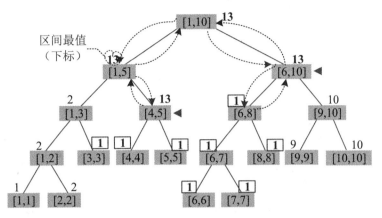

（9）2 2 8 2110010672：将[2,8]区间大于 x（x=2110010672）的值修改为两者的最大公约数。首先找到[1,10]区间，该区间的最大值比 x 小，什么也不做。

（10）2 6 7 156091745：将[6,7]区间大于 x（x=156091745）的值修改为两者的最大公约数。首先找到[6,7]区间，在查找过程中经过的[6,10]区间带有懒标记，懒标记下传，一直找到[6,7]区间，该区间带有懒标记，因此更新该区间的懒标记和最大值：lazy[i]=gcd(lazy[i],x)=1，maxs[i]=lazy[i]=1，返回时更新最大值。

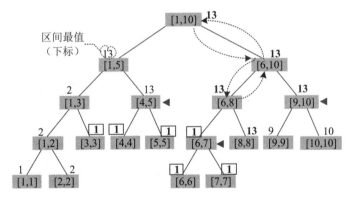

（11）1 2 5 937186357：将[2,5]区间的值修改为 x（x=937186357，用下标 14 标识）。找到[2,2]、[3,3]、[4,5]区间，更新这些区间的懒标记和最大值为 x，返回时更新最大值。

95

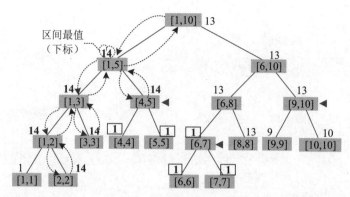

（12）输出结果。因为节点可能带有懒标记，因此在查找叶子的过程中懒标记下传，然后输出叶子即可。上图中[4,5]、[6,7]、[9,10]区间带有懒标记，懒标记下传后如下图所示。

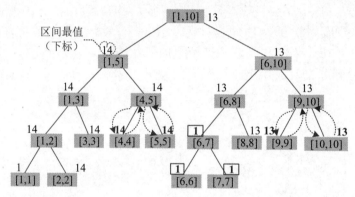

所有叶子节点的数据为1、937186357、937186357、937186357、937186357、1、1、1624379149、1624379149、1624379149。

3. 算法实现

（1）区间更新（类型1）。将[l, r]区间的每个数字都更改为数字 x，找到区间后更新最大值为 x。在查找过程中下传懒标记，返回时更新最大值。

```
void update1(int x,int L,int R,int l,int r,int i){//将[L,R]区间的每个数字都更改为数字 x
    if(L<=l&&r<=R){//区间覆盖
        lazy[i]=maxs[i]=x;//懒标记，最大值
        return ;
    }
    PushDown(i);//下传懒标记
    int mid=(l+r)>>1;
    if(L<=mid)
        update1(x,L,R,ls);//#define ls l,mid,i<<1
```

```
    if(R>mid)
        update1(x,L,R,rs);//#define rs mid+1,r,i<<1|1
    PushUp(i);//上传、更新最大值
}
```

（2）区间更新（类型 2）。将[l, r]区间每个大于 x 的 a_i 都更改为 gcd(a_i, x)。若该区间的最大值小于或等于 x，则什么也不做，因此在操作过程中可记录区间最大值，提高效率。若懒标记不为 0，且待更新区间覆盖当前节点区间，则 lazy[i]=gcd(lazy[i],x)，maxs[i]=lazy[i]，返回。懒标记下传，更新左右子树，返回时更新最大值。

算法代码：

```
void update2(int x,int L,int R,int l,int r,int i){
    if(maxs[i]<=x) return ;
    if(lazy[i]&&L<=l&&r<=R){
        lazy[i]=gcd(lazy[i],x);//gcd()为求最大公约数
        maxs[i]=lazy[i];
        return ;
    }
    PushDown(i);//懒标记下传
    int mid=(l+r)>>1;
    if(L<=mid)
        update2(x,L,R,ls);
    if(R>mid)
        update2(x,L,R,rs);
    PushUp(i);//上传、更新最大值
}
```

∴ 训练 4　颜色统计

题目描述（POJ2777）：有一个长 L 厘米的电路板，可以将板均分为 L 段（1～L），每段长 1 厘米。现在给电路板上色，每段只有一种颜色。可以在电路板上执行两种操作：①C a b c，从 a 段到 b 段涂色为 c；②P a b，输出 a 段和 b 段之间不同颜色的数量（包括 a、b），颜色编号为 1～T。开始时，在电路板上涂有颜色 1。

输入：第 1 行包含 3 个整数 L（$1 \leqslant L \leqslant 10^5$）、T（$1 \leqslant T \leqslant 30$）和 O（$1 \leqslant O \leqslant 10^5$，表示操作次数）。接下来的 O 行，每行都包含 C a b c 或 P a b（a、b、c 是整数，a 可以大于 b）。

输出：按顺序单行输出操作结果。

输入样例	输出样例
2 2 4	2
C 1 1 2	1
P 1 2	

```
C 2 2 2
P 1 2
```

题解： 根据输入样例，长度 $L=2$，颜色数 $T=2$，操作次数 $O=4$，初始时均为 1 号色。

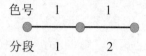

（1）C 1 1 2：将 1-1 段涂 2 号色。

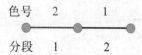

（2）P 1 2：统计 1-2 段的颜色数，输出颜色数 2。

（3）C 2 2 2：将 2-2 段涂 2 号色。

色号 2 2
分段 1 2

（4）P 1 2：统计 1-2 段的颜色数，输出颜色数 1。

本题包括区间修改、区间查询，可以用线段树解决。由于本题的区间查询只需统计该区间的颜色数，因此并不需要将区间内的所有颜色求和。

1. 算法设计

（1）创建线段树，树根的颜色为 1（相当于懒标记），其他节点的颜色为 0。

（2）查询$[l, r]$区间的颜色数。若树根 rt 颜色不为 0，则 ans[tree[rt].color]=true，返回；否则递归查询左右子树。统计所有颜色 k，若 ans[k]为真，则 tot++，最后输出 tot 即可。

（3）更新$[l, r]$区间的颜色为 c。若树根正好为该区间，则将根节点的颜色修改为 c，tree[rt].color=c，返回；否则树根颜色下传（左右子树等于根的颜色，将根的颜色修改为 0）；递归更新左右子树；返回时颜色统一（若左右子树颜色相同，则将树根的颜色也修改为该颜色）。

本题秘诀：

- 查询时，遇到第 1 个颜色非 0 节点，标记后返回，否则递归查询左右子树；
- 更新时，将区间的颜色号修改为 c，在查找过程中颜色下传，回退时颜色统一。

2. 完美图解

（1）创建线段树，树根的颜色为 1（相当于懒标记），其他节点的颜色为 0。

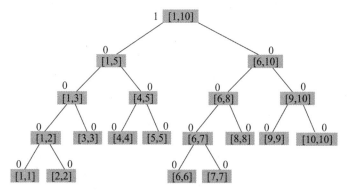

（2）P 1 2：统计 1-2 段的颜色数，因为树根[1,10]为 1 号色，不为 0，所以令 ans[1]=true，返回；统计后 1-2 段的颜色数为 1。

（3）C 4 6 2：将 4-6 段涂 2 号色。首先搜索[4,5]、[6,6]区间，在搜索过程中若颜色不为 0，则将其作为懒标记下传。将当前节点的懒标记下传给左右子节点，当前节点的颜色为 0。

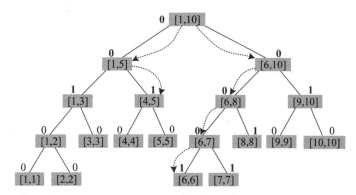

将[4,5]、[6,6]区间的颜色修改为 2，然后返回，在返回过程中若当前节点的左右子树颜色相同，则当前节点的颜色和它们一致。

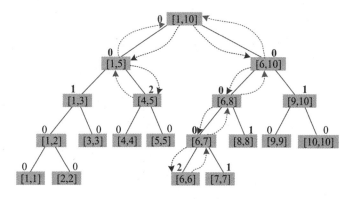

（4）P 5 8：统计 5-8 段的颜色数，因为树根[1,10]的颜色为 0，所以递归查询左右子树，[4,5]的颜色为 2，令 ans[2]=true，返回；[6,6]的颜色为 2，令 ans[2]=true，返回；[7,7]的颜色为 1，令 ans[1]=true，返回；[8,8]的颜色为 1，令 ans[1]=true，返回。统计后 5-8 段的颜色数为 2。注意：查询时遇到第一个颜色不为 0 的节点才会返回。

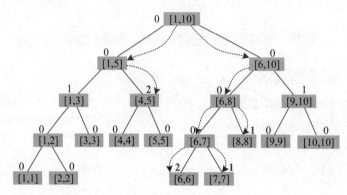

（5）C 5 9 1：将 5-9 涂 1 号色。首先搜索[5,5]、[6,8]、[9,9]区间。在搜索过程中若颜色不为 0，则将其作为懒标记下传。

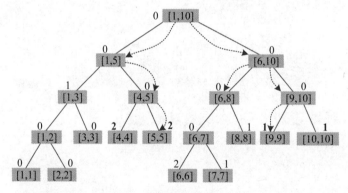

将[5,5]、[6,8]、[9,9]区间的颜色修改为 1，然后返回。返回时[9,10]、[6,10]区间左右子树的颜色相同，颜色修改与其左右子树一致，均为 1。

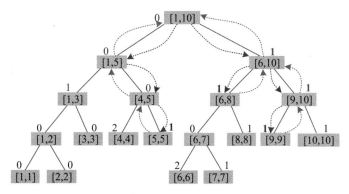

（6）P 6 7：统计 6-7 段的颜色数，因为树根[1,10]的颜色为 0，所以递归查询右子树，[6,10]的颜色为 1，令 ans[1]=true，返回。统计后 6-7 段的颜色数为 1。

3. 算法实现

```
void build(int rt,int l,int r){//创建线段树
    tree[rt].l=l; tree[rt].r=r;
    if(rt!=1) tree[rt].color=0;
    if(l==r) return;
    int mid=(l+r)>>1;
    build(lc,l,mid);
    build(rc,mid+1,r);
}

void lift_up(int rt){//颜色统一
    if(tree[lc].color==tree[rc].color)
        tree[rt].color=tree[lc].color;
}

void push_down(int rt){//颜色下传
    if(tree[rt].color){
        tree[lc].color=tree[rc].color=tree[rt].color;
        tree[rt].color=0;
    }
}

void modify(int rt,int l,int r,int c){//修改
    if (tree[rt].l==l&&tree[rt].r==r){
        tree[rt].color=c;
        return;
    }
    push_down(rt);
    int mid=(tree[rt].l+tree[rt].r)>>1;
```

```
    if(r<=mid) modify(lc,l,r,c);
    else if(l>mid) modify(rc,l,r,c);
    else {modify(lc,l,mid,c);modify(rc,mid+1,r,c);}
    lift_up(rt);
}

void query(int rt,int l,int r){//查询
    if(tree[rt].color){//第一个颜色非 0 节点
        ans[tree[rt].color]=true;
        return;
    }
    int mid=(tree[rt].l+tree[rt].r)>>1;;
    if(r<=mid) query(lc,l,r);
    else if(l>mid) query(rc,l,r);
    else {query(lc,l,mid);query(rc,mid+1,r);}
}
```

2.5 分块

📖 原理 分块详解

树状数组和线段树虽然非常方便，但维护的信息必须满足信息合并特性（如区间可加、可减），若不满足此特性，则不可以使用树状数组和线段树。分块算法可以维护一些线段树维护不了的内容，它其实就是优化过后的暴力算法。分块可以解决几乎所有区间更新和区间查询问题，但效率相对于线段树等数据结构要差一些。

分块算法是将所有数据都分为若干块，维护块内信息，使得块内查询为 $O(1)$ 时间，而总询问可被看作若干块询问的总和。

分块算法将长度为 n 的序列分成若干块，每一块都有 k 个元素，最后一块可能少于 k 个元素。为了使时间复杂度均摊，通常将块的大小设为 $k=\sqrt{n}$，用 pos[i]表示第 i 个位置所属的块，对每个块都进行信息维护。分块可以解决以下问题。

- 单点更新：一般先将对应块的懒标记下传，再暴力更新块的状态，时间复杂度为 $O(\sqrt{n})$。
- 区间更新：若区间更新横跨若干块，则只需对完全覆盖的块打上懒标记，最多需要修改两端的两个块，对两端剩余的部分暴力更新块的状态。每次更新都最多遍历 $\sqrt{n}$ 个块，遍历每个块的时间复杂度都是 $O(1)$，两端的两个块暴力更新 $\sqrt{n}$ 次，总的时间复杂度是 $O(\sqrt{n})$。
- 区间查询：和区间更新类似，对中间跨过的整个块直接利用块存储的信息统计答案，对两端剩余的部分可以暴力扫描统计。时间复杂度和区间修改一样，也是 $O(\sqrt{n})$。

将整个段分成多个块后进行修改或查询时，对完全覆盖的块直接进行修改，像线段树一样标记或累加；对两端剩余的部分进行暴力修改。分块算法遵循"大段维护、局部朴素"的原则。

1. 预处理

（1）将序列分块，然后将每个块都标记左右端点 L[i] 和 R[i]，对最后一块需要特别处理。$n=10$，$t=\sqrt{n}=3$，每 3 个元素为一块，一共分为 4 块，最后一块只有一个元素。

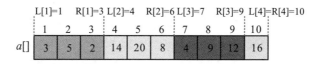

算法代码：

```
t=sqrt(n*1.0);//float sqrt (float),double sqrt (double),double long sqrt (double long)
int num=n/t;
if(n%t)  num++;
for(int i=1;i<=num;i++){
    L[i]=(i-1)*t+1;//每一块的左右端点
    R[i]=i*t;
}
R[num]=n;
```

（2）用 pos[] 标记每个元素所属的块，用 sum[] 累加每一块的和值。

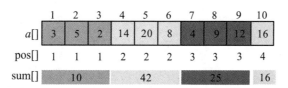

算法代码：

```
for(int i=1;i<=num;i++)
    for(int j=L[i];j<=R[i];j++){
        pos[j]=i;//表示属于哪个块
        sum[i]+=a[j];//计算每块的和值
    }
```

2. 区间更新

区间更新，例如将[l, r]区间的元素都加上 d。

（1）求 l 和 r 所属的块，p=pos[l]，q=pos[r]。

（2）若属于同一块（$p=q$），则对该区间的元素进行暴力修改，同时更新该块的和值。

（3）若不属于同一块，则对中间完全覆盖的块打上懒标记，add[i]+=d，对首尾两端的元素进行暴力修改。

例如，将[3,8]区间的元素都加上5，操作过程：①读取3和8所属的块 $p=pos[3]=1$，$q=pos[8]=3$，不属于同一块，中间的完整块$[p+1, q-1]$为第2块，为该块打上懒标记 add[2]+=5；②对首尾两端的元素（下标3、7、8）进行暴力修改，并修改和值。

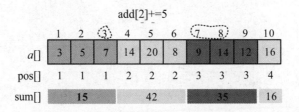

算法代码：

```
void change(int l,int r,long long d){//[l,r]区间的元素加d
    int p=pos[l],q=pos[r];//读取所属的块
    if(p==q) {//在同一块中
        for(int i=l;i<=r;i++)//暴力修改
            a[i]+=d;
        sum[p]+=d*(r-l+1);//修改和值
    }
    else{
        for(int i=p+1;i<=q-1;i++)//对中间完全覆盖的块打懒标记
            add[i]+=d;
        for(int i=l;i<=R[p];i++)//左端暴力修改
            a[i]+=d;
        sum[p]+=d*(R[p]-l+1); //修改和值
        for(int i=L[q];i<=r;i++)//右端暴力修改
            a[i]+=d;
        sum[q]+=d*(r-L[q]+1); //修改和值
    }
}
```

3. 区间查询

区间查询，例如查询[l, r]区间的元素和值。

（1）求 l 和 r 的所属块，$p=pos[l]$，$q=pos[r]$。

（2）若属于同一块（$p=q$），则对该区间的元素进行暴力累加，然后加上懒标记上的值。

（3）若不属于同一块，则对中间完全覆盖的块累加 sum[]值和懒标记上的值，然后对首尾两端暴力累加元素值及懒标记值。

例如，查询[2,7]区间的元素和值，操作过程：①读 $p=pos[2]=1$，$q=pos[7]=3$，不属于同一块，则中间的完整块$[p+1, q-1]$为第2块，ans+=sum[2]+add[2]×(R[2]−L[2]+1)=42+5×3=57；②对首

尾两端的元素暴力累加元素值及懒标记值。此时懒标记 add[1]=add[3]=0，ans+=5+7+add[1]×(3−2+1)+9+add[3]×(7−7+1)=78。

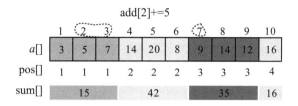

算法代码：

```
ll ask(int l,int r){//区间查询
    int p=pos[l],q=pos[r];
    ll ans=0;
    if(p==q) {//在同一块中
        for(int i=l;i<=r;i++)//累加
            ans+=a[i];
        ans+=add[p]*(r-l+1);//计算懒标记
    }
    else{
        for(int i=p+1;i<=q-1;i++)//累加中间段落
            ans+=sum[i]+add[i]*(R[i]-L[i]+1);
        for(int i=l;i<=R[p];i++)//左端暴力累加
            ans+=a[i];
        ans+=add[p]*(R[p]-l+1);
        for(int i=L[q];i<=r;i++)//右端暴力累加
            ans+=a[i];
        ans+=add[q]*(r-L[q]+1);
    }
    return ans;
}
```

训练 1 简单的整数问题

题目描述（POJ3468）见 2.4 节训练 2。

题解：本题有两种操作：区间更新和区间查询，可采用分块算法解决。

算法设计如下。

（1）分块预处理。将序列分块，然后对每个块都标记左右端点 L[i]和 R[i]，对最后一块需要特别处理；标记每个元素所属的块，累加每一块的和值。

（2）区间更新。首先取 l 和 r 所属的块，p=pos[l]，q=pos[r]；若属于同一块，则对该区间的所有元素都进行暴力修改，同时更新该块的和值。若不属于同一块，则对中间完全覆盖的块打上懒标记，add[i]+=d；对首尾两端的元素暴力修改即可。

（3）区间查询。首先取 l 和 r 所属的块，p=pos[l]，q=pos[r]；若属于同一块，则对该区间的所有元素都进行暴力累加，然后加上懒标记上的值。若不属于同一块，则对中间完全覆盖的块累加 sum[] 值和懒标记上的值，然后对首尾两端的元素暴力累加元素值及懒标记值。

算法实现源码见随书下载文件。

✧✧ 训练 2　数字序列

题目描述（POJ1019）： 给出单个正整数 i，编写程序以找到位于数字组 $S_1,S_2,\cdots,S_k$ 序列中第 i 位上的数字。每个组 S_k 都由一系列正整数组成，范围为 $1\sim k$，一个接一个地写入。序列的前 80 位数字如下：

1121231234123451234561234567123456781234567891234567891012345678910111234567 8910。

输入： 第 1 行包含一个整数 t（$1\leqslant t\leqslant 10$），表示测试用例的数量。每个测试用例后都跟一行，包含单个整数 i（$1\leqslant i\leqslant 2,147,483,647$）。

输出： 对每个测试用例，都单行输出第 i 位上的数字。

输入样例	输出样例
2	2
8	2
3	

题解： 在测试用例中，序列的第 8 位和第 3 位都是 2：

11212312341234512345612345671234567812345678912345678910123456789101111···

将每个组都看作一个分块，每个组（分块）的长度都为 $a[i]$：当组内的每个数都由一位数字组成时，当前组的长度等于前一组的长度+1；当组内出现两位数 10～99 时，当前组的长度等于前一组的长度+2，以此类推。

- 1 12 123 1234 12345 123456 1234567 12345678 123456789　　　前一组的长度+1
- 12345678910 1234567891011 123456789101112 ……　　　前一组的长度+2

$a[i]$ 为第 i 块的长度，sum[i] 为前 i（包括 i）块的总长度。

例如，查询第 n 位上的数字，首先定位到第 i 块，然后在当前块内查找具体的数 k。

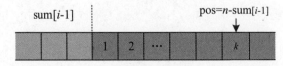

k 可能是多位数，例如 k=12406，如下图所示。

第 pos 位的数字应为 $k/10^{len-pos}=124$，$124\%10=4$。

1. 算法设计

（1）计算每一块的长度 $a[i]$ 及前 i 块的总长度 sum[i]。

（2）定位到第 i 块，在块内查找第 pos 位所在的数 k。

（3）数 k 有可能是多位数，第 pos 位为 $k/$(int)pow(10.0, len−pos)%10。

2. 算法实现

```
LL a[maxn],sum[maxn];//a[i]为第i组（分块）的长度，sum[i]为前i（包括i）组的总长度
int main(){
    int i;
    sum[0]=a[0]=0;
    for(i=1;i<maxn;i++){
        a[i]=a[i-1]+(int)log10((double)i)+1;
        sum[i]=sum[i-1]+a[i];
    }
    int t,n;
    scanf("%d",&t);
    while(t--){
        scanf("%d",&n);
        i=0;
        while(sum[i]<n) i++; //确定n在第i块
        int pos=n-sum[i-1];   //确定n在第i块的第pos个位置
        int len=0,k=0;
        while(len<pos){
            k++;
            len+=(int)log10((double)k)+1;
        }
        printf("%d\n", k/(int)pow(10.0,len-pos)%10);
    }
    return 0 ;
}
```

❖❖ 训练 3　区间最值差

题目描述（POJ3264）见 2.1 节训练 1。

题解：本题是典型的区间最值查询问题，可采用线段树、ST 或分块解决。

1. 算法设计

（1）分块。划分块，记录每个元素所属的块，以及每一块的左右端点下标、最大值和最小值。

（2）查询。查询[l, r]区间最大值和最小值的差值。

- 若该区间属于同一块，则暴力统计最大值和最小值，返回两者的差值。
- 若该区间包含多个块，则统计中间每个块的最大值和最小值，然后暴力统计左端点和右端点的最大值和最小值，返回两者的差值。

2. 算法实现

```
void build(){//分块预处理
    int t=sqrt(n*1.0);
    int num=n/t;
    if(n%num) num++;
    for(int i=1;i<=num;i++)
        L[i]=(i-1)*t+1,R[i]=i*t;
    R[num]=n;
    for(int i=1;i<=n;i++)
        belong[i]=(i-1)/t+1;
    for(int i=1;i<=num;i++){//求每一块的最值
        int MIN=inf,MAX=-inf;
        for(int j=L[i];j<=R[i];j++){
            MAX=max(MAX,a[j]);
            MIN=min(MIN,a[j]);
        }
        block_max[i]=MAX;
        block_min[i]=MIN;
    }
}

int query(int l,int r){//查询区间最值差
    int MIN=inf,MAX=-inf;
    if(belong[l]==belong[r]){
        for(int i=l;i<=r;i++){
            MAX=max(MAX,a[i]);
            MIN=min(MIN,a[i]);
        }
        return MAX-MIN;
    }
    else{
        for(int i=l;i<=R[belong[l]];i++){//左端点
            MAX=max(MAX,a[i]);
```

```
        MIN=min(MIN,a[i]);
    }
    for(int i=belong[l]+1;i<belong[r];i++){//中间
        MAX=max(MAX,block_max[i]);
        MIN=min(MIN,block_min[i]);
    }
    for(int i=L[belong[r]];i<=r;i++){//右端点
        MAX=max(MAX,a[i]);
        MIN=min(MIN,a[i]);
    }
}
return MAX-MIN;
}
```

❖ 训练 4　超级马里奥

题目描述（HDU4417）：可怜的公主陷入困境，马里奥需要拯救他的情人。把通往城堡的道路视为一条线（长度为 n），在每个整数点 i 上都有一块高度为 h_i 的砖，马里奥可以跳的最大高度是 H，求他在[L, R]区间可以跳过多少砖块。

输入：第 1 行是整数 T，表示测试用例的数量。每个测试用例的第 1 行都包含两个整数 n、m（$1 \leq n$，$m \leq 10^5$），n 是道路的长度，m 是查询的数量。下一行包含 n 个整数，表示每个砖的高度（范围是[0,10^9]）。接下来的 m 行，每行都包含三个整数 L、R、H（$0 \leq L \leq R < n$，$0 \leq H \leq 10^9$）。

输出：对每种情况都输出"Case X:"（X 是从 1 开始的案例编号），后跟 m 行，每行都包含一个整数。第 i 个整数是第 i 个查询中马里奥跳过的砖块数。

输入样例	输出样例
1	Case 1:
10 10	4
0 5 2 7 5 4 3 8 7 7	0
2 8 6	0
3 5 0	3
1 3 1	1
1 9 4	2
0 1 0	0
3 5 5	1
5 5 1	5
4 6 3	1
1 5 7	
5 7 3	

题解：本题为区间查询问题，查询[l, r]区间小于或等于 h 的元素个数，可以采用分块的方法解决。

1．算法设计

（1）分块。划分块并对每一块进行非递减排序。在辅助数组 temp[]上排序，原数组不变。

（2）查询。查询[l, r]区间小于或等于 h 的元素个数。

- 若该区间属于同一块，则暴力累加块内小于或等于 h 的元素个数。
- 若该区间包含多个块，则累加中间每一块小于或等于 h 的元素个数，此时可以用 upper_bound()函数统计，然后暴力累加左端和右端小于或等于 h 的元素个数。

2．完美图解

根据测试用例的输入数据，分块算法的求解过程如下。

（1）分块。n=10，t=√n=3，每 3 个元素为一块，一共分为 4 块，最后一块只有一个元素。原数组 a[]和每一块排序后的辅助数组 temp[]如下图所示。

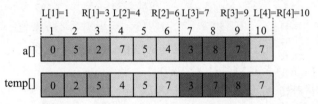

（2）查询。1 9 4：因为题目中的下标从 0 开始，上图中的下标从 1 开始，所以实际上是查询[2,10]区间高度小于或等于 4 的元素个数。[2,10]区间跨 4 个块，左端第 1 个块没有完全包含，需要暴力统计 a[2]、a[3]小于或等于 4 的元素。后面 3 个块是完整的块，对完整的块可以直接用 upper_bound()函数在 temp 数组中统计，该函数利用有序性进行二分查找，效率较高。

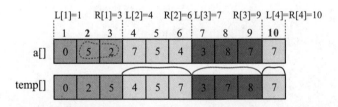

2．算法实现

upper_bound(begin, end, num)：从数组的 begin 位置到 end-1 位置二分查找第 1 个大于 num 的数字，若找到，则返回该数字的地址，否则返回 end。将返回的地址减去起始地址 begin，即可得到小于或等于 num 的元素个数。

```
void build(){//分块预处理
    int t=sqrt(n);
    int num=n/t;
    if(n%num) num++;
```

```
for(int i=1;i<=num;i++)
    L[i]=(i-1)*t+1,R[i]=i*t;
R[num]=n;
for(int i=1;i<=n;i++)
    belong[i]=(i-1)/t+1;
for(int i=1;i<=num;i++)
    sort(temp+L[i],temp+1+R[i]);//对每个块进行排序
}

int query(int l,int r,int h){//查询[l,r]区间有多少个数小于或等于h
    int ans=0;
    if(belong[l]==belong[r]){
        for(int i=l;i<=r;i++)
            if(a[i]<=h) ans++;
    }
    else{
        for(int i=l;i<=R[belong[l]];i++)//左端
            if(a[i]<=h) ans++;
        for(int i=belong[l]+1;i<belong[r];i++)//中间
            ans+=upper_bound(temp+L[i],temp+R[i]+1,h)-temp-L[i];
        for(int i=L[belong[r]];i<=r;i++)//右端
            if(a[i]<=h) ans++;
    }
    return ans;
}
```

❖ 训练 5　序列操作

题目描述（HDU5057）：有由 N 个非负整数组成的序列：$a[1],a[2],\cdots,a[N]$，对该序列进行 M 个操作，操作形式：①S $X Y$，将 $a[X]$ 的值设置为 Y（$a[X]=Y$）；②Q $L R D P$，求 $[L,R]$ 区间第 D 位是 P 的元素个数，L 和 R 是序列的索引。注意：第 1 位是最低有效位。

输入：第 1 行包含一个整数 T，表示测试用例的数量。每个测试用例的第 1 行都包含两个整数 N 和 M。第 2 行包含 N 个整数：$a[1],a[2],\cdots,a[N]$。接下来的 M 行操作，若类型为 S，则在该行中将包含两个整数 X、Y；若类型为 Q，则将包含 4 个整数 L、R、D、P。其中：$1 \leqslant T \leqslant 50$，$1 \leqslant N,M \leqslant 10^5$，$0 \leqslant a[i] \leqslant 2^{31}-1$，$1 \leqslant X \leqslant N$，$0 \leqslant Y \leqslant 2^{31}-1$，$1 \leqslant L \leqslant R \leqslant N$，$1 \leqslant D \leqslant 10$，$0 \leqslant P \leqslant 9$。

输出：对每个 Q 操作，都单行输出答案。

输入样例	输出样例
1	5
5 7	1
10 11 12 13 14	5
Q 1 5 2 1	0

```
Q 1 5 1 0                                          1
Q 1 5 1 1
Q 1 5 3 0
Q 1 5 3 1
S 1 100
Q 1 5 3 1
```

题解： 根据测试用例的输入数据，序列如下图所示。

1	2	3	4	5
10	11	12	13	14

- Q 1 5 2 1：查询到[1,5]区间第 2 位是 1 的元素有 5 个。
- Q 1 5 1 0：查询到[1,5]区间第 1 位是 0 的元素有 1 个。
- Q 1 5 1 1：查询到[1,5]区间第 1 位是 1 的元素有 1 个。
- Q 1 5 3 0：查询到[1,5]区间第 3 位是 0 的元素有 5 个。
- Q 1 5 3 1：查询到[1,5]区间第 3 位是 1 的元素有 0 个。
- S 1 100：将第 1 个元素修改为 100。

1	2	3	4	5
100	11	12	13	14

- Q 1 5 3 1：查询到[1,5]区间第 3 位是 1 的元素有 1 个。

本题包括点更新和区间查询，区间查询比较特殊，需要查询第 D 位是 P 的元素个数，可以采用分块的方法来解决。

1. 算法设计

（1）分块。划分块，统计每一块每一位上的元素个数。block[i][j][k]表示第 i 块中第 j 位是 k 的元素个数。

（2）查询。查询[l, r]区间第 d 位是 p 的元素个数。

- 若该区间属于同一块，则暴力累加块内第 d 位是 p 的元素个数。
- 若该区间包含多个块，则累加中间每一块 i 的 block[i][d][p]，然后暴力累加左端和右端第 d 位是 p 的元素个数。

（3）更新。将 $a[x]$ 的值更新为 y。因为原来 x 所属的块已统计了 $a[x]$ 每一位上的元素个数，所以此时需要减去，再将新的值 y 累加上即可。

2. 算法实现

```
int a[maxn],belong[maxn],L[maxn],R[maxn],block[400][12][12],n,m;
```

```
//block[i][j][k]表示第 i 个块中第 j 位是 k 的元素个数
int ten[11]={0,1,10,100,1000,10000,100000,1000000,10000000,100000000,1000000000};
void build(){//分块预处理
    int t=sqrt(n);
    int num=n/t;
    if(n%t)  num++;
    for(int i=1;i<=num;i++){
        L[i]=(i-1)*t+1;//每块的左右
        R[i]=i*t;
    }
    R[num]=n;
    for(int i=1;i<=n;i++)
        belong[i]=(i-1)/t+1;//所属的块
    for(int i=1;i<=n;i++){
        int temp=a[i];
        for(int j=1;j<=10;j++){//位数最多有 10 位, 1<=D<=10
            block[belong[i]][j][temp%10]++;//块、位、位上的数
            temp/=10;
        }
    }
}

int query(int l,int r,int d,int p){//查询[l,r]区间第 d 位是 p 的元素个数
    int ans=0;
    if(belong[l]==belong[r]){//属于同一块
        for(int i=l;i<=r;i++)//暴力统计
            if((a[i]/ten[d])%10==p)
                ans++;
        return ans;
    }
    for(int i=belong[l]+1;i<belong[r];i++)//累加中间的块
        ans+=block[i][d][p];
    for(int i=l;i<=R[belong[l]];i++){//左端暴力累加
        if((a[i]/ten[d])%10==p)
            ans++;
    }
    for(int i=L[belong[r]];i<=r;i++){//右端暴力累加
        if((a[i]/ten[d])%10==p)
            ans++;
    }
    return ans;
}

void update(int x,int y){//将 a[x]的值更新为 y
```

```
for(int i=1;i<=10;i++){//原来的统计数减少
    block[belong[x]][i][a[x]%10]--;
    a[x]/=10;
}
a[x]=y;
for(int i=1;i<=10;i++){//新的统计数增加
    block[belong[x]][i][y%10]++;
    y/=10;
}
}
```

第**3**章 | 字符串处理

3.1 字典树

📖 原理 字典树详解

字典树，又称 Trie 树、单词查找树，是一种树形结构，也是哈希树的一种变种，主要用于统计、排序和存储大量的字符串（但不限于字符串），所以经常被搜索引擎系统用于文本词频统计。它的优点：利用字符串的公共前缀来减少查询时间，最大限度地减少无谓的字符串比较，查询效率比哈希树高。

字典树是用于字符串快速检索的多叉树，每个节点都包含多个字符指针，将从根节点到某一节点路径上经过的字符连接起来，为该节点对应的字符串。

例如，bee 是一个单词，beer 也是一个单词，此时可以在每个单词结束的位置都加一个 end[] 标记，表示从根到这里有一个单词。

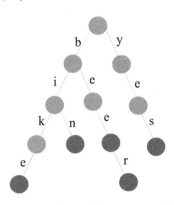

字典树的基本操作：创建、查找、插入和删除，极少出现删除操作。

1. 字典树的创建

字典树的创建指将所有字符串都插入字典树中。插入操作指将一个字符串插入字典树中。

字典树可以采用数组或链表存储，这里采用数组存储来实现静态链表。

完美图解：

字符串是由小写字母组成的，每个节点都包含 26 个域（26 个字母）。

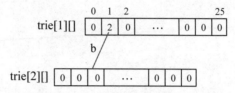

（1）插入一个单词 s（bike），首先将字符转换为数字，s[0] –'a'=1，判断 trie[1][1]为 0，令 trie[1][1]=2，相当于创建一个新的节点（下标为 2）。

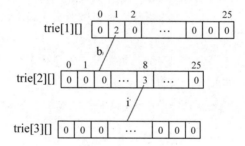

（2）s[1] –'a'=8，判断 trie[2][8]为 0，令 trie[2][8]=3。

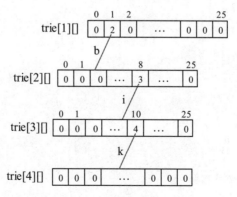

（3）s[2] –'a'=10，判断 trie[3][10]为 0，令 trie[3][10]=4。

（4）s[3] –'a'=4，判断 trie[4][4]为 0，令 trie[4][4]=5，end[5]=true，标记单词结束。

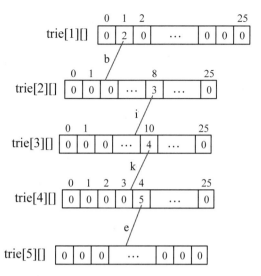

（5）接着插入一个单词 s（bin），首先将字符转换为数字，s[0]–'a'=1，判断 trie[1][1]=2，不为 0，令 p=2，沿第 2 个节点继续插入。

（6）s[1]–'a'=8，判断 trie[2][8]=3，令 p=3，沿第 3 个节点继续插入。

（7）s[2]–'a'=13，判断 trie[3][13] 为 0，令 trie[3][13]=6，end[6]=true。

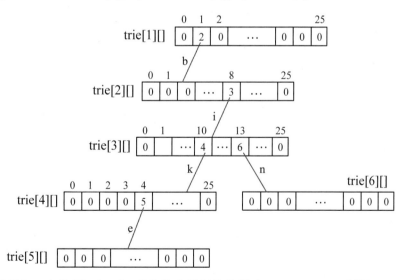

（8）接着插入一个单词 s（yes），首先将字符转换为数字，s[0]–'a'=24，判断 trie[1][24] 为 0，令 trie[1][24]=7。

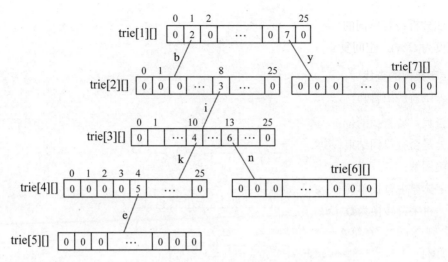

（9）继续插入 s（yes）的后两个字符，end[9]=true，标记单词结束。

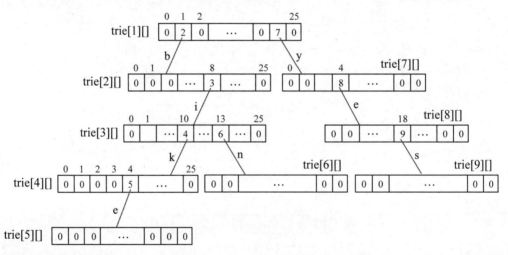

算法代码：

```
void insert(string s) {//将字符串 s 插入字典树中
    int len=s.length(),p=1;
    for(int i=0;i<len;i++){
        int ch=s[i]-'a';//转换为数字
        if(!trie[p][ch])
            trie[p][ch]=++tot;//记录下标
        p=trie[p][ch];
    }
    end[p]=true;//标记单词结束
}
```

算法分析：若单词的总长度为 N，字符的种类为 k，插入的字符串长度为 n，则创建 Trie 的复杂度为 $O(N)$，空间复杂度为 $O(Nk)$，插入字符串的时间复杂度均为 $O(n)$。

2. 字典树的查找

若在字典树中查找该字符串是否存在，则和插入操作一样，首先将字符转换为数字，在字典树中查找，若查找的位置为 0，则说明不存在，否则继续向下查找；在字符串处理完毕后，判断此处是否有单词结束标记，若有，则说明该字符串存在。

完美图解：

在字典树中查找单词 s（bin）。

（1）将字符转换为数字，s[0] −'a'=1，判断 trie[1][1]，若为 0，则查找失败；trie[1][1]=2，不为 0，则令 $p=2$，在第 2 个节点继续查找。

（2）s[1] −'a'=8，判断 trie[2][8]，若为 0，则查找失败；trie[2][8]=3，不为 0，则令 $p=3$，在第 3 个节点继续查找。

（3）s[2] −'a'=13，判断 trie[3][13]，若为 0，则查找失败；trie[3][13]=6，不为 0，则令 $p=6$，在第 6 个节点继续查找。

此时字符串处理完毕，看 6 号节点是否有单词结束标记，若 end[6]为真，则返回查找成功，否则返回查找失败。

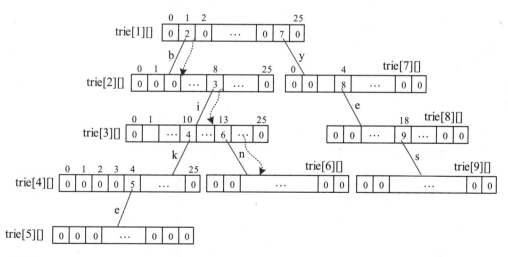

算法代码：

```
bool search(string s) {//在字典树中查找该字符串是否存在
    int len=s.length(),p=1;
    for(int i=0;i<len;i++){
```

```
        p=trie[p][s[i]-'a'];
        if(!p)
            return false;
    }
    return end[p];
}
```

算法分析：在字典树中查找一个关键字的时间与树中包含的节点数无关，只与关键字的字符数有关。若查找的字符串长度为 n，则查找的时间复杂度均为 $O(n)$。

3. 字典树的应用

（1）字符串检索。事先将已知的一些字符串（字典）的有关信息存储到 Trie 树里，查找一些字符串是否出现过、出现的频率和搜索引擎的热门查询。

（2）前缀统计。统计一个串所有前缀单词的个数，只需统计从根到叶子路径上单词出现的个数，也可以判断一个单词是否为另一个单词的前缀。

（3）最长公共前缀。Trie 树利用多个字符串的公共前缀来节省存储空间，反之，当把大量字符串都存储到一棵 Trie 树上时，可以快速得到某些字符串的公共前缀。对所有字符串都建立字典树，两个串的最长公共前缀的长度就是它们所在节点最近公共祖先的长度，于是转变为最近公共祖先问题。

（4）排序。利用字典树进行串排序。例如，给定 N 个互不相同的仅由一个单词构成的英文名，将它们按字典序从小到大输出。采用数组方式创建字典树，这棵树每个节点的所有子节点都按照其字母大小排序。对字典树进行先序遍历，输出的相应字符串便是按字典序排序的结果。

（5）作为其他数据结构与算法的辅助结构，例如后缀树、AC 自动机等。

⁘ 训练 1 单词翻译

题目描述（POJ2503）：你刚从滑铁卢搬到一个大城市，这里的人说着一种让人难以理解的外语方言。幸运的是，你有一本字典可以帮助自己翻译它们。请给出翻译后的内容。

输入：输入包含最多 100,000 个字典条目，每个字典条目都包含英语单词、空格和外语单词，后跟一个空行。接下来是待翻译的消息，最多 100,000 个外语单词（每行一个）。在字典中外语单词不会重复出现。每个单词最多有 10 个小写字母。

输出：输出翻译好的英语信息，每行一个单词，将不在字典中的外来词翻译为 "eh"。

输入样例	输出样例
dog ogday	cat
cat atcay	eh
pig igpay	loops
froot ootfray	

```
loops oopslay

atcay
ittenkay
oopslay
```

题解： 本题数据量较大，采用暴力搜索会超时。可以将英语单词存储到数组中，将外语单词存储到字典树中，并记录该外语对应的英语单词下标。查询时在字典树中查找消息中的每一个外语单词，若查找成功，则返回对应的英语单词下标。

1. 算法设计

（1）将字典条目中的英语单词存储到数组中，将英语单词插入字典树中。

（2）在字典树中查找待翻译的外语单词，输出对应的英语单词。

2. 算法实现

```
void insert(string s,int k){//将字符串 s 插入字典树中
    int len=s.length(),p=1;
    for(int i=0;i<len;i++){
        int ch=s[i]-'a';//转换为数字
        if(!trie[p][ch])
            trie[p][ch]=++tot;//记录下标
        p=trie[p][ch];
    }
    value[p]=k;//记录下标
    end[p]=1;
}

int query(string s){//查询
    int len=s.length(),p=1;
    for(int i=0;i<len;i++){
        int ch=s[i]-'a';//转换为数字
        p=trie[p][ch];
        if(!p)
            return 0;
    }
    if(end[p])
        return value[p];//返回下标
    return 0;
}
```

∴ 训练 2　电话表

题目描述（POJ3630）：给出一个电话号码列表，确定它是否满足一致性（没有号码是另一个号码的前缀）。假设电话目录列出了这些数字：紧急 911、爱丽丝 97625999、鲍勃 91125426，则在这种情况下无法呼叫鲍勃，因为只要拨打了他的电话号码的前三位数字，中心就会将呼叫转接到紧急线路。所以这个列表不满足一致性。

输入：第 1 行包含一个整数 T（$1 \leqslant T \leqslant 40$），表示测试用例的数量。每个测试用例的第 1 行都是一个整数 N（$1 \leqslant N \leqslant 10000$），表示电话号码的数量。接下来的 N 行，每行都有唯一的电话号码。电话号码是最多十位数的序列。

输出：对每个测试用例，若列表一致，则输出"YES"，否则输出"NO"。

输入样例	输出样例
2	NO
3	YES
911	
97625999	
91125426	
5	
113	
12340	
123440	
12345	
98346	

题解：本题是前缀判断问题，可以用字典树解决。

1．算法设计

（1）将每个字符串都依次插入字典树中。

（2）在插入过程中判断是否是如下两种情况之一，若是则返回 true。

- 若字符串处理完毕仍不为空，则说明该串是其他串的前缀。
- 若遇到单词结束标记，则说明其他串是该串的前缀。

（3）若返回 true，则输出"NO"，否则输出"YES"。

注意：在插入判断的过程中即使发现不一致，也不可以立即停止。继续读入数据，不插入字典树即可，因为有多个测试用例时，停止读入会造成下一个测试用例数据读入错误。

2．算法实现

```
bool insert(string s){//将字符串 s 插入字典树中
    int len=s.length(),p=1;
    for(int i=0;i<len;i++){
        int ch=s[i]-'0';//转换成数字
```

```
            if(!trie[p][ch])
                trie[p][ch]=++tot;//记录下标
            else if(i==len-1)//若字符串处理完毕仍不为空,则说明该串是其他串的前缀
                return true;
            p=trie[p][ch];
            if(end[p])
                return true;
        }
        end[p]=true;//标记单词结束
        return false;
    }

    for(int i=1;i<=n;i++){
        cin>>s;
        if(ans)
            continue;
        if(insert(s))//不可以立即结束,仍要读取 n 个串
            ans=true;
    }
}
```

⁑ 训练 3　统计难题

题目描述（HDU1251）：小明最近遇到一个难题,老师交给他很多单词(只由小写字母组成,不会有重复的单词出现),要求统计以某个字符串为前缀的单词数量(单词自身也是自己的前缀)。

输入：第 1 部分是一张单词表,每行一个单词,单词的长度不超过 10,表示老师交给小明统计的单词,一个空行代表单词表的结束。第 2 部分是一连串的提问,每行一个提问,每个提问都是一个字符串。注意：本题只有一组测试数据,处理到文件结束。

输出：对每个提问都给出以该字符串为前缀的单词数量。

输入样例	输出样例
banana	2
band	3
bee	1
absolute	0
acm	
ba	
b	
band	
abc	

题解： 本题为前缀统计问题，可以采用字典树解决。

1. 算法设计

（1）将字符串依次插入字典树中，用 cnt[p]统计经过 p 节点的单词数。

（2）在字典树中查询字符串，返回最后一个节点的 cnt[]，为以该字符串为前缀的单词数量。

2. 算法实现

```
void insert(string s){//将字符串 s 插入字典树中
    int len=s.length(),p=1;
    for(int i=0;i<len;i++){
        int ch=s[i]-'a';//转换为数字
        if(!trie[p][ch])
            trie[p][ch]=++tot;//记录下标
        p=trie[p][ch];
        cnt[p]++;//统计有多少个单词经过
    }
}

int query(string s){//查询
    int len=s.length(),p=1;
    for(int i=0;i<len;i++){
        int ch=s[i]-'a';//转换为数字
        p=trie[p][ch];
        if(!p)
            return 0;
    }
    return cnt[p];
}
```

⚙️ 训练 4 彩色的木棒

题目描述（POJ2513）： 有一堆木棒，每根棒的两个端点都用一些颜色着色，是否可以将棒对齐成直线，使得接触的端点有相同的颜色？

输入： 输入是一系列行，每行都包含以空格分隔的两个单词，表示一根木棒两个端点的颜色。单词是一个不超过 10 个字符的小写字母序列，不超过 250,000 根木棒。

输出： 若木棒能够以所需方式对齐，则单行输出"Possible"，否则输出"Impossible"。

输入样例	输出样例
blue red	Possible
red violet	
cyan blue	
blue magenta	

magenta cyan

题解： 在本题中可以将木棒的两端看成节点，把木棒看成边，相同的颜色为同一个节点，则问题转变为"一笔画"，即欧拉通路问题，经过每条边一次且仅一次，行遍所有节点。

经过图 G 中每个边恰好一次的路径叫作欧拉通路。若一个回路是欧拉通路，则称之为欧拉回路。有欧拉回路的图叫作欧拉图，有欧拉通路但没有欧拉回路的图叫作半欧拉图。

- 一个无向图存在欧拉回路，当且仅当连通且无奇度节点。
- 一个有向图存在欧拉回路，当且仅当连通且所有节点的入度都等于出度。
- 一个无向图存在欧拉通路，当且仅当连通且无奇度节点或恰好有两个奇度节点。
- 一个有向图存在欧拉通路，当且仅当连通且所有节点的入度都等于出度或恰好有两个节点的一个出度比入度大 1，一个入度比出度大 1。

由图论知识可知，无向图存在欧拉通路的充分必要条件为：①图是连通的；②无奇度节点或恰好有两个奇度节点（度为奇数的节点）。

连通性可以采用并查集处理，节点的度可以采用字典树统计。本题解决方案：字典树+并查集+欧拉通路。根据输入样例，该图连通，恰好有两个奇度节点，因此存在欧拉通路。

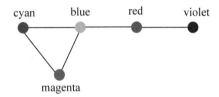

1. 算法设计

（1）将输入的数据插入字典树中，并累加颜色节点的度，合并集合。

（2）求 1 号节点的集合号（若连通，则所有节点的集合号都相同）。

（3）统计奇度节点的个数，若大于 2，则不可能存在欧拉通路，输出"Impossible"。

（4）若集合号不等，则说明不连通，输出"Impossible"。

（5）若没有奇度节点或恰好有两个奇度节点，则输出"Possible"。

2. 算法实现

```
int Find(int x){//找祖先
    if(fa[x]!=x)
        fa[x]=Find(fa[x]);
    return fa[x];
}

void Union(int a,int b){//合并集合
```

```
        int pa=Find(a);
        int pb=Find(b);
        fa[pb]=pa;
}

int Insert(char *s){//将字符串 s 插入字典树中
        int i=0,p=1;
        while(s[i]!='\0'){
                int ch=s[i++]-'a';//转换为数字
                if(!trie[p][ch])
                        trie[p][ch]=++tot;//记录下标
                p=trie[p][ch];
        }
        if(end[p])//颜色单词已存在
                return col[p];  //返回其颜色号
        else{//否则创建单词
                end[p]=true;
                col[p]=++color;
                return col[p];
        }
}

int main(){
        Init();
        for(int i=1;i<maxn;i++)//坑点!! 不可以写 i<=maxn，否则答案错误，总空间为 maxn
                fa[i]=i;
        char a[11],b[11];
        while(~scanf("%s %s",a,b)){
                int i=Insert(a);
                int j=Insert(b);//得到 a、b 颜色的编号
                degree[i]++;
                degree[j]++;//记录 a、b 颜色出现的次数（总度数）
                Union(i,j);//并查集合并
        }
        int s=Find(1);  //若图为连通图，则 s 为所有节点的祖先
        int num=0;  //度数为奇数的节点个数
        for(int i=1;i<=color;i++){
                if(degree[i]%2==1)
                        num++;
                if(num>2||Find(i)!=s){//存在多个祖先，图为森林，不连通
                        printf("Impossible\n");
                        return 0;
                }
        }
```

```
    if(num==0||num==2)  //没有奇度节点或恰好有两个奇度节点
        printf("Possible\n");
    else
        printf("Impossible\n");
    return 0;
}
```

训练 5 最长 xor 路径

题目描述（POJ3764）：在边权树中，路径 p 的 xor 长度被定义为路径 p 上边权的 xor：$_{xor}length(p)=\oplus_{e\in p}w(e)$，$\oplus$ 是 xor 运算符，表示异或。若一个路径有最大的 xor 长度，则该路径是 xor 最长的路径。给定 n 个节点的边权树，找到 xor 最长的路径。

输入：输入包含几个测试用例。每个测试用例的第 1 行都包含一个整数 n（$1 \leq n \leq 100000$），表示节点数。以下 n−1 行，每行都包含三个整数 u、v、w（$0 \leq u,v<n$，$0 \leq w<2^{31}$），表示节点 u 和 v 之间的长度为 w。

输出：对每个测试用例，都单行输出 xor 最长的路径长度。

输入样例	输出样例
4	7
0 1 3	
1 2 4	
1 3 6	

题解：输入样例构建的树如下图所示。

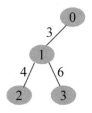

路径 0-1-2 的 xor 长度为 7（3⊕4=7），是最大的，机内表达为二进制异或运算 011⊕100=111。

dx[i]表示根节点到节点 i 路径上所有边权的 xor 值。通过一次深度优先搜索可以求出所有节点的 dx[i]。树上任意两个节点 u、v 路径上边权的 xor 值等于 dx[u] xor dx[v]，因为 x 和 x 异或等于 0，所以路径重复的部分会抵消。问题转变为在 dx[1]～dx[n]中选出两个，求 xor 的最大值。

考虑问题：给定序列 $a_1,a_2,\cdots,a_n$，对任意两个数进行 xor 运算，得到的最大值是多少？可以通过 a_i 和 $a_1,a_2,\cdots,a_{i-1}$ 异或，得到一个最大值，枚举 $i=2,3,\cdots,n$，取最大值即可。首先将 $a_1,a_2,\cdots,a_{i-1}$ 按位插入字典树中，然后沿着与 a_i 当前位相反的路径走，若与 a_i 当前位相反的路径不存在，则走 a_i 当前位。

1. 算法设计

（1）根据输入数据采用链式前向星存储。

（2）深度优先遍历，求解每个节点的 dx[i]，即树根到当前节点路径上边权的 xor 值。

（3）在字典树中查找 dx[i] 的异或结果，求最大值，并将 dx[i] 插入字典树中。

（4）输出最大值。

2. 算法实现

```
void dfs(int u,int f){//求dx[]，即从根到当前节点所有边权的xor值
    for(int i=head[u];i;i=e[i].next){
        int v=e[i].to,w=e[i].w;
        if(v==f)//父节点
            continue;
        dx[v]=dx[u]^w;
        dfs(v,u);
    }
}

void insert(int num){//将dx[i]按位插入字典树中
    int p=1;
    for(int i=30;i>=0;i--){
        bool k=num&(1<<i);
        if(!trie[p][k])
            trie[p][k]=++tot;
        p=trie[p][k];
    }
}

int find(int num){//查找dx[i]的异或结果
    int p=1,res=0;
    for(int i=30;i>=0;i--){
        bool k=num&(1<<i);
        if(trie[p][k^1]){//走相反路径
            res+=1<<i;
            p=trie[p][k^1];
        }
        else
            p=trie[p][k];
    }
    return res;
}
```

3.2　AC 自动机

📖 原理　AC 自动机详解

AC 自动机（Aho-Corasick automaton）在 1975 年产生于贝尔实验室，是著名的多模匹配算法。学习 AC 自动机之前，首先要有 KMP 和 Trie（字典树）的基础知识。

KMP 是单模匹配算法，即判断模式串 T 是否是主串 S 的子串。AC 自动机是多模匹配算法，例如有多个模式串 $T_1,T_2,T_3,\cdots,T_k$，求主串 S 包含所有模式串的次数。若使用 KMP 算法，则每个模式串 T_i 都要和主串 S 进行一次匹配，总时间复杂度为 $O(n{\times}k{+}m)$，其中 n 为主串 S 的长度，m 为模式串 $T_1,T_2,T_3,\cdots,T_k$ 的长度和，k 为模式串的个数。而采用 AC 自动机，时间复杂度只需 $O(n{+}m)$。例如给定 n 个单词，再给出一段包含 m 个字符的文章，找出有多少个单词在文章里出现过。

AC 自动机实际上是先将 KMP 算法和 Trie 树结合，用多个模式串构建一棵字典树，然后在字典树上构建失配指针，失配指针相当于 KMP 算法中的 next 函数（匹配失败时的回退位置），最后将主串在 Trie 树上进行模式匹配。AC 自动机算法分为 3 步：①构建一棵字典树；②构建 AC 自动机；③进行模式匹配。

1. 构建字典树

字典树就像我们平时使用的字典一样，把所有单词都编排到一个字典里面，查找单词时，首先看单词的首字母，进入首字母所在的分支，然后看单词的第 2 个字母，再进入相应的分支，假如该单词在字典树中存在，则只花费单词长度的时间就可以查询到这个单词。

创建字典树指将所有字符串都插入字典树中，字典树可以采用数组或链表存储。插入一个字符串时，需要从前往后遍历整个字符串，在字典树中从根开始判断当前要插入的字符节点是否已经建成，若已建成，则沿该分支遍历下一个字符即可；若没建成，则需要创建一个新节点来表示这个字符，然后往下遍历其他字符，直到整个字符串处理完毕。

假设有单词 she、he、his、hers，构建一棵字典树，如下图所示。

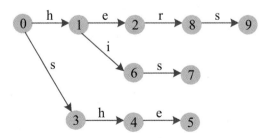

算法代码：

```
struct node{
    node *fail;
    node *ch[K]; //K 为分支数
    int count;
    node(){
        fail=NULL;
        memset(ch,NULL,sizeof(ch));
        count=0;
    }
};
node *superRoot,*root;//超根，树根，为处理方便，添加超根，树根为其儿子
void insert(char* str) {//Trie 的插入
    node *t=root;
    int len=strlen(str);
    for(int i=0;i<len;i++){
        int x=str[i]-'a'; //字符转数字
        if(t->ch[x]==NULL)
            t->ch[x]=new node;
        t=t->ch[x];
    }
    t->count++;
}
```

2. 构建 AC 自动机

若了解 KMP 算法，那么肯定了解 KMP 算法中的 next 函数（回退函数或者 fail 函数）。next 函数指 $S[i]$ 与 $T[j]$ 不等时 j 应该回退的位置。如下图所示，当 $S[i]$ 与 $T[j]$ 不等时，j 应该回退到 3 的位置，继续比较。

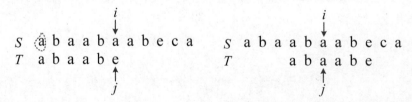

AC 自动机的失配指针有同样的功能，模式串在字典树上匹配失败时，会跳转到当前节点失配指针所指向的节点，再次进行匹配操作。AC 自动机之所以可以实现多模式匹配，要归功于失配指针（fail 指针）。AC 自动机是由字典树及失配指针（匹配失败时转向哪里）组成的。在字典树创建完成后再给每个节点添加失配指针，AC 自动机就构造完成了。上面的字典树在添加失配指针后如下图所示。

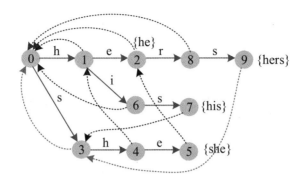

AC 自动机的失配指针指向的节点代表的字符串是当前节点代表的字符串的后缀，且在字典树中没有更长的当前节点的后缀。上图中，5 号节点的失配指针指向 2 号节点（字符串 {he}），它是 5 号节点（字符串 {she}）的后缀，且在字典树中没有更长的 5 号节点的后缀。

实际上，4 号节点的 e 子节点不为空，4 号节点的 e 子节点的失配指针指向其失配指针的 e 子节点（2 号节点）。5 号节点的 r 子节点为空，5 号节点的 r 子节点指向其失配指针的 r 子节点（8 号节点）。

构建 AC 自动机实际上就是添加失配指针的过程。由于失配指针都是向上走的，所以从根节点开始进行广度优先搜索就可以得到。构建 AC 自动机的过程如下。

（1）树根入队。

（2）若队列不为空，则取队头元素 t 并出队，访问该元素的每一个子节点 $t\text{-}\!>\!ch[i]$：

- 若 $t\text{-}\!>\!ch[i]$ 不为空，则 $t\text{-}\!>\!ch[i]$ 的失配指针指向 $t\text{-}\!>\!fail\text{-}\!>\!ch[i]$，$t\text{-}\!>\!ch[i]$ 入队；
- 若 $t\text{-}\!>\!ch[i]$ 为空，则 $t\text{-}\!>\!ch[i]$ 指向 $t\text{-}\!>\!fail\text{-}\!>\!ch[i]$。

（3）队空时，算法结束。

```cpp
void build_ac(){//构建AC自动机
    queue<node*> q;//队列，广度优先搜索使用
    q.push(root);
    while(!q.empty()){
        node *t;
        t=q.front();
        q.pop();
        for(int i=0;i<K;i++){
            if(t->ch[i]){
                t->ch[i]->fail=t->fail->ch[i];
                q.push(t->ch[i]);
            }
            else
                t->ch[i]=t->fail->ch[i];
        }
```

```
    }
}
```

3. 模式匹配

模式匹配指从树根开始处理模式串的每个字符，沿着当前字符的 fail 指针，一直遍历到 u->count=-1 为止，在遍历过程中累加这些节点的 u->count，累加后将节点标记为 u->count=-1，避免重复统计。u->count 大于或等于 1 的节点都是可以匹配的节点。

```
int query(char *str) {//统计在 str 中包含多少个单词
    int ans=0;
    node *t=root;
    int len=strlen(str);
    for(int i=0;i<len;i++){
        int x=str[i]-'a';
        t=t->ch[x];
        for(node *u=t;u->count!=-1;u=u->fail){
            ans+=u->count;
            u->count=-1;
        }
    }
    return ans;
}
```

例如，在字符串{shers}中包含了几个单词？首先从字典树的根开始，匹配第 1 个字符 s，然后匹配第 2 个字符 h，接着匹配第 3 个字符 e，匹配成功{she}，5 号节点的失配指针指向 2 号节点，又匹配成功{he}；继续匹配第 4 个字符 r，5 号节点的 r 子节点指向其失败指针的 r 子节点，因此访问 8 号节点，继续匹配第 5 个字符 s，匹配成功{hers}；字符串匹配完毕，包含 3 个单词。

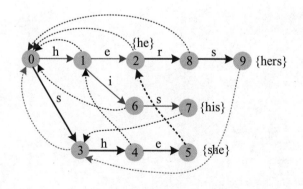

⋰⋱ 训练 1   关键字检索

题目描述（HDU2222）：一个图像有一个很长的描述，当用户键入一些关键字来查找图像时，系统会将关键字与图像的描述进行匹配，求在该图像描述中包含多少关键字。

输入：第 1 行包含一个整数，表示测试用例的数量。每个测试用例的第 1 行都包含一个整数 n（$n \leqslant 10000$），表示关键字的数量，其后有 n 个关键字。每个关键字都只包含字符 $a \sim z$，长度不超过 50。最后一行是描述，长度不超过 1000000。

输出：单行输出在描述中包含多少关键字。

输入样例	输出样例
1	3
5	
she	
he	
say	
shr	
her	
yasherhs	

题解：本题在一个字符串中查询多个关键字的出现次数，为典型的多模匹配问题，可以采用 AC 自动机解决。

1. 算法设计

（1）将每个关键字都插入字典树中。

（2）在字典树上添加失配指针，创建 AC 自动机。

（3）在 AC 自动机中查询字符串包含多少个关键字。

2. 算法实现

```
void insert(char* str){//Trie 的插入
    node *t=root;
    int len=strlen(str);
    for(int i=0;i<len;i++){
        int x=str[i]-'a';
        if(t->ch[x]==NULL)
            t->ch[x]=new node;
        t=t->ch[x];
    }
    t->count++;
}

void build_ac(){//构建 AC 自动机
    queue<node*> q;//队列，广度优先搜索使用
    q.push(root);
    while(!q.empty()){
```

```
        node *t;
        t=q.front();
        q.pop();
        for(int i=0;i<K;i++){
            if(t->ch[i]){
                t->ch[i]->fail=t->fail->ch[i];
                q.push(t->ch[i]);
            }
            else
                t->ch[i]=t->fail->ch[i];
        }
    }
}

int query(char *str){//查询
    int ans=0;
    node *t=root;
    int len=strlen(str);
    for(int i=0;i<len;i++){
        int x=str[i]-'a';
        t=t->ch[x];
        for(node *u=t;u->count!=-1;u=u->fail){
            ans+=u->count;
            u->count=-1;
        }
    }
    return ans;
}
```

❖ 训练 2　病毒侵袭

题目描述（HDU2896）：小明收集了很多病毒特征码，又收集了一批诡异网站的源码，想知道这些网站中有哪些是带病毒的，又带了怎样的病毒，还想知道收集了多少带病毒的网站。

输入：第 1 行包含一个整数 N（$1 \leqslant N \leqslant 500$），表示病毒特征码的个数。接下来的 N 行，每行都包含一个病毒特征码，特征码的字符串长度为 20～200。病毒编号 1～N，不同编号的病毒特征码不同。在这之后一行有一个整数 M（$1 \leqslant M \leqslant 1000$），表示网站数。接下来的 M 行，每行都表示一个网站源码，源码字符串长度为 7000～10000，网站编号为 1～M。以上字符串中的字符都是可见字符（不包括回车）。一个网站包含的病毒数不超过 3 个。

输出：每行都输出一个含毒网站的信息，病毒编号从小到大依次按以下格式输出：

web 网站编号: 病毒编号 病毒编号（提示：最后一行输出统计信息）

total: x（提示：x 为带病毒网站的数量，冒号后有一个空格）。

输入样例	输出样例
3	web 1: 1 2 3
aaa	total: 1
bbb	
ccc	
2	
aaabbbccc	
bbaacc	

题解：本题查询在网站源码中是否含有病毒（有可能是多个），可以采用 AC 自动机解决。

1．算法设计

（1）将 *n* 个病毒字符串及其编号插入字典树中。

（2）在字典树上添加失配指针，创建 AC 自动机。

（2）对每个网站字符串，都在 AC 自动机中查询包含哪些病毒，并输出其病毒编号。

（4）输出包含病毒的网站总数。

注意：可见字符的 ASCII 码为 33～126。

2．算法实现

```
void insert(char* str,int id){//Trie 的插入
    node *t=root;
    int len=strlen(str);
    for(int i=0;i<len;i++){
        int x=str[i]-33;//第 33 个下标转变为 0
        if(t->ch[x]==NULL)
            t->ch[x]=new node;
        t=t->ch[x];
    }
    t->count++;
    t->id=id;
}

void build_ac(){//构建 AC 自动机
    queue<node*> q;//队列，广度优先搜索使用
    q.push(root);
    while(!q.empty()){
        node *t;
        t=q.front();
        q.pop();
        for(int i=0;i<K;i++){
            if(t->ch[i]){
                t->ch[i]->fail=t->fail->ch[i];
```

```
                q.push(t->ch[i]);
            }
            else
                t->ch[i]=t->fail->ch[i];
        }
    }
}

bool query(char *str){//查询
    memset(flag,false,sizeof(flag));
    node *t=root;
    bool ok=false;
    int len=strlen(str);
    for(int i=0;i<len;i++){
        int x=str[i]-33;
        t=t->ch[x];
        for(node *u=t;u->count!=-1;u=u->fail){
            if(u->count==1){
                ok=true;
                flag[u->id]=true;//标记出现，不是计数
            }
            //u->count=-1;//坑点，不要修改字典树，否则影响下一个串的匹配，前面不是计数，不会重复统计
        }
    }
    return ok;
}
```

❖ 训练 3　DNA 序列

题目描述（POJ2778）：DNA 序列是一个只包含 A、C、T 和 G 的序列。分析 DNA 序列片段非常有用，若动物的 DNA 序列包含片段 ATC，则意味着该动物可能患有遗传病。给定 m 个遗传病片段，求有多少种长度为 n 的 DNA 序列不包含这些片段。

输入：第 1 行包含两个整数 m（$0 \leqslant m \leqslant 10$）和 n（$1 \leqslant n \leqslant 2 \times 10^9$）。$m$ 是遗传病片段的数量，n 是序列的长度。接下来的 M 行，每行都包含一个 DNA 遗传病片段（长度不大于 10）。

输出：一个整数，不包含遗传病的 DNA 序列数 mod 100000。

输入样例	输出样例
4 3	36
AT	
AC	
AG	
AA	

题解：DNA 序列只包含 A、G、C、T 共 4 种字母，给定 m 个 DNA 遗传病片段，求有多少长度为 n 的 DNA 序列不包含遗传病片段，可采用 AC 自动机解决。

1. 算法设计

（1）将遗传病片段插入字典树中。

（2）构建 AC 自动机。注意：若当前节点的失败指针有结束标记，则对当前节点也要标记。

（3）构建邻接矩阵。对所有未标记的节点都重新编号，根据 AC 自动机构建邻接矩阵。

（4）求解矩阵的 n 次幂，可用矩阵快速幂求解。

2. 完美图解

求解答案和矩阵有什么关系呢？

假设遗传病片段为{"ACG","C"}，则将两个字符串插入字典树中并构建 AC 自动机。从每个节点出发的边有 4 条（A、T、C、G）。

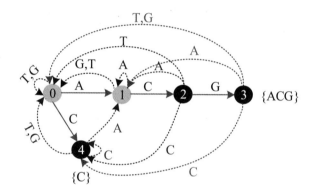

从状态 0 出发走 1 步有 4 种走法：①走 A 到状态 1（安全）；②走 C 到状态 4（危险）；③走 T 到状态 0（安全）；④走 G 到状态 0（安全）。所以当 $n=1$ 时，答案是 3。

当 $n=2$ 时，从状态 0 出发走 2 步，形成一个长度为 2 的字符串，只要在路径上没有经过危险节点，则有几种走法，答案就是几种。以此类推走 n 步，就形成长度为 n 的字符串。这实际上相当于二元关系的复合运算，可以用图论里面的邻接矩阵相乘求解。

对上图的 AC 自动机建立邻接矩阵 M：

```
2 1 0 0 1
2 1 1 0 0
1 1 0 1 1
2 1 0 0 1
2 1 0 0 1
```

其中，$M[i, j]$ 表示从节点 i 到 j 只走 1 步有几种走法，M 的 n 次幂表示从节点 i 到 j 走 n 步有几种走法。

注意：要去掉危险节点的行和列。节点 3 和 4 是遗传病片段的结尾，是危险节点，节点 2 的失败指针指向 4，当匹配"AC"时也就匹配了"C"，所以 2 也是危险节点。去掉危险节点 2、3、4 后，邻接矩阵变成 M：

2	1
2	1

计算 M[][]的 n 次幂，$\sum(M[0,i])$ mod 100000 就是答案。由于 n 很大，所以使用矩阵快速幂计算矩阵的 n 次幂。

3. 算法实现

```
mat mul(mat A,mat B){//矩阵乘法
    mat C;
    for(int i=0;i<L;i++)
        for(int j=0;j<L;j++)
            for(int k=0;k<L;k++)
                C.a[i][j]=(C.a[i][j]+(long long)A.a[i][k]*B.a[k][j])%MOD;
    return C;
}

mat pow(mat A,int n){//A^n 矩阵快速幂
    mat ans;
    for(int i=0;i<L;i++)
        ans.a[i][i]=1;//单位矩阵
    while(n>0){
        if(n&1)
            ans=mul(ans,A);
        A=mul(A,A);
        n>>=1;
    }
    return ans;
}

struct ACAutomata{//AC 自动机
    int next[maxn][K],fail[maxn],end[maxn],id[maxn];
    int idx(char ch){//转变为数字
        switch(ch){
            case 'A':return 0;
            case 'C':return 1;
            case 'T':return 2;
            case 'G':return 3;
        }
```

```
        return -1;
}
int newNode(){//新建节点
    for(int i=0;i<K;i++)
        next[L][i]=-1;
    end[L]=0;
    return L++;
}
void init(){//初始化
    L=0;
    root=newNode();
}
void insert(char s[]){//插入一个节点
    int len=strlen(s);
    int p=root;
    for (int i=0;i<len;i++){
        int ch=idx(s[i]);
        if(next[p][ch]==-1)
            next[p][ch]=newNode();
        p=next[p][ch];
    }
    end[p]++;
}
void build(){//构建 AC 自动机
    queue<int> Q;
    fail[root]=root;
    for(int i=0;i<K;i++){
        if(next[root][i]==-1){
            next[root][i]=root;
        }
        else{
            fail[next[root][i]]=root;
            Q.push(next[root][i]);
        }
    }
    while(Q.size()){
        int now=Q.front();
        Q.pop();
        if(end[fail[now]])
            end[now]++;//重要!若当前节点的失败指针 end 有结束标记, 则当前节点的 end++
        for(int i=0;i<K;i++){
            if(next[now][i]!=-1){
                fail[next[now][i]]=next[fail[now]][i];
                Q.push(next[now][i]);
```

```
            }
        else
            next[now][i]=next[fail[now]][i];
        }
    }
}

int query(int n){//查询
    mat F;
    int ids=0;
    memset(id,-1,sizeof(id));
    for(int i=0;i<L;i++)//对未标记的节点重新编号
        if(!end[i])
            id[i]=ids++;
    for(int u=0;u<L;u++){
        if(end[u]) continue;
        for(int j=0;j<K;j++){
            int v=next[u][j];
            if(!end[v])
                F.a[id[u]][id[v]]++;
        }
    }
    L=ids;
    F=pow(F,n);
    int res=0;
    for(int i=0;i<L;i++)
        res=(res+F.a[0][i])%MOD;
    return res;
    }
}ac;
```

❖ 训练4 单词情结

题目描述（HDU2243）：单词和词根仅由小写字母组成。给定 N 个词根，求长度不超过 L 且至少包含一个词根的单词可能有多少个？若有两个词根 aa 和 ab，则长度不超过 3 且至少包含一个词根的单词可能存在 104 个：aa,ab（两个）、aaa,aab,aac…aaz（26 个）、aba,abb,abc…abz（26 个）、baa,caa,daa…zaa（25 个）、bab,cab,dab…zab（25 个）。

输入：包含多个测试用例。每个测试用例都占两行。第 1 行有两个正整数 N 和 L（$0<N<6$，$0<L<2^{31}$）。第 2 行有 N 个词根，每个词根的长度都不超过 5。

输出：对每个测试用例，都单行输出满足条件的单词总数 mod 2^{64} 的值。

输入样例	输出样例
2 3	104
aa ab	52
1 2	
a	

题解： 本题求解长度不超过 L 且至少包含一个词根的单词可能共计多少个。本题和上节题目 POJ2778 有两个不同之处。

- 本题中长度不超过 L；POJ2778 中长度为 n。
- 本题求解的是至少包含一个词根的单词数，POJ2778 求解的是不包含遗传病片段的 DNA 序列数。

1. 算法设计

（1）求解由 26 个小写字母组成且长度不超过 L 的单词数 ans。

（2）求解长度不超过 L 且不包含词根的单词数 res。

（3）长度不超过 L 且至少包含一个词根的单词数为两者之差 ans–res。

2. 完美图解

1）长度不超过 L 的单词数

长度不超过 L 的单词包括长度为 1 的 26 个、长度为 2 的 26^2 个……长度为 L 的 26^L 个，其和值 $26+26^2+\cdots+26^L$ 为长度不超过 L 的单词数，如何计算呢？

对等比矩阵求和有经典算法，假定原矩阵为 A，阶数为 n，则构造一个阶数为 $2n$ 的矩阵，其中 0 代表 0 矩阵，E 代表单位矩阵：

A	E
0	E

求出的 K 次矩阵的右上 n 子矩阵正好是等比矩阵的 K 项和。

$$\begin{pmatrix} A, E \\ O, E \end{pmatrix}^n = \begin{pmatrix} A^n, E + A^1 + A^2 + \cdots + A^{n-1} \\ O, E \end{pmatrix}$$

$$\begin{bmatrix} 26 & 1 \\ 0 & 1 \end{bmatrix}^n = \begin{bmatrix} 26^n & 1 + 26^1 + 26^2 + \cdots + 26^{n-1} \\ 0 & 1 \end{bmatrix}$$

求出矩阵的 n 次幂的第 1 行之和减 1，即可得到 ans $=26^1+26^2+\cdots+26^{n-1}+26^n$，因为 mod 2^{64}，所以直接用 unsigned long long 就可以了，系统会自动截断，相当于取模运算。

2）长度不超过 L 且不包含词根的单词数

仿照 POJ2778 求解长度为 L 且不包含词根的单词数。现在求解不超过 L 且不包含词根的单词数，需要将所有长度小于或等于 L 且不包含词根的单词数累加。要实现累加结果，只需在矩阵最后一行添加 0，在最后一列添加 1 即可。

根据输入样例 1 的词根{aa ab}构建 AC 自动机，如下图所示。

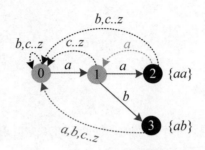

不包含词根的原矩阵如下：

```
25 1
24 0
```

为实现累加效果，在原矩阵的最后一行添加 0 且在最后一列添加 1，单位矩阵变为：

```
25 1 1
24 0 1
0  0 1
```

若 $M[i, j]$ 表示从节点 i 到 j 只走 1 步有几种走法，则 **M** 的 n 次幂表示从节点 i 到 j 走 n 步有几种走法。求出矩阵的 n 次幂第 1 行之和减 1，得到长度不超过 L 且不包含词根的单词数 res。

3）长度不超过 L 且至少包含一个词根的单词数

长度不超过 L 且至少包含一个词根的单词数为两者之差 ans-res。

3. 算法实现

```
mat mul(mat A,mat B){//矩阵乘法
    mat C(A.n);
    for(int i=0;i<A.n;i++)
        for(int j=0;j<B.n;j++)
            for(int k=0;k<A.n;k++)
                C.a[i][j]+=A.a[i][k]*B.a[k][j];
    return C;
}

mat pow(mat A,int n){//矩阵快速幂求A^n
    mat ans(A.n);
    for(int i=0;i<A.n;i++)
        ans.a[i][i]=1;//单位矩阵
    while(n>0){
        if(n&1)
```

```
            ans=mul(ans,A);
        A=mul(A,A);
        n>>=1;
    }
    return ans;
}

struct ACAutomata{//AC 自动机
    int next[maxn][K],fail[maxn],end[maxn],id[maxn];
    int newNode(){//新建节点
        for(int i=0;i<K;i++)
            next[L][i]=-1;
        end[L]=0;
        return L++;
    }
    void init(){//初始化
        L=0;
        root=newNode();
    }
    void insert(char s[]){//插入一个节点
        int len=strlen(s);
        int p=root;
        for (int i=0;i<len;i++){
            int ch=s[i]-'a';
            if(next[p][ch]==-1)
                next[p][ch]=newNode();
            p=next[p][ch];
        }
        end[p]++;
    }
    void build(){//构建AC 自动机
        queue<int> Q;
        fail[root]=root;
        for (int i=0;i<K;i++){
            if(next[root][i]==-1){
                next[root][i]=root;
            }
            else{
                fail[next[root][i]]=root;
                Q.push(next[root][i]);
            }
        }
        while(Q.size()){
            int now=Q.front();
```

```
            Q.pop();
            if(end[fail[now]])
                end[now]++;//重要!!若当前节点的失败指针 end 有结束标记，则当前节点的 end++
            for(int i=0;i<K;i++){
                if (next[now][i]!=-1){
                    fail[next[now][i]]=next[fail[now]][i];
                    Q.push(next[now][i]);
                }
                else
                    next[now][i]=next[fail[now]][i];
            }
        }
    }

    ll query(int n){//查询
        int ids=0;
        memset(id,-1,sizeof(id));
        for(int i=0;i<L;i++)//对未标记的节点重新编号
            if(!end[i])
                id[i]=ids++;
        mat F(ids+1);
        for(int u=0;u<L;u++){
            if(end[u]) continue;
            for(int j=0;j<K;j++){
                int v=next[u][j];
                if(!end[v])
                    F.a[id[u]][id[v]]++;
            }
        }
        for(int i=0;i<ids+1;i++)
            F.a[i][ids]=1;
        F=pow(F,n);
        ll res=0;
        for(int i=0;i<L;i++)
            res+=F.a[0][i];
        return --res;
    }
}ac;

ll pow_2(int n){ //求 26+26^2+...+26^n
    mat C(2);
    C.a[0][0]=26;
    C.a[0][1]=C.a[1][1]=1;
    C=pow(C,n);
```

```
ll ans=C.a[0][0]+C.a[0][1];
return --ans;
}
```

3.3 后缀数组

后缀数组的实现用到了基数排序，因此先了解一下基数排序。

📖 原理 1 基数排序

基数排序（radix sort）是桶排序的扩展，是一种多关键字排序算法。若记录按照多个关键字排序，则依次按照这些关键字进行排序。例如进行扑克牌排序，扑克牌由面值和花色两个关键字组成，则可以先按照面值（2、3、…、10、J、Q、K、A）排序，再按照花色（♣、♦、♥、♠）排序。若记录按照一个数值型的关键字排序，则可以把该关键字看作由 d 位组成的多关键字排序，每一位的值取值范围都为 $[0, r)$，其中 r 叫作基数。十进制数 268 由 3 位数组成，每一位的取值范围都为 $[0, 10)$，十进制数的基数 r 为 10，同样，二进制数的基数为 2，英文字母的基数为 26。本节以十进制数的基数排序为例进行讲解。

1. 算法步骤

（1）求出待排序序列中最大关键字的位数 d，然后从低位到高位进行基数排序。

（2）按个位将关键字依次分配到桶中，然后将每个桶中的数据都依次收集起来。

（3）按十位将关键字依次分配到桶中，然后将每个桶中的数据都依次收集起来。

（4）依次进行下去，直到 d 位处理完毕，得到一个有序的序列。

2. 完美图解

对有 10 个学生的成绩序列(68,75,54,70,83,48,80,12,75*,92)进行基数排序。

（1）待排序序列中的最大关键字 92 为两位数，只需进行两趟基数排序即可。

（2）分配。首先按照学生成绩的个位数划分 10 个桶（0～9），将学生成绩依次放入桶中，将个位是 0 的放入 0 号桶中，将个位是 2 的放入 2 号桶中，等等。

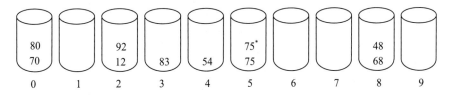

（3）收集。将每个桶中的记录依次收集起来，得到序列(70,80,12,92,83,54,75,75*,68,48)。

（4）分配。按照学生成绩的十位数划分 10 个桶（0～9），将上面的序列依次放入桶中。

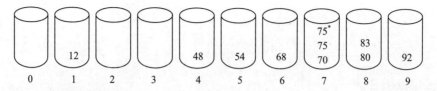

（5）收集。将每个桶中的记录依次收集起来，得到有序序列(12,48,54,68,70,75,75*,80,83,92)。

讨论：分配和收集时为什么要依次放入和收集呢？若不依次进行，则会怎样呢？

例如对(82,62,65,85)进行基数排序，首先将其按照个位划分到 2 号和 5 号桶中。若不按序划分，将其随便放入桶中，则如下图所示。

收集桶中的数据(62,82,85,65)，再将其按照十位划分到 6 号和 8 号桶中。

收集桶中的数据(65,62,85,82)，排序结束后并不是一个有序序列，为什么？因为：第 1 次将数据分配放入桶中时，2 号桶没有按顺序放入，在原始关键字序列中，82 在 62 前面，但是放入 2 号桶时，82 在 62 的后面，收集时 5 号桶也没有依次收集；同样，在第 2 次分配和收集时也没有依次处理。

注意：若不是按顺序依次进行分配和收集的，则排序结果无法正确。

桶中的多个数据元素都可以采用二维数组或链式存储，也可以采用一维数组处理。

下面采用一维数组对序列(68,75,54,70,83,48,80,12,75*,92)进行基数排序，排序过程如下。

（1）求出序列中的最大位数为2，$d=2$，进行两次基数排序即可。

（2）按照个位数划分为 10 个桶（0～9），将学生成绩依次放入桶中，将个位是 0 的放入 0 号桶中，将个位是 2 的放入 2 号桶中，等等。

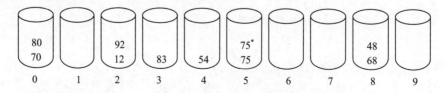

计数器数组记录每个桶中的元素个数，如下图所示。0 号桶有两个元素，count[0]=2。

	0	1	2	3	4	5	6	7	8	9
count[]	2	0	2	1	1	2	0	0	2	0

将计数器数组累加，从下标 1 开始累加前一项，count[j]+=count[j-1]。

	0	1	2	3	4	5	6	7	8	9
count[]	2	2	4	5	6	8	8	8	10	10

根据累加结果分配存储空间，count[8]=10，则 8 号桶的两个数被分配到下标为 9 和 8 的空间；count[5]=8，则 5 号桶的两个数被分配到下标为 7 和 6 的空间，下标从 0 开始。

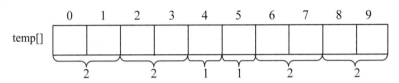

（3）利用 count[]数组将桶中的数据收集到辅助数组 temp 中。从后向前处理序列，得到(68, 75,54,70,83,48,80,12,75*,92)。

- 92 在 2 号桶中，count[2]=4，--count[2]=3，将 92 存入 temp[3]中。

	0	1	2	3	4	5	6	7	8	9
temp[]				92						

- 75*在 5 号桶中，count[5]=8，--count[5]=7，将 75*存入 temp[7]中。

	0	1	2	3	4	5	6	7	8	9
temp[]				92				75*		

- 12 在 2 号桶中，count[2]=3，--count[2]=2，将 12 存入 temp[2]中。

	0	1	2	3	4	5	6	7	8	9
temp[]			12	92				75*		

- 80 在 0 号桶中，count[0]=2，--count[0]=1，将 80 存入 temp[1]中。

	0	1	2	3	4	5	6	7	8	9
temp[]		80	12	92				75*		

- 48 在 8 号桶中，count[8]=10，--count[8]=9，将 48 存入 temp[9]中。

	0	1	2	3	4	5	6	7	8	9
temp[]		80	12	92				75*		48

- 83 在 3 号桶中，count[3]=5，--count[3]=4，将 83 存入 temp[4]中。

	0	1	2	3	4	5	6	7	8	9
temp[]		80	12	92	83			75*		48

- 70 在 0 号桶中，count[0]=1，--count[0]=0，将 70 存入 temp[0]中。

	0	1	2	3	4	5	6	7	8	9
temp[]	70	80	12	92	83			75*		48

- 54 在 4 号桶中，count[4]=6，--count[4]=5，将 54 存入 temp[5]中。

	0	1	2	3	4	5	6	7	8	9
temp[]	70	80	12	92	83	54		75*		48

- 75 在 5 号桶中，count[5]=7，--count[5]=6，将 75 存入 temp[6]中。

	0	1	2	3	4	5	6	7	8	9
temp[]	70	80	12	92	83	54	75	75*		48

- 68 在 8 号桶中，count[8]=9，--count[8]=8，将 68 存入 temp[8]中。

	0	1	2	3	4	5	6	7	8	9
temp[]	70	80	12	92	83	54	75	75*	68	48

（4）将 temp[]数组中的元素按照十位数依次放入桶中。

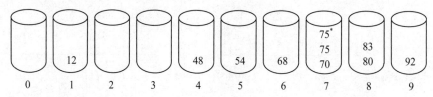

计数器数组记录每个桶中的元素个数，如下图所示。

	0	1	2	3	4	5	6	7	8	9
count[]	0	1	0	0	1	1	1	3	2	1

将计数器数组累加，从下标 1 开始累加前一项，count[j]+=count[j−1]。

	0	1	2	3	4	5	6	7	8	9
count[]	0	1	1	1	2	3	4	7	9	10

根据累加结果分配存储空间，count[7]=7，则 7 号桶的 3 个数被分配的空间下标为 6、5、4。

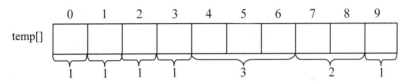

（5）利用 count[]数组将桶中的数据收集到辅助数组 temp 中。从后向前处理序列，得到
(70,80,12,92,83,54,75*,68,48)。

- 48 在 4 号桶中，count[4]=2，--count[4]=1，将 48 存入 temp[1]中。

	0	1	2	3	4	5	6	7	8	9
temp[]		48								

- 68 在 6 号桶中，count[6]=4，--count[6]=3，将 68 存入 temp[3]中。

	0	1	2	3	4	5	6	7	8	9
temp[]		48		68						

- 75*在 7 号桶中，count[7]=7，--count[7]=6，将 75*存入 temp[6]中。

	0	1	2	3	4	5	6	7	8	9
temp[]		48		68			75*			

- 75 在 7 号桶中，count[7]=6，--count[7]=5，将 75 存入 temp[5]中。

	0	1	2	3	4	5	6	7	8	9
temp[]		48		68		75	75*			

- 54 在 5 号桶中，count[5]=3，--count[5]=2，将 54 存入 temp[2]中。

	0	1	2	3	4	5	6	7	8	9
temp[]		48	54	68		75	75*			

- 83 在 8 号桶中，count[8]=9，--count[8]=8，将 83 存入 temp[8]中。

	0	1	2	3	4	5	6	7	8	9
temp[]		48	54	68		75	75*		83	

- 92 在 9 号桶中，count[9]=10，--count[9]=9，将 92 存入 temp[9]中。

	0	1	2	3	4	5	6	7	8	9
temp[]		48	54	68		75	75*		83	92

- 12 在 1 号桶中，count[1]=1，--count[1]=0，将 12 存入 temp[0]中。

	0	1	2	3	4	5	6	7	8	9
temp[]	12	48	54	68		75	75*		83	92

- 80 在 8 号桶中，count[8]=8，--count[8]=7，将 80 存入 temp[7]中。

	0	1	2	3	4	5	6	7	8	9
temp[]	12	48	54	68		75	75*	80	83	92

- 70 在 7 号桶中，count[7]=5，--count[7]=4，将 70 存入 temp[4]中。

	0	1	2	3	4	5	6	7	8	9
temp[]	12	48	54	68	70	75	75*	80	83	92

（6）将排好序的辅助数组 temp[]放回原数组即可，排序结果如下图所示。

	0	1	2	3	4	5	6	7	8	9
a[]	12	48	54	68	70	75	75*	80	83	92

算法代码：

```
void radixsort(int data[], int n){//基数排序
    int d=maxbit(data,n); //求最大位数
    int *tmp=new int[n]; //辅助数组
    int *count=new int[10]; //计数器
    int i,j,k;
```

```
    int radix=1;
    for(i=1;i<=d;i++){  //进行d次排序
        for(j=0;j<10;j++)
            count[j]=0;  //在每次分配前都清空计数器
        for(j=0;j<n;j++){
            k=(data[j]/radix)%10;  //取出个位数,然后是十位数……
            count[k]++;  //统计每个桶中的元素个数
        }
        for(j=1;j<10;j++)
            count[j]+=count[j-1];  //累加结果
        for(j=n-1;j>=0;j--)  {//根据累加结果将所有元素都逆序存储到tmp中
            k=(data[j]/radix)%10;
            tmp[--count[k]]=data[j];
        }
        for(j=0;j<n;j++)  //将临时数组的内容复制到data中
            data[j]=tmp[j];
        cout<<"第"<<i<<"次排序结果: "<<endl;
        for(int i=0;i<n;i++)
            cout<<data[i]<<"\t";
        cout<<endl;
        radix=radix*10;
    }
    delete[]tmp;
    delete[]count;
}
```

运行结果:

```
10
68 75 54 70 83 48 80 12 75 92
第1次排序结果:
70     80     12     92     83     54     75     75     68     48
第2次排序结果:
12     48     54     68     70     75     75     80     83     92
```

3. 算法分析

时间复杂度: 基数排序需要进行 d 趟排序,每趟排序都包含分配和收集两种操作,分配需要 $O(n)$ 时间,收集需要 $O(n)$ 时间,总时间复杂度为 $O(d \times n)$。

空间复杂度: 数组 count 的大小为基数 r,数组 temp 的大小为 n,空间复杂度为 $O(n+r)$。

稳定性: 基数排序是按关键字出现的顺序依次进行的,是稳定的排序方法。

📖 原理 2　后缀数组详解

在字符串处理中，后缀树和后缀数组（Suffix Array）都是非常有力的工具。后缀数组是后缀树的一个非常精巧的替代品，比后缀树容易实现，可以实现后缀树的很多功能，时间复杂度也不逊色，比后缀树所占用的空间也小很多。在算法竞赛中，后缀数组比后缀树更为实用。

1．后缀数组的相关概念

（1）后缀。后缀指从某个位置开始到字符串末尾的一个特殊子串。字符串 s 从第 i 个字符开始的后缀被表示为 Suffix(i)，也可以称之为下标为 i 的后缀。字符串 $s=$ "aabaaaab"，其所有后缀如下：

Suffix(0)= "aabaaaab"

Suffix(1)= "abaaaab"

Suffix(2)= "baaaab"

Suffix(3)= "aaaab"

Suffix(4)= "aaab"

Suffix(5)= "aab"

Suffix(6)= "ab"

Suffix(7)= "b"

（2）后缀数组。将所有后缀都从小到大排序之后，将排好序的后缀的下标 i 放入数组中，该数组就叫作后缀数组。将上面的所有后缀都按字典序排序之后，取其下标 i，即可得到后缀数组：

Suffix(3)= "aaaab"

Suffix(4)= "aaab"

Suffix(5)= "aab"

Suffix(0)= "aabaaaab"

Suffix(6)= "ab"

Suffix(1)= "abaaaab"

Suffix(7)= "b"

Suffix(2)= "baaaab"

后缀数组 SA[]={3, 4, 5, 0, 6, 1, 7, 2}。

（3）排名数组。排名数组指下标为 i 的后缀排序后的名次，例如在上面例子中排序后的下标和名次。若 rank[i]=num，则下标为 i 的后缀排序后的名次为 num：

名次	下标	后缀
num	i	Suffix(i)
1	3	aaaab
2	4	aaab
3	5	aab
4	0	aabaaaab
5	6	ab
6	1	abaaaab
7	7	b
8	2	baaaab

下标为 3 的后缀，排名第 1，即 rank[3]=1；排名第 1 的后缀，下标为 3，即 SA[1]=3。排名数组和后缀数组是互逆的，可以来回转换：

2. 后缀数组的构建思路

构建后缀数组有两种方法：DC3 算法和倍增算法。DC3 算法的时间复杂度为 $O(n)$，倍增算法的时间复杂度为 $O(n\log n)$。一般 $n>10^6$ 时，DC3 算法比倍增算法运行速度快，但是 DC3 算法的常数和代码量较大，因此倍增算法比较常用。

采用倍增算法，对字符串从每个下标开始的长度为 2^k 的子串进行排序，得到排名。k 从 0 开始，每次都增加 1，相当于长度增加了 1 倍。当 $2^k \geqslant n$ 时，从每个下标开始的长度为 2^k 的子串都相当于所有后缀。每次子串排序都利用上一次子串的排名得到。

完美图解：

（1）将字符串 s（aabaaaab）从每个下标开始长度为 1 的子串进行排名，直接将每个字符转换成数字 $s[i]-'a'+1$ 即可，如下图所示。

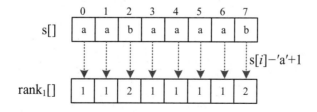

153

（2）求解长度为 2 的子串排名。将上一次 rank 值的第 i 个和第 $i+1$ 个结合，相当于得到长度为 2 的子串的每个位置排名，然后排序，即可得到长度为 2 的子串排名。

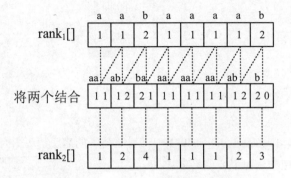

（3）求解长度为 2^2 的子串排名。将上一次 rank 值的第 i 个和第 $i+2$ 个结合，相当于得到长度为 2^2 的子串的每个位置排名，排序后可得到长度为 2^2 的子串排名。

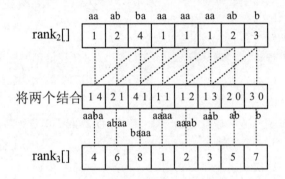

（4）求解长度为 2^3 的子串排名。将上一次 rank 值的第 i 个和第 $i+4$ 个结合，相当于得到长度为 2^3 的子串的每个位置排名，排序后可得到长度为 2^3 的子串排名。

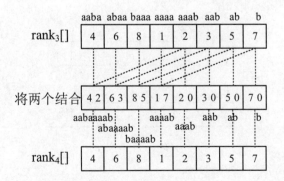

第 4 步和第 3 步的结果一模一样，实际上，若在 rank 没有相同值时已经得到了后缀排名，就不需要再继续运算了。因为根据字符串比较的规则，两个字符串的前面几个字符已经分出大小，后面无须判断。

将排名数组转换为后缀数组，排名第 1 的下标为 3，排名第 2 的下标为 4，排名第 3 的下标为 5，排名第 4 的下标为 0，排名第 5 的下标为 6，排名第 6 的下标为 1，排名第 7 的下标为 7，排名第 8 的下标为 2，因此 SA[]={3, 4, 5, 0, 6, 1, 7, 2}。

因为倍增算法，每次比较的字符数都翻倍，因此长度为 n 的字符串最多需要 $O(\log n)$ 次排序，除了第 1 次排序，后面都是对二元组进行排序，若采用快速排序，则每次都需要 $O(n\log n)$，总时间复杂度为 $O(n\log^2 n)$；而使用基数排序，每次的时间复杂度都为 $O(n)$，总时间复杂度都为 $O(n\log n)$。因此，这里采用基数排序实现。

3．后缀数组的实现

（1）将每个字符都转换为数字存入 ss[]，并通过参数传递赋值给 x[]数组（相当于排名数组 rank[]），进行基数排序。为了防止比较时越界，在末尾用 0 封装。

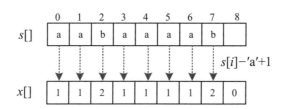

执行基数排序，按排名顺序将 x[]数组的下标放入桶中。

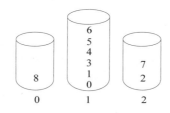

将排序结果（下标）存入后缀数组 sa[]中。

$$sa[] \quad \boxed{8 \mid 0 \mid 1 \mid 3 \mid 4 \mid 5 \mid 6 \mid 2 \mid 7}$$

算法代码：

```
for(i=0;i<m;i++)//基数排序
   c[i]=0;
for(i=0;i<n;i++)
   c[x[i]=ss[i]]++;
for(i=1;i<m;i++)
   c[i]+=c[i-1];
for(i=n-1;i>=0;i--)
   sa[--c[x[i]]]=i;
```

（2）求解长度为 2^k 的子串排名（$k=1$），将上一次排名结果的每一个都和后一个结合，然后排序，即可得到长度为 2 的子串排名。

求解思路： 利用上一次的排名 $x[]$ 前移错位（$-k$），得到第 2 关键字的排序结果（下标）$y[]$，将第 2 关键词的排序结果转换成名次，正好是第 1 关键字，对第 1 关键字进行基数排序得到 sa[]，利用 $x[]$ 和 sa[] 求解新的 $x[]$。

实现过程如下。

（1）对第 2 关键字进行基数排序。第 2 关键字实际上就是上次排序时下标 1-8 的部分，可以直接读取上次的排序结果（下标）sa[]，减 1 即可，因为第 2 关键字此时对应的下标和原来差一位。例如在 $x[]$ 数组中，第 2 个 1 原来的下标为 1，现在结合后对应的下标为 0。将下标 8（值为 00）排在最前面，后面直接读取 sa[]-1。将第 2 关键字的排序结果（下标）存储在 $y[]$ 中。

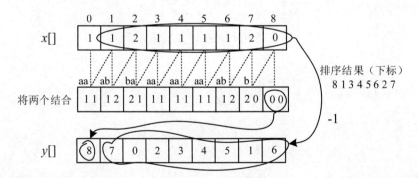

算法代码：

```
p=0;
for(i=n-k;i<n;i++)
   y[p++]=i;  //将补零的位置下标排在最前面
for(i=0;i<n;i++)
   if(sa[i]>=k)
      y[p++]=sa[i]-k;//读取上次排序结果的下标
```

（2）将第 2 关键字的排序结果（下标）$y[]$转换为排名，正好是第 1 关键字。

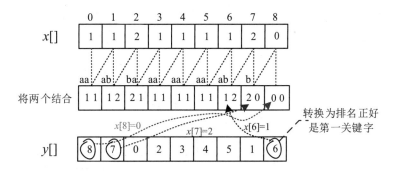

算法代码：

```
for(i=0;i<n;i++)
  wv[i]=x[y[i]];//将第2关键字的排序结果转换为排名，正好是第1关键字
```

（3）对第 1 关键字进行基数排序。按第 1 关键字的排名顺序将 $x[]$ 数组下标放入桶中。

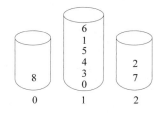

将排序结果（下标）存入后缀数组 sa[] 中。

sa[] | 8 | 0 | 3 | 4 | 5 | 1 | 6 | 7 | 2

算法代码：

```
for(i=0;i<m;i++)//基数排序
  c[i]=0;
for(i=0;i<n;i++)
  c[wv[i]]++;
for(i=1;i<m;i++)
  c[i]+=c[i-1];
for(i=n-1;i>=0;i--)
  sa[--c[wv[i]]]=y[i];
```

（4）根据 sa[] 和 $x[]$ 数组计算新的排名数组（长度为 2 的子串排名）。因为要使用旧的 $x[]$ 数组计算新的 $x[]$ 数组，而此时 $y[]$ 数组已没有用，因此将 $x[]$ 与 $y[]$ 交换，swap(x,y)。此时的 $y[]$ 数

组就是原来的 $x[]$ 数组，现在计算新的 $x[]$ 数组。

- 令 $x[sa[0]]=0$，即 $x[8]=0$，表示下标为 8 的数｛0 0｝排名名次为 0。

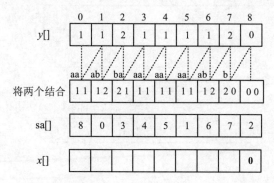

- $sa[1]=0$，$sa[0]=8$，比较 $y[0] \neq y[8]$，因此 $x[0]=p++=1$；p 初值为 1，加 1 后 $p=2$。

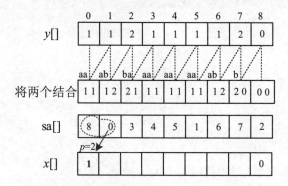

- $sa[2]=3$，$sa[1]=0$，比较 $y[0]=y[3]$ 且 $y[1]=y[4]$，则下标 3 的名次应该和前一个下标 0 的名次相同，因为下标为 0 的二元组是子串 aa（由原来的下标 0、1 组成），下标为 3 的二元组是子串 aa（由原来的下标 3、4 组成），因此 $x[3]=p-1=1$，$p=2$。

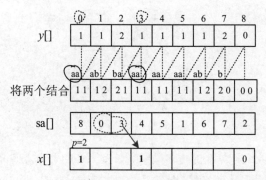

- sa[3]=4，sa[2]=3，比较 $y[3]=y[4]$ 且 $y[4]=y[5]$，则下标 4 的名次应该和前一个下标 3 的名次相同，因此 $x[4]=p-1=1$，$p=2$。

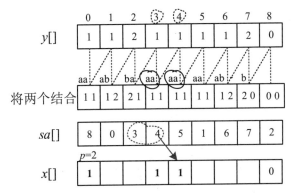

- sa[4]=5，sa[3]=4，比较 $y[4]=y[5]$ 且 $y[5]=y[6]$，则下标 5 的名次应该和前一个下标 4 的名次相同，因此 $x[5]=p-1=1$，$p=2$。

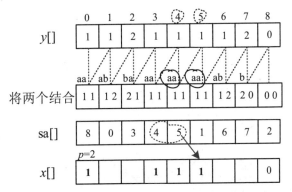

- sa[5]=1，sa[4]=5，比较 $y[5]=y[1]$ 且 $y[6]\neq y[2]$，则下标 1 的名次与前一个下标 5 的名次不同，因此 $x[1]=p++=2$，$p=3$。

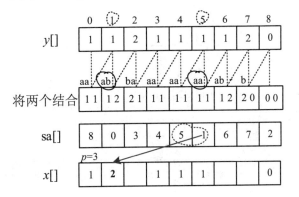

- sa[6]=6，sa[5]=1，比较 $y[1]=y[6]$ 且 $y[2]=y[7]$，则下标 6 的名次应该和前一个下标 1 的名次相同，因此 $x[6]=p-1=2$，$p=3$。

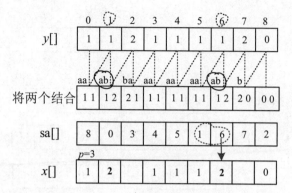

- sa[7]=7，sa[6]=6，比较 $y[6] \neq y[7]$，则下标 7 的名次与前一个下标 6 的名次不同，因此 $x[7]=p++=3$，$p=4$。

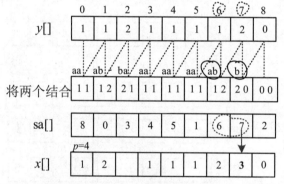

- sa[8]=2，sa[7]=7，比较 $y[7]=y[2]$ 且 $y[8] \neq y[3]$，则下标 2 的名次与前一个下标 7 的名次不同，因此 $x[2]=p++=4$，$p=5$。

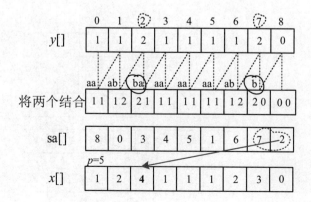

- 第 1 次排序的结果为 sa[]，第 1 次排名的结果为 x[]。

算法代码：

```
swap(x,y);//y 数组已没有用，更新 x 时需要使用 x 自身的数据，因此 x、y 交换，将 x 数组放入 y 数组中再更新 x
p=1,x[sa[0]]=0;
for(i=1;i<n;i++)
  x[sa[i]]=(y[sa[i-1]]==y[sa[i]]&&y[sa[i-1]+k]==y[sa[i]+k])?p-1:p++;
```

（3）求解长度为 2^k 的子串的排序名次（k=2）。将上一次的排名结果 x[]的第 i 个和第 i+2 个结合，相当于得到长度为 4 的子串的每个位置排名，排序后可得到长度为 4 的子串排名，如下图所示。此时，排名数组中的名次各不相同，无须继续排名，算法结束。

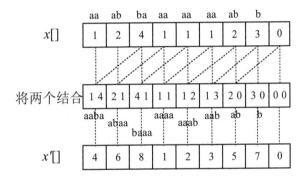

（4）排名数组 x[]和后缀数组 sa[]如下图所示，两者互逆，x[4]=2，sa[2]=4，末尾不需要再用。

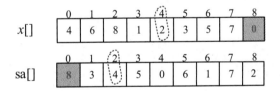

4．最长公共前缀（LCP）

最长公共前缀（Longest Common Prefix，LCP）指两个字符串长度最大的公共前缀，例如 s_1=“abcxd”，s_2=“abcdef”，LCP(s_1,s_2)=“abc”，其长度为 3。

字符串 s=“aabaaaab”，suffix(sa[i])表示从第 sa[i]个字符开始的后缀，其排名为 i。例如，sa[3]=5，suffix(sa[3])=“aab”，表示从第 5 个字符开始的后缀，其排名为 3。height 表示排名相邻的两个后缀的最长公共前缀的长度，height[2]=3 表示排名第 2 的后缀和前一个后缀的最长公共前缀的长度为 3。

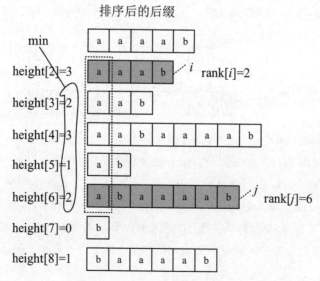

height[i]表示 suffix(sa[i])和 suffix(sa[i−1])的最长公共前缀的长度。

性质 1：对于任意两个后缀 suffix(i)、suffix(j)，若 rank[i]<rank[j]，则它们的最长公共前缀长度为 height[rank[i]+1],height[rank[i]+2],…,height[rank[j]]的最小值。

例如，suffix(4)= "aaab"，suffix(1)= "abaaaab"，rank[4]=2，rank[1]=6，它们的最长公共前缀长度为 height[3]、height[4]、height[5]、height[6]的最小值，如下图所示。这就转化为区间最值 RMQ 问题了。

如何计算 height 数组呢？若两两比较，则需要 $O(n^2)$时间；若利用它们之间的关系递推，则需要 $O(n)$时间。

102

计算 height 数组之前，首先定义一个 h 数组：$h[i]$=height[rank[i]]。根据 rank[] 和 sa[] 的互逆性，rank[3]=1，$h[3]$=height[rank[3]]=height[1]=0；rank[4]=2，$h[4]$=height[rank[4]]=height[2]=3。实际上，height[] 和 h[] 只是下标不同而已，前者使用 rank 作为下标，后者使用 sa 作为下标。

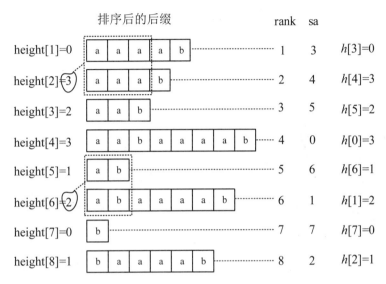

性质 2： $h[i] \geqslant h[i-1]-1$。

有了这个性质，求解出 $h[i-1]$，然后在 $h[i-1]-1$ 的基础上继续计算 $h[i]$ 即可，没必要再从头比较了。递推求解 $h[1]$、$h[2]$、$h[3]$······时间复杂度将为 $O(n)$。

对该性质的证明过程如下。

（1）设后缀 $i-1$ 的前一名为后缀 k，$h[i-1]$ 为两个后缀的最长公共前缀长度。后缀 k 表示从第 k 个字符开始的后缀。

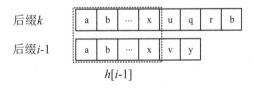

（2）将后缀 $i-1$ 和后缀 k 同时去掉第 1 个字符，则两者变为后缀 i 和后缀 $k+1$，两者之间可能存在其他后缀，如下图所示。后缀 i 的前一名后缀的最长公共前缀为 $h[i]$，有可能等于 $h[i-1]-1$，也有可能大于 $h[i-1]-1$，因此 $h[i] \geqslant h[i-1]-1$。

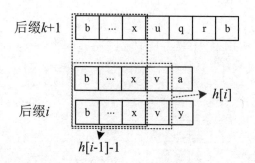

完美图解：

1）$i=0$

（1）先将下标转换为排名，rank[0]=4。

（2）求前一名（排名减 1），rank[0]−1=3。

（3）将前一名转换为下标，sa[3]=5，j=5。

（4）从 $k=0$ 开始比较，如果 $s[i+k]==s[j+k]$，k++，在比较结束时 $k=3$，则 height[rank[0]]= height[4]=3。

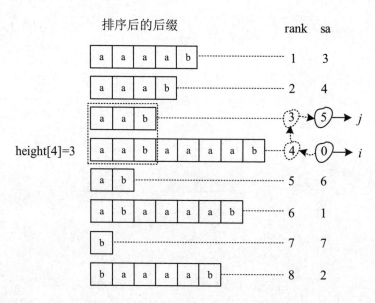

2）$i=1$

（1）将下标转换为排名 rank[1]=6。

（2）求前一名，rank[1]−1=5。

（3）将前一名转换为下标，sa[5]=6，j=6。

（4）此时 $k=3$，$k\neq0$，因此从上次的运算结果 $k-1$ 开始接着比较，$k=2$，因为 $s[i+k]\neq s[j+k]$，

k 不增加，因此 height[6]=2。

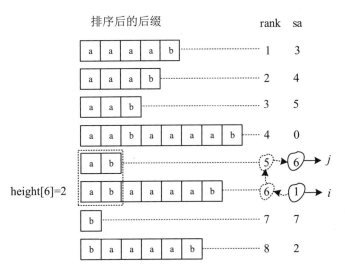

3）继续求解 $i=2,3,\cdots,n-1$，即可得到所有 height[]。

算法代码：

```
void calheight(int *r,int *sa,int n){
    int i,j,k=0;
    for(i=1;i<=n;i++)
        rank[sa[i]]=i;
    for(i=0;i<n;i++){
        if(k)
            k--;
        j=sa[rank[i]-1];
        while(r[i+k]==r[j+k])
            k++;
        height[rank[i]]=k;
    }
}
```

　　每次都在上一次比较结果的基础上继续比较，无须从头开始，这样速度加快，可以在 $O(n)$ 时间内计算出 height 数组。有了 height 数组，求任意两个后缀 suffix(i)、suffix(j)，若 rank[i]<rank[j]，则它们的最长公共前缀长度为 height[rank[i]+1],height[rank[i]+2],$\cdots$,height[rank[j]]的最小值。此问题为 RMQ 问题，可以使用 ST 算法解决，在 $O(n\log n)$ 时间预处理后，用 $O(1)$ 时间得到任意两个后缀的最长公共前缀长度。

5．后缀数组应用

1）最长重复子串

重复子串指一个字符串的子串在该字符串中至少出现两次。重复子串问题包括 3 种类型。

（1）可重叠。给定一个字符串，求最长重复子串的长度，这两个子串可以重叠。例如，对于字符串"aabaabaac"，最长重复子串为"aabaa"，长度为 5，求解最长重复子串（可重叠）的长度，等价于求两个后缀的最长公共前缀的最大值，即 height 数组的最大值。该算法的时间复杂度为 $O(n)$。

（2）可重叠且重复 k 次。给定一个字符串，求至少出现 k 次的最长重复子串的长度，这 k 个子串可以重叠。可以使用二分法，判断是否存在 k 个长度为 l 的子串相同，将最长公共子串长度大于或等于 l 的分为一组，查看每一组内的后缀个数是否大于或等于 k。例如对于字符串"aabaaaab"，求至少出现 4 次的最长重复子串长度，则将最长公共子串长度大于或等于 2 的分组后，第 1 组正好重复 4 次，至少出现 4 次的最长重复子串长度为 2。该算法的时间复杂度为 $O(n\log n)$。

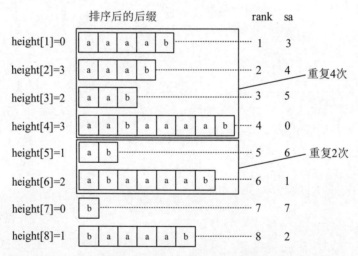

（3）不可重叠。给定一个字符串，求最长重复子串的长度，这两个子串不可以重叠，可以使用二分法，判断是否存在两个长度为 l 的子串相同，将最长公共子串长度大于或等于 l 的分为一组，查看每一组内后缀的 sa 最大值和最小值之差是否大于或等于 l。因为 sa 是后缀的开始下标，下标差值大于或等于 l，所以这两个后缀必然不重叠。例如，对于字符串"aabaaaab"，将最长公共子串长度大于 3 的分为一组：第 1 组，sa 值之差为 1，不满足条件；第 2 组，sa 值之差为 5，大于 3，说明不重叠，满足条件。该算法的时间复杂度为 $O(n\log n)$。

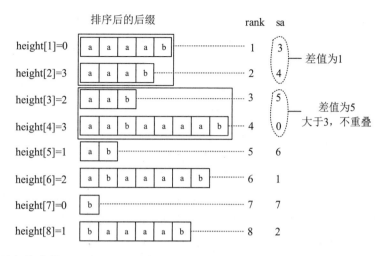

2）不同子串的个数

给定一个字符串，求不同子串的个数。每个子串一定都是某个后缀的前缀，原问题转化为求所有后缀之间不同前缀的个数。对于每个 sa[i]，累加 n−sa[i]−height[i]即可得到答案，该算法的时间复杂度为 $O(n)$。

例如，对于字符串"aabaaaab"，求所有后缀之间不同前缀的个数，过程如下。

（1）sa[1]=3，即排名第 1 的后缀是从第 3 个字符开始的，该后缀为"aaaab"，其长度为 n−sa[1]=5，将产生 5 个新的前缀：a、aa、aaa、aaaa、aaaab。

（2）sa[2]=4，将产生 n−sa[2]个新的前缀，其中 height[2]个前缀与前一个字符串的前缀重复，n−sa[2]−height[2]=8−4−3=1，因此将产生 1 个新的前缀。

（3）对于 sa[i]，将产生 n−sa[i]−height[i]个新的前缀，累加后即可得到所有不同前缀的个数。

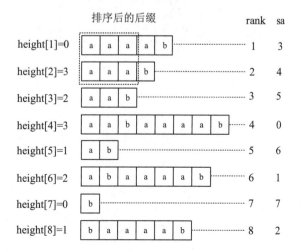

3）最长回文子串

给定一个字符串，求最长回文子串的长度。可将字符串反过来连接在原字符串之后，中间用一个特殊的字符间隔，然后求这个字符串的后缀的最长公共前缀即可。该算法的时间复杂度为 $O(n\log n)$。例如，求字符串"xaabaay"的最长回文子串长度，首先将字符串反过来，用特殊字符"#"间隔连接在原字符串之后为"xaabaay#yaabaax"，很快可以求出两个后缀"aabaay#yaabaax""aabaax"的最长公共前缀长度为 5，即最长回文子串的长度为 5。

4）最长公共子串

对多个字符串，求重复 k 次的最长公共子串，可以将每个字符串都用一个原字符串没有的特殊字符连接起来，然后求它们的最长公共前缀，求解时要判断是否属于不同的字符串。例如，求 3 个字符串"abcdefg""bcdefgh""cdefghi"至少重复两次的最长公共子串，可以用特殊字符"#"将 3 个字符串连接起来，得到"abcdefg#bcdefgh#cdefghi"，需要标记每个字符属于哪一个字符串，求解最长公共前缀。至少重复两次的最长公共子串为"bcdefg""cdefgh"，后缀数组如下图所示。

bcdefgh
cdefghi
abcdefg#bcdefgh#cdefghi#
bcdefgh#cdefghi#
bcdefg#bcdefgh#cdefghi#
cdefghi#
cdefgh#cdefghi#
cdefg#bcdefgh#cdefghi#
defghi#
defgh#cdefghi#
defg#bcdefgh#cdefghi#
efghi#
efgh#cdefghi#
efg#bcdefgh#cdefghi#
fghi#
fgh#cdefghi#
fg#bcdefgh#cdefghi#
ghi#
gh#cdefghi#.
g#bcdefgh#cdefghi#
hi#
h#cdefghi#
i#
#bcdefgh#cdefghi#
#cdefghi#

注意：最长公共子串问题除了特殊字符连接，还要标记每个字符属于哪个字符串，这样才可以判断两个公共前缀是否属于同一个字符串的子串。

训练 1　牛奶模式

题目描述（POJ3261）：约翰发现牛奶的质量每天都有一些规律，每个牛奶样本都被记录为 0～1,000,000 的整数，并且已经记录了一头母牛的 N 条数据。他希望找到最长的样本子序列，至少重复 k 次，子序列可以重叠。例如在 1 2 3 2 3 2 3 1 中，子序列 2 3 2 3 重叠出现了两次。请在样本序列中找到至少重复 k 次的最长子序列的长度，数据保证至少有一个子序列满足条件。

输入：第 1 行包含两个整数 N（1≤N≤20000）和 k（2≤k≤N）；第 2..N+1 行包含 N 个整数，第 i 行表示第 i 天的牛奶质量。

输出：单行输出至少重复 k 次的最长子序列的长度。

输入样例	输出样例
8 2	4
1	
2	
3	
2	
3	
2	
3	
1	

题解：本题求解可重叠、至少重复 k 次的最长子串长度，可采用后缀数组及二分法求解。

1. 算法设计

（1）求解 sa 数组。

（2）求解 rank 数组和 height 数组。

（3）使用二分法求解，对特定的长度 mid，判断是否满足重复次数大于或等于 k。

2. 算法实现

```
int cmp(int *r,int a,int b,int l){
    return r[a]==r[b]&&r[a+l]==r[b+l];
}

void da(int *r,int *sa,int n,int m){ //求解 sa 数组
    int i,k,p,*x=wa,*y=wb;
    for(i=0;i<m;i++)
        c[i]=0;
    for(i=0;i<n;i++)
        c[x[i]=r[i]]++;
```

```
    for(i=1;i<m;i++)
        c[i]+=c[i-1];
    for(i=n-1;i>=0;i--)
        sa[--c[x[i]]]=i;
    for(k=1;k<=n;k<<=1){
        //直接利用 sa 排序第 2 关键字
        p=0;
        for(i=n-k;i<n;i++)
            y[p++]=i;//补零的位置下标排在最前面
        for(i=0;i<n;i++)
            if(sa[i]>=k)
                y[p++]=sa[i]-k;
        //基数排序第 1 关键字
        for(i=0;i<n;i++)
            wv[i]=x[y[i]];//将第 2 关键字的排序结果转换为名次进行排序
        for(i=0;i<m;i++)
            c[i]=0;
        for(i=0;i<n;i++)
            c[wv[i]]++;
        for(i=1;i<m;i++)
            c[i]+=c[i-1];
        for(i=n-1;i>=0;i--)
            sa[--c[wv[i]]]=y[i];
        //根据 sa 和 x 数组重新计算 x 数组
        swap(x,y);//y 数组已没用，更新 x 时需要使用 x 自身的数据，因此将其放入 y 中使用
        p=1,x[sa[0]]=0;
        for(i=1;i<n;i++)
            x[sa[i]]=cmp(y,sa[i-1],sa[i],k)?p-1:p++;
        if(p>=n)//排序结束
            break;
        m=p;
    }
}

void calheight(int *r,int *sa,int n){//求解 rank 数组和 height 数组
    int i,j,k=0;
    for(i=1;i<=n;i++)
        rank[sa[i]]=i;
    for(i=0;i<n;i++){
        if(k)
            k--;
        j=sa[rank[i]-1];
        while(r[i+k]==r[j+k])
            k++;
```

```
        height[rank[i]]=k;
    }
}

bool check(int mid){//判断是否大于或等于k
    int cnt=0;
    for(int i=1;i<=n;i++){
        if(height[i]<mid)
            cnt=1;
        else if(++cnt>=k)
            return 1;
    }
    return 0;
}

void solve(){//以二分法求解
    int L=1,R=n,res=-1;
    while(L<=R){
        int mid=(L+R)>>1;
        if(check(mid)){
            res=mid;
            L=mid+1;
        }
        else
            R=mid-1;
    }
    cout<<res<<endl;
}
```

⋇ 训练 2　口吃的外星人

题目描述（POJ3882）：艾莉博士与外星文明建立了联系。他们偶然发现了一群口吃的外星人！最重要的单词有可能重叠重复出现多次。在消息 babab 中，bab 重叠重复出现两次。给定一个整数 m 和消息字符串 s，找到 s 中至少出现 m 次的最长子串。在消息 baaaababababbababbab 中，长度为 5 的子串 babab 出现了 3 次，起始位置分别为 5、7 和 12（下标从 0 开始），没有更长的子串出现 3 次以上（参见输入样例 1）。

输入：输入包含几个测试用例。每个测试用例的第 1 行都包含一个整数 m（m≥1），表示最小重复次数，后跟一行字符串 s（长度为 m～40000，含 40000）。s 中的所有字符都是 a～z 的小写字符。最后一个测试用例用 m=0 表示，不处理。

输出：对每个测试用例，都输出一行，若没有解决方案，则输出 none；否则单行输出两个整数，以空格分隔。第 1 个整数表示至少出现 m 次的最长子串长度；第 2 个整数表示最右边子串的起始位置。

输入样例	输出样例
3	5 12
baaaababababbbabbab	none
11	4 2
baaaababababbbabbab	
3	
cccccc	
0	

题解： 本题求解可重叠、重复 m 次最长子串的长度及最后一个子串的出现位置，可采用后缀数组及二分法求解。

1. 算法设计

（1）求解 sa 数组。

（2）求解 rank 数组和 height 数组。

（3）使用二分法求解，对特定的长度 mid，判断是否满足重复次数大于或等于 m，并记录最大的下标。

2. 算法实现

```
void da(int *r,int *sa,int n,int m){}//求解 sa 数组，代码略
void calheight(int *r,int *sa,int n){}//求解 rank 数组和 height 数组，代码略
int check(int mid){//检测是否满足条件
    int cnt=1,temp=sa[1],ans=-1;
    for(int i=1;i<=n;i++){
        if(height[i]<mid){
            cnt=1;
            temp=sa[i];
        }
        else{
            cnt++;
            temp=max(temp,sa[i]);
        }
        if(cnt>=k)
            ans=max(ans,temp);
    }
    return ans;
}

void solve(){//以二分法求解答案
    int L=1,R=n,res=-1,ans=-1;
```

```
while(L<=R){
    int mid=(L+R)>>1;
    mx=check(mid);
    if(mx!=-1){
        res=mid;
        ans=mx;
        L=mid+1;
    }
    else
        R=mid-1;
}
if(ans!=-1)
    cout<<res<<" "<<ans<<endl;
else
    cout<<"none"<<endl;
}
```

❖ 训练 3　音乐主题

题目描述（POJ1743）：音乐旋律被表示为 N（$1 \leqslant N \leqslant 20000$）个音符的序列，它们是[1,88]内的整数，每个音符都代表钢琴上的一个键。许多作曲家都围绕一个重复的主题谱写音乐，该主题属于整个旋律的子序列。旋律的子序列是一个主题，若满足至少 5 个音符而且在音乐片段的其他地方再次出现（不重叠，但可能存在转换，转换是指该子序列中的每个音符都同时加上或减去一个值），则给定一个旋律，计算最长主题的长度（音符数）。

输入：输入包含多个测试用例，每个测试用例的第 1 行都包含整数 N。以下 N 个整数表示音符序列。最后一个测试用例后跟一个 0。

输出：对每个测试用例，都单行输出最长主题的长度。若没有主题，则输出 0。

输入样例	输出样例
30	5
25 27 30 34 39 45 52 60 69 79 69 60 52 45	
39 34 30 26 22 18 82 78 74 70 66 67 64 60 65	
80	
0	

题解：本题求解不重叠、长度大于或等于 5 的最长重复子串的长度，可以先转变为子串问题，再采用后缀数组及二分法求解。

因为主题子序列可能同时加上或减去一个数，如 34 30 26 22 18，若同时加上 48，则转换为 82 78 74 70 66，因此可以将数字序列逐项求差，转变为普通的子串问题。在差值序列上求解不重叠、长度大于或等于 4 的最长重复子串的长度 ans，因为求差序列比原序列长度少 1，所以需要输出 ans+1。

例如，对输入样例数据逐项求差后（从第 2 个开始，每个数都减去前一个数），序列如下：

2 3 4 5 6 7 8 9 10 -10 -9 -8 -7 -6 -5 -4 -4 -4 -4 -64 -4 -4 -4 -4 1 -3 -4 5 15

不重叠长度大于或等于 4 的最长重复子串为-4 -4 -4 -4，其长度为 4，原序列是 34 30 26 22 18，长度为 5。

1．算法设计

（1）逐项求差，将问题转变为普通的求子串问题。

（2）求解 sa 数组。

（3）求解 rank 数组和 height 数组。

（4）使用二分法求解，对特定的长度 mid，判断是否满足 height[i]≥mid，且 sa 的最大、最小差值也大于或等于 mid（保证不重叠）。

2．算法实现

```
void da(int *r,int *sa,int n,int m){}//求解 sa 数组，代码略
void calheight(int *r,int *sa,int n){}//求解 rank 数组和 height 数组，代码略
bool check(int mid){//检测是否满足条件
    int mx=sa[1],mn=sa[1];
    for(int i=2;i<=n;i++){
        if(height[i]>=mid){
            mx=max(mx,sa[i]);
            mn=min(mn,sa[i]);
            if(mx-mn>=mid)
                return 1;
        }
        else{
            mx=sa[i];
            mn=sa[i];
        }
    }
    return 0;
}

void solve(){//以二分法求解答案
    int L=4,R=n,res=-1;//答案必须大于或等于4
    while(L<=R){
        int mid=(L+R)>>1;
        if(check(mid)){
            res=mid;
            L=mid+1;
```

```
    }
    else
        R=mid-1;
 }
 if(res<4)
    printf("0\n");
 else
    printf("%d\n",res+1);
}
```

训练 4　星际迷航

题目描述（POJ3294）：你可能想知道为什么大多数外星生命形式与人类相似，事实证明，绝大多数生命形式最终都是一个普通 DNA 的大片段。在几种生命形式的 DNA 序列中，找出由超过一半的生命形式共享的最长子串。

输入：输入包含几个测试用例。每个测试用例的第，行都包含 N（1≤N≤100），表示生命形式的数量。接下来的 N 行，每行都包含一个字符串，表示生命形式的 DNA 序列。每个 DNA 序列都包含至少 1 个且不超过 1000 个小写字母。最后一个测试用例之后的一行为 0。

输出：对每个测试用例，都单行输出超过一半生命形式共享的最长子串。若有很多，则按字母顺序输出所有子串。若没有解决方案，则输出"？"。在测试用例之间留一空行。

输入样例	输出样例
3	bcdefg
abcdefg	cdefgh
bcdefgh	
cdefghi	？
3	
xxx	
yyy	
zzz	
0	

题解：本题包括多个字符串，求解至少重复 N/2 次的最长公共子串。首先用一个原字符串中没有的特殊字符将每个字符串都连接起来，求解至少重复 N/2 次的最长子串。可采用后缀数组及二分法求解。注意：对最长公共子串问题，除用特殊字符连接外，还要标记每个字符都属于哪一个字符串，这样才可以判断两个公共前缀是否属于同一个字符串的子串。

1. 算法设计

（1）将 N 个字符串连接起来，中间以特殊字符间隔。

（2）求解 sa 数组。

（3）求解 rank 数组和 height 数组。

（4）采用二分法求解，对特定的长度 mid，判断满足 height[i]≥mid 的字符串个数是否大于或等于 $N/2$，求出最大 mid 后，输出长度大于或等于 mid 的所有子串。

2. 算法实现

```
void da(int *r,int *sa,int n,int m){}//求解 sa 数组, 代码略
void calheight(int *r,int *sa,int n){}//求解 rank 数组和 height 数组, 代码略
bool check(int mid,int n,int m,int flag){//检测是否满足条件
    int i=2;
    bool vis[105];
    while(1){
        memset(vis,0,sizeof(vis));//清零
        while(i<=n&&height[i]<mid)
            i++;
        if(i>n)
            break;
        vis[belong[sa[i-1]]]=1;//标记该字符串
        while(i<=n&&height[i]>=mid){
            vis[belong[sa[i]]]=1;//若是自己的子串, 则只标记一次
            i++;
        }
        int cnt=0;
        for(int j=1;j<=m;j++)
            if(vis[j])
                cnt++;
        if(cnt>m/2){
            if(!flag)
                return 1;//返回 1, 否则输出, 继续运行和输出所有满足条件的子串
            else{
                for(int j=sa[i-1],t=0;t<mid;j++,t++)
                    printf("%c",s[j]);
                printf("\n");
            }
        }
    }
    return 0;
}

void solve(int L,int R){//以二分法求解答案
    int res=-1,mid;
    while(L<=R){
        mid=(L+R)>>1;
        if(check(mid,n,k,0)){
            res=mid;
```

```
            L=mid+1;
        }
        else
            R=mid-1;
    }
    if(res==-1)
        printf("?\n");
    else
        check(res,n,k,1);//输出
}
```

第**4**章 树上操作

4.1 点分治

📖 原理　重心分解

分治法指将规模较大的问题分解为规模较小的子问题，解决各个子问题后合并得到原问题的答案。树上的分治算法分为点分治和边分治。点分治经常用于带权树上的路径统计，本质上是一种带优化的暴力算法，并融入了容斥原理。对树上的路径，并不要求这棵树是有根树，无根树不影响统计结果。本节以几个实例讲解点分治算法。

分治法的核心是分解和治理。那么如何分？如何治？

数列上的分治法，通常从数列中间进行二等分，也就是说分解得到的两个子问题规模相当。若将 n 个数分解为 1、$n-1$，则分治法会退化为暴力穷举，那么对树怎么划分呢？

对树的划分要尽量均衡，不要出现一个子问题太大，另一个子问题太小的情况。也就是说，期望划分后每棵子树的节点数都不超过 $n/2$。那么选择哪个节点作为划分点呢？可以选择树的重心。树的重心指删除该节点后得到的最大子树的节点数最少。

定理： 删除重心后得到的所有子树，其节点数必然不超过 $n/2$。

证明： 若 s 为树的重心，则删除 s 后得到的最大子树 T_1 节点数最少。假设 T_1 节点数 $m>n/2$，则以 s 为根的子树节点数 $<n/2$。若选择 t 作为重心，则得到的最大子树 T_2 的节点数为 $m-1(m>n/2)$，很明显，$T_2<T_1$，删除 s 后得到的最大子树 T_1 的节点数显然不是最少的，这与 "s 是树的重心" 矛盾。

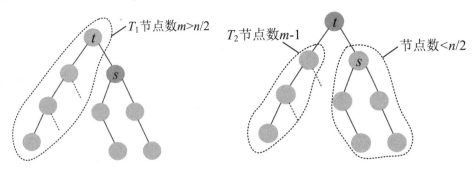

因此以树的重心作为划分点，每次划分后得到的子树大小减半，所以递归树的高度为 $O(\log n)$。

训练 1 树上两点之间的路径数

题目描述（POJ1741）：一棵有 n 个节点的树，每条边都有一个长度（小于 1001 的正整数），$dist(u, v)$ 为节点 u 和 v 的最小距离。给定一个整数 k，对每对节点 (u, v)，当且仅当 $dist(u, v)$ 不超过 k 时才叫作有效。计算给定的树中有多少对节点是有效的。

输入：输入包含几个测试用例。每个测试用例的第 1 行都包含两个整数 n、k（$n \leqslant 10000$），下面的 $n-1$ 行，每行都包含三个整数 u、v、l，表示节点 u 和 v 之间有一条长度为 l 的边。在最后一个测试用例后面跟着两个 0。

输出：对每个测试用例，都单行输出答案。

输入样例	输出样例
5 4	8
1 2 3	
1 3 1	
1 4 2	
3 5 1	
0 0	

题解：根据测试用例的输入数据，树形结构如下图所示。树中距离不超过 4 的有 8 对节点：1-2、1-3、1-4、1-5、2-3、3-4、3-5、4-5。

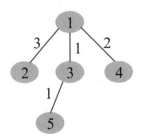

查询树中有多少对节点距离不超过 k，相当于查询树上两点之间距离不超过 k 的路径有多少条。可采用点分治解决。当数据量很大时，树上两点之间的路径很多，采用暴力穷举的方法是不可行的，可以采用树上分治算法进行点分治。以树的重心 root 为划分点，则树上两点 u、v 的路径分为两种：①经过 root；②不经过 root（两点均在 root 的一棵子树中），只需求解第 1 类路径，对第 2 类路径根据分治策略继续采用重心分解即可得到。

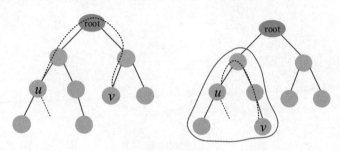

1. 算法设计

（1）求树的重心 root。

（2）从树的重心 root 出发，统计每个节点到 root 的距离。

（3）对距离数组排序，以双指针扫描，统计以 root 为根的子树中满足条件的节点数。

（4）对 root 的每一棵子树 v 都减去重复统计的节点数。

（5）从 v 出发重复上述过程。

2. 完美图解

一棵树如下图所示，求解树上两点之间距离（路径长度）不超过 4 的路径数。

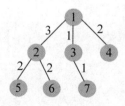

（1）求解树的重心，root=1。

（2）从树的重心 root 出发，统计每个节点到 root 的距离，得到距离数组 dep[]。

	1	2	3	4	5	6	7
dep[]	0	3	1	2	5	5	2

（3）对距离数组进行非递减排序，结果如下图所示。然后以双指针扫描，统计以 root 为根的子树中满足条件的节点数。

	1	2	3	4	5	6	7
dep[]	0	1	2	2	3	5	5

- $L=1$，$R=7$，若 dep[L]+dep[R]>4，则 R--。

	1	2	3	4	5	6	7
dep[]	0	1	2	2	3	5	5

（L 指向 1，R 由 7 移向 5）

- $L=1$，$R=5$，dep[L]+dep[R]<=4，则 ans+=R−L=4，L++。

	1	2	3	4	5	6	7
dep[]	0	1	2	2	3	5	5

（L 指向 1，R 指向 5）

为什么这么计算呢？因为序列从右向左递减，当 dep[L]+dep[R]≤4 时，[L, R]区间的其他节点与 dep[L]的和值必然也小于或等于 4，该区间的节点个数为 R−L，累加即可。

- $L=2$，$R=5$，若 dep[L]+dep[R]≤4，则 ans+=R−L=7，L++。

	1	2	3	4	5	6	7
dep[]	0	1	2	2	3	5	5

（L 指向 2，R 指向 5）

- $L=3$，$R=5$，若 dep[L]+dep[R]>4，则 R--。

	1	2	3	4	5	6	7
dep[]	0	1	2	2	3	5	5

（L 指向 3，R 指向 4）

- $L=3$，$R=4$，若 dep[L]+dep[R]≤4，则 ans+=R−L=8，L++，此时 L=R，算法停止。

	1	2	3	4	5	6	7
dep[]	0	1	2	2	3	5	5

（L 和 R 均指向 4）

也就是说，以 1 为根的树，满足条件的路径数有 8 个。在这些路径中，有些是合并路径，例如两条路径 1-2 和 1-3，其路径长度之和为 4，满足条件。这相当于将两条路径合并为 2-1-3，路径长度为 4。

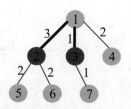

路径长度小于或等于 4 的 8 条路径如下表所示。

编号	路径（路径长度）	路径（路径长度）	合并路径（路径长度）
1	1-2（3）	—	—
2	1-3（1）	—	—
3	1-4（2）	—	—
4	1-3-7（2）	—	—
5	1-2（3）	1-3（1）	2-1-3（4）
6	1-3（1）	1-4（2）	3-1-4（2）
7	1-3（1）	1-3-7（2）	1-3-7（3）
8	1-4（2）	1-3-7（2）	4-1-3-7（4）

第 7 条路径的合并是错误的。路径 1-3 和路径 1-3-7 的路径长度之和虽然小于或等于 4，但是不可以作为合并路径，因为树中任意两个节点之间的路径都是不重复的。而路径 1-3 和路径 1-3-7 之间的路径有重复，所以这样的路径不可以作为合并路径。可以先统计该路径，然后在处理以 3 为根的子树时去重。

（4）对 root 的每一棵子树 v 都先去重，然后求以 v 为根的子树的重心，重复上述过程。

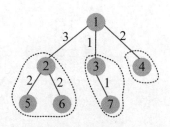

（5）去重。以 2 为根的子树没有重复统计的路径。

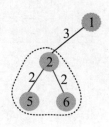

（6）以 2 为根的子树的重心为 2，该子树满足条件的路径有 3 条，ans+=3=11，这 3 条为 2-5、2-6、2-5,2-6（相当于一条合并路径 5-2-6，路径长度为 4）。

（7）去重。以 3 为根的子树，该子树有一条重复统计的路径（1-3 和 1-3-7 的合并路径）。减去重复路径，ans−1=10。

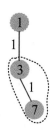

（8）以 3 为根的子树的重心为 3，该子树满足条件的路径有 1 条（3-7），路径长度为 1，ans+1=11。

（9）以 4 为根的子树的重心为 4，该子树没有重复统计的路径，也没有满足条件的路径。

3．算法实现

（1）求树的重心。只需进行一次深度优先遍历，找到删除该节点后最大子树最小的节点。用 $f[u]$ 表示删除 u 后最大子树的大小，$size[u]$ 表示以 u 为根的子树的节点数，S 表示整棵子树的节点数。先统计 u 的所有子树中最大子树的节点数 $f[u]$，然后与 $S-size[u]$ 比较，取最大值。

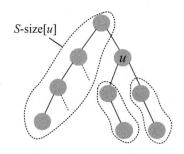

若 $f[u]<f[root]$，则更新当前树的重心为 root=u。

算法代码：

```
void getroot(int u,int fa) {//获取重心
    size[u]=1;
    f[u]=0;//删除 u 后，最大子树的大小
    for(int i=head[u];i;i=edge[i].next){
        int v=edge[i].to;
        if(v!=fa&&!vis[v]){
            getroot(v,u);
```

```
        size[u]+=size[v];
        f[u]=max(f[u],size[v]);
    }
}
f[u]=max(f[u],S-size[u]);//S 为当前子树的总节点数
if(f[u]<f[root])
    root=u;
}
```

（2）统计每个节点到重心 u 的距离。把 dep[0]当作计数器使用，初始化为 0，深度优先遍历，将每个节点到 u 的距离 d[]都存入 dep 数组中。

算法代码：

```
void getdep(int u,int fa) {//获取距离
    dep[++dep[0]]=d[u];//存储距离数组
    for(int i=head[u];i;i=edge[i].next){
        int v=edge[i].to;
        if(v!=fa&&!vis[v]){
            d[v]=d[u]+edge[i].w;
            getdep(v,u);
        }
    }
}
```

（3）统计重心 u 的子树中满足条件的个数。初始化 d[u]=dis 且 dep[0]=0（用于计数），将每个节点到 u 的距离 d[]都存入 dep 数组中；然后对 dep 数组排序，L=1，R=dep[0]（dep 数组末尾的下标），用 sum 累加满足条件的节点对个数。

算法代码：

```
int getsum(int u,int dis){ //获取以 u 为根的子树中满足条件的个数
    d[u]=dis;
    dep[0]=0;
    getdep(u,0);
    sort(dep+1,dep+1+dep[0]);
    int L=1,R=dep[0],sum=0;
    while(L<R)
        if(dep[L]+dep[R]<=k)
            sum+=R-L,L++;
        else
            R--;
    return sum;
}
```

（4）对重心 u 的所有子树都先去重，然后递归求解答案。对 u 的每一棵子树 v 都减去 v 中

重复统计的答案，然后从 v 出发重复上述过程。

算法代码：

```
void solve(int u){//求解答案
    vis[u]=true;
    ans+=getsum(u,0);
    for(int i=head[u];i;i=edge[i].next){
        int v=edge[i].to;
        if(!vis[v]){
            ans-=getsum(v,edge[i].w);//去重
            root=0;
            S=size[v];
            getroot(v,0);
            solve(root);
        }
    }
}
```

4．算法分析

因为每次都选择树的重心作为划分点，点分治至多递归 $O(\log n)$ 层，dep[]排序的时间复杂度为 $O(n\log n)$，因此总的时间复杂度为 $O(n\log^2 n)$。

✿ 训练 2 游船之旅

题目描述（POJ2114）：河流总是形成一棵树（以村庄为节点），超过两条河流时可以在交叉路口汇入。游船的定价政策非常简单：两个村庄之间的每条河流都有一个价格（两个方向的价格相同），任意两个村庄之间的旅行价格都是唯一的。已知河流网络的描述，包括河段的价格和整数序列 $x_1, \cdots, x_k$。对于每个 x_i，都应该确定河网中是否存在一对村庄(a,b)，使得 a 和 b 之间的旅行价格恰好是 x_i。

输入：输入包含多个测试用例，每个测试用例的第 1 行都包含单个整数 N（$1 \leqslant N \leqslant 10^4$），表示村庄数。接下来的 N 行，第 i 行描述村庄 i，包含以空格分隔的整数 $d_1 c_1 \cdots d_j c_j \cdots d_{ki} c_{ki} 0$，$d_j$ 表示从村庄 i 出发的河流直接流向的村庄编号，c_j 表示村庄 i 和 d_j 之间的旅行价格，$2 \leqslant d_j \leqslant N$，$0 \leqslant c_j \leqslant 1000$。村庄 1 在河流的源头。接下来的 M（$M \leqslant 100$）行查询，第 i 个查询包含单个整数 x_i（$1 \leqslant x_i \leqslant 10^7$）。每个测试用例都由包含数字 0 的单行结束，整个输入由包含数字 0 的单行结束。

输出：对每个测试用例，都输出 M 行查询的答案。若在河网中存在两个价格为 x_i 的村庄，则输出"AYE"，否则输出"NAY"。在每个测试用例后面都单行输出"."。

输入样例	输出样例
6	AYE

```
2 5 3 7 4 1 0                                    AYE
0                                                NAY
5 2 6 3 0                                         AYE
0                                                .
0
0
1
8
13
14
0
0
```

题解： 对测试用例的输入数据从上向下解释如下。

- 6：表示 6 个村庄（节）点。
- 2 5 3 7 4 1 0：表示 1 到 2 的价格为 5，1 到 3 的价格为 7，1 到 4 的价格为 1。
- 0：从 2 出发没有河流。
- 5 2 6 3 0：表示 3 到 5 的价格为 2，3 到 6 的价格为 3。
- 0：从 4 出发没有河流。
- 0：从 5 出发没有河流。
- 0：从 6 出发没有河流。

构建的树形结构如下图所示。

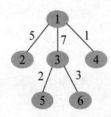

查询结果如下。

- 1：存在价格为 1 的两个村庄 1-4，输出"AYE"。
- 8：存在价格为 8 的两个村庄 3-4，输出"AYE"。
- 13：不存在价格为 13 的两个村庄，输出"NAY"。
- 14：存在价格为 14 的两个村庄 2-5，输出"AYE"。

本题查询树上两点之间路径之和为 k 的路径是否存在，可采用点分治解决。本题与 POJ1741（两点之间路径之和小于或等于 k 的路径数）不同。

1．算法设计

（1）求树的重心 root。

（2）从树的重心 root 出发，统计每个节点到 root 的距离。

（3）对距离数组排序，以双指针扫描，统计以 root 为根的子树中满足条件的节点数。

（4）对 root 的每一棵子树 v 都减去重复统计的节点数。

（5）从 v 出发重复上述过程。

2．完美图解

从一棵树的重心 root 出发，统计每个节点到 root 的距离，得到距离数组 dep[] 后，求两点之间路径之和为 4 的路径数。

（1）例如，对距离数组排序（本数据与样例无关），结果如下图所示，然后以双指针扫描，统计以 root 为根的子树中两点之间路径之和为 4 的路径数。

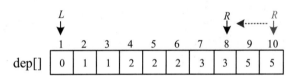

（2）$L=1$，$R=10$，若 dep[L]+dep[R]>4，则 R--。

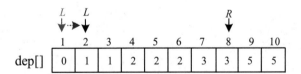

（3）$L=1$，$R=8$，dep[L]+dep[R]<4，则 L++。

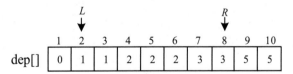

（4）$L=2$，$R=8$，dep[L]+dep[R]=4。

（5）dep[L]≠dep[R]，令 st=L，ed=R，分别查找左侧和右侧第 1 个不相等的数，然后累加和值，并更新 L 和 R。和为 4 的路径数：sum+=(st−L)×(R−ed)=4，分别是 2-7、2-8、3-7、3-8。

（6）dep[L]=dep[R]，说明[L, R]区间的元素全部相等，两两相加等于 k 的对数为 $n(n-1)/2$，$n=R-L+1$。$3\times2/2=3$，和为 4 的路径有 3 条，分别是 4-5、4-6、5-6。sum+3=7。

3. 算法实现

```
void getroot(int u,int fa){//获取重心
    size[u]=1;
    f[u]=0;//删除u后最大子树的大小
    for(int i=head[u];i;i=edge[i].next){
        int v=edge[i].to;
        if(v!=fa&&!vis[v]){
            getroot(v,u);
            size[u]+=size[v];
            f[u]=max(f[u],size[v]);
        }
    }
    f[u]=max(f[u],S-size[u]);//S为当前子树的总节点数
    if(f[u]<f[root])
        root=u;
}

void getdep(int u,int fa){//获取距离
    dep[++dep[0]]=d[u];//存储距离数组
    for(int i=head[u];i;i=edge[i].next){
        int v=edge[i].to;
        if(v!=fa&&!vis[v]&&d[u]+edge[i].w<=k){
            d[v]=d[u]+edge[i].w;
            getdep(v,u);
        }
    }
}

int getsum(int u,int dis){ //获取u的子树中满足条件的个数
    d[u]=dis;
```

```
    dep[0]=0;
    getdep(u,0);
    sort(dep+1,dep+1+dep[0]);
    int L=1,R=dep[0],sum=0;
    while(L<R){
        if(dep[L]+dep[R]<k)
            L++;
        else if(dep[L]+dep[R]>k)
            R--;
        else{
            if(dep[L]==dep[R]){//两端相等，区间中间也相等，n(n-1)/2
                sum+=(R-L+1)*(R-L)/2;
                break;
            }
            int st=L,ed=R;
            while(dep[st]==dep[L])//找左侧第1个不相等的数
                st++;
            while(dep[ed]==dep[R])//找右侧第1个不相等的数
                ed--;
            sum+=(st-L)*(R-ed);
            L=st,R=ed;
        }
    }
    return sum;
}

void solve(int u){ //获取答案
    vis[u]=true;
    ans+=getsum(u,0);
    for(int i=head[u];i;i=edge[i].next){
        int v=edge[i].to;
        if(!vis[v]){
            ans-=getsum(v,edge[i].w);//减去重复的路径数
            root=0;
            S=size[v];
            getroot(v,u);
            solve(root);
        }
    }
}
```

训练 3　摩天大树

题目描述（HDU4812）：有一棵摩天大树，在树的每个分支节点上都有一个整数，可否在

树上找到这样一个链，以便链上所有整数的乘积（mod 10^6+3）都等于 k？

输入：输入包含几个测试用例。每个测试用例的第 1 行都包含两个整数 N（$1 \leq N \leq 10^5$）和 k（$0 \leq k < 10^6+3$）。接下来的一行包含 N 个数字 v_i（$1 \leq v_i < 10^6+3$），其中 v_i 表示节点 i 上的整数。然后是 $N-1$ 行，每行都包含两个整数 x、y，表示节点 x 和节点 y 之间的无向边。

输出：对每个测试用例，都单行输出两个整数 a 和 b（$a<b$），表示满足条件的链的两个端点。若存在多个解决方案，则输出字典顺序最小的解决方案。若不存在解决方案，则输出 "No solution"。

输入样例	输出样例
5 60	3 4
2 5 2 3 3	No solution
1 2	
1 3	
2 4	
2 5	
5 2	
2 5 2 3 3	
1 2	
1 3	
2 4	
2 5	

提示：①"输出字典顺序中最小的一个"指先按照第 1 个数字的大小进行比较，若第 1 个数字的大小相同，则按照第 2 个数字的大小进行比较，以此类推。②若出现栈溢出，则推荐使用 C++提交，并通过以下方式扩栈：

```
#pragma comment(linker,"/STACK:102400000,102400000")
```

题解：根据测试用例 1，构建的树如下图所示。

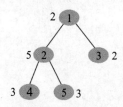

在上图中存在两条链上节点整数的乘积为 60 的链。

- 3-1-2-4：$2\times2\times5\times3=60$。
- 3-1-2-5：$2\times2\times5\times3=60$。

输出字典序最小的 3 和 4。

测试用例 2 的输入数据与测试用例 1 相同，但不存在乘积等于 2 的链。

本题要求在树上找到一个链，链上所有整数的乘积（mod 10^6+3）都等于 k，可采用点分治算法解决。

若树的重心为 root，则对于一条链(u, v)可分为两种情况：①经过 root；②不经过 root，如下图所示。只需求解第 1 种情况，对第 2 种情况继续重心分解即可。

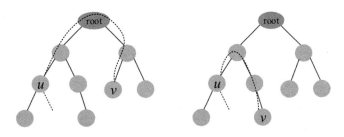

对第 1 种情况的处理方法：遍历子树，将 root 到节点 u 路径上节点的乘积存储到 d[u]，如果一条链(u, v)满足 d[v]×d[u]/val[root]=k，则 u 和 v 配对构成一组解。因为在计算 d[v]和 d[u]时，root 节点的值被乘了两次，所以再除以 val[root]即可。整理上面的公式可得 d[v]=k×val[root]/d[u]。除以一个数等同于乘以这个数的逆元，如果 inv[d[u]] 为 d[u]的逆元，则公式变为 d[v]=k×val[root]×inv[d[u]]。本题求解字典序最小的答案，因此找到了满足条件的解后，更新最小的答案即可。

1．算法设计

（1）求 1..P–1 的逆元，$P=10^6+3$。

（2）求树的重心 root。

（3）从 root 出发，深度优先遍历。val[u]表示节点 u 的值，dev[u]表示 root 到 u 路径上节点值的乘积，mp[dev[u]]表示将积映射到编号 u。积映射的目的是更新字典序更小的答案。

（4）对 root 的每棵子树 v，都求解子树 v 中每个节点到 root 路径上节点的积 x，查询与该节点配对的另一节点的积 inv[x]×val[root]×k%P，判断该积是否映射有节点，若没有，则说明该节点不存在，直接返回，否则根据该节点的字典序更新答案，如下图所示。子树 v 中的所有节点在查询完毕后都把积 x 映射到节点 b，保证不在一棵子树内查询，因为这些节点还没有映射。

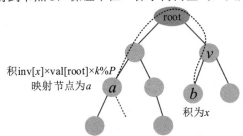

积inv[x]×val[root]×k%P
映射节点为a

积为x

（5）查询完毕后再把这些积映射清零，然后对每棵子树都进行重心分解并递归求解。

2．逆元问题

逆元素指一个可以取消另一给定元素运算的元素，在数学中，逆元素广义化了加法中的加法逆元和乘法中的倒数。乘法逆元指数学领域群 G 中的任意一个元素 a，在 G 中都有唯一的逆元 a^{-1}，有性质 $a \times a^{-1} = a^{-1} \times a = e$，其中 e 为该群的单位元。例如，求 4 关于 1 模 7 的乘法逆元：$4x \equiv 1 \bmod 7$，等价于求一个 x 和 k，满足 $4x = 7k+1$，其中 x 和 k 都是整数；当 $k=1$ 时，$x=2$，4 关于 1 模 7 的乘法逆元为 2。i 关于 1 模 P 的乘法的逆元为 $\text{inv}[i]=(-P/i) \times \text{inv}[P\%i]\%P$。

3．算法实现

```
ll inv[P+5],mp[P+5];//inv 存储逆元，mp 将乘积映射到节点
ll val[maxn],d[maxn],dep[maxn];//节点的值，节点到树根的乘积，乘积序列
int cnt,n,k,top,head[maxn],id[maxn];//id[]为节点序列
int root,S,size[maxn],f[maxn];//f[]为删除u后最大子树的大小
void get_inv(){//求 1..P-1 的逆元
    inv[1]=1;
    for(int i=2;i<P;i++)
        inv[i]=((-P/i)*inv[P%i]%P+P)%P;
}

void getroot(int u,int fa){//获取重心
    size[u]=1;
    f[u]=0;//删除 u 后最大子树的大小
    for(int i=head[u];i;i=edge[i].next){
        int v=edge[i].to;
        if(v!=fa&&!vis[v]){
            getroot(v,u);
            size[u]+=size[v];
            f[u]=max(f[u],size[v]);
        }
    }
    f[u]=max(f[u],S-size[u]);//S 为当前子树的总节点数
    if(f[u]<f[root])
        root=u;
}

void getdep(int u,int fa){//获取乘积
    dep[++top]=d[u];//存储乘积序列
    id[top]=u;//存储节点
    for(int i=head[u];i;i=edge[i].next){
        int v=edge[i].to;
        if(v!=fa&&!vis[v]){
            d[v]=(d[u]*val[v])%P;//乘积 MOD P
```

```
            getdep(v,u);
        }
    }
}

void query(int x,int id){//积, 节点编号
    x=inv[x]*val[root]*k%P;//求另一节点的积
    int y=mp[x];//映射到编号
    if(y==0) return;
    if(y>id) swap(y,id);//保证id>y
    if(y<ans1||(y==ans1&&id<ans2))//更新答案为最小编号
        ans1=y,ans2=id;
}

void solve(int u){//求解答案
    vis[u]=true;
    mp[val[u]]=u;//将积映射到编号, 只有一个节点, 积为节点值val[u]
    for(int i=head[u];i;i=edge[i].next){
        int v=edge[i].to;
        if(!vis[v]){
            top=0;//先求以v为根的子树
            d[v]=val[v]*val[u]%P;//当前节点的值为初值
            getdep(v,u);
            for(int j=1;j<=top;j++)//查询完毕后才把这些积映射到节点
                query(dep[j],id[j]);//在第1棵子树中查询时, 只有树根有映射
            for(int j=1;j<=top;j++)
                if(!mp[dep[j]]||mp[dep[j]]>id[j])//mp[dep[j]]为0或id[j]比原来的值映射节点小
                    mp[dep[j]]=id[j];//更新映射节点
        }
    }
    mp[val[u]]=0;//将刚才赋值的mp[]清零, 用memset超时
    for(int i=head[u];i;i=edge[i].next){
        int v=edge[i].to;
        if(!vis[v]){
            top=0;
            d[v]=(val[u]*val[v])%P;
            getdep(v,u);
            for(int j=1;j<=top;j++)
                mp[dep[j]]=0;//将刚才赋值的mp[]清零
        }
    }
    for(int i=head[u];i;i=edge[i].next){//对子树进行重心分解, 递归求解
        int v=edge[i].to;
        if(!vis[v]){
            root=0;
            S=size[v];
            getroot(v,0);
            solve(root);
```

```
        }
    }
}
```

❖ 训练 4 查询子树

题目描述（HDU4918）：有一棵树，其节点用 $1,2,\cdots,n$ 标记。开始时，第 i 个节点的权值为 w_i。有 q 个操作，操作分为两种类型：①! v x，将节点 v 的权值修改为 x；②? v d，查询到 v 距离不超过 d 的所有节点的权值之和。节点 u 和 v 之间的距离是它们之间最短路径上的边数。

输入：包括几个测试用例。每个测试用例的第 1 行都包含 n、q（$1 \leqslant n$，$q \leqslant 10^5$）；第 2 行都包含 n 个整数 $w_1,w_2,\cdots,w_n$（$0 \leqslant w_i \leqslant 10^4$）；接下来的 $n-1$ 行，每行都包含两个整数 a_i、b_i，表示在 a_i 和 b_i 节点之间有一条边（$1 \leqslant a_i$，$b_i \leqslant n$）。接下来是 q 行操作（$1 \leqslant v \leqslant n$，$0 \leqslant x \leqslant 10^4$，$0 \leqslant d \leqslant n$）。

输出：对每个查询，都单行输出权值之和。

输入样例	输出样例
4 3	3
1 1 1 1	2
1 2	1
2 3	6
3 4	6
? 2 1	
! 1 0	
? 2 1	
3 3	
1 2 3	
1 2	
1 3	
? 1 0	
? 1 1	
? 1 2	

题解：根据输入样例 1，构建的树如下图所示。

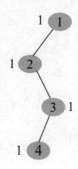

- ? 2 1：查询到 2 距离不超过 1 的所有节点的权值之和，权值和为 3（1、2、3 节点）。
- ! 1 0：将节点 1 的权值修改为 0。
- ? 2 1：查询到 2 距离不超过 1 的所有节点的权值之和，权值和为 2（1、2、3 节点）。

根据测试样例 2，构建的树如下图所示。

- ? 1 0：查询到 1 距离不超过 0 的所有节点的权值之和，权值和为 1（1 号节点）。
- ? 1 1：查询到 1 距离不超过 1 的所有节点的权值之和，权值和为 6（1、2、3 节点）。
- ? 1 2：查询到 1 距离不超过 2 的所有节点的权值之和，权值和为 6（1、2、3 节点）。

1．问题分析

本题包括点更新和查询，可采用点分治解决该问题。

对点分治，树的重心一共有 $\log N$ 层，第 1 层为整棵树的重心，第 2 层为第 1 层重心的子树的重心，以此类推，每次都至少分成两个大小差不多的子树，一共有 $\log N$ 层。每一个节点最多属于 $\log N$ 个重心。

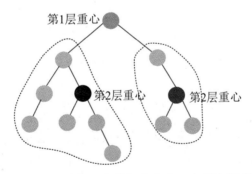

本题查询到 v 距离不超过 d 的所有节点的权值之和，如果把这些节点的权值按距离升序存储，问题就转化为求前缀和问题。可以为每个重心都创建两个树状数组，第 1 个树状数组维护节点 v 到当前重心的距离，第 2 个树状数组维护节点 v 到上一层重心的距离，查询到 v 距离不超过 d 的节点的权值之和时，可以通过树状数组求前缀和得到。注意，在统计时还需要去掉重复统计的部分，第 2 个树状数组的作用是去重。因为重心最多有 $\log N$ 层，每个树状数组最多有 N 个节点，统计前缀和需要 $\log N$ 时间，所以每次查询的复杂度都为 $O(\log N \times \log N)$。

2. 算法设计

（1）求树的重心 root。

（2）从 root 出发统计每个节点到重心的距离 dis_1，将该节点的权值插入第 1 个树状数组的 dis_1+1 位置。若重心的层次大于 1，则求该节点到上一层重心的距离 dis_2，将该节点的权值插入到第 2 个树状数组的 dis_2+1 位置。

（3）求解 root 的每棵子树，这些子树的重心为第 2 层，继续递归处理。

（4）查询到节点 x 不超过 y 的节点权值之和。首先统计与当前重心距离小于或等于 $y-dis[cur[k]][x]$ 的节点的权值之和。若当前重心的层次大于 1，则需要去掉重复的部分（与上一层重心的距离小于或等于 $y-dis[cur[k]-1][x]$ 的节点权值之和）。向上递归，统计上一层重心。

（5）更新节点 x 的值为 y。首先更新第 1 个树状数组，将 x 到当前重心距离为 $dis[cur[k]][x]$ 的节点值更新为 y。若当前重心的层次大于 1，则更新第 2 个树状数组，将 x 到上一层重心距离为 $dis[cur[k]-1][x]$ 的节点值更新为 y。向上递归，更新上一层重心，最后将 $w[x]$ 更新为 y。

3. 完美图解

一棵树如下图所示，求解过程如下。

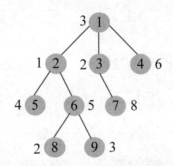

（1）求树的重心，root=1。从树根 root 开始深度优先搜索，求每个节点 i 到重心的距离 dis，并将权值 $w[i]$ 插入第 1 个树状数组的 dis+1 位置。dis 有可能为 0（自己到自己），树状数组下标从 1 开始，因此插入 dis+1 位置。

（2）处理 root 的每棵子树。对第 1 棵子树（以 2 为根的子树）求解重心，root=6，fa=1。为重心 6 创建两个树状数组，从 6 开始深度优先搜索该子树，求每个节点 i 到重心的距离 dis_1，将权值 $w[i]$ 插入第 1 个树状数组的 dis_1+1 位置。重心 6 的层次 dep=2，dep>1，求节点 i 到上一层重心（1 号节点）的距离 dis_2，将 $w[i]$ 插入第 2 个树状数组的 dis_2+1 位置。

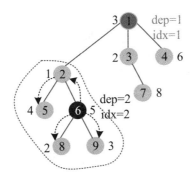

（3）查询到节点 x 不超过 y 的节点权值之和。初始时，先查询以 x 为重心的子树。x 到当前重心的距离为 $dis[cur[k]][x]$，统计到当前重心距离小于或等于 $y-dis[cur[k]][x]$ 的节点权值之和（用第 1 个树状数组统计前缀和）。

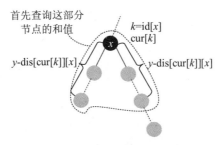

若当前重心有父节点 $F[k]$（上一层重心），则需要去掉重复统计的部分（与上一层重心距离小于或等于 $y-dis[cur[k]-1][x]$ 的节点权值之和，用第 2 个树状数组统计前缀和），x 下面的一些节点在上图中已经统计过了。

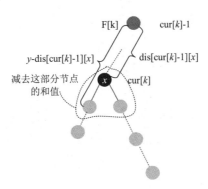

向上递归统计上一层的重心。

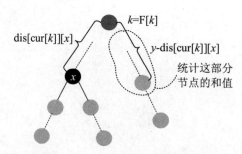

（4）更新节点 x 的值为 y。更新第 1 个树状数组 $C[k][0]$，将 x 到重心距离 $dis[cur[k]][x]+1$ 的位置更新为 y，相当于加上 $y-w[x]$。

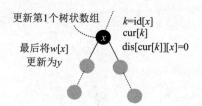

若当前重心有父节点 $F[k]$（上一层重心），则更新第 2 个树状数组 $C[k][1]$，将 x 到上一层重心距离 $dis[cur[k]-1][x]+1$ 的位置更新为 y。

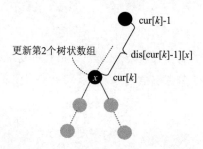

继续向上递归，更新上一层重心。

4. 算法实现

```
struct BIT{//树状数组
    int *C,n;
    void init(int T){//初始化
        n=T;
        C=Pool+pl;
        pl+=n+1;
        for(int i=0;i<=n;i++)
            C[i]=0;
    }
    int que(int x){//查询前缀和
```

```
                x++;
                int res=0;
                for(int i=x;i;i-=(i&-i))
                        res+=C[i];
                return res;
        }
        void add(int x,int y){//点更新
                x++;
                for(int i=x;i<=n;i+=(i&-i))
                        C[i]+=y;
        }
}C[4*maxn][2];//两个树状数组

void getroot(int u,int fa){//获取重心
        size[u]=1;
        f[u]=0;//删除u后，最大子树的大小
        for(int i=head[u];i;i=edge[i].next){
                int v=edge[i].to;
                if(v!=fa&&!vis[v]){
                        getroot(v,u);
                        size[u]+=size[v];
                        f[u]=max(f[u],size[v]);
                }
        }
        f[u]=max(f[u],S-size[u]);//S为当前子树的总节点数
        if(f[u]<f[root])
                root=u;
}
void dfs(int dep,int idx,int u,int d,int fa){
        C[idx][0].add(dis[dep][u]=d,w[u]);
        if(dep>1)
                C[idx][1].add(dis[dep-1][u],w[u]);
        for(int i=head[u];i;i=edge[i].next){
                int v=edge[i].to;
                if(v!=fa&&!vis[v])
                        dfs(dep,idx,v,d+1,u);
        }
}

void solve(int u,int fa){
        vis[u]=1;
        F[id[u]=++tot]=id[fa];
        cur[id[u]]=cur[id[fa]]+1;
        C[tot][0].init(S+1);
```

```
    C[tot][1].init(S+1);
    dfs(cur[id[u]],id[u],u,0,0);
    int tmp=S;
    for(int i=head[u];i;i=edge[i].next){
        int v=edge[i].to;
        if(vis[v]) continue;
        root=0;
        S=size[u]>size[v]?size[v]:tmp-size[u];
        getroot(v,u);
        solve(root,u);
    }
}

void query(int k,int x,int y){//查询答案
    int d=max(-1,min(C[k][0].n-1,y-dis[cur[k]][x]));
    ans+=C[k][0].que(d);
    if(F[k]){
        d=max(-1,min(C[k][1].n-1,y-dis[cur[k]-1][x]));
        ans-=C[k][1].que(d);//减去重复
        query(F[k],x,y);
    }
}

void update(int k,int x,int y){ //点更新
    C[k][0].add(dis[cur[k]][x],y);
    if(F[k]){
        C[k][1].add(dis[cur[k]-1][x],y);
        update(F[k],x,y);
    }
}
```

4.2 边分治

📖 原理　边分治详解

　　树上分治包括点分治和边分治。边分治指在树中选一条边，使得边的两端最大子树尽可能小，这条边叫作中心边。和点分治不同的是，中心边只会把树分成两棵子树，因此处理起来比较方便，找中心边的方法和找重心的方法一样，找使最大子树尽可能小的那一条边。

　　假设中心边为 x–y，则树中任意两个节点之间的路径分为两种：经过 x–y；不经过 x–y。

　　不经过 x–y 的路径在某一端的子树中，只需递归求解即可。现在只考虑经过中心边的路径，处理完当前子树后删掉中心边，将树分成两棵子树，再进行递归操作。

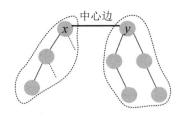

1. 树的重建

对菊花图（形状像菊花）分治后，所有路径都经过中心边，没有达到分治的效果，算法的时间复杂度退化为 $O(n)$。此时需要把树做一下转变，若一个节点有太多个儿子，则添加若干虚拟节点来管理它的儿子们，这棵树就变成了二叉树（每个节点都不超过 2 度），每次分治的规模都减少一半，可以保证时间复杂度为 $O(\log n)$。菊花图转变为二叉树后如下图所示。

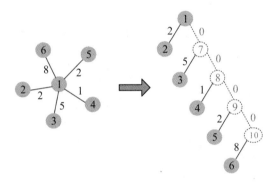

若有边权，则令真实边的边权为 w，虚拟边的边权为 0，不会影响查询两点之间距离的操作。若节点有点权，则只要把虚拟节点的点权设为原来那个父节点的点权，就不会影响查询点权最小值的操作。

在重建树之后，每次都找到一条边作为中心边，使得删掉这条边后的两棵子树中最大的子树尽可能小，然后分别处理左右两棵子树即可。线段树要开四倍空间，对于菊花图，重建树也需要四倍空间。

算法代码：

```
void build(int u,int fa){
    int father=0;
    for (int i=head[u];~i;i=edge[i].nxt) {//nxt 表示下一条边
        int v=edge[i].v,w=edge[i].w;
        if(v==fa)continue;
        if(father==0) {//还没有增加子节点，直接连上
            ADD(u,v,w);
            ADD(v,u,w);
            father=u;
```

```
    }
    else{  //已经有一个子节点，则创建一个新节点，把 v 连在新节点上
        mark[++N]=0;//标记虚节点
        ADD(N,father,0);
        ADD(father,N,0);
        father=N;
        ADD(v,father,w);
        ADD(father,v,w);
    }
    build(v,u);
    }
}
```

2．求中心边

找中心边的方法和找重心类似，只需进行一次深度优先遍历，使删除该边后最大子树最小。$sz[u]$表示以 u 为根的子树的节点数，$sz[rt]$表示以 rt 为根的子树的所有节点数。

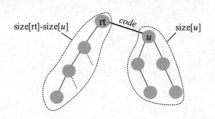

若 $\max(sz[u],sz[T[rt].rt]-sz[u])<Max$，则更新 Max，中心边 midedge=code。

算法代码：

```
void dfs_midedge(int u, int code){
    if(max(sz[u],sz[T[rt].rt]-sz[u])<Max){
        Max=max(sz[u],sz[T[rt].rt]-sz[u]);
        midedge=code;
    }
    for(int i=Head[u];~i;i=E[i].nxt){
        int v=E[i].v;
        if(i!=(code^1))//非对向边
            dfs_midedge(v,i);
    }
}
```

3．中心边分解

（1）求出中心边 midedge，得到中心边的两个端点 p_1、p_2，然后删除 p_1 的邻接边 midedge^1，删除 p_2 的邻接边 midedge。

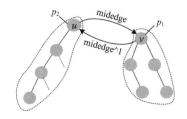

（2）分别从 p_1、p_2 出发，递归求解。

（3）更新树根 rt 的 ans。

算法代码：

```
void DFS(int id, int u){
    rt=id; Max=N; midedge=-1;
    T[id].rt=u;//T[]为边分治产生的树，记录每个节点的答案
    dfs_size(u,0,0);//求子树大小
    dfs_midedge(u,-1);//求中心边
    if(~midedge){
        int p1=E[midedge].v; //以p1和p2为中心边的左右两端点
        int p2=E[midedge^1].v;
        T[id].midlen=E[midedge].w; //中心边的长度
        T[id].ls=++cnt; //左右子树
        T[id].rs=++cnt;
        Delete(p1,midedge^1); //删除中心边
        Delete(p2,midedge);
        DFS(T[id].ls,p1);
        DFS(T[id].rs,p2);
    }
    PushUP(id);
}
```

⁂ 训练 1　树上查询 I

题目描述（SPOJQTREE4）： 有一棵 N 个节点的树，节点编号为 1～N，每条边都有一个整数权值。每个节点都有一个颜色：白色或黑色。将 dist(a,b) 定义为从节点 a 到节点 b 路径上的边权值之和。最初，所有节点都是白色的。执行以下两种操作：①C a，修改节点 a 的颜色（从黑色到白色或从白色到黑色）；②A，查询相距最远的两个白色节点的距离 dist(a,b)，节点 a 和节点 b 都必须是白色的（a 可以等于 b）。显然，只要有一个白色节点，结果总是非负的。

输入： 第 1 行包含一个整数 N（$N \leqslant 10^5$），表示节点数。接下来的 $N-1$ 行，每行都包含三个整数 a、b、c，表示在 a、b 之间有一条边，权值为 c（$-1000 \leqslant c \leqslant 1000$）。在下一行包含一个整数 Q（$Q \leqslant 10^5$），表示指令数。接下来的 Q 行，每行都包含一条指令 C a 或 A。

输出： 对每个指令 A 都单行输出结果。若树中没有白色节点，则输出"They have disappeared."。

输入样例	输出样例
3	2
1 2 1	2
1 3 1	0
7	They have disappeared.
A	
C 1	
A	
C 2	
A	
C 3	
A	

题解： 本题目中的节点有黑白两种颜色，边权可能为负，包括变色和查询操作，因为节点可能变色，因此每次查询相距最远的两个白色节点的距离难度较大，可以采用边分治解决。

1．算法设计

（1）重建树。添加虚节点，使每个节点都不超过 2 度，将虚点的颜色定为黑色，虚边的权值为 0（对查询无影响）。

（2）求解子树的大小并建立距离树。T[rt]为边分治产生的树，记录树根 rt 的答案和一个优先队列（最大值优先，记录子树中白色节点到树根的距离）。

（3）找中心边，删掉中心边，递归求解左右两棵子树。

（4）求解 T[rt]的 ans。

（5）修改 u 节点的颜色。

下面重点讲解第 4、5 步。

求解 T[rt]的 ans 的过程：初始化 T[rt]的 ans 为−1，T[rt]优先队列中的黑色节点出队。若 T[rt]没有左右子节点，而且 T[rt]的根为白色节点，则 rt 的 ans 为 0，否则 ans=max｛左子树的 ans,右子树的 ans,左子树的最远距离+右子树的最远距离+中心边长度｝。

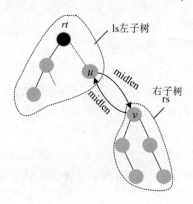

算法代码：

```
void PushUP(int rt) {//更新 rt 的 ans
    T[rt].ans=-1;//初始化为-1
    while(!T[rt].q.empty()&&mark[T[rt].q.top().u]==0)//黑色节点出队
        T[rt].q.pop();
    int ls=T[rt].ls, rs=T[rt].rs; //ls 为左儿子，rs 为右儿子
    if(ls==0&&rs==0){//根没有左右儿子
        if(mark[T[rt].rt])//根为白色节点
            T[rt].ans=0;
    }
    else{
        if(T[ls].ans>T[rt].ans)//若左儿子的 ans 大于 rt 的 ans
            T[rt].ans=T[ls].ans;
        if(T[rs].ans>T[rt].ans)//若右儿子的 ans 大于 rt 的 ans
            T[rt].ans=T[rs].ans;
        if(!T[ls].q.empty()&&!T[rs].q.empty())//中心边的左右子树 ls、rs
            T[rt].ans=max(T[rt].ans,T[ls].q.top().dis+T[rs].q.top().dis+T[rt].midlen);
    }
}
```

修改节点 u 的颜色的过程：将节点 u 的颜色取反，处理包含节点 u 的节点 v，节点 u 若变为白色节点，则加入节点 v 的优先队列，然后更新节点 v 的 ans 即可；节点 u 若变为黑色节点，则更新时会把该黑色节点出队，重新计算 ans。

算法代码：

```
void update(int u) {//修改节点 u 的颜色
    mark[u]^=1;//颜色取反，黑色变白色或白色变黑色
    for(int i=head[u];~i;i=edge[i].nxt){
        int v=edge[i].v,w=edge[i].w;
        if(mark[u]==1) //若节点 u 为白色节点，则加入节点 v 的队列
            T[v].q.push(point(u,w));
        PushUP(v);//更新节点 v 的 ans
    }
}
```

2. 完美图解

一棵树如下图所示，初始时全部为白色节点，求解相距最远的两个白色节点之间的距离。

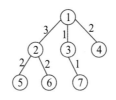

（1）重建树，添加虚节点，使每个节点都不超过 2 度，将虚节点的颜色定为黑色，虚边的权值为 0。

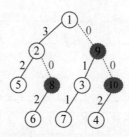

（2）求解子树的大小并建立距离树。将子树中的所有白色节点及其到树根的距离都加入 T[] 树根的优先队列中。重建树、距离树和 T[] 树如下图所示。

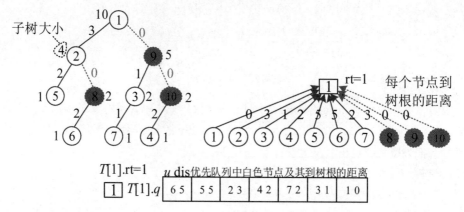

（3）求中心边，找到的中心边为 1-9，中心边的权值为 0，如下图所示。将中心边权值添加到根的 midlen，将中心边的两个端点 p_1、p_2 作为根的左右子节点递归求解。

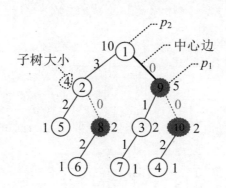

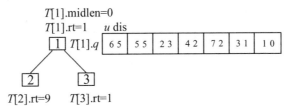

（4）删掉中心边，递归求解左右两棵子树。

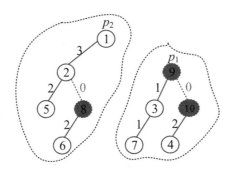

将子树中的所有白色节点及其到树根的距离都加入树根的优先队列中。

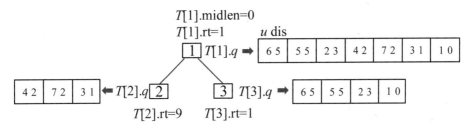

（5）求解答案。初始化树根 rt 的 ans 为-1，然后弹出 rt 的优先队列中的黑色节点。若 rt 没有左右儿子，而且 rt 的根为白色节点，则 rt 的 ans 为 0；否则 ans=max{左子树的 ans,右子树的 ans,左子树的最远距离+右子树的最远距离+中心边长度}，左右子树优先队列中的第 1 个 dis 就是白色节点到该子树树根的最远距离。

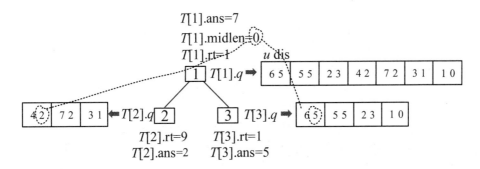

207

（6）修改颜色。将节点 u 的颜色取反，然后处理包含节点 u 的节点 v（距离树中节点 u 的邻接点），节点 u 若变色后为白色节点，则加入节点 v 的优先队列；最后更新节点 v 的 ans。节点 u 若变为黑色节点，则更新时会把该黑色节点出队，重新计算 ans。

例如，将 3 号节点变色，原来为白色，变色后为黑色。

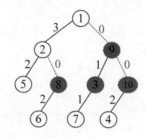

更新距离树中 3 号节点的所有邻接点的 ans，e:1-9 表示中心边为 1-9。距离树如下图所示。

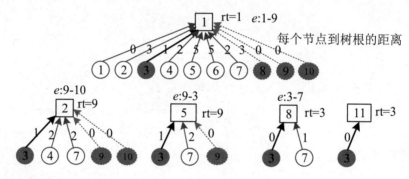

3. 算法分析

因为每次都选择树的中心边为划分点，每次分治的规模都减半，所以边分治至多递归 $O(\log n)$ 层，时间复杂度为 $O(n\log n)$。

4. 算法实现

```
struct Edge{
    int v,w,nxt,pre;
}edge[maxe],E[maxe];//原图，重构图
void Delete(int u,int i){//删除u节点的i号边
    if(Head[u]==i)
        Head[u]=E[i].nxt;
    else
        E[E[i].pre].nxt=E[i].nxt;//跳过该边
    if(tail[u]==i)//指向节点u的最后一条边，相当于尾指针
        tail[u]=E[i].pre;
    else
```

```
        E[E[i].nxt].pre=E[i].pre;//双向链表修改前驱
}

void build(int u,int fa){ //保证每个点的度都不超过 2
    int father=0;
    for(int i=head[u];~i;i=edge[i].nxt){
        int v=edge[i].v,w=edge[i].w;
        if(v==fa)continue;
        if(father==0){//还没有增加子节点，直接连上
            ADD(u,v,w);
            ADD(v,u,w);
            father=u;
        }
        else{//若已经有了一个子节点，则创建一个新节点，把节点 v 连在新节点上
            mark[++N]=0;
            ADD(N,father,0);
            ADD(father,N,0);
            father=N;
            ADD(v,father,w);
            ADD(father,v,w);
        }
        build(v,u);
    }
}

void get_pre(){//得到每条边的前驱，nxt 是下一条边的编号，pre 是上一条边的编号
    memset(tail,-1,sizeof(tail));
    for(int i=1;i<=N;i++){
        for(int j=Head[i];~j;j=E[j].nxt){
            E[j].pre=tail[i];
            tail[i]=j;//指向节点 u 的最后一条边，相当于尾指针
        }
    }
}

void rebuild(){//重建树
    INIT();//初始化
    N=n;
    for(int i=1;i<=N;i++)
        mark[i]=1;//初始化时均为白色节点
    build(1,0);//重建
    get_pre();//得到每条边的前驱
    init();//原树初始化，重建树后原树已经没用，下一步利用该结构存储距离树
}
```

```
struct point{
    int u,dis;
    point() {}
    point(int _u,int _dis){
        u=_u;dis=_dis;
    }
    bool operator<(const point& _A)const{
        return dis<_A.dis;//优先队列的优先级
    }
};

struct node{
    int rt,midlen,ans;    //根节点，中心边的权值，答案（最长树链）
    int ls,rs;            //左右子树编号
    priority_queue<point>q;
}T[2*maxn];//注意：设为maxe会超时，节点个数为4N

void dfs_size(int u,int fa,int dis){//求解每棵子树的大小，建立距离树
    add(u,root,dis);//添加每个点到root的距离到距离树
    if(mark[u])//若是白色节点，则压入根节点root的队列,dis为节点u到根root的距离
        T[root].q.push(point(u,dis));//在队列中存储白色节点及其到根root的距离
    sz[u]=1;
    for(int i=Head[u];~i;i=E[i].nxt){
        int v=E[i].v,w=E[i].w;
        if(v==fa) continue;
        dfs_size(v,u,dis+w);
        sz[u]+=sz[v];
    }
}

void dfs_midedge(int u, int code){//找中心边
    if(max(sz[u],sz[T[root].rt]-sz[u])<Max){
        Max=max(sz[u],sz[T[root].rt]-sz[u]);//sz[T[root].rt]为该子树的节点总数
        midedge=code;
    }
    for(int i=Head[u];~i;i=E[i].nxt){
        int v=E[i].v;
        if(i!=(code^1))
            dfs_midedge(v,i);
    }
}

void PushUP(int id){//更新id的ans
```

```
    T[id].ans=-1;//初始化为-1
    while(!T[id].q.empty()&&mark[T[id].q.top().u]==0)//弹出黑色节点
        T[id].q.pop();
    int ls=T[id].ls, rs=T[id].rs; //ls 为左儿子，rs 为右儿子
    if(ls==0&&rs==0){ //根没有左右儿子
        if(mark[T[id].rt])//根为白色节点
            T[id].ans=0;
    }
    else{
        if(T[ls].ans>T[id].ans)//若左儿子的结果大于根
            T[id].ans=T[ls].ans;
        if(T[rs].ans>T[id].ans)//若右儿子的结果大于根
            T[id].ans=T[rs].ans;
        if(!T[ls].q.empty()&&!T[rs].q.empty())//左右子树的优先队列不空
            T[id].ans=max(T[id].ans,T[ls].q.top().dis+T[rs].q.top().dis+T[id].midlen);
    }
}

void DFS(int id, int u){//边分治求解答案
    root=id; Max=N; midedge=-1;
    T[id].rt=u;
    dfs_size(u,0,0);//求解每棵子树的大小
    dfs_midedge(u,-1);//找中心边
    if(~midedge){
        int p1=E[midedge].v;//中心边的左右两点，p1:v midedge: u->v
        int p2=E[midedge^1].v;//p2:u
        T[id].midlen=E[midedge].w; //中心边长度
        T[id].ls=++cnt; //左右子树
        T[id].rs=++cnt;
        Delete(p1,midedge^1);//删除中心边，节点 p1 的邻接边
        Delete(p2,midedge);
        DFS(T[id].ls,p1);
        DFS(T[id].rs,p2);
    }
    PushUP(id);//更新 rt 的 ans
}

void update(int u){//修改节点 u 的颜色
    mark[u]^=1;//颜色取反
    for(int i=head[u];~i;i=edge[i].nxt){
        int v=edge[i].v,w=edge[i].w;
        if(mark[u]==1) //若节点 u 为白色节点，则加入节点 v 的队列
            T[v].q.push(point(u,w));
        PushUP(v);//更新节点 v
```

```
    }
}

int main(){
    scanf("%d",&n);
    init();//原树初始化
    int u,v,w;
    for(int i=1;i<n;i++){
        scanf("%d%d%d",&u,&v,&w);
        add(u,v,w);
        add(v,u,w);
    }
    rebuild();//重建树
    DFS(cnt=1,1);//求解答案
    char op[2];
    int m,x;
    scanf("%d", &m);
    while(m--){
        scanf("%s",op);
        if(op[0]=='A'){//输出树中最远的两个白色节点的距离
            if(T[1].ans==-1)
                printf("They have disappeared.\n");
            else
                printf("%d\n",T[1].ans);
        }else{
            scanf("%d",&x);
            update(x);//修改x的颜色
        }
    }
    return 0;
}
```

∴ 训练 2　树上查询 II

题目描述（SPOJ QTREE5）：有一棵 N 个节点的树，节点编号为 $1\sim N$。将 dist(a, b) 定义为从节点 a 到节点 b 路径上的边数。每个节点都有一个颜色，白色或黑色。最初所有节点都是黑色的。执行以下两种操作：① 0 i，更改第 i 个节点的颜色（从黑色变为白色，或从白色变为黑色）；② 1 v，查询与 v 最近的白色节点的距离 dist(u, v)，节点 u 必须是白色的（u 可以等于 v）。显然，只要节点 v 为白色，则结果将始终为 0。

输入：第 1 行有一个整数 N（$N \leqslant 10^5$），表示节点数。在接下来的 N-1 行中，每行都包含两个整数 a、b，表示在 a 和 b 之间有一条边。下一行有一个整数 Q（$Q \leqslant 10^5$），表示指令数。接

下来的 Q 行，每行都包含指令"0 i"或"1 v"。

输出：对每个查询操作，都单行输出结果。若树中没有白色节点，则输出"–1"。

输入样例	输出样例
10	2
1 2	2
1 3	2
2 4	3
1 5	0
1 6	
4 7	
7 8	
5 9	
1 10	
10	
0 6	
0 6	
0 6	
1 3	
0 1	
0 1	
1 3	
1 10	
1 4	
1 6	

　　题解：本题给定一棵无权树，最初都是黑色节点，有两种操作：①修改节点 v 的颜色；②求离节点 v 最近的白色节点及距离。根据输入样例数据创建的树形结构如下图所示。初始时所有节点都为黑色。

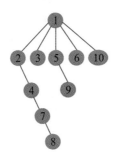

- 0 6：6 号节点变白色。
- 0 6：6 号节点变黑色。
- 0 6：6 号节点变白色，结果如下图所示。

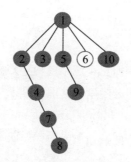

- 1 3：离 3 号节点最近的白色节点为 6，距离为 2。
- 0 1：1 号节点变白色。
- 0 1：1 号节点变黑色。
- 1 3：离 3 号节点最近的白色节点为 6，距离为 2。
- 1 10：离 10 号节点最近的白色节点为 6，距离为 2。
- 1 4：离 4 号节点最近的白色节点为 6，距离为 3。
- 1 6：离 6 号节点最近的白色节点为 6，距离为 0。

1．算法设计

（1）重建树。添加虚节点，使每个点的度数都不超过 2，虚点的颜色定为黑色，虚边权值为 0（对查询无影响）。

（2）求解子树大小，并建立距离树。树根 T[] 维护一个优先队列（最小值优先），记录白色节点到子树根的距离。

（3）找中心边，删掉中心边，递归求解左右两棵子树。

（4）修改操作：0 u：更改节点 u 的颜色（黑色变为白色，或白色变为黑色）。

- 白色→黑色：更新包含节点 u 的根节点 v 的队列（黑色节点出队）。
- 黑色→白色：将节点 u 放入包含节点 u 的根节点 v 的队列中，并更新节点 v 的队列（黑色节点出队）。

（5）查询操作：1 u：查询与节点 u 最近的白色节点的距离。查询节点 u 的距离树，若左子树队列非空，则求左子树中白色节点到左子树根的最近距离+temp+midlen 与 mn 的最小值，若右子树队列非空，求右子树中白色节点到右子树根的最近距离+temp+midlen 与 mn 的最小值。记录当前节点 u 距离树根的距离 temp，以便下次计算。

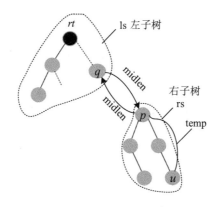

2. 完美图解

以带权树为例，一棵带权树重建之后如下图所示。查询与 3 号节点最近的白色节点的距离。

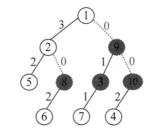

（1）查询距离树中 3 号节点的邻接点 v。其中 e:1-9，表示中心边为 1-9。

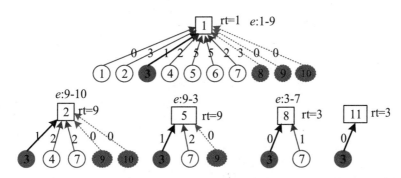

（2）第 1 个邻接点为 11，树根为 3，就是 3 号节点自身，此时 11 的左右子树均为空，暂存 3 到树根的距离，temp=0。

（3）第 2 个邻接点为 8，树根为 3，此时 8 的左右子树根为 7 和 3，中心边为 3-7,权值 midlen=1。以 3 为 根 的 队 列 为 空；以 7 为 根 的 队 列 队 头 为 7 号节点，距离为 0，mn=min(mn,T[ls].q.top().dis+temp+T[id].midlen); mn=min(mn,0+0+1)=1；暂存 3 到树根的距离，temp=0。

（4）第 3 个邻接点为 5，树根为 9，此时 5 的左右子树根为 3 和 9，中心边为 9-3，权值 midlen=1；以 3 为根的队列队头为 7 号节点，距离为 1；mn=min(mn,T[ls].q.top().dis+temp+T[id].midlen)；mn=min(mn,1+1+0)=1；以 9 为根的队列为空，暂存 3 到树根的距离，temp=1。

（5）第 4 个邻接点为 2，树根为 9，此时 2 的左右子树根为 9 和 10，中心边为 9-10，权值 midlen=0；以 9 为根的队列队头为 7 号节点，距离为 2，mn=min(mn,T[ls].q.top().dis+temp+T[id].midlen)；mn=min(mn,2+1+0)=1；以 10 为根的队列队头为 4 号节点，距离为 2，mn=min(mn,T[rs].q.top().dis+temp+T[id].midlen)；mn=min(mn, 2+1+0)=1；暂存 3 到树根的距离，temp=1。

（6）第 5 个邻接点为 1 号，树根为 1，此时 1 的左右子树根为 9 和 1，中心边为 1-9，权值 midlen=0；以 9 为根的队列队头为 7 号节点，距离为 2，mn=min(mn,T[ls].q.top().dis+temp+T[id].midlen)；mn=min(mn,2+1+0)=1；以 1 为根的队列队头为 1 号节点，距离为 0，mn=min(mn,T[rs].q.top().dis+temp+T[id].midlen)；mn=min(mn, 0+1+0)=1。

3. 算法实现

```
void update(int u){// 节点u变色
  mark[u]^=1;//变色
  if(mark[u])
   white++;
  else
   white--;
  for(int i=head[u];~i;i=edge[i].nxt){//距离树的邻接点
    int v=edge[i].v,w=edge[i].w;
    if(mark[u])
       T[v].q.push(point(u,w));
    PushUP(v);//更新
  }
}

int query(int u){//查询距离节点u最近的白色节点的距离
  int mn=inf,temp=0;
  for(int i=head[u];~i;i=edge[i].nxt){//距离树的邻接点
    int id=edge[i].v,w=edge[i].w;//w为节点u到树根的距离
    int ls=T[id].ls, rs=T[id].rs; //ls为左儿子, rs为右儿子
    if(!T[ls].q.empty()) //左子树的优先队列不空
      mn=min(mn,T[ls].q.top().dis+temp+T[id].midlen);
    if(!T[rs].q.empty()) //右子树的优先队列不空
      mn=min(mn,T[rs].q.top().dis+temp+T[id].midlen);
    temp=w;
  }
```

```
    return mn;
}
```

训练 3　树上两点之间的路径数

题目描述（POJ1741） 见 4.1 节训练 1。

题解：本题查询树上两点距离不超过 k 的路径有多少条，可采用点分治或边分治解决。

1. 算法设计

（1）重建树。添加虚节点，使每个点的度数都不超过 3，将虚点标记为 0，虚边的权值为 0（对查询无影响）。

（2）找中心边、距离。先求子树的大小，并将子树中实点到根的距离存入数组中。

（3）删掉中心边，求解左右两棵子树的中心边、距离。

（4）将左、右子树中每个节点到根的距离分别非递减排序，然后双向扫描。统计有多少对节点满足到根的距离+中心边≤k，如下图所示。

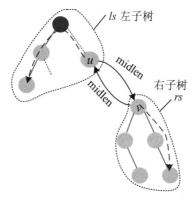

（5）递归求解左右子树，转向第 3 步。

2. 算法实现

```
void Delete(int u,int i){
    if(Head[u]==i)
        Head[u]=E[i].nxt;
    else
        E[E[i].pre].nxt=E[i].nxt;
    if(tail[u]==i)
        tail[u]=E[i].pre;
    else
        E[E[i].nxt].pre=E[i].pre;
}
```

217

```
void build(int u,int fa){//保证每个点的度都不超过2
    int father=0;
    for(int i=head[u];~i;i=edge[i].nxt){
        int v=edge[i].v,w=edge[i].w;
        if(v==fa)continue;
        if(father==0){//还没有增加子节点，直接连上
            ADD(u,v,w);
            ADD(v,u,w);
            father=u;
        }
        else{//已经有一个子节点，创建一个新节点，把节点v连在新节点上
            mark[++N]=0;
            ADD(N,father,0);
            ADD(father,N,0);
            father=N;
            ADD(v,father,w);
            ADD(father,v,w);
        }
        build(v,u);
    }
}

void get_pre(){//求每条边的前驱，为删除中心边做准备
    memset(tail,-1,sizeof(tail));
    for(int i=1;i<=N;i++){//nxt是下一条边的编号，pre是上一条边的编号
        for(int j=Head[i];~j;j=E[j].nxt){
            E[j].pre=tail[i];
            tail[i]=j;
        }
    }
}

void rebuild(){//重建树
    INIT();//重建树初始化
    N=n;
    for(int i=1;i<=N;i++)
        mark[i]=1;
    build(1,0);//重建树
    get_pre();//存储每条边的前驱，为删除中心边做准备
}

struct node{
    int rt,midlen; //根节点，中心边
```

```
    int ls,rs;        //左右子树编号
}T[MX];

int q[2][MX],len[2];//存储左右子树中每个实节点到根的距离, len[]为数组下标

void dfs_size(int u,int fa,int dir,int flag){//创建距离树，入队，求新树中每棵子树的大小
    if(mark[u])
        q[flag][len[flag]++]=dir;//将子树所有实节点到根的距离都加入队列中
    sz[u]=1;
    for(int i=Head[u];~i;i=E[i].nxt){
        int v=E[i].v,w=E[i].w;
        if(v==fa) continue;
        dfs_size(v,u,dir+w,flag);
        sz[u]+=sz[v];
    }
}

void dfs_midedge(int u,int code){//找中心边
    if(max(sz[u],sz[T[root].rt]-sz[u])<Max){
        Max=max(sz[u],sz[T[root].rt]-sz[u]);
        midedge=code;
    }
    for(int i=Head[u];~i;i=E[i].nxt){
        int v=E[i].v;
        if(i!=(code^1))
            dfs_midedge(v,i);
    }
}

void solve(int ls,int rs,int midlen){//查询距离不超过 k 的节点数
    sort(q[0],q[0]+len[0]);
    sort(q[1],q[1]+len[1]);
    for(int i=0,j=len[1]-1;i<len[0];i++){
        while(j>=0&&q[0][i]+q[1][j]+midlen>k)
            j--;
        ans+=j+1;
    }
}

int getmide(int id,int u,int flag){//求解中心边
    Max=N;midedge=-1;
    root=id;T[id].rt=u;
    len[flag]=0;
    dfs_size(u,0,0,flag);
```

```
        dfs_midedge(u,-1);
        return midedge;
}

void DFS(int id,int midedge,int flag){//递归求解
    if(~midedge){
        int p1=E[midedge].v; //中心边的左右两点
        int p2=E[midedge^1].v;
        T[id].midlen=E[midedge].w; //中心边的长度
        T[id].ls=++cnt; //左右子树
        T[id].rs=++cnt;
        Delete(p1,midedge^1); //删除中心边
        Delete(p2,midedge);
        int t1=getmide(T[id].ls,p1,0);
        int t2=getmide(T[id].rs,p2,1);
        solve(T[id].ls,T[id].rs,T[id].midlen);
        DFS(T[id].ls,t1,0);
        DFS(T[id].rs,t2,1);
    }
}

int main(){
    while(scanf("%d%d",&n,&k),n+k){
        init();
        int u,v,w;
        for(int i=1;i<n;i++){
            scanf("%d%d%d",&u,&v,&w);
            add(u,v,w);
            add(v,u,w);
        }
        ans=0;
        if(n>1){
            rebuild();//重建
            root=1;
            T[root].rt=1;//T 树根
            len[0]=0;//距离数组的长度
            cnt=1;//T 树的节点编号
            int t=getmide(1,1,0);//得到中心边
            DFS(1,t,0);//边分治递归
        }
        printf("%d\n",ans);
    }
    return 0;
}
```

4.3　树链剖分

📖 原理　树链剖分详解

链剖分，指对树的边进行划分的一类操作，目的是减少在链上修改、查询等操作的复杂度。链剖分有三类：轻重链剖分、虚实链剖分和长链剖分。

树链剖分的思想是通过轻重链剖分将树分为多条链，保证每个节点都属于且只属于一条链。树链剖分是轻重链剖分，节点到重儿子（子树节点数最多的儿子）之间的路径为重链。每条重链都相当于一段区间，把所有重链首尾相接组成一个线性节点序列，再通过数据结构（如树状数组、SBT、伸展树、线段树等）来维护即可。

若 size[u] 表示以 u 为根的子树的节点个数，则在 u 的所有儿子中，size 最大的儿子就是重儿子，而 u 的其他儿子都是轻儿子，当前节点与其重儿子之间的边就是重边，多条重边相连为一条重链。一棵树如下图所示。长度大于 1 的重链有两条：1-3-6-8、2-5，单个轻儿子可被视作一个长度为 1 的重链：4、7，因此本题中有 4 条重链。图中深色的节点是重儿子，加粗的边是重边。

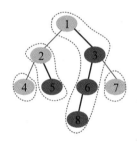

重要性质：

- 若 v 是轻儿子，u 是 v 的父节点，则 size[v]≤size[u]/2；
- 从根到某一点路径上，不超过 $\log_2 n$ 条重链，不超过 $\log_2 n$ 条轻边。

树链剖分支持以下操作。

（1）单点修改：修改一个点的权值。

（2）区间修改：修改节点 u 到 v 路径上节点的权值。

（3）区间最值查询：查询节点 u 到 v 路径上节点的最值。

（4）区间和查询：查询节点 u 到 v 路径上节点的和值。

树链剖分的应用比倍增更广泛，倍增可以做的，树链剖分一定可以做，反过来则不行。树链剖分的代码复杂度不算特别高，调试也不难，树链剖分在算法竞赛中是必备知识。

1. 预处理

树链剖分可以采用两次深度优先搜索实现。

第 1 次深度优先搜索维护 4 个信息：dep[]、fa[]、size[]、son[]。

- dep[u]：u 的深度。
- fa[u]：u 的父节点。
- size[u]：以 u 为根的子树的节点数。
- son[u]：u 的重儿子，u–son[u] 为重边。

第 2 次深度优先搜索以优先走重边的原则，维护 3 个信息：top[]、id[]、rev[]。

- top[u]：u 所在的重链上的顶端节点编号（重链上深度最小的节点）。
- id[u]：u 在节点序列中的位置下标。
- rev[x]：树链剖分后节点序列中第 x 个位置的节点。

id[] 与 rev[] 是互逆的。例如，节点 u 在节点序列中的位置下标是 x，则节点序列中第 x 个位置的节点是 u，id[u]=x，rev[x]=u。对上面的树进行树链剖分后，将所有重链都放在一起组成一个节点序列：[1,3,6,8],[7],[2,5],[4]。序列中第 4 个位置是 8 号节点，8 号节点的存储下标是 4，即 rev[4]=8，id[8]=4。预处理的时间复杂度为 $O(n)$。

2. 求解 LCA 问题

对于 LCA（最近公共祖先）问题，点和边均没有权值，因此无须维护线段树来实现。输入树后，先进行树链剖分预处理。

算法代码：

```
void dfs1(int u,int f) {//求 dep、fa、size 和 son
    size[u]=1;
    for(int i=head[u];i;i=e[i].next){
        int v=e[i].to;
        if(v==f)//父节点
            continue;
        dep[v]=dep[u]+1;//深度
        fa[v]=u;
        dfs1(v,u);
        size[u]+=size[v];
        if(size[v]>size[son[u]])
            son[u]=v;
    }
}

void dfs2(int u) {//求 top
    if(u==son[fa[u]])
```

```
    top[u]=top[fa[u]];
else
    top[u]=u;
for(int i=head[u];i;i=e[i].next){
    int v=e[i].to;
    if(v!=fa[u])
        dfs2(v);
}
}
```

显然，树中的任意一对节点(u,v)只存在两种情况：①在同一条重链上（top[u]=top[v]）；②不在同一条重链上。

对第 1 种情况，LCA(u,v)就是 u、v 中深度较小的节点。例如下图中求节点 3 和 8 的最近公共祖先时，因为 3 和 8 在同一条重链上且 3 的深度较小，因此 LCA(3,8)=3。

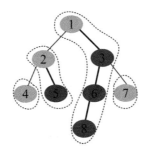

对第 2 种情况，只要想办法将 u、v 两点转移到同一条重链上即可。首先求出 u、v 所在重链的顶端节点 top[u]和 top[v]，将其顶端节点深度大的节点上移，直到 u、v 在同一条重链上，再用第 1 种情况中的方法求解即可。

例如下图中求节点 7 和 8 的最近公共祖先，7 和 8 不在同一条重链上，先求两个节点所在重链的顶端节点：top[7]=7，top[8]=1，dep[1]<dep[7]，7 的顶端节点深度大，因此将 v 从 7 上移到其父节点 3，此时 3 和 8 在同一条重链上，且 3 的深度较小，因此 LCA(7,8)=3。

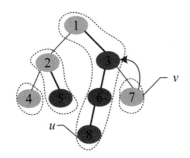

求 5 和 7 的最近公共祖先，5 和 7 不在同一条重链上，先求两节点所在重链的顶端节点：

top[5]=2，top[7]=7，dep[2]<dep[7]，7 的顶端节点深度大，因此将 v 从 7 上移到其顶端节点的父节点 3。

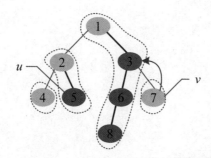

3 所在重链的顶端节点：top[3]=1，dep[1]<dep[2]，5 的顶端节点深度大，因此将 u 从 5 上移到其顶端节点的父节点 1，此时 1 和 3 在同一条重链上，且 1 的深度较小，因此 LCA(5,7)=1。

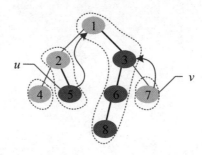

算法代码：

```
int LCA(int u,int v) {//求区间 u、v 的最近公共祖先
    while(top[u]!=top[v]) {//不在同一条重链上
        if(dep[top[u]]>dep[top[v]])//将顶端节点深度大的上移
            u=fa[top[u]];
        else
            v=fa[top[v]];
    }
    return dep[u]>dep[v]?v:u;//返回深度小的节点
}
```

3. 树链剖分与线段树

若在树中进行点更新、区间更新、区间查询等操作，则可以使用线段树来维护和处理。

一棵树如下图所示。

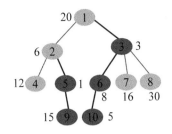

树链剖分之后的节点序列和下标序列如下图所示。

	1	2	3	4	5	6	7	8	9	10
rev[]	1	3	6	10	8	7	2	5	9	4

	1	2	3	4	5	6	7	8	9	10
id[]	1	7	2	10	8	3	6	5	9	4

节点序列对应的权值如下图所示。

	1	3	6	10	8	7	2	5	9	4
w[]	20	3	8	5	30	16	6	1	15	12

根据 w[]序列创建线段树，如下图所示。

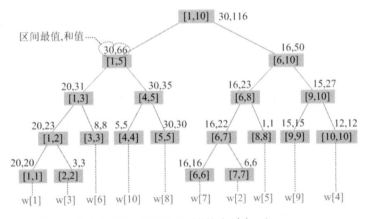

查询节点 u 到 v 路径上节点权值的最值与和值的方法如下。

- 若 u 和 v 在同一条重链上，则在线段树上查询其对应的下标区间[id[u],id[v]]即可。
- 若 u 和 v 不在同一条重链上，则一边查询，一边将 u 和 v 向同一条重链上移，然后采用上面的方法处理。对于顶端节点深度大的节点，先查询其到顶端节点的区间，然后一边上移一边查询，直到上移到同一条重链上，再查询在同一条重链上的区间。

查询节点 6~9 权值的最值与和值（包括 6 和 9 节点），过程如下。

（1）读取 top[6]=1，top[9]=2，两者不相等则说明其不在一条重链上，且 top[9]的深度大，先查询 top[9]～9 之间的最值与和值。

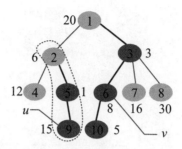

首先得到节点 2 和 9 对应的节点序列下标 7 和 9。

	1	2	3	4	5	6	7	8	9	10
id[]	1	7	2	10	8	3	6	5	9	4

然后在线段树中查询[7,9]区间的最值与和值。[7,9]区间的最值与和值：Max=15，Sum=22。

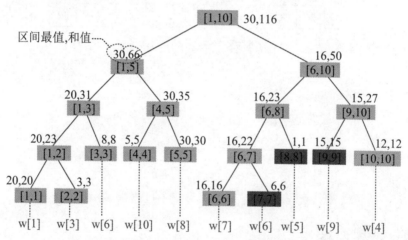

（2）将 u 上移到 top[9]（2 号节点）的父节点，即 1 号节点，此时 1 和 6 在同一条链上。

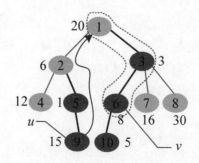

节点 1 和 6 对应的线段树下标为 1 和 3。

	1	2	3	4	5	6	7	8	9	10
id[]	①	7	2	10	8	③	6	5	9	4

在线段树中查询到[1,3]区间的最值与和值分别为 20、31，如下图所示。再与前面的结果求最大值与和值，则 Max=max(Max,20)=max(15,20)=20，Sum=Sum+31=22+31=53。

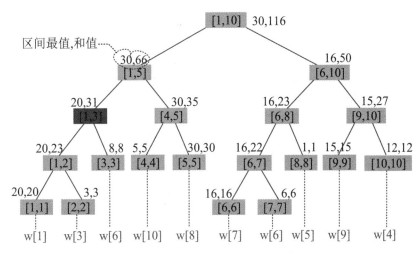

区间更新的方法与此类似，若不在一条链上，则一边更新，一边向同一条链上靠，最后在同一条链上更新即可。

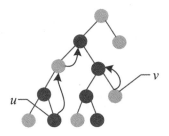

注意：更新和查询时均需要先得到节点对应的线段树下标，再在线段树上更新和查询。

算法代码：

```
void dfs1(int u,int f) {//求dep、fa、size、son
    size[u]=1;
    for(int i=head[u];i;i=e[i].next){
        int v=e[i].to;
        if(v==f)//父节点
```

```
            continue;
        dep[v]=dep[u]+1;//深度
        fa[v]=u;
        dfs1(v,u);
        size[u]+=size[v];
        if(size[v]>size[son[u]])
            son[u]=v;
    }
}

void dfs2(int u,int t){//求 top、id、rev
    top[u]=t;
    id[u]=++total;  //u 对应的节点序列中的下标
    rev[total]=u;   //节点序列下标对应的节点 u
    if(!son[u])
        return;
    dfs2(son[u],t);//沿着重儿子深度优先搜索
    for(int i=head[u];i;i=e[i].next){
        int v=e[i].to;
        if(v!=fa[u]&&v!=son[u])
            dfs2(v,v);
    }
}

void build(int k,int l,int r){//创建线段树，k 表示存储下标，区间为[l,r]
    tree[k].l=l;
    tree[k].r=r;
    if(l==r){
        tree[k].mx=tree[k].sum=w[rev[l]];
        return;
    }
    int mid,lc,rc;
    mid=(l+r)/2;//划分点
    lc=k*2;  //k 节点的左子节点存储下标
    rc=k*2+1;//k 节点的右子节点存储下标
    build(lc,l,mid);
    build(rc,mid+1,r);
    tree[k].mx=max(tree[lc].mx,tree[rc].mx);//节点的最大值等于左右子节点最值的最大值
    tree[k].sum=tree[lc].sum+tree[rc].sum;//节点的和值等于左右子树的和值
}

void query(int k,int l,int r){//求[l,r]区间的最值、和值
    if(tree[k].l>=l&&tree[k].r<=r) {//找到该区间
        Max=max(Max,tree[k].mx);
```

```
            Sum+=tree[k].sum;
            return;
        }
        int mid,lc,rc;
        mid=(tree[k].l+tree[k].r)/2;//划分点
        lc=k*2;     //左子节点存储下标
        rc=k*2+1;//右子节点存储下标
        if(l<=mid)
            query(lc,l,r);//到左子树中查询
        if(r>mid)
            query(rc,l,r);//到右子树中查询
}

void ask(int u,int v){//求 u、v 之间的最值或和值
    while(top[u]!=top[v]) {//不在同一条重链上
        if(dep[top[u]]<dep[top[v]])
            swap(u,v);
        query(1,id[top[u]],id[u]);//u 顶端节点和 u 之间
        u=fa[top[u]];
    }
    if(dep[u]>dep[v])  //在同一条重链上
        swap(u,v);      //深度小的节点为 u
    query(1,id[u],id[v]);
}

void update(int k,int i,int val){//u 对应的下标 i，将其更新为 val
    if(tree[k].l==tree[k].r&&tree[k].l==i){//找到 i
        tree[k].mx=tree[k].sum=val;
        return;
    }
    int mid,lc,rc;
    mid=(tree[k].l+tree[k].r)/2;//划分点
    lc=k*2;     //左子节点存储下标
    rc=k*2+1;//右子节点存储下标
    if(i<=mid)
        update(lc,i,val);//到左子树中更新
    else
        update(rc,i,val);//到右子树中更新
    tree[k].mx=max(tree[lc].mx,tree[rc].mx);//返回时更新最值
    tree[k].sum=tree[lc].sum+tree[rc].sum;//返回时更新和值
}
```

算法分析：树链剖分预处理需要 $O(n)$ 时间，每次更新和查询都需要 $O(\log n)$ 时间。

❖ 训练 1　树上距离

题目描述（HDU2586） 见 2.2 节训练 2。

题解： 由于本题中任意两个房子之间的路径都是唯一的，找它们之间的距离等价于在树中找两个节点之间的距离，所以可以采用最近公共祖先 LCA 的方法求解。求解 LCA 的方法很多，例如树上倍增+ST，在此采用树链剖分解决。

1. 算法设计

（1）采用树链剖分将树转变为线性序列。

（2）求两个节点的最近公共祖先。

（3）求 u 和 v 之间的距离。若 u 和 v 的最近公共祖先为 lca，则 u 和 v 之间的距离为 u 到树根的距离加上 v 到树根的距离，减去 2 倍的 lca 到树根的距离：$dist[u]+dist[v]-2\times dist[lca]$。

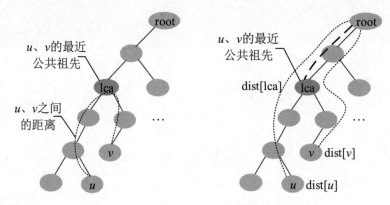

2. 算法实现

```
void dfs1(int u,int f){//求dep、fa、size、son、dist
    size[u]=1;
    for(int i=head[u];i;i=e[i].next){
        int v=e[i].to;
        if(v==f)//父节点
            continue;
        dep[v]=dep[u]+1;//深度
        fa[v]=u;
        dist[v]=dist[u]+e[i].c;//距离
        dfs1(v,u);
        size[u]+=size[v];
        if(size[v]>size[son[u]])
            son[u]=v;
    }
}
```

```
void dfs2(int u){//求 top
    if(u==son[fa[u]])
        top[u]=top[fa[u]];
    else
        top[u]=u;
    for(int i=head[u];i;i=e[i].next){
        int v=e[i].to;
        if(v!=fa[u])
            dfs2(v);
    }
}

int LCA(int u,int v){//求 u、v 的最近公共祖先
    while(top[u]!=top[v]){//不在同一条重链上
        if(dep[top[u]]>dep[top[v]])
            u=fa[top[u]];
        else
            v=fa[top[v]];
    }
    return dep[u]>dep[v]?v:u;//返回深度小的节点
}

for(int i=1;i<=m;i++){
    cin>>x>>y;
    lca=LCA(x,y);
    cout<<dist[x]+dist[y]-2*dist[lca]<<endl;//输出 x、y 的距离
}
```

❖ 训练 2　树的统计

题目描述（HYSBZ1036）：一棵树有 n 个节点，编号为 $1\sim n$，每个节点都有一个权值 w。完成以下操作：①CHANGE u t，把节点 u 的权值修改为 t；②QMAX u v，询问从节点 u 到节点 v 路径上节点的最大权值；③QSUM u v，询问从节点 u 到节点 v 路径上节点的权值和（注意：从节点 u 到节点 v 路径上的节点包括 u 和 v 自身）。

输入：第 1 行包含一个整数 n，表示节点的个数。接下来的 $n-1$ 行，每行都包含两个整数 a 和 b，表示在节点 a 和节点 b 之间有一条边相连。接下来的 n 行，第 i 行的整数 w_i 表示节点 i 的权值。接下来的一行包含一个整数 q，表示操作的总数。最后有 q 行，每行都表示一种操作，操作形式如上所述。其中，$1\leqslant n\leqslant 30000$，$0\leqslant q\leqslant 200000$，保证操作中每个节点的权值 w 都为 $-30000\sim 30000$。

输出：对每个 QMAX 或者 QSUM 的操作，都单行输出一个整数表示要求的结果。

输入样例	输出样例
4	4
1 2	1
2 3	2
4 1	2
4 2 1 3	10
12	6
QMAX 3 4	5
QMAX 3 3	6
QMAX 3 2	5
QMAX 2 3	16
QSUM 3 4	
QSUM 2 1	
CHANGE 1 5	
QMAX 3 4	
CHANGE 3 6	
QMAX 3 4	
QMAX 2 4	
QSUM 3 4	

题解： 本题包括树上点更新、区间最值、区间和值查询。可以用树链剖分将树形结构线性化，然后用线段树进行点更新、区间最值、区间和值查询。解决方案：树链剖分+线段树。

算法设计：

（1）第 1 次深度优先遍历求 dep、fa、size、son，第 2 次深度优先遍历求 top、id、rev；

（2）创建线段树；

（3）点更新，u 对应的下标 $i=id[u]$，在线段树中将该下标的值更新为 val；

（4）区间查询，求 u、v 之间的最值与和值。若 u、v 不在同一条重链上，则一边查询，一边向同一条重链靠拢；若 u、v 在同一条重链上，则根据节点的下标在线段树中进行区间查询。

算法实现源码见下载文件。

❖ 训练 3　家庭主妇

题目描述（POJ2763）： X 村的人们住在美丽的小屋里。若两个小屋通过双向道路连接，则可以说这两个小屋直接相连。X 村非常特别，可以从任意小屋到达任意其他小屋，每两个小屋之间的路线都是唯一的。温迪的子节点喜欢去找其他子节点玩，然后打电话给温迪："妈咪，带我回家！"。在不同的时间沿道路行走所需的时间可能不同。温迪想告诉她的子节点她将在路上花的确切时间。

输入： 第 1 行包含 3 个整数 n、q、s，表示有 n 个小屋、q 个消息，温迪目前在 s 小屋里，$n<100001$，$q<100001$。以下 $n-1$ 行各包含 3 个整数 a、b 和 w，表示有一条连接小屋 a 和 b 的道

路，所需的时间是 w（$1 \leqslant w \leqslant 10000$）。以下 q 行有两种消息类型：①消息 A，即 $0\ u$，子节点在小屋 u 中给温迪打电话，温迪应该从现在的位置去小屋 u；②消息 B，即 $1\ i\ w$，将第 i 条道路所需的时间修改为 w（注意：温迪在途中时，时间不会发生改变，时间在温迪停留在某个地方等待子节点时才会改变）。

输出：对每条消息 A，都输出一个整数，即找到子节点所需的时间。

输入样例	输出样例
3 3 1	1
1 2 1	3
2 3 2	
0 2	
1 2 3	
0 3	

题解：本题中任意两个小屋都可以相互到达，且路径唯一，明显是树形结构。可以将边权看作点权，对一条边，让深度 dep 较大的点存储边权。对边 u、v，边权为 w，若 dep[u]>dep[v]，则视 u 的权值为 w。本题包括树上点更新、区间和查询。可以用树链剖分将树形结构线性化，然后用线段树进行点更新、区间和查询。解决方案：树链剖分+线段树。

算法设计：

（1）第 1 次深度优先遍历求 dep、fa、size、son，第 2 次深度优先遍历求 top、id、rev；

（2）创建线段树；

（3）点更新，u 对应的下标 i=id[u]，将其值更新为 val；

（4）区间查询，求 u、v 之间的和值。若 u、v 不在同一条重链上，则一边查询，一边向同一条重链靠拢；若 u、v 在同一条重链上，则根据节点的下标在线段树中进行区间查询。注意：因为在本题中是将边权转变为点权，所以实际查询的区间应为 query(1,id[son[u]],id[v])。

算法实现源码见下载文件。

∴ 训练 4　树上操作

题目描述（POJ3237）：一棵树的节点编号为 1～N，边的编号为 1～N–1，每条边都带有权值。在树上执行一系列指令，形式如下。

CHANGE $i\ v$	将第 i 条边的权值更改为 v
NEGATE $a\ b$	将点 a 到 b 路径上每条边的权值都改为其相反数
QUERY $a\ b$	找出点 a 到 b 路径上边的最大权值

输入：输入包含多个测试用例。第 1 行为测试用例的数量 T（$T \leqslant 20$）。每个测试用例的前面都有一个空行。第 1 个非空行包含 N（$N \leqslant 10,000$）。接下来的 N–1 行，每行都包含 3 个整数

a、b 和 c，表示边的两个节点 a 和 b 及该边的权值 c。边按输入的顺序编号。若在行中出现单词"DONE"，则标志着结束。

输出：对每条 QUERY 指令，都单行输出结果。

输入样例	输出样例
1	1
	3
3	
1 2 1	
2 3 2	
QUERY 1 2	
CHANGE 1 3	
QUERY 1 2	
DONE	

题解：在本题中可以将边权看作点权，对一条边，让深度 dep 较大的节点存储边权，例如边 u、v，边权为 w，若 $dep[u]>dep[v]$，则 u 的权值为 w。本题涉及树上点更新、区间更新、区间最值查询，可以用树链剖分将树形结构线性化，然后用线段树进行点更新、区间更新、区间最值查询。解决方案：树链剖分+线段树。

1. 算法设计

（1）第 1 次深度优先遍历求 dep、fa、size、son，第 2 次深度优先遍历求 top、id、rev。

（2）创建线段树。

（3）点更新，u 对应的下标 i=id[u]，将其值更新为 val。

（4）区间查询，求 u、v 之间的最大值。若 u、v 不在同一条重链上，则一边查询，一边向同一条重链靠拢；若 u、v 在同一条重链上，则根据节点的下标在线段树中进行区间查询。注意：因为本题是将边权转变为点权，所以实际查询的区间应为 query(1,id[son[u]],id[v])。

（5）区间更新，把 u、v 路径上边的值变为相反数。像区间查询一样，需要判断 u、v 是否在一条重链上分别处理。取反后更新最大值，可以将最大值和最小值取反后交换，并打懒标记。

2. 算法实现

```
void dfs1(int u,int f){}//求dep、fa、size、son
void dfs2(int u,int t){}//求top、id、rev
void build(int i,int l,int r){}//创建线段树，i表示存储下标，[l,r]为区间
void push_up(int i){//上传
    tree[i].Max=max(tree[i<<1].Max,tree[(i<<1)|1].Max);
    tree[i].Min=min(tree[i<<1].Min,tree[(i<<1)|1].Min);
}

void push_down(int i){//下传
```

```
        if(tree[i].l==tree[i].r) return;
        if(tree[i].lazy){//下传给左右子节点，懒标记清零
            tree[i<<1].Max=-tree[i<<1].Max;
            tree[i<<1].Min=-tree[i<<1].Min;
            swap(tree[i<<1].Min,tree[i<<1].Max);
            tree[(i<<1)|1].Max=-tree[(i<<1)|1].Max;
            tree[(i<<1)|1].Min=-tree[(i<<1)|1].Min;
            swap(tree[(i<<1)|1].Max,tree[(i<<1)|1].Min);
            tree[i<<1].lazy^=1;
            tree[(i<<1)|1].lazy^=1;
            tree[i].lazy=0;
        }
}

void update(int i,int k,int val){//点更新，线段树的第 k 个值为 val
    if(tree[i].l==k&&tree[i].r==k){
        tree[i].Max=val;
        tree[i].Min=val;
        tree[i].lazy=0;
        return;
    }
    push_down(i);
    int mid=(tree[i].l+tree[i].r)/2;
    if(k<=mid) update(i<<1,k,val);
    else update((i<<1)|1,k,val);
    push_up(i);
}

void update2(int i,int l,int r){//区间更新，线段树[l,r]区间的权值变为相反数
    if(tree[i].l>=l&&tree[i].r<=r){
        tree[i].Max=-tree[i].Max;
        tree[i].Min=-tree[i].Min;
        swap(tree[i].Max,tree[i].Min);
        tree[i].lazy^=1;
        return;
    }
    push_down(i);
    int mid=(tree[i].l+tree[i].r)/2;
    if(l<=mid) update2(i<<1,l,r);
    if(r>mid) update2((i<<1)|1,l,r);
    push_up(i);
}

void query(int i,int l,int r){//查询线段树中[l,r]区间的最大值
```

```
    if(tree[i].l>=l&&tree[i].r<=r){//找到该区间
        Max=max(Max,tree[i].Max);
        return;
    }
    push_down(i);
    int mid=(tree[i].l+tree[i].r)/2;
    if(l<=mid) query(i<<1,l,r);
    if(r>mid) query((i<<1)|1,l,r);
    push_up(i);
}

void ask(int u,int v){//求u、v之间的最值
    while(top[u]!=top[v]){//不在同一条重链上
        if(dep[top[u]]<dep[top[v]])
            swap(u,v);
        query(1,id[top[u]],id[u]);//u顶端节点和u之间
        u=fa[top[u]];
    }
    if(u==v) return;
    if(dep[u]>dep[v])//在同一条重链上
        swap(u,v); //深度小的节点为u
    query(1,id[son[u]],id[v]);//注意：是son[u]
}

void Negate(int u,int v){//把u-v路径上边的值变为相反数
    while(top[u]!=top[v]){//不在同一条重链上
        if(dep[top[u]]<dep[top[v]])
            swap(u,v);
        update2(1,id[top[u]],id[u]);//u顶端节点和u之间
        u=fa[top[u]];
    }
    if(u==v) return;
    if(dep[u]>dep[v])//在同一条重链上
        swap(u,v); //深度小的节点为u
    update2(1,id[son[u]],id[v]);//注意：是son[u]
}
```

4.4　动态树

📖 原理　动态树详解

常见的操作有序列操作和树上操作。

（1）根据所支持操作的不同，序列操作通常采用线段树或伸展树（Splay Tree，Splay 树）。

操作	线段树	Splay
区间求和	●	●
区间最值	●	●
区间修改	●	●
区间添加		●
区间删除		●
区间反转		●

（2）根据所支持操作的不同，树上操作通常采用树链剖分或动态树。

操作	树链剖分	动态树
链上求和	●	●
链上最值	●	●
链上修改	●	●
子树修改	●	●
子树求和	●	●
换根		●
加/减边		●
子树合并/分离		●

动态树是动态的，维护一个由若干无序的有根树组成的森林，支持对某个节点到根的路径操作，以及对某个节点的子树操作，还支持换根、加/减边、子树合并/分离等。以 RobertE.Tarjan 为首的科学家们提出了 Link-Cut Trees（LCT），LCT 是最常见的一种解决动态树问题的工具。

树链剖分为轻重链剖分，节点到重儿子（子树节点数最多的儿子）之间的路径为重链，一般采用静态数据结构如线段树或树状数组维护重链，静态数据结构无法解决动态问题。LCT 为虚实链剖分，虚实链是动态变化的，每个实链都由一棵伸展树维护，所有伸展树就像一个森林，由虚边连接在一起组成一棵 LCT。

1. LCT

一棵 LCT 有以下性质。

（1）一个节点到其子节点最多有一个实边，其他均为虚边。

（2）每棵伸展树都维护一条按原树深度严格递增的实链。

（3）每个节点都被包含且仅被包含在一棵伸展树中。

假设一棵树划分虚实边后如下图所示，图中一共有 7 条实链：A-B-D、E、C-F-I-M、L-N、G、J、H-K。每条实链都由一棵伸展树维护，按照在原树中的节点深度有序。

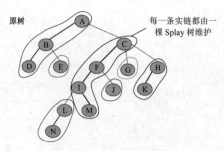

将上述 7 条实链分别构建 7 棵伸展树，每棵伸展树的根都与该实链的父节点通过虚边连接起来，LCT 如下图所示。

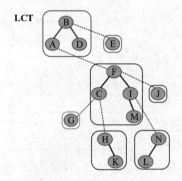

伸展树之间的连接"认父不认子"，在原树中，实链 C-F-I-M 的父节点为 A。在 LCT 中，实链 C-F-I-M 构建的伸展树的根为 F，树根 F 向该链的父节点 A 连一条边，表示该链的父节点为 A，然而 A 在原树中的儿子并不是 F。实链 C-F-I-M 对应的伸展树是动态变化的，但其父节点是不变的。LCT 之所以被称为动态树，是因为它具有动态变化性：

- LCT 中的虚实边是动态变化的；
- 伸展树也是动态变化的，可以随时旋转，只要满足原树中的节点深度有序即可。

无论如何虚实变换、旋转，所有节点的相对位置都不变。若原树节点 x–y 路径上没有节点 z，则操作完以后，在 x–y 路径上也不可能出现 z。

2. LCT 的基本操作

LCT 有 7 种基本操作，包括 access(x)、makeroot(x)、findroot(x)、split(x,y)、link(x,y)、cut(x,y)、isroot(x)。

1）access(x)

access(x)是动态树所有操作的基础，用于打通 x 到原树根节点的一条实链。例如，access(L) 指将 L 到树根的路径变为实链，这条实链上的节点 L、I、F、C、A 与其他子节点的边变虚边，原树的变化如下图所示。

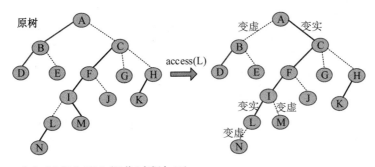

那么在 LCT 中如何变化呢？操作过程如下。

（1）将 L 旋转为所在伸展树的根，将 L 的右儿子置空（相当于变虚边）。

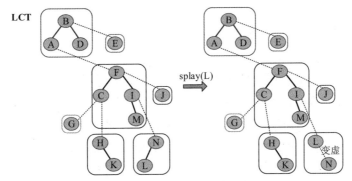

（2）将 L 的父节点 I 也旋转到所在伸展树的根，将 I 的右儿子置为 L。

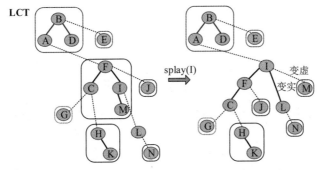

（3）将 I 的父节点 A 也旋转到所在伸展树的根，将 A 的右儿子置为 I。此时，A-C-F-I-L 是一条实链，由一棵伸展树维护（按节点在原树中的深度，中序有序），如下图所示。

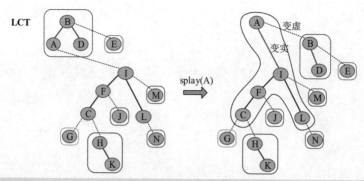

```
void access(int x){
    for(int t=0;x;t=x,x=fa[x])
        splay(x),c[x][1]=t,update(x);
}
```

2）makeroot (*x*)

access(*x*)只是打通 *x* 到原树根节点的一条实链，有时不能满足需要，很多时候都需要获取指定两个节点 *x*、*y* 之间的路径信息。然而 *x–y* 路径上的节点可能不在一棵伸展树中，不能按深度严格递增，此时需要换根操作 makeroot(*x*)，将指定的点 *x* 换成原树的根。

换根操作分为 3 步：①access(*x*)，打通一条 *x* 到原树根的实链；②splay(*x*)，将 *x* 旋转为所在伸展树的根；③reverse(*x*)，反转当前伸展树的左右子树。例如，将 L 换为原树的根，操作过程如下。

（1）access(L)，得到一条 L 到原树根的实链，此时 L 在该实链中深度最大。原树和 LCT 的变化如下图所示。

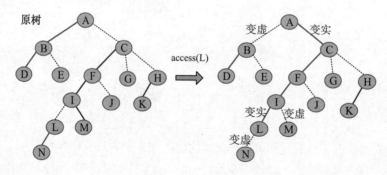

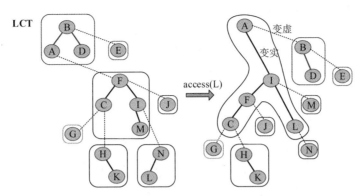

（2）splay(L)，将 L 旋转为所在伸展树的根，在原树中，L 是该实链上深度最大的节点，因此在当前伸展树中，L 没有右子树。

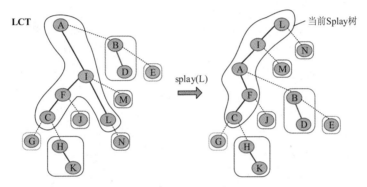

（3）reverse(L)。在原树中，树根的深度最小，于是反转当前伸展树的左右子树，使所有节点的深度都倒过来，原来按照深度递增形成的序列为 A-C-F-I-L，反转后按照深度递增形成的序列为 L-I-F-C-A。此时 L 没有左子树，反倒成了深度最小的点（根节点）。

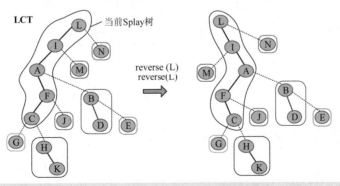

```
void makeroot(int x){
    access(x);splay(x);rev[x]^=1; //反转懒标记
}
```

3）findroot(x)

findroot(x)表示查找 x 所在原树的树根，主要用来判断两点之间的连通性。若 findroot(x)=findroot(y)，则表明 x、y 在同一棵树中。

查找根的操作分为 3 步：①access(x)，打通一条 x 到原树根的实链；②splay(x)，将 x 旋转为所在伸展树的根；③查找当前伸展树的最左节点（深度最小的点，即树根），返回根节点即可。

例如，原树及对应的 LCT 如下图所示，求 L 所在原树的树根 findroot(L)，操作过程如下。

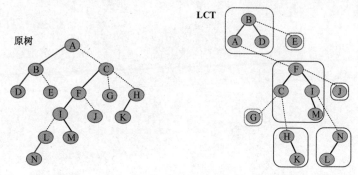

执行 access(L)、splay(L)之后的 LCT 如下图所示。

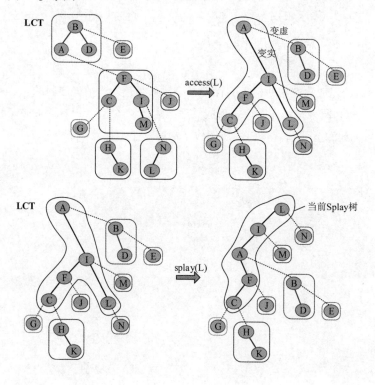

当前伸展树的最左节点为 A（深度最小的点，即树根），返回根节点 A 即可。

```
int findroot(int x){
    access(x);splay(x);
    while(c[x][0]) x=c[x][0];
    return x;
}
```

4）split(x,y)

split(x,y)表示分离出 x–y 的路径为一条实链，用一个伸展树维护。

分离操作分为 3 步：①makeroot(x)，将 x 变成原树的根；②access(y)，打通一条 y 到原树根的实链；③splay(y)，将 y 旋转到当前伸展树的树根。

例如，原树及其对应的 LCT 如下图所示，分离出 L-B 的路径，操作过程如下。

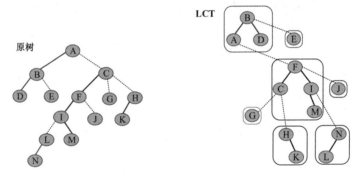

（1）makeroot(L)，将 L 变为原树的树根，对应的 LCT 如下图所示。

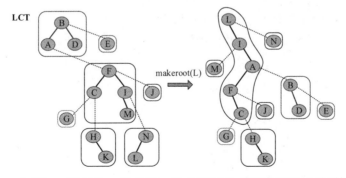

（2）access(B)，打通 B 到根的一条重链，这条重链的中序序列正好是原树中 L-B 的路径 L-I-F-C-A-B，对应的 LCT 如下图所示。

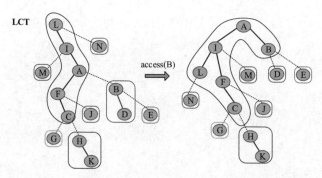

（3）splay(B)，将 B 旋转到当前伸展树的根，对应的 LCT 如下图所示。

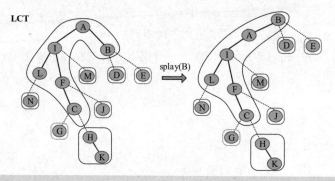

```
void split(int x,int y){
    makeroot(x),access(y),splay(y);
}
```

5）link(x,y)

link(x,y)表示在 x、y 之间连接一条边。若 x、y 之间连通，则不可以连边。连边操作分为两步：①makeroot(x)将 x 变成原树的根；②将 x 的父节点修改为 y，fa(x)=y。

例如，两棵原树和对应的 LCT 如下图所示，在 B、H 之间连接一条边，操作过程如下。

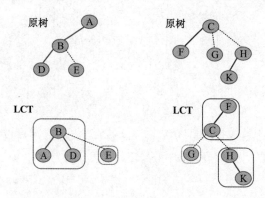

（1）makeroot(B)，将 B 变为原树的树根，对应的 LCT 如下图所示。

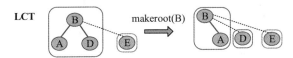

（2）fa[B]=H，将 B 的父节点修改为 H，相当于在 LCT 中连接了 B-H 的一条虚边，对应的 LCT 如下图所示。

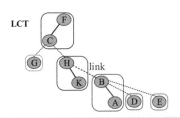

```
void link(int x,int y){
    makeroot(x);fa[x]=y;
}
```

6）cut(*x,y*)

cut(*x,y*)表示将 *x*–*y* 的边断开（删边）。若 *x*、*y* 之间不连通，则不可以删边。若 *x*、*y* 之间连通，则还要判断两者之间是否有边，因为连通只代表有一条通路，中间可能有节点。

删边操作分为 3 步：①split(*x,y*)，分离出 *x*–*y* 的路径为一条重链，若 *x* 不是 *y* 的左儿子或 *x* 有右子树，则说明 *x* 到 *y* 之间有其他节点，不能删边。②将 *x*–*y* 的边断开，修改 *y* 的左儿子为 0，*y* 的左儿子的父节点为 0。③update(*y*)，更新 *y* 的相关信息。

例如，原树及对应的 LCT 如下图所示，将 B-D 的边断开，操作过程如下。

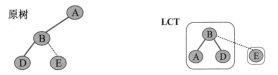

（1）split(B,D)分 3 步：①makeroot(B)；②access(D)；③splay(D)。

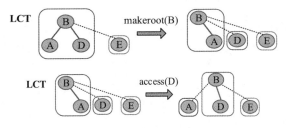

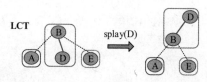

（2）双向断开 B-D 的连接。

（3）更新 D 的相关信息。

```
void cut(int x,int y){
    split(x,y);
if(c[y][0]!=x||c[x][1]) return;
    c[y][0]=fa[c[y][0]]=0;update(y);
}
```

7）isroot(*x*)

isroot(*x*)表示判断 *x* 是否为所在伸展树的根。注意：伸展树的根和原树的根不是一回事。若 *x* 是所在伸展树的根，则 *x* 与其父节点之间是一条虚边，*x* 既不是其父节点的左儿子，也不是其父节点的右儿子。例如，原树及对应的 LCT 如下图所示，N 是其所在伸展树的树根，既不是其父节点 I 的左儿子，也不是右儿子；F 是其所在伸展树的树根，既不是其父节点 A 的左儿子，也不是右儿子。A 没有左右儿子，A 和 F 之间的虚边仅说明 F 的父节点是 A，A 却不把 F 当作儿子，即"认父不认子"。

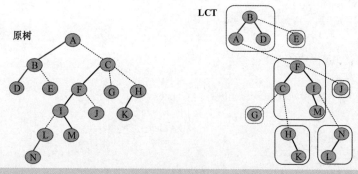

```
bool isroot(int x){
    return c[fa[x]][0]!=x&&c[fa[x]][1]!=x;
}
```

算法分析：可以看出，除 access 操作外的其他操作，其均摊时间复杂度至多为 $O(\log n)$，所以只用分析 access 的时间复杂度，access 操作的均摊时间复杂度也为 $O(\log n)$。

❖ 训练 1　距离查询

题目描述（POJ1986）见 2.2 节训练 3。

题解：本题查询树上两点之间的距离，可以采用 LCA 算法或 LCT 算法解决，在此采用 LCT 算法。

1. 算法设计

（1）将边权转化为点权，将边看作虚节点，连接该边的两端点，虚节点的权值为边权。

（2）查询 x–y 的距离，执行 split(x,y)，切出 x–y 的一条路径，并将 y 旋转为根，输出 x–y 的距离 dis[y]。dis[y]表示以 y 为根的子树中所有节点的点权之和。

2. 算法实现

```
void update(int x){
    dis[x]=dis[c[x][0]]+dis[c[x][1]]+v[x];
}

void pushdown(int x){
    int l=c[x][0],r=c[x][1];
    if(rev[x]){
        rev[l]^=1;rev[r]^=1;rev[x]^=1;
        swap(c[x][0],c[x][1]);
    }
}

bool isroot(int x){
    return c[fa[x]][0]!=x&&c[fa[x]][1]!=x;
}

void rotate(int x){
    int y=fa[x],z=fa[y];
    int k=c[y][0]==x;
    if(!isroot(y)) c[z][c[z][1]==y]=x;
    fa[x]=z;fa[y]=x;fa[c[x][k]]=y;
    c[y][!k]=c[x][k];c[x][k]=y;
    update(y);update(x);
}

void splay(int x){
    top=0;st[++top]=x;
    for(int i=x;!isroot(i);i=fa[i])
```

```
        st[++top]=fa[i];
    while(top) pushdown(st[top--]);
    while(!isroot(x)){
        int y=fa[x],z=fa[y];
        if(!isroot(y))
            (c[y][0]==x^c[z][0]==y)?rotate(x):rotate(y);
        rotate(x);
    }
}

void access(int x){
    for(int t=0;x;t=x,x=fa[x])
        splay(x),c[x][1]=t,update(x);
}

void makeroot(int x){
    access(x);splay(x);rev[x]^=1;
}

void link(int x,int y){
    makeroot(x);fa[x]=y;
}

void split(int x,int y){
    makeroot(x);access(y);splay(y);
}

void cut(int x,int y){
    split(x,y);
    c[y][0]=fa[c[y][0]]=0;update(y);
}

int findroot(int x){
    access(x);splay(x);
    while(c[x][0]) x=c[x][0];
    return x;
}

int main(){
    int x,y,w;
    char ch;
    while(~scanf("%d%d",&n,&m)){
        init();
        for(int i=1;i<=m;i++){
```

```
        scanf("%d%d%d %c",&x,&y,&w,&ch);
        v[n+i]=w; //将第 i 条边看作一个虚节点 n+i
        link(x,n+i);
        link(n+i,y);
    }
    scanf("%d",&q);
    while(q--){
        scanf("%d%d",&x,&y);
        if(x==y) {printf("0\n");continue;}
        split(x,y);
        printf("%d\n",dis[y]);
    }
    }
    return 0;
}
```

⁘ 训练 2　动态树 xor 和

题目描述（P3690）：给定 n 个节点及每个节点的权值，节点编号为 $1\sim n$，处理 m 种操作。操作格式：①0 x y，查询 x 到 y 路径上点的权值的 xor 和，保证 x 到 y 是连通的；②1 x y，连接 x 到 y，若 x 到 y 已经连通，则无须连接；③2 x y，删除边(x,y)，不保证边(x,y)存在；④3 x y，将节点 x 的权值变成 y。

输入：第 1 行包含两个整数 n 和 m，表示节点数和操作数，$1\leqslant n\leqslant 10^5$，$1\leqslant m\leqslant 3\times10^5$；接下来的 n 行，每行都包含一个$[1,10^9]$的整数，代表节点的权值；最后的 m 行，每行都包含 3 个整数，表示一种操作。

输出：对每个查询操作，都单行输出一个整数，表示 x 到 y 路径上点权的 xor 和。

输入样例	输出样例
3 3	3
1	1
2	
3	
1 1 2	
0 1 2	
0 1 1	

题解：本题为典型的动态树基本操作，包括路径上的权值 xor、连边、删边、点更新。

1．算法设计

（1）0 x y：询问 x 到 y 路径上点的权值的 xor 和。首先切分 x–y 路径，然后返回树根 y 的 v 值即可（在旋转过程中更新 xor）。

（2）1 *x* *y*：连接 *x*、*y*。先判断 *x*、*y* 的连通性，若不连通，则连接 *x*、*y*。若 *x* 到 *y* 已经连通，则无须连接。

（3）2 *x* *y*：删除边(*x,y*)。先判断 *x*、*y* 的连通性，若连通且 *x*、*y* 之间有边，则删除 *x*、*y* 之间的边。

（4）3 *x* *y*：将节点 *x* 的权值变成 *y*。将 *x* 旋转到树根，然后令 a[*x*]=*y*。

2. 算法实现

```
struct Link_Cut_Tree{
    int top,c[MAXN][2],fa[MAXN],v[MAXN],st[MAXN],rev[MAXN];
    void update(int x){v[x]=v[lc]^v[rc]^a[x];}//更新当前节点的值（路径上的点值xor）
    void pushdown(int x){//下传懒标记
        if(rev[x]){
            rev[lc]^=1;rev[rc]^=1;rev[x]^=1;
            swap(lc,rc);
        }
    }
    bool isroot(int x){return c[fa[x]][0]!=x&&c[fa[x]][1]!=x;}//判断是不是所在伸展树的根节点
    void rotate(int x){//旋转，将x变成y的父节点
        int y=fa[x],z=fa[y],k;
        k=x==c[y][0];
        if(!isroot(y)) c[z][c[z][1]==y]=x;//若y不是根节点，则将z的儿子y变成x
        fa[x]=z;fa[y]=x;fa[c[x][k]]=y;
        c[y][!k]=c[x][k];c[x][k]=y;
        update(y);update(x);
    }

    void splay(int x){//伸展
        st[top=1]=x;
        for(int i=x;!isroot(i);i=fa[i]) st[++top]=fa[i];//一定要从上往下
        while(top) pushdown(st[top--]);
        while(!isroot(x)){//将x旋转到根
            int y=fa[x],z=fa[y];
        if(!isroot(y)) (c[y][0]==x)^(c[z][0]==y)?rotate(x):rotate(y);
            rotate(x);
        }
    }

    void access(int x){//连接一条x到根的重链
        for(int y=0;x;x=fa[y=x])
            splay(x),rc=y,update(x);
    }
```

```
    void makeroot(int x){//换根，将 x 变成原树的根
        access(x);splay(x);rev[x]^=1;
    }

    int findroot(int x){//找 x 的根节点
        access(x);splay(x);
        while(lc) x=lc;
        return x;
    }

    void split(int x,int y){//拉出一条 x 到 y 的路径为一个伸展树
        makeroot(x);access(y);splay(y);
    }

    void cut(int x,int y){//删除一条 x 到 y 的边
        split(x,y);
        if(c[y][0]!=x||c[x][1]) return;//若 x 不是 y 的左儿子或 x 有右儿子，则说明 x、y 之间无边
        c[y][0]=fa[c[y][0]]=0;update(y);
    }

    void link(int x,int y){//连一条 x 到 y 的虚边
        makeroot(x);fa[x]=y;
    }
}LCT;

int main(){
    scanf("%d%d",&n,&m);
    for(int i=1;i<=n;i++) scanf("%d",&a[i]),LCT.v[i]=a[i];
    while(m--){
        int opt,x,y;
        scanf("%d%d%d",&opt,&x,&y);
        if(opt==0){
            LCT.split(x,y);
            printf("%d\n",LCT.v[y]);
        }else
        if(opt==1){
            if(LCT.findroot(x)!=LCT.findroot(y))//不连通
                LCT.link(x,y);
        }else
        if(opt==2){
            if(LCT.findroot(x)==LCT.findroot(y))//连通
                LCT.cut(x,y);
        }else
        if(opt==3){
```

```
        LCT.splay(x);a[x]=y;
      }
   }
   return 0;
}
```

❖ 训练3　动态树的最值

题目描述（HDU4010）：一棵树有 N 个节点，每个节点都有一个权值 W_i，有 4 种操作：① 1 x y，在两个节点 x、y 之间添加一条新边。因此，在这种操作之后，两棵树将连接成一棵新树；② 2 x y，在树集合中找到包含节点 x 的树，并且使节点 x 成为该树的根，然后删除节点 y 与其父节点之间的边。在这种操作之后，一棵树将被分成两部分；③ 3 w x y，将 x 到 y 路径上所有节点的权值都增加 w；④ 4 x y，查询 x 到 y 路径上节点的最大权值。

输入：包含多个测试用例。每个测试用例的第 1 行都包含一个整数 N（$1 \leq N \leq 3 \times 10^5$）；接下来的 $N{-}1$ 行，每行都包含两个整数 x、y，表示它们之间有一条边；下一行包含 N 个整数，表示每个节点的权值都为 W_i（$0 \leq W_i \leq 3000$）；再下一行包含一个整数 Q（$1 \leq Q \leq 3 \times 10^5$），接下来的 Q 行以整数 1、2、3 或 4 为开头，表示操作类型。

输出：对每个查询，都单行输出正确答案。若此查询是特殊操作，则输出 -1。在每个测试用例之后都输出一个空行。

输入样例	输出样例
5	3
1 2	-1
2 4	7
2 5	
1 3	
1 2 3 4 5	
6	
4 2 3	
2 1 2	
4 2 3	
1 3 5	
3 2 1 4	
4 1 4	

提示：在第 1 种操作中，若节点 x、y 属于同一棵树，则是特殊的；在第 2 种操作中，若 $x=y$ 或者 x、y 不属于同一棵树，则是特殊的；在第 3 种操作中，若 x、y 不属于同一棵树，则是特殊的；在第 4 种操作中，若 x、y 不属于同一棵树，则是特殊的。

题解：根据输入样例，构建的树形结构如下图所示。

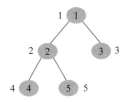

输入样例的 6 种操作如下。

（1）4 2 3：查询 2-3 的最大节点权值，输出 3。

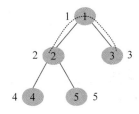

（2）2 1 2：找到包含节点 1 的树，使节点 1 成为该树的根，然后删除节点 2 与其父节点之间的边，实际上就是删除 1-2 的边。

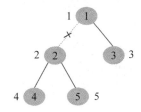

（3）4 2 3：查询 2-3 的最大节点权值，2、3 不属于同一棵树，是非法的，输出 -1。

（4）1 3 5：连接 3-5 的边。

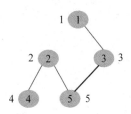

（5）3 2 1 4：将 1-4 路径上的节点权值加 2。

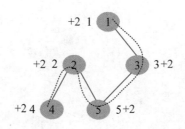

（6）4 1 4：查询 1-4 的最大节点权值，输出 7。

1. 算法设计

本题包含 4 种基本操作。

（1）连边：在 x、y 之间连接一条新边，若 x、y 属于同一棵树，则非法，输出-1；否则执行 link(x,y)。

（2）删边：删除 x、y 之间的边。若 $x=y$ 或者 x、y 不属于同一棵树，则非法，输出-1；否则执行 cut(x,y)。

（3）区间更新：将 x 到 y 路径上所有节点的权值都增加 w。若节点 x、y 不属于同一棵树，则非法，输出-1；否则执行 addval(x,y,w)。

（4）区间最值查询：输出 x 到 y 路径上节点的最大权值。若节点 x、y 不属于同一棵树，则非法，输出-1；否则执行 split(x,y)，输出 mx[y]。

2. 算法实现

```
void update(int x){//更新
    int l=c[x][0],r=c[x][1];
    mx[x]=max(mx[l],mx[r]);
    mx[x]=max(mx[x],v[x]);
}

void pushdown(int x){//下传懒标记
    int l=c[x][0],r=c[x][1];
    if(rev[x]){
        rev[l]^=1;rev[r]^=1;rev[x]^=1;
        swap(c[x][0],c[x][1]);
    }
    if(add[x]){
        if(l){add[l]+=add[x];mx[l]+=add[x];v[l]+=add[x];}
        if(r){add[r]+=add[x];mx[r]+=add[x];v[r]+=add[x];}
        add[x]=0;
    }
}
```

```
void addval(int x,int y,int val){//x到y路径上所有节点的权值都增加w
    split(x,y);
    add[y]+=val;mx[y]+=val;v[y]+=val;
}

int main(){
    int opt,x,y,w;
    while(~scanf("%d",&n)){
        for(int i=0;i<=n;i++)
            add[i]=rev[i]=fa[i]=c[i][0]=c[i][1]=0;
        mx[0]=-inf;
        for(int i=1;i<n;i++){
            scanf("%d%d",&x,&y);
            link(x,y);
        }
        for(int i=1;i<=n;i++) scanf("%d",&v[i]),mx[i]=v[i];
        scanf("%d",&m);
        while(m--){
            scanf("%d%d%d",&opt,&x,&y);
            switch(opt){
            case 1:
                if(findroot(x)==findroot(y)) {puts("-1");break;}
                link(x,y);break;
            case 2:
                if(findroot(x)!=findroot(y)||x==y) {puts("-1");break;}
                cut(x,y);break;
            case 3:
                w=x;x=y;scanf("%d",&y);
                if(findroot(x)!=findroot(y)) {puts("-1");break;}
                addval(x,y,w);break;
            case 4:
                if(findroot(x)!=findroot(y)) {puts("-1");break;}
                split(x,y);printf("%d\n",mx[y]);break;
            }
        }
        puts("");
    }
    return 0;
}
```

❖ 训练 4 动态树的第 2 大值

题目描述（HDU5002）：一棵有 N 个节点的树，节点编号为 $1..N$。每个节点都有一个权值。

有 4 种类型的操作：①1 $x\ y\ a\ b$，从树中删除一条边 x–y，然后添加一条新边 a–b；确保在添加新边后它仍然构成树；②2 $a\ b\ w$，将节点 a 和 b 路径上所有节点（包括 a 和 b）的权值都修改为 w；③3 $a\ b\ d$，将节点 a 和 b（包括 a 和 b）路径上所有节点的权值都增加 d；④4 $a\ b$，查询节点 a 和 b（包括 a 和 b）路径上的第 2 大权值，以及该权值在路径上出现的次数。注意：这里是严格的第 2 大权值。{3,5,2,5,3}的严格第 2 大权值是 3。

输入：第 1 行包含一个整数 T（$T\leqslant 3$），表示测试用例数。每个测试用例的第 1 行都包含两个整数 N 和 M（N、$M\leqslant 10^5$），表示节点数和操作数；第 2 行包含 N 个整数，表示节点的权值；接下来的 N–1 行，每行都包含两个整数 a 和 b，表示在节点 a 和 b 之间有一条边；最后 M 行描述操作。其中，$1\leqslant x, y, a, b\leqslant N$，$|w|\leqslant 10^4$，$|d|\leqslant 10^4$。

输出：对每个测试用例，都先单行输出"Case #x:"（x 表示测试用例编号）；对每个查询操作都输出两个值，即第 2 大权值及其出现的次数。若路径上所有节点的权值都相同，则输出"ALL SAME"。

输入样例	输出样例
2	Case #1:
3 2	ALL SAME
1 1 2	1 2
1 2	Case #2:
1 3	3 2
4 1 2	1 1
4 2 3	3 2
7 7	ALL SAME
5 3 2 1 7 3 6	
1 2	
1 3	
3 4	
3 5	
4 6	
4 7	
4 2 6	
3 4 5 -1	
4 5 7	
1 3 4 2 4	
4 3 6	
2 3 6 5	
4 3 6	

题解：根据输入样例 2，构建的树形结构如下图所示。

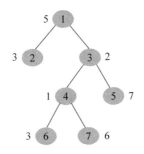

输入样例 2 的 7 种操作如下所述。

（1）4 2 6：查询 2-6 路径上的第 2 大权值和该权值的重复次数。2-6 路径上的第 2 大权值为 3，该权值的重复次数为 2，所以输出 3 2。

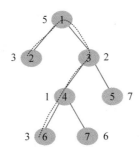

（2）3 4 5 -1：将 4-5 路径上所有节点的权值都减 1。

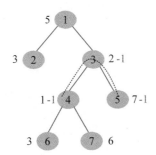

（3）4 5 7：查询 5-7 路径上的第 2 大权值和该权值的重复次数，路径 5-7 上的第 2 大权值为 1，该权值的重复次数为 1，输出 1 1。

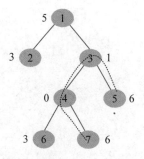

（4）1 3 4 2 4：删除 3-4 的边，添加 2-4 的边。

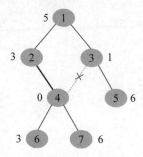

（5）4 3 6：查询 3-6 路径上的第 2 大权值和该权值的重复次数，路径 3-6 上的第 2 大权值为 3，该权值的重复次数为 2，输出 3 2。

（6）2 3 6 5：将 3-6 路径上所有节点的权值都修改为 5。

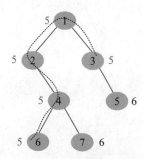

（7）4 3 6：查询 3-6 路径上的第 2 大权值和该权值的重复次数，路径 3-6 上的所有权值都相同，输出"ALL SAME"。

1. 算法设计

本题为动态树问题，包括删边/连边、区间更新、区间修改、区间第 2 大值查询。

（1）删边/连边。删除一条边 $x-y$，然后添加一条新边 $a-b$。只需执行 cut(x,y)、link(a,b)即可。

（2）区间更新。将 $a-b$ 路径上所有节点的权值都修改为 x。首先执行 split(a,b)，切分出 $a-b$

路径，然后执行 change(*b*,*x*)，将以 *b* 为根的子树上的所有节点都修改为 *x*（打懒标记）。

（3）区间修改。将 *a*–*b* 路径上所有节点的权值都增加 *d*。首先执行 split(*a*,*b*)，切分出 *a*–*b* 路径，然后执行 addval(*b*,*d*)，将以 *b* 为根的子树上的所有节点都增加 *d*（打懒标记）。

（4）区间第 2 大值查询。查询 *a*–*b* 路径上所有节点的第 2 大权值及该权值出现的次数。首先执行 split(*a*,*b*)，切分出 *a*–*b* 路径，然后执行 query(*a*,*b*)，若第 2 大值的重复次数等于以 *y* 为根的子树大小，则输出"ALL SAME"，否则输出第 2 大值及其重复次数。

2．算法实现

```
int mx1[N],mx2[N],c1[N],c2[N],size[N];//最大值、第2大值、两者的重复次数、子树大小
int ta[N],tc[N];//增加懒标记、修改懒标记
bool rev[N];//反转懒标记
void cnt(int x,int val,int c){//统计x子树的最大值、第2大值和重复次数。当前节点值为val，重复次数为c
    if(val>mx1[x]) mx2[x]=mx1[x],mx1[x]=val,c2[x]=c1[x],c1[x]=c;
    else if(val==mx1[x]) c1[x]+=c;
    else if(val>mx2[x]) mx2[x]=val,c2[x]=c;
    else if(val==mx2[x]) c2[x]+=c;
}

void change(int y,int val){//将以y为根的子树上的所有节点都修改为val
    mx1[y]=val;v[y]=val;c1[y]=size[y];
    mx2[y]=-inf;c2[y]=0;
    tc[y]=val;
    if(ta[y]) ta[y]=0;
}

void addval(int y,int val){//将以y为根的子树上的所有节点都加val
    ta[y]+=val;mx1[y]+=val;v[y]+=val;
    if(mx2[y]!=inf) mx2[y]+=val;
}

void update(int x){
    int l=c[x][0],r=c[x][1];
    mx1[x]=mx2[x]=-inf;c1[x]=c2[x]=0;
    cnt(x,v[x],1);
    if(l) cnt(x,mx1[l],c1[l]),cnt(x,mx2[l],c2[l]);
    if(r) cnt(x,mx1[r],c1[r]),cnt(x,mx2[r],c2[r]);
    size[x]=size[l]+size[r]+1;
}

void pushdown(int x){
    int l=c[x][0],r=c[x][1];
    if(rev[x]){//反转
```

```
            rev[x]^=1;rev[l]^=1;rev[r]^=1;
            swap(c[x][0],c[x][1]);//交换两者的值，不要写l、r
        }
        if(tc[x]!=-inf){//修改
            if(l) change(l,tc[x]);
            if(r) change(r,tc[x]);
            tc[x]=-inf;
        }
        if(ta[x]){//增加
            if(l) addval(l,ta[x]);
            if(r) addval(r,ta[x]);
            ta[x]=0;
        }
    }
}

void query(int x,int y){
    if(c1[y]==size[y]) puts("ALL SAME");
    else printf("%d %d\n",mx2[y],c2[y]);
}

int main(){
    int T,cas=0;
    int opt,x,y,a,b,d;
    scanf("%d",&T);
    while(T--){
        printf("Case #%d:\n",++cas);
        scanf("%d%d",&n,&m);
        for(int i=1;i<=n;i++)
            scanf("%d",&v[i]);
        for(int i=1;i<=n;i++){
            mx1[i]=v[i],c1[i]=1;
            mx2[i]=-inf,c2[i]=0;
            size[i]=1;
        }
        for(int i=1;i<=n;i++){
            fa[i]=c[i][0]=c[i][1]=0;
            ta[i]=rev[i]=0;tc[i]=-inf;
        }
        for(int i=1;i<n;i++){
            scanf("%d%d",&x,&y);
            link(x,y);
        }
        while(m--){
            scanf("%d",&opt);
```

```
        if(opt==1){
            scanf("%d%d%d%d",&x,&y,&a,&b);
            cut(x,y);link(a,b);
        }
        else if(opt==2){
            scanf("%d%d%d",&a,&b,&x);
            split(a,b);
            change(b,x);
        }
        else if(opt==3){
            scanf("%d%d%d",&a,&b,&d);
            split(a,b);
            addval(b,d);
        }
        else{
            scanf("%d%d",&a,&b);
            split(a,b);
            query(a,b);
        }
    }
}
    return 0;
}
```

∴ 训练5 树上操作

题目描述（POJ3237）见 4.3 节训练 4。

题解： 本题可以将边权看作点权，对一条边，让深度 dep 较大的节点存储权值，例如边 $u–v$，边权为 w，若 $dep[u]>dep[v]$，则视 u 的权值为 w；或者在 $u–v$ 之间增加一个虚节点，该虚节点的点权为 w，所有实节点的点权都为 $-inf$。

1. 算法设计

本题涉及树上点更新、区间更新、区间最值查询，可以采用动态树解决。

（1）点更新：将第 i 条边的权值更新为 v。第 i 条边是第 $n+i$ 个节点，更新该节点的值。

（2）区间更新：将点 a 到 b 路径上每条边的权值都变为其相反数。首先切分 $a–b$ 路径，然后对树根 b 更新并打懒标记。

（3）区间最值查询：查询点 a 到 b 路径上边的最大权值。首先切分 $a–b$ 路径，然后输出树根 b 的最大权值。

2. 算法实现

```
void update(int x){//更新最值
```

```
    int l=c[x][0],r=c[x][1];
    mx[x]=max(mx[l],mx[r]);
    mn[x]=min(mn[l],mn[r]);
    if(v[x]!=-inf&&v[x]!=inf){
        mx[x]=max(mx[x],v[x]);
        mn[x]=min(mn[x],v[x]);
    }
}

void phr(int x){//先修改并打懒标记
    reg[x]^=1,
    v[x]=-v[x];
    mx[x]=-mx[x];
    mn[x]=-mn[x];
    swap(mx[x],mn[x]);
}

void pushdown(int x){//下传懒标记
    int l=c[x][0],r=c[x][1];
    if(rev[x]){
        rev[l]^=1;rev[r]^=1;rev[x]^=1;
        swap(c[x][0],c[x][1]);
    }
    if(reg[x]){
        if(l) phr(l);
        if(r) phr(r);
        reg[x]^=1;
    }
}

void change(int x,int w){//点更新
    splay(x);
    v[x]=w;
}

void query(int x,int y){//区间查询
    split(x,y);
    printf("%d\n",mx[y]);
}

void neg(int x,int y){//区间更新，变为相反数
    split(x,y);
    phr(y);
}
```

第**5**章 | 平衡二叉树

5.1 Treap

📖 原理 Treap 详解

Treap 指 Tree+heap，又叫作树堆，同时满足二叉搜索树和堆两种性质。二叉搜索树满足中序有序性，输入序列不同，创建的二叉搜索树也不同，在最坏的情况下（只有左子树或只有右子树）会退化为线性。例如输入 1 2 3 4 5，创建的二叉搜索树如下图所示。

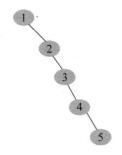

二叉搜索树的插入、查找、删除等效率与树高成正比，因此在创建二叉搜索树时要尽可能通过调平衡压缩树高。平衡树有很多种，例如 AVL 树、伸展树、SBT、红黑树等，这些调平衡的方法相对复杂。

若一个二叉搜索树插入节点的顺序是随机的，则得到的二叉搜索树在大多数情况下是平衡的，即使存在一些极端情况，这种情况发生的概率也很小，因此以随机顺序创建的二叉搜索树，其期望高度为 $O(\log n)$。可以将输入数据随机打乱，再创建二叉搜索树，但我们有时并不能事先得知所有待插入的节点，而 Treap 可以有效解决该问题。

Treap 是一种平衡二叉搜索树，它给每个节点都附加了一个随机数，使其满足堆的性质，而节点的值又满足二叉搜索树的有序性，其基本操作的期望时间复杂度为 $O(\log n)$。相对于其他平衡二叉搜索树，Treap 的特点是实现简单，而且可以基本实现随机平衡。

在 Treap 的构建过程中，插入节点时会给每个节点都附加一个随机数作为优先级，该优先级满足堆的性质（最大堆或最小堆均可，这里以最大堆为例，根的优先级大于左右子节点），数值满足二叉搜索树性质（中序有序性，左子树小于根，右子树大于根）。

输入 6 4 9 7 2，构建 Treap。首先给每个节点都附加一个随机数作为优先级，根据输入数据和附加随机数，构建的 Treap 如下图所示。

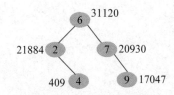

1. 右旋和左旋

Treap 需要两种旋转操作：右旋和左旋。

（1）右旋（zig）。节点 p 右旋时，会携带自己的右子树，向右旋转到 q 的右子树位置，q 的右子树被抛弃，此时 p 右旋后左子树正好空闲，将 q 的右子树放在 p 的左子树位置，旋转后的树根为 q。

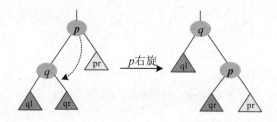

算法代码：

```
void zig(int &p){//右旋
    int q=tr[p].lc;
    tr[p].lc=tr[q].rc;
    tr[q].rc=p;
    p=q;//现在q为根
}
```

（2）左旋（zag）。节点 p 左旋时，携带自己的左子树，向左旋转到 q 的左子树位置，q 的左子树被抛弃，此时 p 左旋后右子树正好空闲，将 q 的左子树放在 p 的右子树位置，旋转后的树根为 q。

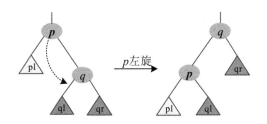

算法代码：

```
void zag(int &p) {//左旋
    int q=tr[p].rc;
    tr[p].rc=tr[q].lc;
    tr[q].lc=p;
    p=q;//现在 q 为根
}
```

总结：无论是右旋还是左旋，旋转后总有一棵子树被抛弃，一个指针空闲，正好配对。

2. 插入

Treap 的插入操作和二叉搜索树一样，首先根据有序性找到插入的位置，然后创建新节点插入该位置。创建新节点时，会给该节点附加一个随机数作为优先级，自底向上检查该优先级是否满足堆性质，若不满足，则需要右旋或左旋，使其满足堆性质。

算法步骤如下。

（1）从根节点 p 开始，若 p 为空，则创建新节点，将待插入元素 val 存入新节点，并给新节点附加一个随机数作为优先级。

（2）若 val 等于 p 的值，则什么都不做，返回。

（3）若 val 小于 p 的值，则在 p 的左子树中递归插入。回溯时做旋转调整，若 p 的优先级小于其左子节点的优先级，则 p 右旋。

（4）若 val 大于 p 的值，则在 p 的右子树中递归插入。回溯时做旋转调整，若 p 的优先级小于其右子节点的优先级，则 p 左旋。

一个树堆如下图所示，在该树堆中插入元素 8，插入过程如下。

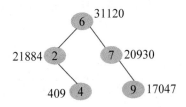

（1）根据二叉搜索树的插入操作，将 8 插入 9 的左子节点位置，假设 8 的随机数优先级为 25016。

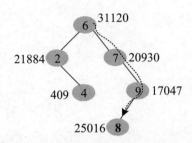

（2）回溯时，判断是否需要旋转，9 的优先级比其左子节点小，因此 9 节点右旋。

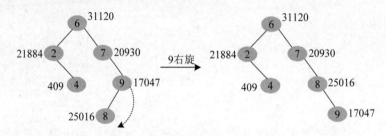

（3）继续向上判断，7 的优先级比 7 的右子节点小，因此 7 节点左旋。

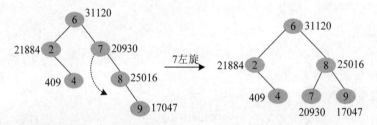

（4）继续向上判断，6 的优先级不比 6 的左右子节点小，满足最大堆性质，无须调整，已向上判断到树根，算法停止。

算法代码：

```
int New(int val) {//生成新节点
    tr[++cnt].val=val;
    tr[cnt].pri=rand();
    tr[cnt].rc=tr[cnt].lc=0;
    return cnt;
}
void Insert(int &p,int val) {//在 p 的子树中插入 val
    if(!p){
```

```
        p=New(val);
        return;
    }
    if(val==tr[p].val)//树堆中已存在该元素时，不插入
        return;
    if(val<tr[p].val){
        Insert(tr[p].lc,val);
        if(tr[p].pri<tr[tr[p].lc].pri)
            zig(p);
    }
    else{
        Insert(tr[p].rc,val);
        if(tr[p].pri<tr[tr[p].rc].pri)
            zag(p);
    }
}
```

3. 删除

Treap 的删除操作非常简单：找到待删除的节点，将该节点向优先级大的子节点旋转，一直旋转到叶子，直接删除叶子即可。

算法步骤如下。

（1）从根节点 p 开始，若待删除元素 val 等于 p 的值，则：若 p 只有左子树或只有右子树，则令其子树子承父业代替 p，返回；若 p 的左子节点优先级大于右子节点的优先级，则 p 右旋，继续在 p 的右子树中递归删除；若 p 的左子节点的优先级小于右子节点的优先级，则 p 左旋，继续在 p 的左子树中递归删除。

（2）若 val 小于 p 的值，则在 p 的左子树中递归删除。

（3）若 val 大于 p 的值，则在 p 的右子树中递归删除。

在上面的树堆中删除元素 8，删除过程如下。

（1）根据二叉搜索树的删除操作，首先找到 8 的位置，8 的右子节点优先级大，8 左旋。

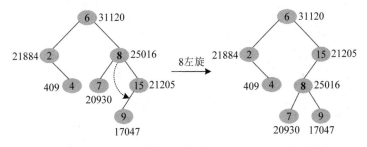

（2）接着判断，8 的左子节点优先级大，8 右旋。

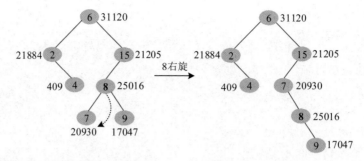

（3）此时8只有一个左子树，左子树子承父业代替它。

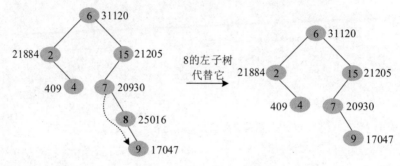

算法代码：

```
void Delete(int &p,int val) {//在p的子树中删除val
    if(!p)
        return;
    if(val==tr[p].val){
        if(!tr[p].lc||!tr[p].rc)
            p=tr[p].lc+tr[p].rc;//有一个儿子为空，直接用儿子代替，子承父业
        else if(tr[tr[p].lc].pri>tr[tr[p].rc].pri){
            zig(p);
            Delete(tr[p].rc,val);
        }
        else{
            zag(p);
            Delete(tr[p].lc,val);
        }
        return;
    }
    if(val<tr[p].val)
        Delete(tr[p].lc,val);
    else
        Delete(tr[p].rc,val);
}
```

4. 前驱

在 Treap 中求一个节点 val 的前驱时，首先从树根开始，若当前节点的值小于 val，则用 res 暂存该节点的值，在当前节点的右子树中寻找，否则在当前节点的左子树中寻找，直到当前节点为空，返回 res，即为 val 的前驱。

算法代码：

```
int GetPre(int val) {//找前驱
    int p=root;
    int res=-1;
    while(p){
        if(tr[p].val<val){
            res=tr[p].val;
            p=tr[p].rc;
        }
        else
            p=tr[p].lc;
    }
    return res;
}
```

5. 后继

在 Treap 中求一个节点 val 的后继时，首先从树根开始，若当前节点的值大于 val，则用 res 暂存该节点的值，在当前节点的左子树中寻找，否则在当前节点的右子树中寻找，直到当前节点为空，返回 res，即为 val 的后继。

算法代码：

```
int GetNext(int val) {//找后继
    int p=root;
    int res=-1;
    while(p){
        if(tr[p].val>val){
            res=tr[p].val;
            p=tr[p].lc;
        }
        else
            p=tr[p].rc;
    }
    return res;
}
```

算法分析：由于 Treap 引入了随机性，是一种平衡二叉搜索树，所以其查找、插入、删除、求前驱后继的时间复杂度均为 $O(\log n)$。

❖ 训练 1　双重队列

题目描述（POJ3481）：银行的每个客户都有一个正整数标识 K，到银行请求服务时将收到一个正整数的优先级 P。银行经理提议打破传统，在某些时候调用优先级最低的客户，而不是优先级最高的客户。系统将收到以下类型的请求：①0，系统需要停止服务；②1 K P，将客户 K 及优先级 P 添加到等待列表中；③2，为优先级最高的客户提供服务，并将其从等待名单中删除；④3，为优先级最低的客户提供服务，并将其从等待名单中删除。

输入：输入的每一行都包含一个请求，只有最后一行包含停止请求（代码 0）。假设有请求在列表中包含新客户（代码 1），在同一客户的列表中没有其他请求或有相同的优先级，标识符 K 总是小于 10^6，优先级 P 总是小于 10^7。一个客户可以多次到银行请求服务，但是每次都获得不同的优先级。

输出：对代码为 2 或 3 的每个请求都单行输出所服务客户的标识。若请求在等待列表为空时到达，则输出 0。

输入样例	输出样例
2	0
1 20 14	20
1 30 3	30
2	10
1 10 99	0
3	
2	
2	
0	

题解：

1. 算法设计

本题包括插入、删除优先级最高元素和删除优先级最低元素等 3 种操作，可以采用 Treap 解决。

2. 算法实现

```
struct node{
    int lc,rc;//左右子节点
    int val,pri;//值，优先级
    int num;//编号
}tr[maxn];

int New(int val,int num){//生成新节点
    tr[++cnt].val=val;
```

```
        tr[cnt].pri=rand();
        tr[cnt].num=num;
        tr[cnt].rc=tr[cnt].lc=0;
        return cnt;
}

void zig(int &p){//右旋
    int q=tr[p].lc;
    tr[p].lc=tr[q].rc;
    tr[q].rc=p;
    p=q;//现在 q 为根
}

void zag(int &p){//左旋
    int q=tr[p].rc;
    tr[p].rc=tr[q].lc;
    tr[q].lc=p;
    p=q;//现在 q 为根
}

void Insert(int &p,int val,int num){//在 p 的子树中插入 val
    if(!p){
        p=New(val,num);
        return;
    }
    if(val<=tr[p].val){
        Insert(tr[p].lc,val,num);
        if(tr[p].pri<tr[tr[p].lc].pri)
            zig(p);
    }
    else{
        Insert(tr[p].rc,val,num);
        if(tr[p].pri<tr[tr[p].rc].pri)
            zag(p);
    }
}

void Delete(int &p,int val){//在 p 的子树中删除 val
    if(!p)
        return;
    if(val==tr[p].val){
        if(!tr[p].lc||!tr[p].rc)
            p=tr[p].lc+tr[p].rc;//有一个儿子为空, 直接用儿子代替
        else if(tr[tr[p].lc].pri>tr[tr[p].rc].pri){
```

```
                zig(p);
                Delete(tr[p].rc,val);
            }
            else{
                zag(p);
                Delete(tr[p].lc,val);
            }
        return;
    }
    if(val<tr[p].val)
        Delete(tr[p].lc,val);
    else
        Delete(tr[p].rc,val);
}

void printmax(int p){//找优先级最高的节点编号
    while(tr[p].rc){
        p=tr[p].rc;
    }
    cout<<tr[p].num<<endl;
    maxval=tr[p].val;
}

void printmin(int p){//找优先级最低的节点编号
    while(tr[p].lc){
        p=tr[p].lc;
    }
    cout<<tr[p].num<<endl;
    minval=tr[p].val;
}
```

ᨈ 训练2 普通平衡树

题目描述（BZOJ3224）： 写一种数据结构（平衡树）来维护一些数，包括以下操作：①插入 x；②删除 x（若有多个相同的数，则只删除一个）；③查询 x 的排名（若有多个相同的数，则输出最小的排名）；④查询排名为 x 的数；⑤求 x 的前驱（前驱的定义为小于 x 且最大的数）；⑥求 x 的后继（后继的定义为大于 x 且最小的数）。

输入： 第 1 行为 n（$n \leqslant 100000$），表示操作的个数；下面的 n 行，每行都有两个数 opt 和 x（$1 \leqslant \text{opt} \leqslant 6$，$-2\text{e}9 \leqslant x \leqslant 2\text{e}9$），opt 表示操作的序号。

输出： 对操作③④⑤⑥，单行输出对应的答案。

输入样例	输出样例
10	106465
1 106465	84185
4 1	492737
1 317721	
1 460929	
1 644985	
1 84185	
1 89851	
6 81968	
1 492737	
5 493598	

题解：

1. 算法设计

本题包括插入、删除、按值查询排名、按排名查询值、查询前驱和后继 6 种操作，因为数据量很大，所以采用 Treap 解决。

2. 算法实现

```
struct node{//节点的结构体
    int lc,rc;//左右子节点
    int val,pri;//值，优先级
    int num,size;//重复个数，根的子树大小
}tr[maxn];

int New(int val){//生成新节点
    tr[++cnt].val=val;
    tr[cnt].pri=rand();
    tr[cnt].num=tr[cnt].size=1;
    tr[cnt].rc=tr[cnt].lc=0;
    return cnt;
}

void Update(int p){//更新子树的大小
    tr[p].size=tr[tr[p].lc].size+tr[tr[p].rc].size+tr[p].num;
}

void zig(int &p){//右旋
    int q=tr[p].lc;
    tr[p].lc=tr[q].rc;
    tr[q].rc=p;
    tr[q].size=tr[p].size;
```

```
    Update(p);
    p=q;//现在 q 为根
}

void zag(int &p){//左旋
    int q=tr[p].rc;
    tr[p].rc=tr[q].lc;
    tr[q].lc=p;
    tr[q].size=tr[p].size;
    Update(p);
    p=q;//现在 q 为根
}

void Insert(int &p,int val){//在 p 的子树中插入 val
    if(!p){
        p=New(val);
        return;
    }
    tr[p].size++;
    if(val==tr[p].val){
        tr[p].num++;
        return;
    }
    if(val<tr[p].val){
        Insert(tr[p].lc,val);
        if(tr[p].pri<tr[tr[p].lc].pri)
            zig(p);
    }
    else{
        Insert(tr[p].rc,val);
        if(tr[p].pri<tr[tr[p].rc].pri)
            zag(p);
    }
}

void Delete(int &p,int val){//在 p 的子树中删除 val
    if(!p)
        return;
    tr[p].size--;
    if(val==tr[p].val){
        if(tr[p].num>1){
            tr[p].num--;
            return;
        }
```

```
            if(!tr[p].lc||!tr[p].rc)
                p=tr[p].lc+tr[p].rc;//有一个儿子为空，直接用儿子代替
            else if(tr[tr[p].lc].pri>tr[tr[p].rc].pri){
                    zig(p);
                    Delete(tr[p].rc,val);
                }
                else{
                    zag(p);
                    Delete(tr[p].lc,val);
                }
            return;
        }
        if(val<tr[p].val)
            Delete(tr[p].lc,val);
        else
            Delete(tr[p].rc,val);
}

int GetPre(int val){//找前驱
    int p=root;
    int res=0;
    while(p){
        if(tr[p].val<val){
            res=tr[p].val;
            p=tr[p].rc;
        }
        else
            p=tr[p].lc;
    }
    return res;
}

int GetNext(int val){//找后继
    int p=root;
    int res=0;
    while(p){
        if(tr[p].val>val){
            res=tr[p].val;
            p=tr[p].lc;
        }
        else
            p=tr[p].rc;
    }
    return res;
```

```
}

int GetRankByVal(int p,int val){//根据 val 查找排名
    if(!p)
        return 0;
    if(tr[p].val==val)
        return tr[tr[p].lc].size+1;
    if(val<tr[p].val)
        return GetRankByVal(tr[p].lc,val);
    else
        return GetRankByVal(tr[p].rc,val)+tr[tr[p].lc].size+tr[p].num;
}

int GetValByRank(int p,int rank){ //根据排名 rank 查找值
    if(!p)
        return 0;
    if(tr[tr[p].lc].size>=rank)
        return GetValByRank(tr[p].lc,rank);
    if(tr[tr[p].lc].size+tr[p].num>=rank)
        return tr[p].val;
    return GetValByRank(tr[p].rc,rank-tr[tr[p].lc].size-tr[p].num);
}
```

⚒ 训练 3 黑盒子

题目描述（POJ1442）：黑盒子代表一个原始数据库，存储一个整数数组和一个特殊的 i 变量。最初的时刻，黑盒子是空的，$i=0$，黑盒子处理一系列命令（事务）。有两种类型的事务：①ADD(x)，将元素 x 放入黑盒子中；②GET，将 i 增加 1，并给出包含在黑盒子中的所有整数中第 i 小的值。第 i 小的值是黑盒子中按非降序排序后第 i 个位置的数字。示例如下：

N	事务	i	黑盒子的内容	答案（元素按非降序排列）
1	ADD(3)	0	3	
2	GET	1	3	3
3	ADD(1)	1	1, 3	
4	GET	2	1, 3	3
5	ADD(-4)	2	-4, 1, 3	
6	ADD(2)	2	-4, 1, 2, 3	
7	ADD(8)	2	-4, 1, 2, 3, 8	
8	ADD(-1000)	2	-1000, -4, 1, 2, 3, 8	
9	GET	3	-1000, -4, 1, 2, 3, 8	1
10	GET	4	-1000, -4, 1, 2, 3, 8	2
11	ADD(2)	4	-1000, -4, 1, 2, 2, 3, 8	

写一个有效的算法来处理给定的事务序列。ADD 和 GET 事务的最大数量均为 30000，用

两个整数数组来描述事务的顺序：①A(1),A(2),…,A(*M*)，包含黑盒子中的一系列元素，A 值是绝对值不超过 2 000 000 000 的整数，*M*≤30000，对上面的示例，序列 A=(3,1, –4,2,8, –1000,2)；②*u*(1),*u*(2),…,*u*(*N*)，表示在第 1 个、第 2 个，以此类推，直到第 *N* 个 GET 事务时包含在黑盒子中的元素个数。对上面的示例，*u*=(1,2,6,6)。假设自然数序列 *u*(1),*u*(2),…,*u*(*N*)按非降序排序，则对 *u* 序列的第 *p* 个元素执行 GET 事务，实际上是找 A(1),A(2),…,A(*u*(*p*))序列中第 *p* 小的数。

输入：输入包含（按给定顺序）*M*,*N*,A(1),A(2),…,A(*M*),*u*(1),*u*(2),…,*u*(*N*)。

输出：按照给定的事务顺序输出答案序列，每行一个数字。

输入样例	输出样例
7 4	3
3 1 -4 2 8 -1000 2	3
1 2 6 6	1
	2

题解：

1. 算法设计

可以创建平衡二叉树，查找第 *k* 小，采用 Treap 解决。

注意：本题题目不难，但输入数据特殊，要控制黑盒子中的元素数量，然后查询第 *k* 小。*u*=(1,2,6,6)，在黑盒子中有 1 个数时查询第 1 小；在黑盒子中有两个数时查询第 2 小；在黑盒子中有 6 个数时查询第 3 小；在黑盒子中有 6 个数时查询第 4 小。

2. 算法实现

```
struct node{
    int lc,rc;//左右子节点
    int val,pri;//值，优先级
    int num,size;//重复个数，根的子树的大小
}tr[maxn];

int New(int val){//生成新节点
    tr[++cnt].val=val;
    tr[cnt].pri=rand();
    tr[cnt].num=tr[cnt].size=1;
    tr[cnt].rc=tr[cnt].lc=0;
    return cnt;
}

void Update(int &p){//更新子树的大小
    tr[p].size=tr[tr[p].lc].size+tr[tr[p].rc].size+tr[p].num;
}
```

```
void zig(int &p){//右旋
    int q=tr[p].lc;
    tr[p].lc=tr[q].rc;
    tr[q].rc=p;
    tr[q].size=tr[p].size;
    Update(p);
    p=q;//现在q为根
}

void zag(int &p){//左旋
    int q=tr[p].rc;
    tr[p].rc=tr[q].lc;
    tr[q].lc=p;
    tr[q].size=tr[p].size;
    Update(p);
    p=q;//现在q为根
}

void Insert(int &p,int val){//在p的子树中插入val
    if(!p){
        p=New(val);
        return;
    }
    tr[p].size++;
    if(val==tr[p].val){
        tr[p].num++;
        return;
    }
    if(val<tr[p].val){
        Insert(tr[p].lc,val);
        if(tr[p].pri<tr[tr[p].lc].pri)
            zig(p);
    }
    else{
        Insert(tr[p].rc,val);
        if(tr[p].pri<tr[tr[p].rc].pri)
            zag(p);
    }
}

int Findkth(int &p,int k){//求第k小的数
    if(!p) return 0;
    int t=tr[tr[p].lc].size;
```

```
        if(k<t+1) return Findkth(tr[p].lc,k);
        else if(k>t+tr[p].num) return Findkth(tr[p].rc,k-(t+tr[p].num));
        else return tr[p].val;
}

int main(){
    int n,a,b,m;
    srand(time(0));
    while(scanf("%d%d",&n,&m)!=-1){
        root=0;
        for(int i=1;i<=n;i++)
            scanf("%d",&num[i]);
     for(int i=1;i<=m;i++)
            scanf("%d",&num1[i]);
        int t=1,k=1;
        while(t<=m){
            while(k<=num1[t]){
                Insert(root,num[k]);
                k++;
            }
            int ans=Findkth(root,t++);
            printf("%d\n",ans);
        }
    }
    return 0;
}
```

❀ 训练 4　少林功夫

题目描述（HDU4585）：少林寺以其功夫僧人而闻名。每年都有很多年轻人去少林寺，试图成为一名僧人。当一个年轻人通过所有考试并被宣布为少林的新僧人时，将有一场战斗作为欢迎会的一部分。每个僧人都有一个独特的身份和战斗等级，这些都是整数。新僧人必须与一位战斗等级最接近他的战斗等级的老僧人战斗。若有两个老僧人满足这个条件，则新僧人将选择战斗等级低于他的僧人。大师是少林的第 1 个僧人，他的编号是 1 号，他的战斗等级是 10 万。他刚刚失去了战斗记录，但还记得早些时候加入少林的人。请帮他恢复战斗记录。

输入：输入几个测试用例。每个测试用例的第 1 行都是一个整数 n（$0<n\leq10^5$），表示在大师之后加入少林的僧人数量；接下来的 n 行，每行都有两个整数 k 和 g（$0\leq k,g\leq5\times10^6$），表示僧人的身份编号和他的战斗等级。僧人按照加入的时间升序列出。输入以 $n=0$ 结束。

输出：对每个测试用例，都按发生时间的升序输出所有战斗。对每场比赛都输出一行，首先输出新僧人的编号，然后输出老僧人的编号。

输入样例	输出样例
3	2 1
2 1	3 2
3 3	4 2
4 2	
0	

题解：

1. 算法设计

本题可以采用 Treap 解决，按当前新僧人的战斗等级查找其排名 k，然后查找第 $k-1$ 名的等级 ans_1，接着查找第 $k+1$ 名的等级 ans_2。若其中一个为 0，则答案是另一个，否则比较战斗等级的差值，和差值小的老僧人进行战斗。

2. 算法实现

```
struct node{
    int lc,rc;//左右子节点
    int val,pri;//值，优先级
    int num,size;//重复个数，根的子树的大小
}tr[maxn];

int New(int val){//生成新节点
    tr[++cnt].val=val;
    tr[cnt].pri=rand();
    tr[cnt].num=tr[cnt].size=1;
    tr[cnt].rc=tr[cnt].lc=0;
    return cnt;
}

void Update(int &p){//更新子树的大小
    tr[p].size=tr[tr[p].lc].size+tr[tr[p].rc].size+tr[p].num;
}

void zig(int &p){//右旋
    int q=tr[p].lc;
    tr[p].lc=tr[q].rc;
    tr[q].rc=p;
    tr[q].size=tr[p].size;
    Update(p);
    p=q;//现在 q 为根
}
```

```
void zag(int &p){//左旋
    int q=tr[p].rc;
    tr[p].rc=tr[q].lc;
    tr[q].lc=p;
    tr[q].size=tr[p].size;
    Update(p);
    p=q;//现在 q 为根
}

void Insert(int &p,int val){//在 p 的子树中插入 val
    if(!p){
        p=New(val);
        return;
    }
    tr[p].size++;
    if(val==tr[p].val){
        tr[p].num++;
        return;
    }
    if(val<tr[p].val){
        Insert(tr[p].lc,val);
        if(tr[p].pri<tr[tr[p].lc].pri)
            zig(p);
    }
    else{
        Insert(tr[p].rc,val);
        if(tr[p].pri<tr[tr[p].rc].pri)
            zag(p);
    }
}

int Findkth(int &p,int k){//求第 k 小的数
    if(!p) return 0;
    int t=tr[tr[p].lc].size;
    if(k<t+1) return Findkth(tr[p].lc,k);
    else if(k>t+tr[p].num) return Findkth(tr[p].rc,k-(t+tr[p].num));
    else return tr[p].val;
}

int Rank(int p,int val){//排名
    if(!p)
        return 0;
    if(tr[p].val==val)
        return tr[tr[p].lc].size+1;
```

```
        if(val<tr[p].val)
            return Rank(tr[p].lc,val);
        else
            return Rank(tr[p].rc,val)+tr[tr[p].lc].size+tr[p].num;
}

int id[5000010];
int main(){
    int n,a,b;
    while(scanf("%d",&n)!=-1){
        if(n==0) break;
        root=0;
        int ans1,ans2;
        memset(id,0,sizeof(id));
        scanf("%d%d",&a,&b);
        printf("%d 1\n",a);
        id[b]=a;
        Insert(root,b);
        for(int i=1;i<n;i++){
            scanf("%d%d",&a,&b);
            id[b]=a;
            Insert(root,b);
            int ans;
            int k=Rank(root,b);//按值查名次
            ans1=Findkth(root,k-1);//按名次查值
            ans2=Findkth(root,k+1);
            if(!ans1) ans=ans2;
            else if(!ans2) ans=ans1;
                else{
                        if(b-ans1<=ans2-b)//比较差值，若差值相同，则取战斗等级低的
                            ans=ans1;
                        else ans=ans2;
                    }
            printf("%d %d\n",a,id[ans]);
        }
    }
    return 0;
}
```

5.2　伸展树

📖 原理　伸展树详解

伸展树，也叫作分裂树，是一种二叉搜索树，可以在 $O(\log n)$ 内完成插入、查找和删除操作。在任意数据结构的生命周期内执行不同操作的概率往往极不均衡，而且各操作之间有极强的相关性，在整体上多呈现极强的规律性，其中最为典型的就是数据局部性（data locality）。数据局部性包括时间局部性和空间局部性。伸展树正是基于数据的时间局部性和空间局部性原理产生的。

1. 时间局部性和空间局部性的原理

时间局部性和空间局部性的原理如下。

- 刚刚被访问的元素，极有可能在不久后再次被访问。
- 刚刚被访问的元素，它的相邻节点也很有可能被访问。

树的搜索时间复杂度与树的高度相关。二叉搜索树的高度在最坏情况下为 n，每次搜索的时间复杂度都退化为线性 $O(n)$。平衡二叉树（AVL 树）通过动态调整平衡，使树的高度保持在 $O(\log n)$，因此单次搜索的时间复杂度为 $O(\log n)$。但是 AVL 树为了严格保持平衡，在调整时会做过多旋转，影响了插入和删除的性能。

伸展树的实现更为简捷，它无须时刻保持全树平衡，任意节点的左右子树高差无限制。伸展树的单次搜索也可能需要 n 次操作，但可以在任意足够长的真实操作序列中保持均摊意义上的高效率 $O(\log n)$。伸展树可以保证 m 次连续搜索操作的复杂度为 $O(m\log n)$，而不是 $O(mn)$。伸展树的优势在于不需要记录平衡因子、树高、子树大小等额外信息，所以适用范围更广，对 m 次连续搜索操作具有较高的效率。

考虑到局部性原理，伸展树会在每次操作后都将刚被访问的节点旋转至树根，加速后续的操作。当然，旋转前后的搜索树必须相互等价。这样，查询频率高的节点应当经常处于靠近树根的位置。旋转的巧妙之处：在不打乱数列中数据大小关系（中序遍历有序性）的情况下，所有基本操作的均摊复杂度仍为 $O(\log n)$。

2. 右旋和左旋

伸展操作 Splay(x, goal) 是在保持伸展树有序性的前提下，通过一系列旋转将伸展树中的元素 x 调整到 goal 的子节点，若 goal=0，则将元素 x 旋转到树的根部。伸展操作包括右旋和左旋两种基本操作。

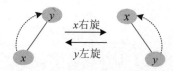

（1）右旋（Zig）。节点 x 右旋时，携带自己的左子节点向右旋转到 y 位置，y 旋转到 x 的右子树位置，x 的右子树被抛弃，此时 y 右旋后左子树正好空闲，将 x 的右子树放到 y 的左子树位置，旋转后将 x 挂接到 y 的父节点，若原来 y 是其父节点的右子节点，则旋转后 x 也是其父节点的右子节点，否则是其父节点的左子节点。旋转时修改了 3 对父子关系，即 y 和 xr、y 的父节点 tr[y].fa 和 x、x 和 y，如下图中的粗线所示。

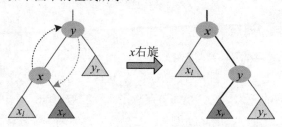

（2）左旋（Zag）。节点 x 左旋时会携带自己的右子节点，向左旋转到 y 的位置，y 旋转到 x 的左子树位置，x 的左子树被抛弃，此时 y 左旋后其右子树正好空闲，将 x 的左子树放到 y 的右子树位置，旋转后将 x 挂接到 y 的父节点 tr[y].fa，若原来 y 是其父节点的右子节点，则旋转后 x 也是其父节点的右子节点，否则是其父节点的左子节点。

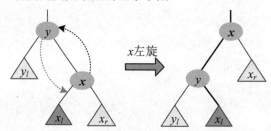

左旋的代码和右旋一样，只是 c 等于 0。因此左旋和右旋都可被统一写成一段代码。

算法代码：

```
void Rotate(int x){//旋转
    int y=tr[x].fa,z=tr[y].fa;
    int c=(tr[y].son[0]==x);
    tr[y].son[!c]=tr[x].son[c];
    tr[tr[x].son[c]].fa=y;
    tr[x].fa=z;
    if(z)
        tr[z].son[tr[z].son[1]==y]=x;
```

```
    tr[x].son[c]=y;
    tr[y].fa=x;
}
```

3. 伸展

伸展操作并不复杂，根据情况右旋或左旋就可以了。伸展操作分为逐层伸展和双层伸展。

1）逐层伸展

将 x 旋转到目标 goal 之下，若 x 的父节点不是目标，则判断：若 x 是其父节点的左子节点，则执行 x 右旋；否则执行 x 左旋，直到 x 的父节点等于目标为止。若目标为 0，则 x 为树根。逐层伸展就像猴子翻筋斗，一个筋斗接一个筋斗地翻到目标之下。

例如，在下面的伸展树中将 1 旋转到树根，逐层伸展的旋转过程如下图所示。

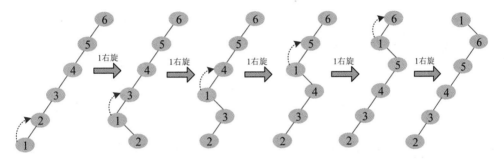

算法代码：

```
void Splay(int x,int goal){//逐层伸展
    while(tr[x].fa!=goal)
        Rotate(x);
    if(!goal)
        root=x;
}
```

算法分析：采用逐层伸展的方法，每次访问的时间复杂度在最坏情况下都为 $O(n)$，如何避免最坏情况的发生呢？一个简单有效的方法是双层伸展，即每次都向上追溯两层，判断旋转类型并进行相应的旋转。

2）双层伸展

双层伸展每次都向上追溯两层，旋转类型分为 3 种情况。

情况 1：Zig/Zag。若节点 x 的父节点 y 是根节点，则只需进行一次右旋或左旋操作即可。若 x 是其父节点 y 的左子节点，则执行 x 右旋，否则执行 x 左旋。

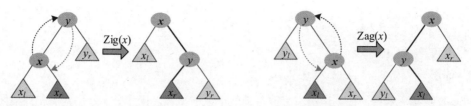

情况 2：Zig-Zig /Zag-Zag。若节点 x 的父节点 y 不是根节点，y 的父节点为 z，且 x、y 同时是各自父节点的左子节点或右子节点，则需要进行两次右旋或两次左旋操作。

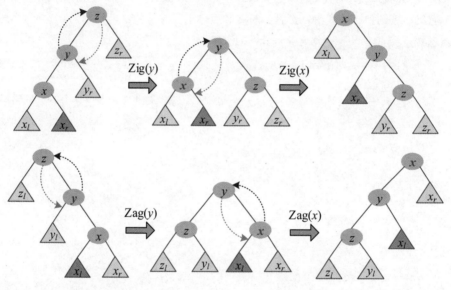

情况 3：Zig-Zag /Zag-Zig。若节点 x 的父节点 y 不是根节点，y 的父节点是 z，且在 x、y 中一个是其父节点的左子节点，一个是其父节点的右子节点，则需要进行两次旋转：右旋–左旋或两次左旋–右旋操作。

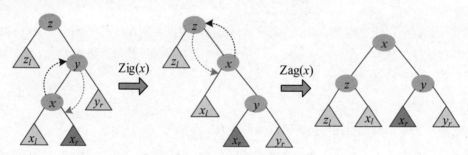

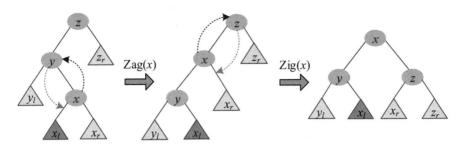

情况 1 和情况 3 都进行了 x 的右旋或左旋，和逐层伸展的方法完全一致，情况 2 则有所不同：逐层伸展时进行了两次 x 旋转，双层伸展时先进行 y 旋转再进行 x 旋转。

例如，在下面的伸展树中将 1 旋转到树根，双层伸展的旋转过程如下图所示。

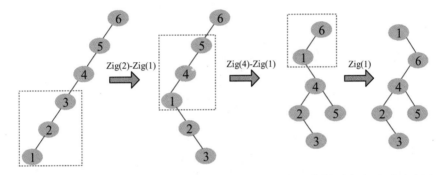

旋转之后，双层伸展比逐层伸展得到的树高度更小，基本操作的时间复杂度和树高成正比，因此双层伸展比逐层伸展效率更高。无论是右旋还是左旋，代码均统一为 Rotate()，因此伸展操作很容易实现。只需判断：第 1 种情况，旋转一次 x；第 2 种情况，先旋转 y 再旋转 x；第 3 种情况，需要旋转两次 x。

算法代码：

```
void Splay(int x,int goal){//双层伸展,将x旋转为goal的儿子
    while(tr[x].fa!=goal){
        int y=tr[x].fa,z=tr[y].fa;
        if(z!=goal)
            (tr[z].son[0]==y)^(tr[y].son[0]==x)?Rotate(x):Rotate(y);//^表示异或运算
        Rotate(x);
    }
    if(!goal) root=x;//若goal是0,则更新根为x
}
```

解释：代码(tr[z].son[0]==y)^(tr[y].son[0]==x)?Rotate(x):Rotate(y);是问号表达式，^表示异或运算，两者相同时为 0，两者不同时为 1，当 x、y 同时是各自父节点的左子节点或右子节点时，异或的结果为 0，旋转 y；否则旋转 x。下一行代码均用于旋转 x。

算法分析：双层伸展可以使树的高度接近于减半的速度压缩。Tarjan 等人已经证明，双层伸展单次操作的均摊时间为 $O(\log n)$，比逐层伸展的效率高了很多。逐层伸展简单、易懂，在数据量不大的情况下可以通过，若数据量大或特殊数据卡点，则会超时。在题目 POJ3481 中，逐层伸展和双层伸展均可以通过，但是为了安全起见，采用了效率更高的双层伸展。

4. 查找

与二叉搜索树的查找一样，在伸展树中查找 val，若查找成功，则将 val 旋转到根。

算法代码：

```
bool Find(int val){//在伸展树中查找 val
    int x=root;
    while(1){
        if(tr[x].val==val){
            Splay(x,0);//将 x 旋转到根
            return true;
        }
        if(tr[x].son[tr[x].val<val])
            x=tr[x].son[tr[x].val<val];
        else
            return false;
    }
}
```

5. 插入

与二叉搜索树的插入一样，将 val 插入伸展树的相应位置，再执行 Splay(x,0)。初始时，x=root，若 tr[x].val<val，则到 x 的右子树中查找，否则到 x 的左子树中查找；若 x 的子树不存在，则停止，生成新节点挂到 x 的子树上，然后将新插入的节点旋转到树根。

算法代码：

```
void Insert(int val) {//在伸展树中插入 val
    int x;
    for(x=root;tr[x].son[tr[x].val<val];x=tr[x].son[tr[x].val<val]);//找位置
    tr[x].son[tr[x].val<val]=New(x,val);
    Splay(tr[x].son[tr[x].val<val],0); //将新插入的节点旋转到根
}
```

6. 分裂

以 *val* 为界，将伸展树分裂为两棵伸展树 t_1 和 t_2，t_1 中的所有元素都小于 val，t_2 中的所有元素都大于 val。首先执行 Find(val)，将元素 val 调整为伸展树的根节点，则 val 的左子树就是 t_1，右子树为 t_2。删除树根，分裂为 t_1 和 t_2 两棵伸展树。

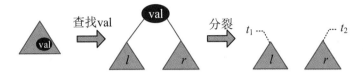

算法代码：

```
bool Split(int val,int &t1,int &t2){
    if(Find(val)){//查找成功
        t1=tr[root].son[0];
        t2=tr[root].son[1];
        tr[t1].fa=tr[t2].fa=0;
        return 1;
    }
    return 0;
}
```

7. 合并

将两个伸展树 t_1 和 t_2 合并为一个伸展树，t_1 的所有元素都小于 t_2 的所有元素。首先，找到伸展树 t_1 中的最大元素 x，查找最大值时会通过伸展操作将 x 调整到伸展树的根；然后，将 t_2 作为树根 x 的右子树。这样就得到了新的伸展树 root。

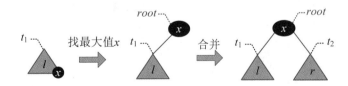

算法代码：

```
void Join(int t1,int t2){
    if(t1){
        Findmax();//查找 t1 的最大值
        tr[root].son[1]=t2;
        tr[t2].fa=root;
    }
    else
        root=t2;
```

```
}
```

8. 删除

将元素 val 从伸展树中删除。首先在伸展树中查找 val，然后以 val 为界，将伸展树分裂为两棵伸展树 t_1 和 t_2，再将两个伸展树合并。

算法代码：

```
void Delete(int val){//删除 val
    int t1=0,t2=0;
    if(Split(val,t1,t2))
        Join(t1,t2);
}
```

9. 区间操作

若伸展树中节点的值为数列中每个元素的位置，则可以利用伸展树实现线段树的所有功能，还可以实现线段树无法实现的功能，例如删除区间和插入区间。

删除区间： 删除$[l, r]$区间的所有元素。首先找到 a_{l-1}，将其旋转到树根；然后找到 a_{r+1}，将其旋转到树根的右子节点，此时 a_{r+1} 的左子树为$[l, r]$区间，将 a_{r+1} 的左子树置空。

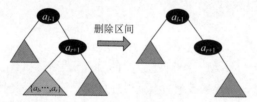

插入区间： 在第 pos 个元素后插入一些元素$\{a_1, a_2, \cdots, a_k\}$。首先将这些元素建成一棵伸展树 t_1，然后找到 a_{pos}，将其旋转到树根；最后找到 a_{pos+1}，将其旋转到树根的右子节点，将 t_1 挂接到 a_{pos+1} 的左子树上。

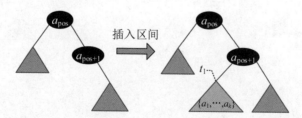

10. 算法分析

除了上面介绍的基本操作，伸展树还支持求最大值、最小值、前驱、后继等操作，这些基本操作均建立在伸展操作的基础上。通常在每种操作后都会进行一次伸展操作，这样可以保证每次操作的均摊时间复杂度都为 $O(\log n)$。

伸展树仅需不断调整，无须记录额外的信息，从空间角度来看，比树堆、SBT、平衡二叉树高效得多。因为伸展树的结构不变，所以只通过左旋和右旋进行操作对伸展树没有丝毫影响。伸展树也提供了二叉搜索树中最丰富的功能，包括快速分裂和合并，并且实现极为便捷，这是其他数据结构难以实现的。其次，伸展树的时间效率相当稳定，平均效率不输于其他平衡树，和树堆基本相当。伸展树最显著的缺点是它有可能变成一条链，但均摊时间复杂度仍为 $O(\log n)$。

❖ 训练 1　双重队列

题目描述（POJ3481） 见 5.1 节训练 1。

1. 算法设计

本题包括插入、删除优先级最高的元素和删除优先级最低的元素等 3 种操作，可以考虑采用平衡二叉树解决，在此采用伸展树解决。

2. 算法实现

```
struct node{
    int son[2];//左右子节点0,1
    int val,fa;//值, 父节点
    int num;//编号
 }tr[maxn];

void Init(){
    cnt=root=0;
    tr[0].son[0]=tr[0].son[1]=0;
}

int New(int father,int val,int num){//生成新节点
    tr[++cnt].fa=father;
    tr[cnt].val=val;
    tr[cnt].num=num;
    tr[cnt].son[0]=tr[cnt].son[1]=0;
    return cnt;
}

void Rotate(int x){//旋转
    int y=tr[x].fa,z=tr[y].fa;;
    int c=(tr[y].son[0]==x);
    tr[y].son[!c]=tr[x].son[c];
    tr[tr[x].son[c]].fa=y;
    tr[x].fa=z;
    if(z)
```

```
            tr[z].son[tr[z].son[1]==y]=x;
    tr[x].son[c]=y;
    tr[y].fa=x;
}

void Splay(int x,int goal){//将 x 旋转为 goal 的儿子
    while(tr[x].fa!=goal){
        int y=tr[x].fa,z=tr[y].fa;
        if(z!=goal)
            (tr[z].son[0]==y)^(tr[y].son[0]==x)?Rotate(x):Rotate(y);
        Rotate(x);
    }
    if(!goal) root=x;//若 goal 是 0，则更新根为 x
}

void Insert(int val,int num){//插入 val
    int x;
    for(x=root;tr[x].son[tr[x].val<val];x=tr[x].son[tr[x].val<val]);
    tr[x].son[tr[x].val<val]=New(x,val,num);
    Splay(tr[x].son[tr[x].val<val],0);
}

void Delete(int x){//删除 x
    if(x==root){
        if(!tr[x].son[0]&&!tr[x].son[1])
            Init();
        else{
            int t=tr[x].son[0]?0:1;
            tr[tr[x].son[t]].fa=0;
            root=tr[x].son[t];
        }
    }
    else{
        int y=tr[x].fa;
        int t=(tr[y].son[1]==x);
        tr[y].son[t]=tr[x].son[!t];
        tr[tr[x].son[!t]].fa=y;
        Splay(y,0);
    }
}

void Printmax(){//找优先级最高的节点编号
    int x=root;
    if(x){
```

```
        while(tr[x].son[1])
            x=tr[x].son[1];
        printf("%d\n",tr[x].num);
        Delete(x);
    }else
        puts(0);
}

void Printmin(){//找优先级最高的节点编号
    int x=root;
    if(x){
        while(tr[x].son[0])
            x=tr[x].son[0];
        printf("%d\n",tr[x].num);
        Delete(x);
    }else
        puts(0);
}
```

❖ 训练 2　玩链子

题目描述（HDU3487）：有一条链子，上面有 n 颗钻石，钻石编号为 1～n。可以对该链子执行两种操作：①CUT a b c（区间切割操作），切下从第 a 颗钻石到第 b 颗钻石的链子，把它插在剩余链子的第 c 颗钻石后面；比如 n 等于 8，链子是 1,2,3,4,5,6,7,8，对该链子执行 CUT 3 5 4，会切下 3,4,5 链子，剩下 1,2,6,7,8 链子，把 3,4,5 链子插入第 4 颗钻石之后，现在的链子是 1,2,6,7,3,4,5,8；②FLIP a b（区间反转操作），切下从第 a 颗钻石到第 b 颗钻石的链子，把链子倒过来放回原来的位置，比如在链子 1,2,6,7,3,4,5,8 上执行 FLIP 2 6，则得到的链子是 1,4,3,7,6,2,5,8。那么执行 m 种操作后，链子的外观是怎样的呢？

输入：输入包括多个测试用例，在测试用例的第 1 行都输入两个数字 n 和 $m(1 \leqslant n, m \leqslant 3 \times 10^5)$，分别表示链子的钻石总数和操作次数。接下来的 m 行，每行都输入 CUT a b c 或者 FLIP a b。CUT a b c 表示切割操作，$1 \leqslant a \leqslant b \leqslant n$，$0 \leqslant c \leqslant n-(b-a+1)$；FLIP a b 表示反转操作，$1 \leqslant a < b \leqslant n$。输入结束的标志是两个 –1，不做处理。

输出：对每个测试用例，都输出一行 n 个数字，第 i 个数字是链子上第 i 颗钻石的编号。

输入样例	输出样例
8 2	1 4 3 7 6 2 5 8
CUT 3 5 4	
FLIP 2 6	
-1 -1	

题解：本题包括区间切割（CUT $a\ b\ c$）、区间反转（FLIP $a\ b$）两种操作。这里以输入测试用例"8 2"进行分析，过程如下。

（1）链子的初始状态如下。

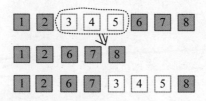

（2）执行 CUT 3 5 4：切下从第 3 颗钻石到第 5 颗钻石的链子，把它插入剩余链子上第 4 颗钻石的后面。

（3）执行 FLIP 2 6：切下从第 2 颗钻石到第 6 颗钻石的链子，把它倒过来放回原来的位置。

1. 算法设计

（1）创建伸展树，因为要进行区间操作，因此增加两个虚节点。

（2）根据读入的信息，判断是执行区间切割操作还是区间反转操作。

（3）按照中序遍历，输出伸展树。

2. 完美图解

1）创建伸展树

数据序列为 1,2,3,4,5,6,7,8，创建伸展树时在序列的首尾增加两个虚节点，该节点的值为无穷小–inf，无穷大 inf（inf 是一个较大的数，如 0x3f3f3f3f）。由于在序列前面添加了一个虚节点，所以原来的位序增加 1，因此对[l, r]区间的操作变为对[++l, ++r]区间的操作。

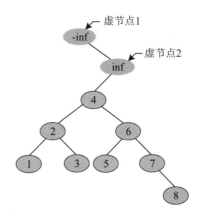

算法代码：

```
void Init(){
    cnt=root=0;
    tr[0].son[0]=tr[0].son[1]=0;
    root=New(0,-inf);//创建虚节点1
    tr[root].son[1]=New(root,inf);//创建虚节点2
    tr[root].size=2;
    Build(1,n,tr[tr[root].son[1]].son[0],tr[root].son[1]);
    Update(tr[root].son[1]);
    Update(root);
}
```

2）区间切割

首先切割$[l,r]$区间，将A_{l-1}旋转到根，然后将A_{r+1}旋转到A_{l-1}的下方，此时切割的$[l,r]$区间是A_{r+1}的左子树，用 tmp 暂存。然后查找第 pos 个节点，可以将A_{pos}旋转到根部，再将A_{pos+1}旋转到A_{pos}下方，将 tmp 挂接在A_{pos+1}的左子树上即可，相当于将$[l,r]$区间插入第 pos 个节点之后，如下图所示。

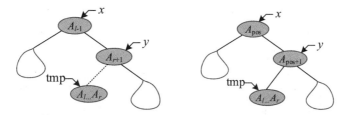

CUT 3 5 4：因为添加了虚节点，因此切割[4,6]区间，将其插入剩余区间第 5 个节点的后面。将第 3 个节点（数字 2）旋转到根，然后将第 7 个节点（数字 6）旋转到第 3 个节点的下方，此时切割的区间就是第 7 个节点的左子树，用 tmp 暂存。

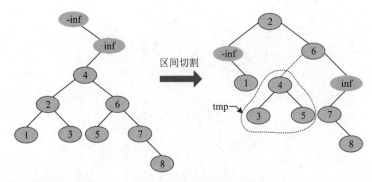

然后将第 5 个节点旋转到根部，将第 6 个节点旋转到其下方，将 tmp 挂接在第 6 个节点的左子树上即可，此时序列为 1,2,6,7,3,4,5,8，如下图所示。

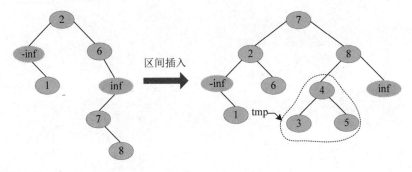

算法代码：

```
void Cut(int l,int r,int c){//将[l,r]区间切割，插入第c个元素之后
    int x=Findk(root,l-1),y=Findk(root,r+1);
    Splay(x,0),Splay(y,x);
    int tmp=tr[y].son[0];
    tr[y].son[0]=0;//删除
    Update(y),Update(x);
    x=Findk(root,c),y=Findk(root,c+1);
    Splay(x,0),Splay(y,x);
    tr[y].son[0]=tmp;
    tr[tmp].fa=y;
    Update(y),Update(x);
}
```

3）区间反转

和区间切割类似，反转[l, r]区间时只需将 A_{l-1} 旋转到根，然后将 A_{r+1} 旋转到 A_{l-1} 的下方，此时需要反转的[l, r]区间就是 A_{r+1} 的左子树，对该区间的根节点打上反转懒标记即可。

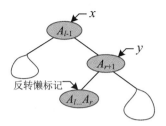

算法代码：

```
void Flip(int l,int r){//[l,r]区间反转
    int x=Findk(root,l-1),y=Findk(root,r+1);
    Splay(x,0),Splay(y,x);
    tr[tr[y].son[0]].rev^=1;//加反转懒标记
}
```

3. 算法实现

```
struct node{
    int son[2];//左右子节点0,1
    int val,fa;//值，父节点
    int size,rev;//子树大小，反转懒标记
}tr[maxn];

void Update(int x){//更新子树的大小
    tr[x].size=1;
    if(tr[x].son[0])
        tr[x].size+=tr[tr[x].son[0]].size;
    if(tr[x].son[1])
        tr[x].size+=tr[tr[x].son[1]].size;
}

void Pushdown(int x){ //下传反转懒标记
    if(tr[x].rev){
        tr[x].rev^=1;
        swap(tr[x].son[0],tr[x].son[1]);
        if(tr[x].son[0])
            tr[tr[x].son[0]].rev^=1;
        if(tr[x].son[1])
            tr[tr[x].son[1]].rev^=1;
    }
}

int New(int father,int val){//生成新节点
    tr[++cnt].fa=father;
    tr[cnt].val=val;
```

```
        tr[cnt].size=1;
        tr[cnt].rev=0;
        tr[cnt].son[0]=tr[cnt].son[1]=0;
        return cnt;
}

void Rotate(int x){//旋转
    Pushdown(x);
    int y=tr[x].fa,z=tr[y].fa;;
    int c=tr[y].son[0]==x;
    tr[y].son[!c]=tr[x].son[c];
    tr[tr[x].son[c]].fa=y;
    tr[x].fa=z;
    if(z)
        tr[z].son[tr[z].son[1]==y]=x;
    tr[x].son[c]=y;
    tr[y].fa=x;
    Update(y);
    Update(x);
}

void Splay(int x,int goal){//将x旋转为goal的儿子
    while(tr[x].fa!=goal){
        int y=tr[x].fa,z=tr[y].fa;
        if(z!=goal)
            (tr[z].son[0]==y)^(tr[y].son[0]==x)?Rotate(x):Rotate(y)Rotate(x);
    }
    if(!goal)  root=x;//若goal是0，则更新根为x
}

int Findk(int x,int k){//查找第k个元素
    while(1){
        Pushdown(x);
        int sn=tr[x].son[0]?tr[tr[x].son[0]].size+1:1;
        if(k==sn)
            return x;
        if(k>sn)
            k-=sn,x=tr[x].son[1];
        else
            x=tr[x].son[0];
    }
}

void Build(int l,int r,int &t,int fa){//创建伸展树
```

```
        if(l>r)
            return;
        int mid=l+r>>1;
        t=New(fa,mid);
        Build(l,mid-1,tr[t].son[0],t);
        Build(mid+1,r,tr[t].son[1],t);
        Update(t);
}

void Init(){//初始化
        cnt=root=0;
        tr[0].son[0]=tr[0].son[1]=0;
        root=New(0,-inf);//创建虚节点 1
        tr[root].son[1]=New(root,inf);//创建虚节点 2
        tr[root].size=2;
        Build(1,n,tr[tr[root].son[1]].son[0],tr[root].son[1]);
        Update(tr[root].son[1]);
        Update(root);
}

void Cut(int l,int r,int c){//将[l,r]区间切割，插入第 c 个节点之后
        int x=Findk(root,l-1),y=Findk(root,r+1);
        Splay(x,0),Splay(y,x);
        int tmp=tr[y].son[0];
        tr[y].son[0]=0;//删除
        Update(y),Update(x);
        x=Findk(root,c),y=Findk(root,c+1);
        Splay(x,0),Splay(y,x);
        tr[y].son[0]=tmp;
        tr[tmp].fa=y;
        Update(y),Update(x);
}

void Flip(int l,int r){//[l,r]区间反转
        int x=Findk(root,l-1),y=Findk(root,r+1);
        Splay(x,0),Splay(y,x);
        tr[tr[y].son[0]].rev^=1;//加反转标记
}

void Print(int k){//中序遍历测试
        Pushdown(k);
        if(tr[k].son[0])
            Print(tr[k].son[0]);
        if(tr[k].val!=-inf&&tr[k].val!=inf){
```

```
        if(flag)
            printf("%d",tr[k].val),flag=0;
        else
            printf(" %d",tr[k].val);
    }
    if(tr[k].son[1])
        Print(tr[k].son[1]);
}
```

训练3 超强记忆

题目描述（POJ3580）：杰克逊被邀请参加电视节目"超强记忆"，参与者会玩一个记忆游戏。主持人先告诉参与者一个数字序列$\{A_1,A_2,\cdots,A_n\}$，然后对该序列执行一系列操作或查询：①ADD $x\,y\,D$，表示对子序列$\{A_x,\cdots,A_y\}$的每个数字都增加D，例如在序列$\{1,2,3,4,5\}$上执行 ADD 2 4 1，结果为$\{1,3,4,5,5\}$；②REVERSE $x\,y$，表示反转子序列$\{A_x,\cdots,A_y\}$，例如在序列$\{1,2,3,4,5\}$上执行 REVERSE 2 4，结果为$\{1,4,3,2,5\}$；③REVOLVE $x\,y\,T$，表示旋转子序列$\{A_x,\cdots,A_y\}$ T次，例如在序列$\{1,2,3,4,5\}$上执行 REVOLVE 2 4 2，结果为$\{1,3,4,2,5\}$；④INSERT $x\,P$，表示在A_x后插入P，例如在序列$\{1,2,3,4,5\}$上执行 INSERT 2 4，结果为$\{1,2,4,3,4,5\}$；⑤DELETE x，表示删除A_x，例如在序列$\{1,2,3,4,5\}$上执行 DELETE 2，结果为$\{1,3,4,5\}$；⑥MIN $x\,y$，表示查询子序列$\{A_x,\cdots,A_y\}$的最小数值，例如在序列$\{1,2,3,4,5\}$上执行 MIN 2 4，结果为2。为了使节目更有趣，参与者有机会求助他人。请写一个程序，正确回答每个问题，以便在杰克逊打电话时帮助他。

输入：第 1 行输入数字 n（$n\leq10^5$）；接下来输入 n 行描述数字序列；接着输入数字 M（$M\leq10^5$），表示操作或查询的数量；然后输入 M 行描述操作或查询。

输出：对每个 MIN 查询都输出正确的答案。

输入样例	输出样例
5	5
1	
2	
3	
4	
5	
2	
ADD 2 4 1	
MIN 4 5	

题解：本题涉及 6 种操作：插入、删除、区间查询、区间修改、区间反转、区间旋转，完美诠释了伸展树的神通广大。

1. 算法设计

（1）插入。在第 pos 个元素后插入一个元素 val，将 A_{pos} 旋转到根部，再将 A_{pos+1} 旋转到 A_{pos} 下方，最后在 A_{pos+1} 的左子树中插入新节点 val 即可。

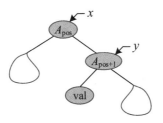

算法代码：

```
void Insert(int pos,int val){//插入val
    int x=Findk(root,pos),y=Findk(root,pos+1);
    Splay(x,0),Splay(y,x);
    tr[y].son[0]=New(y,val);
    Update(y),Update(x);
}
```

（2）删除。删除第 pos 个元素，将 A_{pos-1} 旋转到根部，再将 A_{pos+1} 旋转到 A_{pos-1} 下方，此时 A_{pos} 就是 A_{pos+1} 的左子树，直接删除即可。

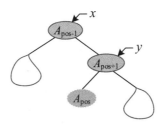

算法代码：

```
void Delete(int pos){//删除
    int x=Findk(root,pos-1),y=Findk(root,pos+1);
    Splay(x,0),Splay(y,x);
    tr[y].son[0]=0;
    Update(y),Update(x);
}
```

（3）区间查询。查询[l,r]区间的最小值时，只需将 A_{l-1} 旋转到根，然后将 A_{r+1} 旋转到 A_{l-1} 的下方，此时需要查询的[l,r]区间就是 A_{r+1} 的左子树，输出该节点的最小值即可。

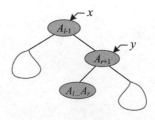

算法代码：

```
int Min(int l,int r){//查询[l,r]区间的最小值
    int x=Findk(root,l-1),y=Findk(root,r+1);
    Splay(x,0),Splay(y,x);
    return tr[tr[y].son[0]].minv;
}
```

（4）区间修改。和区间查询类似，将$[l,r]$区间的所有元素都增加 val，只需将 A_{l-1} 旋转到根，然后将 A_{r+1} 旋转到 A_{l-1} 的下方，此时需要增加的$[l,r]$区间就是 A_{r+1} 的左子树，修改该$[l,r]$区间的根节点（值、区间最小值、懒标记），懒标记会在下次访问时下传。

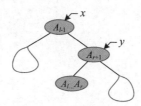

算法代码：

```
void Add(int l,int r,int val){//在[l,r]区间增加val
    int x=Findk(root,l-1),y=Findk(root,r+1);
    Splay(x,0),Splay(y,x);
    tr[tr[y].son[0]].val+=val;
    tr[tr[y].son[0]].minv+=val;
    tr[tr[y].son[0]].add+=val;
    Update(y),Update(x);
}
```

（5）区间反转。和区间查询类似，反转$[l, r]$区间时，只需将 A_{l-1} 旋转到根，然后将 A_{r+1} 旋转到 A_{l-1} 的下方，此时需要反转的$[l, r]$区间就是 A_{r+1} 的左子树，在该区间的根节点打上反转懒标记即可。

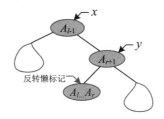

算法代码：

```
void Reverse(int l,int r){//反转[l,r]区间
    int x=Findk(root,l-1),y=Findk(root,r+1);
    Splay(x,0),Splay(y,x);
    tr[tr[y].son[0]].rev^=1;//打上反转懒标记
}
```

（6）区间旋转。旋转$[l, r]$区间 T 次，即将$[l, r]$区间循环右移 T 次，相当于将$[r-T+1, r]$区间的元素移动到 A_{l-1} 之后。

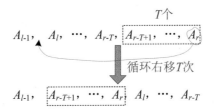

可以将该$[r-T+1, r]$区间暂存后删除，再插入 A_{l-1} 之后。首先将 A_{r-T} 旋转到根，然后将 A_{r+1} 旋转到 A_{r-T} 的下方，此时$[r-T+1, r]$区间就是 A_{r-T} 的左子树，将其暂存给 tmp 后删除。

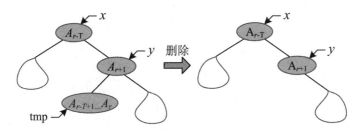

然后将 tmp 插入 A_{l-1} 之后。只需将 A_{l-1} 旋转到根，然后将 A_l 旋转到 A_{l-1} 的下方，将 tmp 挂接到 A_l 的左子树上，即可完成插入操作。

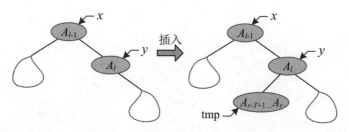

因为 T 有可能超过$[l, r]$区间的长度（$m=r-l+1$），所以只需 $T=T\%m$。若 T 有可能为负值，则可以通过 $T=(T+m)\%m$ 处理。

算法代码：

```
void Revolve(int l,int r,int T){//偏移 T 位
    T%=r-l+1;
    if(T==0) return;
    int x=Findk(root,r-T),y=Findk(root,r+1);
    Splay(x,0),Splay(y,x);
    int tmp=tr[y].son[0];
    tr[y].son[0]=0;
    Update(y),Update(x);
    x=Findk(root,l-1),y=Findk(root,l);
    Splay(x,0),Splay(y,x);
    tr[y].son[0]=tmp;
    tr[tmp].fa=y;
    Update(y),Update(x);
}
```

2. 伸展树的基本操作

以上 6 个功能都是通过伸展树的基本操作实现的，包括伸展树的创建、查找、伸展、旋转、更新和下传。

（1）创建。处理$[l, r]$区间时经常需要将 A_{l-1} 旋转到根，然后将 A_{r+1} 旋转到 A_{l-1} 的下方，但是若 $l=1$ 或 $r=n$，则这两个节点或许是不存在的，因此创建伸展树时在序列的首尾增加两个虚节点，该节点的值为无穷小$-\text{inf}$，无穷大 inf。由于在序列前面添加了一个虚节点，原来的位序增加 1，因此对$[l, r]$区间的操作变成对$[++l, ++r]$区间的操作。

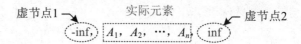

创建的伸展树如下图所示。

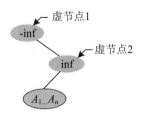

本题不是按值的大小进行插入和删除的，是按位置顺序进行的，因此在创建伸展树时直接按照线段树的创建方法进行二分创建，就能创建一个平衡二叉树，在一开始就把伸展树的高度压下去，使其扁平化，从而提高效率。

对于输入样例 1 2 3 4 5，创建的伸展树如下图所示。

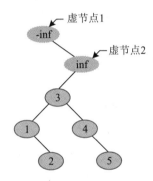

算法代码：

```
struct node{
    int son[2];//左右子节点0,1
    int val,fa;//值，父节点
    int minv;//最小值
    int size,add,rev;//大小，加标记，反转标记
}tr[maxn];

void Build(int l,int r,int &t,int fa){//创建伸展树
    if(l>r)
        return;
    int mid=l+r>>1;
    t=New(fa,a[mid]);
    Build(l,mid-1,tr[t].son[0],t);
    Build(mid+1,r,tr[t].son[1],t);
    Update(t);
}
void Init(){//初始化
    cnt=root=0;
    tr[0].son[0]=tr[0].son[1]=0;
```

```
root=New(0,-inf);//创建虚节点1
tr[root].son[1]=New(root,inf);//创建虚节点2
tr[root].size=2;
Build(1,n,tr[tr[root].son[1]].son[0],tr[root].son[1]);
Update(tr[root].son[1]);
Update(root);
}
```

（2）查找。在伸展树中查找第 k 个节点（中序遍历顺序），从当前节点 x 开始，执行下传操作。若 x 有左子树，则计数器 sn=左子树节点数+1，否则 sn=1；若 k==sn，则说明已找到，返回 x；若 k>sn，则 k-=sn，到 x 的右子树中查找，否则到 x 的左子树中查找。

在下面的伸展树中查找第 4 个节点。x 指向树根，k=4，x 没有左子树，计数器 sn=1；k>sn，k-=sn=3，x 指向 x 的右子树，继续查找。x 有左子树，计数器 sn=左子树节点数+1=6；k<sn，x 指向 x 的左子树，继续查找。x 有左子树，计数器 sn=左子树节点数+1=3。此时 k=sn，x 指向的节点就是第 4 个节点。

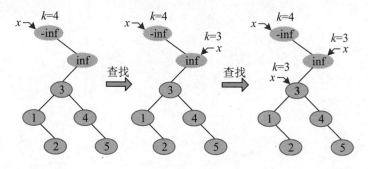

算法代码：

```
int Findk(int x,int k){
    while(1){
        Pushdown(x);
        int sn=tr[x].son[0]?tr[tr[x].son[0]].size+1:1;
        if(k==sn)
            return x;
        if(k>sn)
            k-=sn,x=tr[x].son[1];
        else
            x=tr[x].son[0];
    }
}
```

（3）伸展。伸展操作指将 x 节点旋转到目标 goal 之下。需要判断 x 节点与其父节点的关系，旋转 x 节点到目标 goal 之下。若 goal 为空，则此时 x 是树根。

算法代码：

```
void Splay(int x,int goal){//将x旋转为goal的儿子
    while(tr[x].fa!=goal){
        int y=tr[x].fa,z=tr[y].fa;
        if(z!=goal)
            (tr[z].son[0]==y)^(tr[y].son[0]==x)?Rotate(x):Rotate(y);
        Rotate(x);
    }
    if(!goal) root=x;//若goal是0，则更新根为x
}
```

（4）旋转。和伸展树基本操作的旋转不同的是，多了下传和更新，其他都相同。

算法代码：

```
void Rotate(int x){//旋转
    Pushdown(x);//下传懒标记
    int y=tr[x].fa,z=tr[y].fa;
    int c=tr[y].son[0]==x;
    tr[y].son[!c]=tr[x].son[c];
    tr[tr[x].son[c]].fa=y;
    tr[x].fa=z;
    if(z)
        tr[z].son[tr[z].son[1]==y]=x;
    tr[x].son[c]=y;
    tr[y].fa=x;
    Update(y);//更新
    Update(x);
}
```

（5）更新。每个节点都携带以该节点为根的子树的最小值 minv、子树大小 size 两个信息，在旋转及修改过程中需要及时更新 minv 和 size。minv 用于区间查询最小值，size 用于查找第几个节点，并提取区间。

算法代码：

```
void Update(int x){ //更新
    tr[x].minv=tr[x].val;
    tr[x].size=1;
    if(tr[x].son[0]){
        tr[x].size+=tr[tr[x].son[0]].size;
        tr[x].minv=min(tr[x].minv,tr[tr[x].son[0]].minv);
    }
    if(tr[x].son[1]){
        tr[x].size+=tr[tr[x].son[1]].size;
```

```
        tr[x].minv=min(tr[x].minv,tr[tr[x].son[1]].minv);
    }
}
```

（6）下传。加法和反转均采用了懒标记方式，只修改区间的根节点，然后打上懒标记，下次访问到该节点时下传即可。若当前节点有反转标记，则反转标记与 1 异或运算 rev^=1，即若原来是 1，则变为 0，若原来是 0，则变为 1。交换当前节点的左右子节点；若当前节点有左子节点，则其左子节点的反转标记与 1 异或运算；若当前节点有右子节点，则其右子节点的反转标记与 1 异或运算。若当前节点有加标记，且当前节点有左子节点，则其左子节点的值、最小值、加标记都加上 add；若当前节点有右子节点，则其右子节点的值、最小值、加标记都加上 add；然后清除当前节点的加标记。

算法代码：

```
void Pushdown(int x){//下传懒标记
    if(tr[x].rev){//下传反转标记
        tr[x].rev^=1;
        swap(tr[x].son[0],tr[x].son[1]);
        if(tr[x].son[0])
            tr[tr[x].son[0]].rev^=1;
        if(tr[x].son[1])
            tr[tr[x].son[1]].rev^=1;
    }
    if(tr[x].add){//下传加标记
        if(tr[x].son[0]){
            tr[tr[x].son[0]].add+=tr[x].add;
            tr[tr[x].son[0]].val+=tr[x].add;
            tr[tr[x].son[0]].minv+=tr[x].add;
        }
        if(tr[x].son[1]){
            tr[tr[x].son[1]].add+=tr[x].add;
            tr[tr[x].son[1]].val+=tr[x].add;
            tr[tr[x].son[1]].minv+=tr[x].add;
        }
        tr[x].add=0;//清除标记
    }
}
```

3. 完美图解

对于输入样例 1 2 3 4 5，二分创建的伸展树如下图所示。

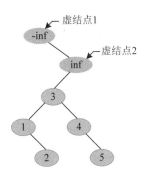

（1）ADD 2 4 1，将[++l, ++r]区间即[3,5]的所有元素都加 1。根据上面描述的区间增加操作，只需将 A_{l-1} 旋转到根，然后将 A_{r+1} 旋转到 A_{l-1} 的下方，此时需要增加的[l, r]区间就是 A_{r+1} 的左子树，修改该[l, r]区间的根节点（值、区间最小值、懒标记）即可。

首先找到 A_{l-1}（中序遍历序列第 2 个节点），x 指向第 2 个节点，将 x 旋转到根。

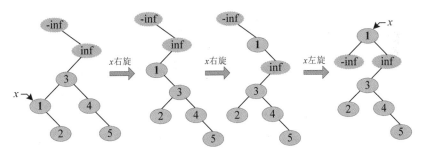

然后找到 A_{r+1}（中序遍历序列的第 6 个节点），y 指向第 6 个节点，将 y 旋转到 x 的下方。

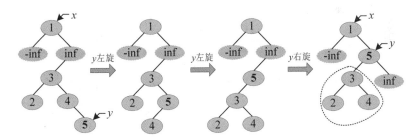

最后进行区间增加，此时 y 的左子树正是要增加的区间，对该子树的树根进行更新，并打上懒标记。

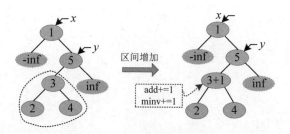

（2）MIN 4 5，询问[++l, ++r]区间即[5,6]的最小值。根据上面描述的区间查询操作，只需将 A_{l-1} 旋转到根，然后将 A_{r+1} 旋转到 A_{l-1} 的下方，此时需要增加的[l, r]区间就是 A_{r+1} 的左子树，返回该[l, r]区间的根节点的区间最小值即可。

首先找到 A_{l-1}（中序遍历序列第 4 个节点），并将其旋转到树根，在查找第 4 个节点的过程中将该节点的懒标记 add 下传给两个子节点，x 指向第 4 个节点，将 x 旋转到根。

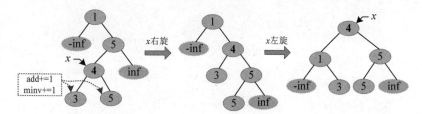

然后找到 A_{r+1}（中序遍历序列第 7 个节点），y 指向第 7 个节点，将 y 旋转到 x 的下方，返回 y 的左子树的根节点的区间最小值即可。

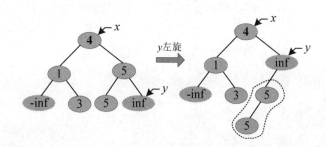

❖ 训练 4　循环

题目描述（HDU4453）：有个名为 Looploop 的玩具，这个玩具有 N 个元素，以循环方式排列。有一个箭头指向其中一个元素，还有两个预设参数 k_1 和 k_2。

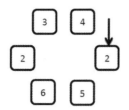

上图显示了一个由 6 个元素组成的循环。假设预设参数 k_1 是 3，k_2 是 4，对这个玩具做 6 种操作，请对这些操作中的每个查询都给出答案。

（1）加 x（add x）。从箭头指向的元素开始，将顺时针方向第 $1\sim k_2$ 个元素加 x。

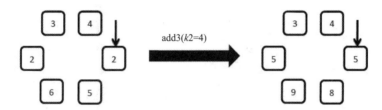

（2）反转（reverse）：从箭头指向的元素开始，将顺时针方向第 $1\sim k_1$ 个元素反转。

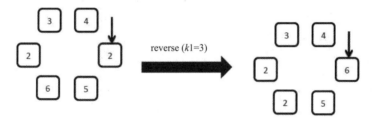

（3）插入 x（insert x）：在箭头指向的元素右侧（顺时针方向）插入一个新元素 x。

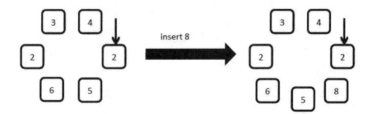

（4）删除（delete）：删除箭头指向的元素，然后将箭头移到其右侧的元素上。

（5）移动 x（move x）：x 只可以是 1 或 2。若 $x=1$，则向左（逆时针方向）移动箭头；若 $x=2$，则向右移动箭头。

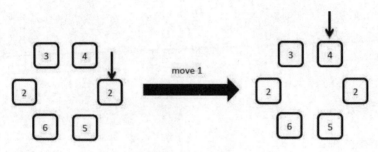

（6）查询（query）：在一行中输出箭头指向的元素。

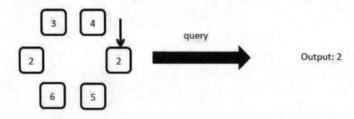

输入：输入包含多个测试用例。每个测试用例的第 1 行都包括 N、M、k_1、k_2（$2 \leq k_1 < k_2 \leq N \leq 10^5$，$M \leq 10^5$），表示元素的初始数量、将执行的操作总数和玩具的两个预设参数；第 2 行都包括 N 个整数 a_i（$-10^4 \leq a_i \leq 10^4$），表示顺时针方向的 N 个元素，箭头指向一开始输入的第 1 个元素；接下来的 m 行，每行都包含上述 6 种操作之一，保证 add、insert 和 move 操作中的 x 始终为整数，且 $|x| \leq 10^4$。输入一行 0 0 0 0 表示输入结束。

输出：对每个测试用例，都在第 1 行输出用例数（格式如输出样例），然后对用例中的每个查询，都单行输出箭头指向的元素。

输入样例	输出样例
5 1 2 4	Case #1:
3 4 5 6 7	3
query	Case #2:
5 13 2 4	2
1 2 3 4 5	8

```
move 2                          10
query                           1
insert 8                        5
reverse                         1
query
add 2
query
move 1
query
move 1
query
delete
query
0 0 0 0
```

题解： 本题包含 6 种操作：区间修改、区间反转、插入、删除、移动、查询。

1. 算法设计

（1）add x：从箭头指向的元素开始，将顺时针方向第 1～k_2 个元素加 x。

（2）reverse：从箭头指向的元素开始，将顺时针方向第 1～k_1 个元素反转。

（3）insert x：在箭头指向的元素右侧插入一个新元素 x。

（4）delete：删除箭头指向的元素，然后将箭头移到右侧的元素上。

（5）move x：若 x 等于 1，则箭头向左移一位；若 x 等于 2，则箭头向右移一位。

（6）query：输出箭头指向的元素。

2. 完美图解

测试用例 2 的输入数据 5 13 2 4，表示元素的初始数量 N=5，将执行的操作总数 M=13，两个预设参数 k_1=2，k_2=4。

（1）初始状态为 1 2 3 4 5。

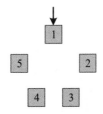

（2）move 2：向右移动。query：查询箭头所指向的元素，输出 2。

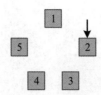

（3）insert 8：在箭头指向的元素右侧（顺时针方向）插入 8。

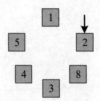

（4）reverse：从箭头指向的元素开始，将顺时针方向第 $1\sim k_1$（k_1=2）个元素反转。query：查询箭头指向的元素，输出 8。

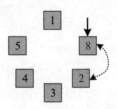

（5）add 2：从箭头指向的元素开始，将顺时针方向第 $1\sim k_2$（k_2=4）个元素加 2。query：查询箭头指向的元素，输出 10。

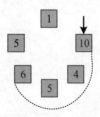

（6）move 1：将箭头向左移动 1 位。query：查询箭头指向的元素，输出 1。

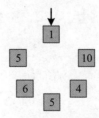

（7）move 1：将箭头向左移动 1 位。query：查询箭头指向的元素，输出 5。

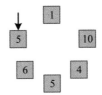

（8）delete：删除箭头指向的元素，然后将箭头移至右侧元素上。query：查询箭头指向的元素，输出 1。

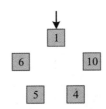

3. 解决方法

本题可采用伸展树解决，在首尾添加两个虚节点，对此有两种方法实现，实现方式不同，效率不相上下。

第 1 种方法：箭头指向的元素永远在第 2 个位置（首尾添加了虚节点），过程如下。

（1）add x：从箭头指向的元素开始，将顺时针方向第 1～k_2 个元素加 x。箭头所指向的元素在第 2 个位置，因此执行区间修改 Add(2, k_2+1, x)。

（2）reverse：从箭头指向的元素开始，将顺时针方向第 1～k_1 个元素反转。执行区间反转 Reverse(2, k_1+1)。

（3）insert x：在箭头指向的元素右侧插入 x。在第 2 个位置右侧插入 x，执行 Insert(2, x)。

（4）delete：删除箭头指向的元素，将箭头移到右侧的元素上。删除第 2 个位置的元素，执行 Delete(2)。

（5）move x：若 x 等于 1，则箭头向左移一位，相当于删除元素 A_n，把 A_n 放在第 1 个位置之后。执行 y=Delete(sum+1); Insert(1,y)，sum 为实际的元素个数。

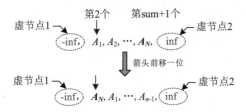

若 x 等于 2，则箭头向右移一位，相当于把元素 A_1 删除，然后把 A_1 放在 A_n 之后。执行 y=Delete(2); Insert(sum+1, y)。

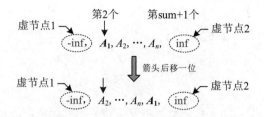

（6）query：查询箭头指向的元素，执行 Query(2)。

算法代码：

```
//第1种方法，箭头所指向的元素永远在第2个位置
struct node{
    int son[2];//左右子节点0,1
    int val,fa;//值，父节点
    int size,add,rev;//大小，加法标记，反转标记
}tr[maxn];

void Update(int x){
    tr[x].size=1;
    if(tr[x].son[0])
        tr[x].size+=tr[tr[x].son[0]].size;
    if(tr[x].son[1])
        tr[x].size+=tr[tr[x].son[1]].size;
}

void Pushdown(int x){
    if(tr[x].rev){//下传反转标记
        tr[x].rev^=1;
        swap(tr[x].son[0],tr[x].son[1]);
        if(tr[x].son[0])
            tr[tr[x].son[0]].rev^=1;
        if(tr[x].son[1])
            tr[tr[x].son[1]].rev^=1;
    }
    if(tr[x].add){//下传加法标记
        if(tr[x].son[0]){
            tr[tr[x].son[0]].add+=tr[x].add;
            tr[tr[x].son[0]].val+=tr[x].add;
        }
        if(tr[x].son[1]){
            tr[tr[x].son[1]].add+=tr[x].add;
            tr[tr[x].son[1]].val+=tr[x].add;
        }
        tr[x].add=0;//清除标记
```

```
    }
}

int New(int father,int val){//生成新节点
    tr[++cnt].fa=father;
    tr[cnt].val=val;
    tr[cnt].size=1;
    tr[cnt].add=tr[cnt].rev=0;
    tr[cnt].son[0]=tr[cnt].son[1]=0;
    return cnt;
}

void Rotate(int x){//旋转
    Pushdown(x);
    int y=tr[x].fa,z=tr[y].fa;;
    int c=tr[y].son[0]==x;
    tr[y].son[!c]=tr[x].son[c];
    tr[tr[x].son[c]].fa=y;
    tr[x].fa=z;
    if(z)
        tr[z].son[tr[z].son[1]==y]=x;
    tr[x].son[c]=y;
    tr[y].fa=x;
    Update(y);
    Update(x);
}

void Splay(int x,int goal){//将 x 旋转为 goal 的儿子
    while(tr[x].fa!=goal){
        int y=tr[x].fa,z=tr[y].fa;
        if(z!=goal)
            (tr[z].son[0]==y)^(tr[y].son[0]==x)?Rotate(x):Rotate(y);
        Rotate(x);
    }
    if(!goal) root=x;//若 goal 是 0，则更新根为 x
}

int Findk(int x,int k){
    while(1){
        Pushdown(x);
        int sn=tr[x].son[0]?tr[tr[x].son[0]].size+1:1;
        if(k==sn)
            return x;
        if(k>sn)
```

```
                k-=sn,x=tr[x].son[1];
            else
                x=tr[x].son[0];
    }
}

void Insert(int pos,int val){//插入 val
    int x=Findk(root,pos),y=Findk(root,pos+1);
    Splay(x,0),Splay(y,x);
    tr[y].son[0]=New(y,val);
    Update(y),Update(x);
    sum+=1;
}

int Delete(int pos){//删除
    int x=Findk(root,pos-1),y=Findk(root,pos+1);
    Splay(x,0),Splay(y,x);
    int tmp=tr[tr[y].son[0]].val;
    tr[y].son[0]=0;
    Update(y),Update(x);
    sum-=1;
    return tmp;
}

void Build(int l,int r,int &t,int fa){
    if(l>r)
        return;
    int mid=l+r>>1;
    t=New(fa,a[mid]);
    Build(l,mid-1,tr[t].son[0],t);
    Build(mid+1,r,tr[t].son[1],t);
    Update(t);
}

void Init(){
    cnt=root=0;
    tr[0].son[0]=tr[0].son[1]=0;
    root=New(0,-inf);//创建虚节点 1
    tr[root].son[1]=New(root,inf);//创建虚节点 2
    tr[root].size=2;
    Build(1,n,tr[tr[root].son[1]].son[0],tr[root].son[1]);
    Update(tr[root].son[1]);
    Update(root);
}
```

```
void Add(int l,int r,int val){//[l,r]区间加上val
    int x=Findk(root,l-1),y=Findk(root,r+1);
    Splay(x,0);
    Splay(y,x);
    tr[tr[y].son[0]].val+=val;
    tr[tr[y].son[0]].add+=val;
    Update(y),Update(x);
}

void Reverse(int l,int r){//[l,r]区间反转
    int x=Findk(root,l-1),y=Findk(root,r+1);
    Splay(x,0),Splay(y,x);
    tr[tr[y].son[0]].rev^=1;//加反转标记
}

void Query(int pos){//查询
    int x=Findk(root,pos);
    printf("%d\n",tr[x].val);
}

int main(){
    int m,k1,k2;
    int cas=0,x;
    while(~scanf("%d%d%d%d",&n,&m,&k1,&k2)){
        if(n==0) break;
        printf("Case #%d:\n",++cas);
        for(int i=1;i<=n;i++)
            scanf("%d",&a[i]);
        Init();
        pos=2,sum=n;
        for(int i=1;i<=m;i++){
            scanf("%s",op);
            switch(op[0]){
                case 'a':scanf("%d",&x); Add(2,k2+1,x); break;
                case 'r':Reverse(2,k1+1); break;
                case 'i':scanf("%d",&x); Insert(2,x); break;
                case 'd':Delete(2); break;
                case 'm':scanf("%d",&x);
                    if(x==1){int y=Delete(sum+1);Insert(1,y);}
                    else{int y=Delete(2);Insert(sum+1,y);}
                    break;
                case 'q':Query(2);break;
            }
```

```
        }
    }
    return 0;
}
```

第 2 种方法：箭头所指向的元素可以在中间位置，过程如下。

（1）add x：从箭头指向的元素开始，将顺时针方向第 $1\sim k_2$ 个元素加 x。若从当前箭头位置开始到最后一个元素超过 k_2 个数，则直接执行区间修改[pos, pos+k_2−1]即可。

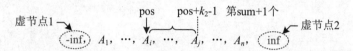

若从当前箭头位置开始到最后一个元素小于 k_2 个数，则需要跨区间处理。先处理[pos, sum+1]区间，再处理[2, pos+k_2−1−sum]区间，执行两次区间修改。

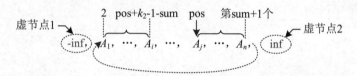

```
if(pos+k2-1<=sum+1)
    Add(pos,pos+k2-1,x);
else{//分两个区间
    Add(2,pos+k2-1-sum,x);
    Add(pos,sum+1,x);
}
```

（2）reverse：从箭头指向的元素开始，将顺时针方向第 $1\sim k_1$ 个元素反转。若从当前箭头位置开始到最后一个元素超过 k_1 个数，则直接执行区间反转[pos, pos+k_1−1]即可。

若从当前箭头位置开始到最后一个元素小于 k_1 个数，则需要执行区间切割处理。先将区间[2, pos+k_1−1−sum]切割下来，插入最后一个元素之后，再进行区间反转。注意：切割后位次改变，pos 和 sum+1 均需要更新，减去切割的区间长度 len。

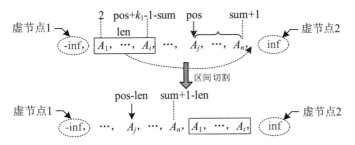

此时按照常规处理方法执行区间反转[pos, pos+k_1−1]即可。

```
if(pos+k1-1>sum+1)
Cut(2,pos+k1-1-sum,sum+1);//把前面的区间切割，插入尾元素之后，然后反转
Reverse(pos,pos+k1-1);
```

（3）insert x：在箭头指向元素的右侧插入 x。在 pos 之后插入即可，插入后元素个数加 1。

```
Insert(pos,x); sum+=1;
```

（4）delete：删除箭头指向的元素，然后将箭头移到右侧的元素上。若删除的是最后一个元素 A_n，则 pos 指向第 1 个元素（pos=2），删除后元素个数减 1。

```
Delete(pos);
if(pos==sum+1) pos=2;
sum-=1;
```

（5）move x：只需处理两端的特殊情况即可。若 x=1，则箭头向左移一位：

```
if(pos==2) pos=sum+1;else pos-=1;
```

若 x=2，则箭头向右移一位：

```
if(pos==sum+1) pos=2;else pos+=1;
```

（6）query：查询箭头指向的元素。

```
Query(pos);
```

算法代码：

```
//第2种方法，箭头所指向的元素可以在中间位置，其他代码与第1种方法相同，故在此省略
int New(int father,int val){//生成新节点
    tr[++cnt].fa=father;
    tr[cnt].val=val;
    tr[cnt].size=1;
    tr[cnt].add=tr[cnt].rev=0;
    tr[cnt].son[0]=tr[cnt].son[1]=0;
    return cnt;
```

```
}
void Insert(int pos,int val){//插入val
    int x=Findk(root,pos),y=Findk(root,pos+1);
    Splay(x,0),Splay(y,x);
    tr[y].son[0]=New(y,val);
    Update(y),Update(x);
}

void Delete(int pos){//删除
    int x=Findk(root,pos-1),y=Findk(root,pos+1);
    Splay(x,0),Splay(y,x);
    tr[y].son[0]=0;
    Update(y),Update(x);
}

void Cut(int l,int r,int c){//[l,r]区间切割，插入第c个元素之后
    int x=Findk(root,l-1),y=Findk(root,r+1);
    Splay(x,0),Splay(y,x);
    int tmp=tr[y].son[0];
    tr[y].son[0]=0;//删除
    Update(y),Update(x);
    pos-=r-1;//切割掉前面的部分后，位次改变
    c-=r-1;
    x=Findk(root,c),y=Findk(root,c+1);
    Splay(x,0),Splay(y,x);
    tr[y].son[0]=tmp;
    tr[tmp].fa=y;
    Update(y),Update(x);
}


int main(){
    int m,k1,k2;
    int cas=0,x;
    while(~scanf("%d%d%d%d",&n,&m,&k1,&k2)){
        if(n==0) break;
        printf("Case #%d:\n",++cas);
        for(int i=1;i<=n;i++)
            scanf("%d",&a[i]);
        Init();
        pos=2,sum=n;
        for(int i=1;i<=m;i++){
            scanf("%s",op);
            switch(op[0]){
```

```
                    case 'a':
                        scanf("%d",&x);
                        if(pos+k2-1<=sum+1)
                            Add(pos,pos+k2-1,x);
                        else{//分两个区间
                            Add(2,pos+k2-1-sum,x);
                            Add(pos,sum+1,x);
                        }
                    break;
                    case 'r':
                        if(pos+k1-1>sum+1)
                            Cut(2,pos+k1-1-sum,sum+1);
                                //把前面的区间切割下来，插入 sum+1 元素之后，然后反转
                        Reverse(pos,pos+k1-1);
                        break;
                    case 'i':
                        scanf("%d",&x);
                        sum+=1;
                        Insert(pos,x);
                        break;
                    case 'd':
                        Delete(pos);
                        if(pos==sum+1) pos=2;
                        sum-=1;
                        break;
                    case 'm':
                        scanf("%d",&x);
                        if(x==1){if(pos==2) pos=sum+1;else pos-=1;}
                        else{if(pos==sum+1) pos=2;else pos+=1;}
                        break;
                    case 'q':
                        Query(pos);
                        break;
                }
            }
        }
    return 0;
}
```

5.3　SBT

📖 原理　SBT 详解

SBT（Size Balanced Tree，节点大小平衡树）是一种自平衡二叉查找树，通过子树的大小来保持平衡。与红黑树、AVL 树等自平衡二叉查找树相比，SBT 更易于实现。SBT 可以在 $O(\log n)$ 时间内完成所有二叉搜索树的相关操作，与普通二叉搜索树相比，SBT 仅加入了简洁的核心操作 maintain。由于 SBT 保持平衡的是 size 域而不是其他"无用"的域，所以可以方便地实现动态顺序统计中的第 k 小和排名操作。

对 SBT 的每个节点 T，节点 L 和 R 分别是节点 T 的左右儿子，子树 A、B、C 和 D 分别是节点 L 和 R 的左右子树。T 右子树的大小都大于或等于 T 左子树两个子节点的大小，size[R]≥size[A]，size[R]≥size[B]；T 左子树的大小都大于或等于 T 右子树两个子节点的大小，size[L]≥size[C]，size[L]≥size[D]。也就是说，"叔叔"≥"侄子"。

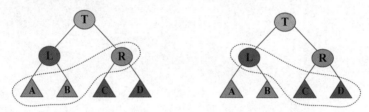

和其他平衡树一样，SBT 也是通过旋转调整平衡的，包含右旋和左旋两个基本操作。

1．右旋和左旋

SBT 的旋转也是以右旋和左旋为基础的，旋转也是 maintain 操作的基础。

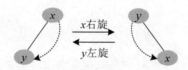

（1）右旋。x 右旋时，携带自己的右子树向右旋转到 y 的右子树位置，y 的右子树被抛弃，x 右旋后左子树正好空闲，将 y 的右子树放在 x 的左子树上。更新 y 子树的大小等于 x 子树的大小，x 子树的大小为其左右子树大小之和加 1。

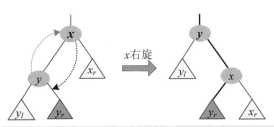

```
void R_rotate(int &x){//右旋
    int y=tr[x].lc;
    tr[x].lc=tr[y].rc;
    tr[y].rc=x;
    tr[y].size=tr[x].size;
    tr[x].size=tr[tr[x].lc].size+tr[tr[x].rc].size+1;
    x=y;//当前树根变为y
}
```

（2）左旋。x 左旋时，携带自己的左子树向左旋转到 y 的左子树位置，y 的左子树被抛弃，x 左旋后右子树正好空闲，将 y 的左子树放在 x 的右子树上。更新 y 子树的大小等于 x 子树的大小，x 子树的大小为其左右子树大小之和加 1。

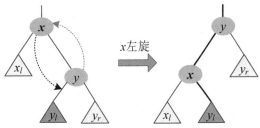

```
void L_rotate(int &x){//左旋
    int y=tr[x].rc;
    tr[x].rc=tr[y].lc;
    tr[y].lc=x;
    tr[y].size=tr[x].size;
    tr[x].size=tr[tr[x].lc].size+tr[tr[x].rc].size+1;
    x=y;  //当前树根变为y
}
```

2．维护

插入新节点时，有可能不满足 SBT 的性质，需要根据插入位置的不同，进行相应的旋转，以达到平衡状态。调整平衡分为 4 种情况：LL、LR、RR 和 RL。

（1）LL 型。一棵 SBT，若将新节点 x 插入节点 A（T 左子树的左子树）之后，节点 T 出现了不平衡（size[A]>size[R]，即"侄子"大于"叔叔"），则该树属于 LL 型不平衡，需要将节点

T 右旋。

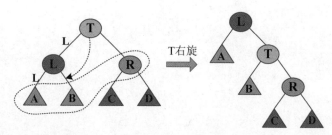

旋转之后，A、B 和 R 仍是 SBT。L 的右子树 T 可能会出现 size[C]>size[B]或 size[D]>size[B]的情况，即 RL、RR 型不平衡。因为 size[B]≤size[R]，所以不会出现 B 的子树比 R 大的情况，即 T 不会出现 LR、LL 型不平衡。因此 L 的右子树只需向右判断两种不平衡 RL、RR 即可。旋转后，L 自身也可能出现不平衡，需要继续调整平衡。

（2）LR 型。有一棵 SBT，若新节点 x 插入节点 B（T 左子树的右子树）之后，节点 T 出现了不平衡（size[B]>size[R]），则属于 LR 型不平衡，需要先将节点 L 左旋，然后将节点 T 右旋。

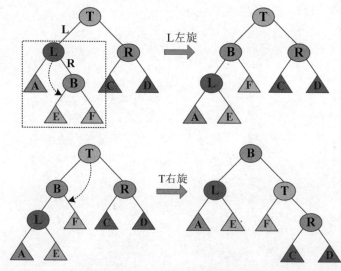

两次旋转之后，A、E、F 和 R 仍是 SBT。B 的右子树 T 可能会出现 size[C]>size[F]或 size[D]>size[F]，即 RL、RR 型不平衡。因为在插入节点之前，size[B]≤size[R]，插入新节点之后，size[B]>size[R]。实际上，size[B]最多比 size[R]大 1，size[B]=size[E]+size[F]+1=size[R]+1，因此 size[F]≤size[R]，不会出现 F 的子树比 R 大的情况，即 T 不会出现 LR、LL 型不平衡。因此 B 的右子树只需向右判断两种不平衡 RL、RR 即可。

B 的左子树 L，size[E]≤size[A]，因此 B 的左子树只需向左判断两种不平衡 LR、LL 即可。

旋转后 B 自身都有可能出现不平衡，需要继续调整平衡。

　　总结：旋转之后，树根的左子树只需向左判断调整平衡，树根的右子树只需向右判断调整平衡，树根需要在两个方向判断调整平衡。

　　（3）RR 型。该类型与 LL 型对称。

　　（4）RL 型。该类型与 LR 型对称。

```
void maintain(int &p,bool flag){ //flag=false,向左判断; flag=true,向右判断
    if(!p) return;
    if(!flag){
        if(tr[tr[tr[p].lc].lc].size>tr[tr[p].rc].size)//LL
            R_rotate(p);
        else if(tr[tr[tr[p].lc].rc].size>tr[tr[p].rc].size)//LR
            L_rotate(tr[p].lc),
            R_rotate(p);
        else return;
    }
    else{
        if(tr[tr[tr[p].rc].rc].size>tr[tr[p].lc].size)//RR
            L_rotate(p);
        else if(tr[tr[tr[p].rc].lc].size>tr[tr[p].lc].size)//RL
            R_rotate(tr[p].rc),
            L_rotate(p);
        else return;
    }
    maintain(tr[p].lc,false);
    maintain(tr[p].rc,true);
    maintain(p,false);
    maintain(p,true);
}
```

3. 基本操作

　　下面分别介绍 SBT 的 9 种基本操作：插入、删除、查找、最小值/最大值、前驱/后继、排名、第 k 小。

　　（1）插入。从树根开始，若当前节点为空，则创建一个新节点，否则当前节点的大小加 1。若待插入元素 *val* 小于当前节点的值，则插入当前节点的左子树，否则插入当前节点的右子树，然后根据插入子树的不同进行维护。

```
void insert(int &p,int val){
    if(!p){
        p=++cnt;
        tr[p].lc=tr[p].rc=0;
```

```
        tr[p].size=1;
        tr[p].val=val;
    }
    else{
        tr[p].size++;
        if(val<tr[p].val) insert(tr[p].lc,val);
        else insert(tr[p].rc,val);
        maintain(p,val>=tr[p].val);
    }
}
```

（2）删除。删除操作和二叉搜索树的删除方法相同。删除节点之后，虽然不能保证这棵树是 SBT，但是整棵树的最大深度并没有变化，所以时间复杂度不会增加。这时，maintain 操作显得多余，因此删除操作没有调整平衡。

```
void remove(int &p,int val){
    if(!p) return;
    tr[p].size--;
    if(tr[p].val==val){
        if(!tr[p].lc||!tr[p].rc)
            p=tr[p].lc+tr[p].rc;//有一个儿子为空，直接用儿子代替
        else{//令其直接后继代替，然后删除直接后继
            int temp=tr[p].rc;
            while(tr[temp].lc) //找直接后继，右子树的最左节点
                temp=tr[temp].lc;
            tr[p].val=tr[temp].val;
            remove(tr[p].rc,tr[temp].val);
        }
    }else if(val<tr[p].val) remove(tr[p].lc,val);
    else remove(tr[p].rc,val);
}
```

（3）查找。查找操作和二叉搜索树的查找方法一样，从树根开始，若当前节点为空或待查找元素 val 等于当前节点的值，则返回当前节点；若 val 小于当前节点的值，则到当前节点的左子树中查找，否则到当前节点的右子树中查找。

```
int find_v(int p,int val){
    if(!p||tr[p].val==val) return p;
    if(val<tr[p].val) return find_v(tr[p].lc,val);
    else return find_v(tr[p].rc,val);
}
```

（4）最小值。SBT 是一棵二叉搜索树，满足中序有序性，因此从根开始一直向左，找到的最左节点就是最小节点。

```
int get_min(){
    int p=root;
    while(tr[p].lc) p=tr[p].lc;
    return tr[p].val;
}
```

（5）最大值。根据 SBT 的中序有序性，从根开始找到的最右节点就是最大节点。

```
int getmax(){
    int p=root;
    while(tr[p].rc) p=tr[p].rc;
    return tr[p].val;
}
```

（6）前驱。求 val 的前驱，从根开始，用 p 记录当前节点，用 q 记录查找路径上的前一个节点。若 val 大于当前节点的值，则到右子树中搜索，否则到左子树中搜索，当 p 为空时返回的 q 节点的值，即为 val 的前驱。

```
int get_pre(int &p,int q,int val){//求 val 的前驱
    if(!p) return tr[q].val;
    if(tr[p].val<val)
        return get_pre(tr[p].rc,p,val);
    else return get_pre(tr[p].lc,q,val);
}
```

（7）后继。求 val 的后继，从根开始，p 记录当前节点，q 记录查找路径上的前一个节点。若 val 小于当前节点的值，则到左子树中搜索，否则到右子树中搜索，当 p 为空时返回的 q 节点的值，即为 val 的后继。

```
int get_next(int &p,int q,int val){//求 val 的后继
    if(!p) return tr[q].val;
    if(tr[p].val>val)
        return get_next(tr[p].lc,p,val);
    else return get_next(tr[p].rc,q,val);
}
```

（8）排名。求 val 的排名，从根开始，若 val 小于当前节点的值，则返回在左子树中的排名；若 val 大于当前节点的值，则返回在右子树中的排名+左子树的大小+1；若 val 等于当前节点的值，则返回左子树的大小+1。

```
int get_rank(int &p,int val){//求 val 的排名
    if(val<tr[p].val)
        return get_rank(tr[p].lc,val);
    else if(val>tr[p].val)
```

```
    return get_rank(tr[p].rc,val)+tr[tr[p].lc].size+1;
  return tr[tr[p].lc].size+1;
}
```

（9）第 k 小。从根开始，用 s 记录左子树的大小+1，若 s 等于 k，则返回当前节点的值；若 s 小于 k，则到右子树中查找第 $k-s$ 个节点，否则到左子树中查找第 k 个节点。

```
int get_kth(int &p,int k){//求第 k 小的数
  int s=tr[tr[p].lc].size+1;
  if(s==k) return tr[p].val;
  else if(s<k) return get_kth(tr[p].rc,k-s);
  else return get_kth(tr[p].lc,k);
}
```

4. 算法分析

（1）SBT 的高度。设一棵高度为 h 的 SBT 的节点数最少为 $f[h]$，则可以得出以下公式：

$$f[h]=\begin{cases} 1 & ,h=0 \\ 2 & ,h=1 \\ f[h-1]+f[h-2]+1, & h>1 \end{cases}$$

证明：当 $h=0$ 时，只有一个节点，$f[0]=1$；当 $h=1$ 时，至少有两个节点，$f[1]=2$；当 $h>1$ 时，设 T 为高度为 h 的 SBT 的树根，则该树必然包含一个高度为 $h-1$ 的子树。

假设它是左子树，则根据上面的定义，$f[h-1]$是高度为 $h-1$ 的子树的最少节点数，因此 size[L] $\geq f[h-1]$；假设在 T 的左子树上有一棵高度为 $h-2$ 的右子树 B，其大小至少为 $f[h-2]$，即 size[B] $\geq f[h-2]$，则根据 SBT 的定义，size[R]$\geq$size[B]，因此 size[R]$\geq f[h-2]$；T 为根的节点数等于其左右子树的节点数加 1，即 size[T]=size[L]+size[R]+1，因此 size[T]$\geq f[h-1]+f[h-2]+1$。也就是说，这棵高度为 h 的 SBT 至少有 $f[h-1]+f[h-2]+1$ 个节点。$f[h]$表示高度为 h 的 SBT 的最少节点数，可得到 $f[h]=f[h-1]+f[h-2]+1$。

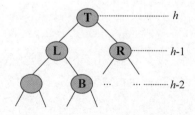

（2）高度与 n 的关系。一棵高度为 h 的 SBT 的节点数最少为 $f[h]$，SBT 的节点数 $n\geq f[h]$。$f[h]$的公式类似斐波那契函数，可求解得到

$$f[h] = \frac{\alpha^{h+3} - \beta^{h+3}}{\sqrt{5}} - 1$$

其中：$\alpha = \dfrac{1+\sqrt{5}}{2}, \beta = \dfrac{1-\sqrt{5}}{2}$，$f[h] = \dfrac{\alpha^{h+3} - \beta^{h+3}}{\sqrt{5}} - 1 \approx \dfrac{\alpha^{h+3}}{\sqrt{5}} - 1 \leqslant n$，$a^{h+3} \leqslant \sqrt{5}(n+1)$

$$h \leqslant \log a\sqrt{5}(n+1) - 3 \qquad h \leqslant 1.44 \log a(n+1.5) - 1.33 \qquad h \approx O(\log n)$$

SBT 的高度是 $O(\log n)$，maintain 操作在均摊情况下是 $O(1)$，所有主要操作都是 $O(\log n)$。

训练 1 双重队列

题目描述（POJ3481）见 5.1 节训练 1。

题解： 本题包括插入、删除优先级最高元素和删除优先级最低元素 3 种操作，可以采用 SBT 解决。

算法实现：

```
struct node{
    int lc,rc;//左右子节点
    int val,num;//值,编号
    int size;//子树大小
}tr[maxn];

void R_rotate(int &x){//右旋
    int y=tr[x].lc;
    tr[x].lc=tr[y].rc;
    tr[y].rc=x;
    tr[y].size=tr[x].size;
    tr[x].size=tr[tr[x].lc].size+tr[tr[x].rc].size+1;
    x=y;
}

void L_rotate(int &x){//左旋
    int y=tr[x].rc;
    tr[x].rc=tr[y].lc;
    tr[y].lc=x;
    tr[y].size=tr[x].size;
    tr[x].size=tr[tr[x].lc].size+tr[tr[x].rc].size+1;
    x=y;
}

void maintain(int &p,bool flag){//维护
```

```
      if(!p) return;
      if(!flag){
         if(tr[tr[tr[p].lc].lc].size>tr[tr[p].rc].size)//LL
            R_rotate(p);
         else if(tr[tr[tr[p].lc].rc].size>tr[tr[p].rc].size)//LR
            L_rotate(tr[p].lc),
            R_rotate(p);
         else return;
      }
      else{
         if(tr[tr[tr[p].rc].rc].size>tr[tr[p].lc].size)//RR
            L_rotate(p);
         else if(tr[tr[tr[p].rc].lc].size>tr[tr[p].lc].size)//RL
            R_rotate(tr[p].rc),
            L_rotate(p);
         else return;
      }
      maintain(tr[p].lc,false);
      maintain(tr[p].rc,true);
      maintain(p,false);
      maintain(p,true);
}

void insert(int &p,int val,int num){//插入
   if(!p){
      p=++cnt;
      tr[p].lc=tr[p].rc=0;
      tr[p].size=1;
      tr[p].val=val,tr[p].num=num;
   }
   else{
      tr[p].size++;
      if(val<tr[p].val) insert(tr[p].lc,val,num);
      else insert(tr[p].rc,val,num);
      maintain(p,val>=tr[p].val);
   }
}

int remove(int &p,int val){//删除
   tr[p].size--;
   if((tr[p].val==val)||(tr[p].val>val&&!tr[p].lc)||(tr[p].val<val&&!tr[p].rc)){
      int tmp=tr[p].val;
      if(!tr[p].lc||!tr[p].rc)//有一个儿子为空，直接用儿子代替
         p=tr[p].lc+tr[p].rc;
```

```
    else//找前驱，左子树的最右节点
        tr[p].val=remove(tr[p].lc,tr[p].val+1);
    return tmp;
    }else if(val<tr[p].val) return remove(tr[p].lc,val);
    else return remove(tr[p].rc,val);
}

int getmin(){//取最小值
    int p=root;
    while(tr[p].lc) p=tr[p].lc;
    printf("%d\n",tr[p].num);
    return tr[p].val;
}

int getmax(){//取最大值
    int p=root;
    while(tr[p].rc) p=tr[p].rc;
    printf("%d\n",tr[p].num);
    return tr[p].val;
}
```

❖ 训练 2　第 k 小的数

题目描述（HDU4217）：有 N 个数字 $1,2,3,\cdots,N$，在第 i 轮游戏中，伊萨找出第 k_i 小的数并把它拿走，求解 M 轮游戏后伊萨拿走的数字总和。

输入：第 1 行输入一个整数 T，表示测试用例的数量。每个测试用例的第 1 行都包含两个整数 N 和 M，N 表示数字的个数，M 表示游戏的轮数。接下来的一行包含 M 个数，第 i 个数 k_i 表示伊萨在第 i 轮取出第 k_i 小的数。其中：$1 \leqslant T \leqslant 128$；$1 \leqslant M \leqslant N \leqslant 262\,144$；$1 \leqslant k_i \leqslant N-i+1$。

输出：对每个测试用例，先输出用例号，再输出总和。

输入样例	输出样例
2	Case 1: 3
3 2	Case 2: 14
1 1	
10 3	
3 9 1	

题解：

1. 算法设计

本题求多轮第 k 小的元素之和，可以采用 SBT 解决。

2. 算法实现

```
int get_kth(int &p,int k){//求第 k 小的数
    int s=tr[tr[p].lc].size+1;
    if(s==k) return tr[p].val;
    else if(s<k) return get_kth(tr[p].rc,k-s);
    else return get_kth(tr[p].lc,k);
}
while(m--){
    scanf("%d",&k);
    ans+=tmp=get_kth(root,k);
    remove(root,tmp);
}
```

✧ 训练 3   第 k 大的数

题目描述（HDU4006）见 1.2 节训练 1。

题解：第 k 大的数实际上就是有 $k-1$ 个数比它大，第 k 大即第 size$-k+1$ 小。本题数据的范围很大，直接暴力求解肯定超时，在此采用 SBT 求解。

算法实现：

```
int get_kth(int &p,int k){//求第 k 小的数,select
    int s=tr[tr[p].lc].size+1;
    if(s==k) return tr[p].val;
    else if(s<k) return get_kth(tr[p].rc,k-s);
    else return get_kth(tr[p].lc,k);
}
printf("%d\n",get_kth(root,tr[root].size-k+1));
```

✧ 训练 4   区间第 k 小

题目描述（POJ2761）：午餐时，狗会从 1 到 n 站成一排，最左边的是 1。每只狗都有一个美丽值，美丽值越低越漂亮。每次喂食时，佳佳都会选择$[i, j]$区间第 k 漂亮的狗喂食。喂食区间可以相互交叉，不存在完全包含的情况。帮助佳佳计算每一次喂食后，哪只狗吃了食物。

输入：第 1 行输入含 n 和 m，分别表示狗的数量和喂食的数量；第 2 行输入 n 个整数，从左到右描述每只狗的美丽值；接下来的 m 行，每行都包含 3 个整数 i、j、k，表示喂养区间$[i, j]$第 k 漂亮的狗，$n<100001$，$m<50001$。

输出：输出包含 m 行，第 i 行输出第 i 次喂食的狗的美丽值。

输入样例	输出样例
7 2	3

```
1 5 2 6 3 7 4                          2
1 5 3
2 7 1
```

题解： 本题要求输出区间第 k 小，可以采用 SBT 解决。

根据测试用例的输入数据，初始时 7 只狗的魅力值如下图所示。

- 1 5 3：喂食[1,5]区间第 3 漂亮的狗，即该区间美丽值排名第 3 的狗，输出美丽值 3。

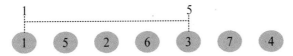

- 2 7 1：喂食[2,7]区间第 1 漂亮的狗，即该区间美丽值排名第 1 的狗，输出美丽值 2。

1．算法设计

（1）充分利用区间叠加的性质，按照查询区间的左端点从小到大排序。

（2）对当前区间查询 $q[i]$，首先删除前一部分[$q[i-1].l$, $q[i].l$]，然后插入后一部分[$q[i-1].r$, $q[i].r$]，保证在 SBT 中永远存储 $q[i]$ 区间的节点。

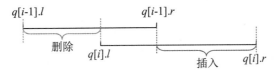

（3）查询 SBT 中第 k 小的数并输出。

2．算法实现

```
struct node{//SBT 节点
    int lc,rc;//左右子节点
    int val;//值
    int size;//子树大小
}tr[maxn];

struct qnode{//查询节点
    int l,r;//左右区间下标
    int k;//第 k 小
```

```
    int id;//查询序号
    bool operator <(const qnode &b) const{
        return l<b.l;
    }
}q[maxm];

int get_kth(int &p,int k){//求第 k 小的数
    int s=tr[tr[p].lc].size+1;
    if(s==k) return tr[p].val;
    else if(s<k) return get_kth(tr[p].rc,k-s);
    else return get_kth(tr[p].lc,k);
}

int main(){
    int n,m;
    cnt=root=0;
    scanf("%d%d",&n,&m);
    for(int i=1;i<=n;i++)
      scanf("%d",&a[i]);
    for(int i=1;i<=m;i++){
        scanf("%d%d%d",&q[i].l,&q[i].r,&q[i].k);
        q[i].id=i;
    }
    sort(q+1,q+m+1);
    q[0].l=q[0].r=0;
    for(int i=1;i<=m;i++){
        for(int j=q[i-1].l;j<=q[i-1].r&&j<q[i].l;j++)
            if(j==0) continue;
            else remove(root,a[j]);
        for(int j=q[i-1].r>=q[i].l?q[i-1].r+1:q[i].l;j<=q[i].r;j++)
            insert(root,a[j]);
        ans[q[i].id]=get_kth(root,q[i].k);
    }
    for(int i=1;i<=m;i++)
        printf("%d\n",ans[i]);
    return 0;
}
```

训练 5　郁闷的出纳员

题目描述（P1486）：有个郁闷的出纳员，他负责统计员工的工资，但老板经常把每位员工的工资都加上或扣除一个相同的量。一旦某位员工发现工资低于工资下限，他就会立刻辞职。每位员工的工资下限都是统一规定的，每次有员工辞职，都要删去其工资档案；每次招聘一位

新员工，都要为其新建一个工资档案。老板经常询问现在工资第 k 多的员工拿多少工资。

输入：第 1 行包含两个非负整数 n 和 min，n 表示命令的数量，min 表示工资下限。接下来输入 n 行，每行都表示一条命令。其中：I k 命令表示新建一个工资档案，初始工资为 k。若某员工的初始工资低于工资下限，则他将立刻辞职；A k 命令表示把每位员工的工资都加上 k；S k 命令表示把每位员工的工资都扣除 k；F k 命令表示查询第 k 多的工资。开始时公司里一个员工也没有。数据范围：I 命令的条数不超过 10^5；A 和 S 命令的总条数不超过 100；F 命令的条数不超过 10^5；工资的每次调整量都不超过 10^3；新员工的工资不超过 10^5。

输出：输出文件的行数为 F 命令的条数加 1。对每条 F 命令都输出一行，仅包含一个整数，为当前工资第 k 多的员工所拿的工资，若 k 大于当前员工的数量，则输出 −1。最后一行输出一个整数，为辞职的员工的总数。

输入样例	输出样例
9 10	10
I 60	20
I 70	-1
S 50	2
F 2	
I 30	
S 15	
A 5	
F 1	
F 2	

题解：本题求解第 k 大的数，转换为求第 size−k+1 小的数即可。在此采用 SBT 解决。

1. 算法设计

（1）可以设置变量 add，记录增加的工资量。增加工资 k 时，直接 add+=k 即可。

（2）插入新的员工工资 k 时，若 k 大于或等于下限，则将 k−add 插入 SBT 中。

（3）扣除工资 k 时，add−=k。然后进行判断：若 SBT 不为空，则读出最小工资+add，若小于下限，则删除该节点，辞职的员工总数 ans++，直到所有员工的工资都不小于下限为止。

（4）查询第 k 大时，若 k 大于 SBT 的大小 size，则输出 −1，否则查询第 size−k+1 小的数，加上 add 后输出。

2. 算法实现

```
int get_kth(int &p,int k){//求第 k 小的数, select
    int s=tr[tr[p].lc].size+1;
    if(s==k) return tr[p].val;
    else if(s<k) return get_kth(tr[p].rc,k-s);
    else return get_kth(tr[p].lc,k);
```

```
}

int main(){
    scanf("%d%d",&n,&Min);
    ans=add=root=0;
    for(int i=0;i<n;i++){
        while((ch=getchar())<'A'||ch>'Z');//scanf("%c",&ch)接收上次输入的回车符
            scanf("%d",&k);
        if(ch=='I'&&k>=Min) insert(root,k-add);
        else if(ch=='A') add+=k;
        else if(ch=='S'){
            add-=k;
            while(tr[root].size&&(j=get_kth(root,1))+add<Min)
                remove(root,j),ans++;
        }
        else if(ch=='F'){
            if(k>tr[root].size) puts("-1");
            else printf("%d\n",get_kth(root,tr[root].size-k+1)+add);
        }
    }
    printf("%d\n",ans);
    return 0;
}
```

第6章 数据结构进阶

6.1 KD 树

📖 原理　KD 树详解

KD 树（K-Dimension tree）是可以存储 K 维数据的树，是二叉搜索树的拓展，主要用于多维空间数据的搜索，例如范围搜索和最近邻搜索。前面讲过的 BST、AVL、Treap 和伸展树等二叉搜索树的节点存储的都是一维信息，一维数据很容易处理，直接比较数据的大小，满足左子树小于根、右子树大于根即可。多维数据需要选择一个维度 D_i，在维度 D_i 上进行大小比较。例如，对于二维平面上的两个点 A(2,4)、B(5,3)，按照第 1 维比较，则 A<B；按照第 2 维比较，则 A>B。

1. 创建 KD 树

KD 树是二叉树，表示对 K 维数据的划分，每个节点都对应 K 维空间划分中的超矩形区域，KD 树可以省去大部分的搜索工作，提高搜索效率。

对 K 维数据划分左右子树时，需要考虑两个问题：①选择哪个维度划分？②选择哪个划分点可以使左右子树的大小大致相等？众所周知，二叉搜索树在极不平衡的情况下退化为线性，效率最差，在平衡的情况下时间复杂度为 $O(\log n)$。

（1）维度划分。维度划分指选择哪一维进行划分，即选择哪一维作为分辨器。KD 树可以根据不同的用途选择不同的分辨器，最常见的是轮转法和最大方差法。

- 轮转法：按照维度轮流作为分辨器，对于二维数据(x, y)，第 1 层按 x 划分，第 2 层按 y 划分，第 3 层按 x 划分，以此重复进行。奇数层按 x 划分，偶数层按 y 划分，按照维度轮流划分，创建一棵 KD 树。如同切豆腐块，竖着切一刀，横着切一刀，以此重复进行。扩展到 K 维数据，若当前层按照第 i 维划分，则下一层按照第$(i+1)\%K$ 维划分，$i=0,1,\cdots,K-1$。

- 最大方差法：若数据在维度 D_i 上方差最大，则选择维度 D_i 作为分辨器。方差公式为

$$s^2 = \frac{1}{n}\sum_{i=0}^{n-1}(x_i - \bar{x})^2$$

其中，$\bar{x}$ 为所有 x_i 的平均数。方差用于反映数据的波动大小（即分散程度），方差越大，分散得越开，越容易划分。例如，二维数据如下图所示，数据在 x 维度方差较小，在 y 维度方差较大，按照 y 维度划分更好一些。

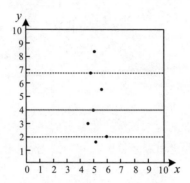

（2）选择划分点。为了保障左右子树大致相等，可以将中位数作为划分点。可以采用 STL 函数 nth_element(begin,begin+k,end,compare)函数，该函数使[begin,end]区间内第 k 小的元素处于第 k 个位置，左边的元素都小于或等于它，右边的元素都大于或等于它，但并不保证其他元素有序。

完美图解：

给定一个二维数据集：A(2,3)、B(5,4)、C(9,6)、D(4,7)、E(8,1)、F(7,2)，构建一棵 KD 树。以轮转法为例，构建过程如下。

（1）第 1 层按照第 1 维 x 划分，6 个点的 x 值分别为 2、4、5、7、8、9，按中位数 5 一分为二，像切豆腐块一样，在 $x=5$ 的位置竖着切一刀。将划分点 B(5,4)作为 KD 树的根，左侧两个点为 A、D，右侧三个点为 C、E、F。

（2）第 2 层再按照第 2 维 y 划分，左侧两个点的 y 值分别为 3、7，A 作为左子树的树根；右侧三个点的 y 值分别为 1、2、6，按中位数 2 一分为二，将 F 作为右子树的树根。

（3）就这样一直进行下去，直到左右两侧没有数据为止。

二维切分图和对应的 KD 树如下图所示。

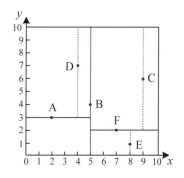 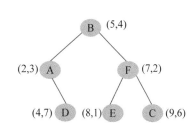

算法代码：

```
struct Node{
    int x[2];
    bool operator <(const Node &b) const{
        return x[idx]<b.x[idx];
    }
}a[N];

struct KD_Tree{
    int sz[N<<2];
    Node kd[N<<2];
    void build(int rt,int l,int r,int dep){
        if(l>r) return;
        int mid=(l+r)>>1;
        idx=dep%k;
        sz[rt]=1;
        sz[rt<<1]=sz[rt<<1|1]=0;
        nth_element(a+l,a+mid,a+r+1);
        kd[rt]=a[mid];
        build(rt<<1,l,mid-1,dep+1);
        build(rt<<1|1,mid+1,r,dep+1);
    }
}KDT;
```

2. m 近邻搜索

在 KD 树中查询给定目标点 p 最近邻的 m 个点，首先从根节点出发，向下递归，若点 p 当前维的坐标小于树根，则在左子树中查询，否则在右子树中查询。在查询过程中用优先队列（最大堆）存储最近邻的 m 个点，当存在某一点 q 比优先队列中的最远点距离 p 更近时，优先队列堆顶出队，q 入队。

在以下两种情况下，需要继续在当前划分点的另一区域查询：

- 在优先队列中存储的最近邻点不足 m 个；
- 以 p 为球心且 p 到最近邻点（m 个最近邻点中的最远点）的距离为半径的超球体与划分点的另一个区域相交。

假设有一棵 KD 树包含 6 个点 A(2,3)、B(5,4)、C(9,6)、D(4,7)、E(8,1)、F(7,2)，需要查询离 p(6,6)最近的两个点。

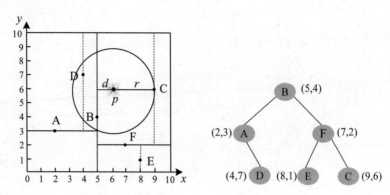

查询过程如下。

（1）当前维度为 x，p 的 x 坐标大于树根 B，在 B 的右子树中查询。

（2）当前维度为 y，p 的 y 坐标大于树根 F，在 F 的右子树中查询。

（3）当前维度为 x，p 的 x 坐标小于树根 C，在 C 的左子树中查询。

（4）C 的左子树为空，优先队列元素个数小于 2，C 入队。

（5）C 的右子树为空，返回到 F，优先队列的元素个数小于 2，F 入队，搜索 F 的左子树。

（6）F 的左子树 E 到 p 的距离比队列中的最远点大，无须入队。

（7）返回到 B，B 到 p 的距离比队列中的最远点小，F 出队，B 入队。

（8）以 p 为球心且 p 到队列中最远点的距离为半径的超球体与划分点 B 的另一区域有交集（$d<r$），B 左侧区域的点有可能离 p 更近，需要继续查询 B 的另一个区域（左子树）。

（9）在 B 的左子树中，D 到 p 的距离比队列中的最远点小，C 出队，D 入队。

（10）距离 p 点最近的两个点为 D、B。

欧几里得距离又叫作欧氏距离，常用作两点之间的距离度量。点 p 和点 q 之间的欧氏距离是连接它们的直线段的长度。在笛卡尔坐标系中，若 $p=(p_1,p_2,\cdots,p_n)$ 和 $q=(q_1,q_2,\cdots,q_n)$ 是 N 维空间中的两点，则 p、q 的欧氏距离为

$$d(p,q) = d(q,p) = \sqrt{(q_1-p_1)^2 + (q_2-p_2)^2 + \cdots + (q_n-p_n)^2} = \sqrt{\sum_{i=1}^{n}(q_i-p_i)^2}$$

这里只是求给定目标点 p 最近邻的 m 个点，因此不需要开方，只求平方和即可比较大小。

具体算法实现见本节训练 3。

算法分析：若数据是随机分布的，则 KD 树搜索的平均时间复杂度为 $O(\log n)$。KD 树适用于数据元素个数远大于空间维数的 m 近邻搜索，若维数接近于 n，则效率接近于线性扫描。

⸭ 训练 1　最近的取款机

题目描述（**HDU2966**）：在每台有故障的自动取款机上都贴着一个标签，提示客户去最近的取款机上取款。已知 n 台自动取款机的二维位置列表，为每台自动取款机都找到一个距离最近的自动取款机。

输入：第 1 行包含测试用例数 T（$T \leqslant 15$），每个测试用例都以取款机的数量 n 开始（$2 \leqslant n \leqslant 10^5$）。接下来的 n 行，每行都包含一台取款机的坐标 x、y（$0 \leqslant x, y \leqslant 10^9$）。在一个测试用例中没有两个点重合。

输出：对每个测试用例，都输出 n 行，第 i 行表示第 i 个取款机与最近取款机的平方距离。

输入样例	输出样例
2	200
10	100
17 41	149
0 34	100
24 19	149
8 28	52
14 12	97
45 5	52
27 31	360
41 11	97
42 45	5
36 27	2
15	2
0 0	2
1 2	5
2 3	1
3 2	1
4 0	2
8 4	4
7 4	5
6 3	5
6 1	2
8 0	2
11 0	2
12 2	5
13 1	
14 2	
15 0	

题解： 本题中的数据为二维数据，采用 KD 树进行二分搜索即可。

1. 算法设计

（1）根据输入数据的二维坐标创建 KD 树。

（2）在 KD 树中查询每个点 p 的最近点，输出平方距离。

2. 算法实现

（1）数据结构定义。注意：nth_element()函数对原始序列有改变，可以预先用 $p[]$ 复制一份原始序列，然后在 KD 树中查询 $p[i]$。也可以增加数据域存储原始 id 的方式存储数据。

```
struct Node{
    int x[2];
    bool operator<(const Node &b)const{
        return x[idx]<b.x[idx];
    }
}a[N],p[N];
```

（2）创建 KD 树。按照轮转法创建 KD 树，每层选择的维度都为层次与 k 取余，即 idx=dep%k。本题坐标为二维，$k=2$，则第 0 层选择第 0 维，第 1 层选择第 1 维，第 2 层选择第 0 维，第 3 层选择第 1 维，以此轮转。每层都按照当前维度进行比较，将中位数作为划分点，继续创建左右子树。idx 为当前层选择的维度，nth_element(a+l,a+mid,a+r+1)用于求解[l, r]区间的中位数 a[mid]。

与线段树类似，创建 KD 树也有两种方式：存储型 KD 树和非存储型 KD 树。

存储型 KD 树的实现如下：

```
sz[]: 标记当前节点是否为空;
kd[]: 存储当前节点的数据;
void build(int rt,int l,int r,int dep){//存储型 KD 树，节点存储数据
    if(l>r) return;
    sz[rt]=1;
    sz[rt<<1]=sz[rt<<1|1]=0;
    int mid=(l+r)>>1;
    idx=dep%k;
    nth_element(a+l,a+mid,a+r+1);
    kd[rt]=a[mid];
    build(rt<<1,l,mid-1,dep+1);
    build(rt<<1|1,mid+1,r,dep+1);
}
```

非存储型 KD 树的实现如下：

```
void build(int l,int r,int dep){//非存储型 KD 树，节点不存储数据
```

```
if(l>r) return;
int mid=(l+r)>>1;
idx=dep%k;
nth_element(a+l,a+mid,a+r+1);
build(l,mid-1,dep+1);
build(mid+1,r,dep+1);
}
```

（3）查询给定点 p 的最近点。创建 KD 树的方法不同，搜索方式也略有不同。本题采用非存储型 KD 树，不要求输出最近点，只需输出到最近点的平方距离，因此不需要创建序对，而是定义一个变量 ans，记录 p 到最近点的平方距离。查询时，从树根开始，首先计算树根 $a[mid]$ 与 p 的距离 dist，若 dist<ans，则更新 ans=dist。若 $p.x[dim]<a[mid].x[dim]$，则首先在左子树中查询，若以 ans 为半径的圆与树根的另一区域相交，即 rd<ans，则需要在右子树中查询，否则首先在右子树中查询。若以 ans 为半径的圆与树根的另一区域相交，即 rd<ans，则需要在左子树中查询。

算法代码：

```
#define sq(x) (x)*(x)
typedef long long LL;
LL dis(Node p,Node q){
    LL ret=0;
    for(int i=0;i<k;i++)
        ret+=sq((LL)p.x[i]-q.x[i]);//坑点！注意类型转换
    return ret?ret:inf;
}

void query(int l,int r,int dep,Node p){//查询 p 到最近点的平方距离
    if(l>r) return;
    int mid=(l+r)>>1,dim=dep%k;
    LL dist=dis(a[mid],p);
    if(dist<ans)
        ans=dist;
    LL rd=sq((LL)p.x[dim]-a[mid].x[dim]);
    if(p.x[dim]<a[mid].x[dim]){
        query(l,mid-1,dep+1,p);
        if(rd<ans)
            query(mid+1,r,dep+1,p);
    }
    else{
        query(mid+1,r,dep+1,p);
        if(rd<ans)
            query(l,mid-1,dep+1,p);
```

```
    }
}
```

✦ 训练 2　找旅馆

题目描述（HDU5992）：有 N 家旅馆，每家旅馆都有位置和价格，有 M 个客人希望找到一家价格可接受的最近旅馆。

输入：每个测试用例的第 1 行都包含两个整数 N（$N \leqslant 200000$）和 M（$M \leqslant 20000$），分别表示旅馆数量和客人数量。接下来的 N 行，每行都包含 3 个整数 x、y 和 c（$1 \leqslant x, y, c \leqslant N$），其中 x、y 是旅馆的坐标，c 是其价格，保证 N 个旅馆都有不同的 x、y 和 c。接下来的 M 行，每行都描述一个客人的查询，其中 x、y 是客人的坐标，c 是客人可接受的最高价格。

输出：对每个客人的查询，都单行输出价格可接受的最近旅馆。若有多个旅馆的价格可以接受且距离最小，则输出第 1 个。

输入样例	输出样例
2	1 1 1
3 3	2 3 2
1 1 1	3 2 3
3 2 3	5 2 1
2 3 2	2 1 2
2 2 1	2 1 2
2 2 2	1 4 4
2 2 3	3 3 5
5 5	
1 4 4	
2 1 2	
4 5 3	
5 2 1	
3 3 5	
3 3 1	
3 3 2	
3 3 3	
3 3 4	
3 3 5	

题解：本题为三维数据，包括二维坐标和价格，可采用 KD 树解决。

1. 算法设计

（1）根据输入数据的二维坐标创建 KD 树。

（2）在 KD 树中查询距离 p 最近且价格不超过 c 的旅馆。

2．算法实现

查询距离给定点 p 最近且价格不超过 c 的点，算法步骤如下。

（1）创建一个序对，第 1 个元素记录当前节点到 p 的距离，第 2 个元素记录当前节点；然后定义一个变量 res，存储离 p 最近且价格不超过 c 的序对。

```
typedef pair<ll,Node> PLN;
PLN res;
```

（2）查询时从树根开始，首先计算树根与 p 的距离，用 cur 记录距离、节点序对。

（3）若 $p.x$[dim]<kd[rt].x[dim]，则首先在左子树 lc 中查询，否则在右子树 rc 中查询。若 $p.x$[dim]≥kd[rt].x[dim]，则交换 lc 和 rc，这样就可以统一为首先在 lc 中查询。

（4）若 lc 不空，则在 lc 中递归查询 query(lc, m, dep+1, p)。

（5）若还没有答案，且当前节点的价格小于 p 的价格，则更新答案为当前节点 res=cur，flag=1，还需要在右子树中查询；若当前节点的价格小于 p 的价格且当前节点到 p 的距离小于 res 到 p 的距离，或者两者相等但 cur 的序号在前，则更新 res=cur；若以 p 为球心且以 p 到 res 的距离为半径的圆与树根的另一区域相交，则 flag=1，还需要在右子树中查询。

（6）若 rc 不空且 flag=1，则在 rc 中递归查询 query(rc, m, dep+1, p)。

算法代码：

```
void query(int rt,Node p,int dep){
    if(!sz[rt]) return;
    PLN cur=PLN(dis(rt,p),kd[rt]);
    int lc=rt<<1,rc=rt<<1|1,dim=dep%2,flag=0;
    if(p.x[dim]>=kd[rt].x[dim])
        swap(lc,rc);
    if(sz[lc])
        query(lc,p,dep+1);
    if(res.first==-1){//第1个
        if(cur.second.x[2]<=p.x[2])
            res=cur;
        flag=1;
    }
    else{
        if(cur.second.x[2]<=p.x[2]&&
(cur.first<res.first||(cur.first==res.first&&cur.second.id<res.second.id)))
            res=cur;
        if((ll)sq(kd[rt].x[dim]-p.x[dim])<res.first)
            flag=1;
    }
    if(sz[rc]&&flag)
```

```
    query(rc,p,dep+1);
}
```

训练3　最近邻 M 点

题目描述（HDU4347）：在 K 维空间中有很多点，给定一个点，找出最近的 M 个点。点 p 和点 q 之间的距离是连接它们的直线段的长度。

输入：有多个测试用例。第 1 行包含两个非负整数 n 和 k，分别表示点数和维数，$1 \leqslant n \leqslant 5 \times 10^4$，$1 \leqslant k \leqslant 5$。下面的 n 行，每行都包含 k 个整数，表示一个点的坐标。接下来的一行包含一个正整数 t，表示查询数，$1 \leqslant t \leqslant 10^4$。再接下来的每个查询都包含两行，在第 1 行中输入的 k 个整数表示给定的点；第 2 行包含一个整数 m，表示应该找到的最近点的数量，$1 \leqslant m \leqslant 10$。所有坐标的绝对值都不超过 10^4。

输出：对每个查询都输出 $m+1$ 行：第 1 行输出 "the closest m points are:"，其中 m 是点的数量；接下来输出的 m 行代表 m 个点，从近到远排列。输入的数据保证答案唯一，从给定点到所有最近 $m+1$ 点的距离都不同。

输入样例	输出样例
3 2	the closest 2 points are:
1 1	1 3
1 3	3 4
3 4	the closest 1 points are:
2	1 3
2 3	
2	
2 3	
1	

1. 算法设计

（1）根据输入的数据创建 KD 树。

（2）在 KD 树中查询距离给定点 p 最近的 m 个点。

2. 算法实现

查询距离 p 最近的 m 个点，算法步骤如下。

（1）创建一个序对，第 1 个元素记录当前节点到 p 的距离，第 2 个元素记录当前节点；然后创建一个优先队列，存储距离 p 最近的序对，优先队列按距离最大值优先。

```
typedef pair<ll,Node> PLN;
priority_queue<PLN> que;
```

（2）查询时从树根开始，首先计算树根与 p 的距离，用 tmp.first 记录。

（3）若 p.x[dim]<kd[rt].x[dim]，则首先在左子树 lc 中查询，否则在右子树 rc 中查询。在程序中，可判断若 p.x[dim]≥kd[rt].x[dim]，则交换 lc 和 rc，这样就可以统一为首先在 lc 中查询。

（4）若 lc 不空，则在 lc 中递归查询 query(lc, m, dep+1, p)。

（5）若队列中的元素个数小于 m，则直接将 tmp 入队，flag=1，还需要在右子树中查询；否则若 tmp 到 p 的距离小于堆顶到 p 的距离，则堆顶出队，tmp 入队。若以 p 为球心且 p 到队列中最远点的距离为半径的超球体与划分点的另一区域有交集（d<r），则 flag=1，还需要在右子树中查询。

（6）若 rc 不空且 flag=1，则在 rc 中递归查询 query(rc, m, dep+1, p)。

算法代码：

```
typedef long long ll;
void query(int rt,int m,int dep,Node p){
    if(!sz[rt]) return;
    PLN tmp=PLN(0,kd[rt]);
    for(int j=0;j<k;j++)
        tmp.first+=sq((ll)tmp.second.x[j]-p.x[j]);
    int lc=rt<<1,rc=rt<<1|1,dim=dep%k,flag=0;
    if(p.x[dim]>=kd[rt].x[dim])
        swap(lc,rc);
    if(sz[lc])
        query(lc,m,dep+1,p);
    if(que.size()<m)
        que.push(tmp),flag=1;
    else{
        if(tmp.first<que.top().first)//大顶堆，存储最邻近的m个点
            que.pop(),que.push(tmp);
        if(sq((ll)p.x[dim]-kd[rt].x[dim])<que.top().first)
            flag=1;
    }
    if(sz[rc]&&flag)
        query(rc,m,dep+1,p);
}
```

训练 4　蚁巢

题目描述（HDU5809）：有 N 个蚁巢，编号为 1～N。第 i 个蚁巢的位置是(x_i, y_i)，没有两个蚁巢在同一位置。所有蚂蚁都遵守一些规律：①当一只蚂蚁在蚁巢 p 时，它总是移动到离 p 最近的另一个蚁巢，若有多个蚁巢与 p 的距离最小，则它会移动到 x 坐标值较小的蚁巢。若仍有

平局，则选择 y 坐标值较小的蚁巢。当蚂蚁从一个蚁巢移动到另一个蚁巢时，它总是沿着连接它们的线段移动；②蚂蚁从不停下来，当蚂蚁到达一个蚁巢时，它会立即移动到下一个蚁巢。所以，蚂蚁可以无限次地造访蚁巢；③所有蚂蚁都以同样的速度移动，所有蚂蚁和蚁巢都可被看作点。给定两个不同的蚁巢，求两只蚂蚁同时从这两个蚁巢移动，会不会在某个时间相遇？

输入：输入以整数 T（$T \leqslant 10$）为开头，表示测试用例的数量。每个测试用例都以整数 N 和 Q（$2 \leqslant N \leqslant 10^5$，$1 \leqslant Q \leqslant 10^5$）为开头，分别表示蚁巢数和查询数。下面的 n 行，每行都包含两个整数 X_i 和 Y_i（$-10^9 \leqslant X_i, Y_i \leqslant 10^9$），表示第 i 个蚁巢的位置。下面的 Q 行，每行都包含两个整数 i 和 j（$1 \leqslant i, j \leqslant N$，$i \neq j$），表示两个给定蚁巢的编号。

输出：对每个测试用例，都输出"Case#X:"，其中 X 是用例编号，从 1 开始。然后对每个查询，若两个蚂蚁会相遇，则在一行中输出"YES"，否则输出"NO"。

输入样例	输出样例
2	Case #1:
2 1	YES
0 0	Case #2:
-1 1	YES
1 2	NO
5 2	
1 1	
3 3	
4 4	
0 -3	
0 -4	
1 3	
2 4	

题解：本题为二维数据，可采用 KD 树解决。因为蚂蚁总是向最近的蚁巢移动，因此可以将蚁巢与最近的蚁巢合并为一个连通分量，采用并查集实现。查询从两个蚁巢出发的两只蚂蚁是否会相遇时，只需查询两个蚁巢是否在同一个连通分量中。

1. 算法设计

（1）根据输入数据的二维坐标创建 KD 树。

（2）在 KD 树中查询每个点 $p[i]$ 的最近点，合并两个点为一个连通分量。

（3）对每个查询 x、y，若 x、y 在同一个连通分量中，则输出"YES"，否则输出"NO"。

2. 算法实现

查询给定点 p 的最近点，直接套用查询距离 p 最近的 m 个点的模板，算法步骤如下。

（1）创建一个序对，第 1 个元素记录当前节点到 p 的距离，第 2 个元素记录当前节点；然后创建一个优先队列，存储离 p 最近的序对，优先队列按距离最大优先。

（2）从树根开始查询，先计算树根与 p 的距离 dis(kd[rt], p)，用 tmp 记录该距离和树根节点。

（3）若 $p.x$[dim]<kd[rt].x[dim]，则先在 lc 中查询，否则在 rc 中查询。在程序中若判断 $p.x$[dim]≥kd[rt].x[dim]，则交换 lc 和 rc，这样就可以统一为首先在 lc 中查询。

（4）若 lc 不空，则在 lc 中递归查询 query(lc, m, dep+1, p)。

（5）若队列中的元素个数小于 m，则直接将 tmp 入队，flag=1，还需要在右子树中查询；否则若判断 tmp 到 p 的距离小于堆顶到 p 的距离，则堆顶出队，tmp 入队。若以 p 为球心且 p 到队列中最远点的距离为半径的超球体与划分点的另一区域有交集（$d≤r$），则 flag=1，还需要在右子树中查询。

（6）若 rc 不空且 flag=1，则在 rc 中递归查询 query(rc, m, dep+1, p)。

本题可能有多个点到 p 的距离相同，因此需要对与另一区域有交集的判断条件加等号。若到 p 最近的两个点距离相同，则比较第 1 维的大小，若第 1 维相同，则比较第 2 维的大小，选择坐标小的点作为最近点。如下图所示，G、C 到 p 的距离相同，比较第一维，G 的 x 坐标比 C 的 x 坐标小，选择 G。

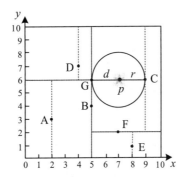

算法代码：

```
typedef long long ll;
ll dis(Node p,Node q){
    ll ret=0;
    for(int i=0;i<k;i++)
        ret+=sq((ll)p.x[i]-q.x[i]);//坑点! 注意类型转换
    return ret?ret:inf;
}
void query(int rt,int m,int dep,Node p){
    if(!sz[rt]) return;
    PLN tmp=PLN(dis(kd[rt],p),kd[rt]);
    int lc=rt<<1,rc=rt<<1|1,dim=dep%k,flag=0;
    if(p.x[dim]>=kd[rt].x[dim])
        swap(lc,rc);
```

```
if(sz[lc])
    query(lc,m,dep+1,p);
if(que.size()<m)
    que.push(tmp),flag=1;
else{
    if(tmp<que.top())
        que.pop(),que.push(tmp);
    if(sq(p.x[dim]-kd[rt].x[dim])<=que.top().first)//注意：有等于号，多个点有相同的距离
        flag=1;
}
if(sz[rc]&&flag)
    query(rc,m,dep+1,p);
}
```

6.2 左偏树

📖 原理 左偏树详解

左偏树（leftist tree 或 leftist heap）也叫作左偏堆、左倾堆、左式堆，是计算机科学中的一种树，也是一种优先队列实现方式，属于可并堆，在信息学中十分常见，在统计、最值、模拟、贪心等类型的题目中应用广泛。

左偏树并不是平衡树，它不是为了快速访问节点而设计的，可以快速访问最大（或最小）节点，并在树中修改后快速合并。左偏树合并操作的时间复杂度在最坏情况下为 $O(\log n)$，完全二叉堆合并操作的时间复杂度在最坏情况下为 $O(n)$，所以左偏树更适用于合并操作的情形。

堆、优先队列、可合并堆和左偏树的区别如下。

- 堆可以被看作一棵完全二叉树的顺序存储结构，在这棵完全二叉树中，若每个节点的值都大于或等于左右子节点的值，则称之为最大堆；若每个节点的值都小于或等于左右子节点的值，则称之为最小堆。
- 优先队列是利用堆来实现的，取得最大值（或最小值）需要 $O(1)$ 时间，删除最大值（或最小值）需要 $O(\log n)$ 时间，插入元素也需要 $O(\log n)$ 时间。
- 可合并堆是支持合并操作的堆，除了支持优先队列的三种基本操作，还支持合并操作。
- 左偏树是一棵有堆序性和左偏性的二叉树，是一种可并堆的实现。

1. 左偏树的性质

下面讲解左偏树的 4 个性质，其中，堆序性和左偏性是左偏树的基本性质。

1）堆序性

节点的值大于或等于（或小于或等于）其左右子节点的值。对最大堆，父节点大、子节点

小，即 key(i)≤key(parent(i))（注意：左偏树只有键值大小满足堆序性质，不再满足完全二叉树的结构性质）。每个节点的值都大于或等于其左右子节点的值，如下图所示。

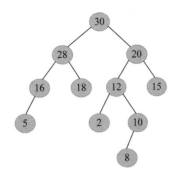

2）左偏性

左偏性指"向左偏"。节点的左子节点的距离大于或等于右子节点的距离。左偏树的节点除了和二叉树的节点一样有左右子树，还有两个属性：外节点和距离。

- 外节点：节点 i 的左子树或右子树为空时，节点 i 被称为外节点。
- 距离：节点 i 的距离指节点 i 到它的后代中最近的外节点所经过的边数。特别地，若节点 i 自身是外节点，则它的距离为 0；空节点的距离为 -1。左偏树的距离指树根到最近的外节点所经过的边数。

一棵左偏树如下图所示，树根到最近外节点的距离为 2，因此该左偏树的距离为 2。

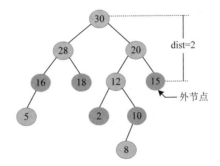

左偏树有左偏性，每个节点的左子节点的距离都大于或等于右子节点的距离，dist(lc(i))≥dist(rc(i))。

注意：左偏性是以距离衡量的，并不意味着左子树的树高大于或等于右子树的树高。

3）节点的距离等于它的右子节点的距离加 1

因为左偏性保证每个节点的左子节点的距离都大于或等于右子节点的距离，而节点的距离等于最近外节点的距离，因此节点的距离等于右子节点的距离加 1：dist(i)=dist(rc(i))+1。

4）n 个节点的左偏树距离最多为 log(n+1)–1

假设 n 个节点的左偏树的距离为 d，因为节点的距离等于它的右子节点的距离加 1，所以 d 实际上是从树根开始的最右侧通路长度。从树根到最近外节点的路径长度为 d，从树根开始，高度为 d 的部分是一棵满二叉树，如下图中的阴影部分所示。该满二叉树的节点总数为 $2^{d+1}-1$。根据左偏性，该左偏树的左下侧还可能有其他节点，因此 n 个节点的左偏树至少包含 $2^{d+1}-1$ 个节点。$n \geq 2^{d+1}-1$，整理公式可得 $n+1 \geq 2^{d+1}$。两边取以 2 为底的对数得到 $\log(n+1) \geq d+1$，即 $d \leq \log(n+1)-1$。

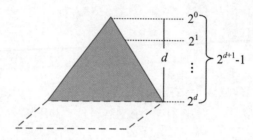

如下图所示，一棵左偏树有 11 个节点，三角形阴影部分是以 30 为根、高度为 2 的满二叉树。左偏树的左下侧还有一些节点，满足节点数 $n \geq 2^{d+1}-1$，左偏树的距离最多为 $\log(n+1)-1=\log12-1=2$。

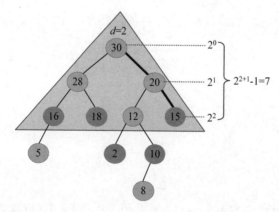

2. 左偏树的基本操作

左偏树的基本操作包括合并根节点、删除根节点、插入节点和创建左偏树等。

1）合并

左偏树的合并操作是其他操作的基础，该操作需要满足左偏树的两个基本性质。如下图所示，假设两个左偏树的树根分别为 a、b，则合并这两棵左偏树的步骤如下。

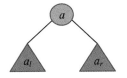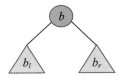

（1）比较 a、b 的关键字，若 key(a)≤key(b)，则交换两棵左偏树，保证最大堆的堆序性。

（2）合并 a 的右子树与以 b 为根的左偏树，将合并后的左偏树作为 a 的右子树。

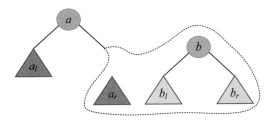

（3）比较 a 的左右子树距离，若左子树的距离小于右子树，则交换。然后更新 a 的距离为右子树的距离加 1。

完美图解：两棵左偏树如下图所示，合并两棵左偏树的过程如下。

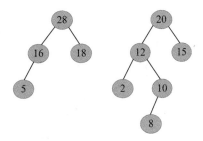

（1）比较树根的关键字，28>20，无须交换。

（2）合并 28 的右子树与以 20 为根的左偏树。

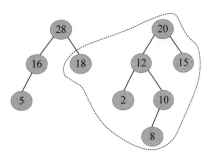

（3）比较树根的关键字 18 和 20，18<20，交换两棵左偏树。

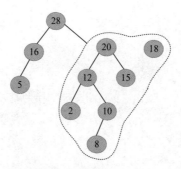

（4）合并 20 的右子树与以 18 为根的左偏树。

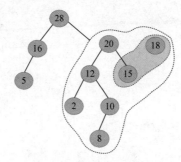

（5）比较树根的关键字 15 和 18，15<18，交换两棵左偏树。

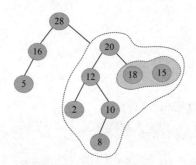

（6）合并 18 的右子树与以 15 为根的左偏树。18 的右子树为空，15 作为 18 的右子树。

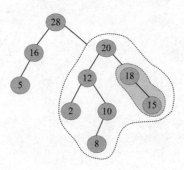

（7）比较 18 的左右子树距离，左子树的距离小于右子树的距离，左右子树交换。然后更新 18 的距离为其右子树的距离加 1，其右子树为空，距离为–1，因此 18 的距离为 0。

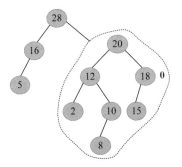

（8）比较 20 的左右子树距离，左子树的距离大于右子树，无须交换。然后更新 20 的距离为其右子树的距离加 1，20 的距离为 1。

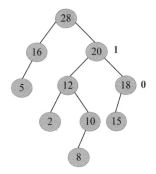

（9）比较 28 的左右子树距离，左子树的距离小于右子树，左右子树交换。然后更新 28 的距离为右子树的距离加 1，28 的距离为 1。

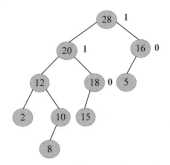

算法分析：每一次递归合并时，总是分解出一棵树的右子树与另一棵树合并。一棵树的距离决定于其右子树的距离，而右子树的距离在每次分解中递减。比较根的大小，有时需要交换，因此并不是只分解一棵树，有可能是两棵树轮流分解。两棵树分解的次数不会超过它们各自的距离。若两棵左偏树的节点个数分别为 n_1、n_2，则它们的距离不超过 $\log(n_1+1)-1$、$\log(n_2+1)-1$。合并操作在最坏情况下的时间复杂度为 $\log(n_1+1)+\log(n_2+1)-2$，即 $O(\log n_1+\log n_2)$。

```
int merge(int x,int y){
    if(!x) return y;
    if(!y) return x;
    if(v[x]<v[y]) swap(x,y);
    r[x]=merge(r[x],y);
    fa[r[x]]=x;
    if(d[l[x]]<d[r[x]]) swap(l[x],r[x]);
    d[x]=d[r[x]]+1;
    return x;
}
```

2）删除根节点

删除根节点时只需将左右子树的父节点修改为自己，然后合并左右子树即可。删除根节点（最大或最小节点）是基于合并操作的，其时间复杂度为 $O(\log n)$。

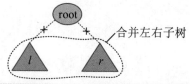

合并左右子树

```
void pop(){
    fa[l[root]]=l[root];fa[r[root]]=r[root];
    root=merge(l[root],r[root]);
}
```

3）插入节点

插入一个新节点，首先创建一棵只包含一个新节点的左偏树，然后和原树合并。插入是基于合并操作的，其时间复杂度为 $O(\log n)$。

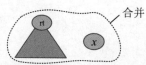

合并

```
int insert(int rt, int x) {
    v[++cnt]=x;
    l[cnt]=r[cnt]=d[cnt]=0;
    fa[cnt]=cnt;
    return merge(rt,cnt);
}
```

4）创建左偏树

创建一棵左偏树时有两种方法：①将每个节点都依次插入，每次插入的时间复杂度都为 $O(\log n)$，总的时间复杂度为 $O(n\log n)$；②两两合并，将 n 个节点放入先进先出队列，依次从队头取出两棵左偏树，合并后加入队尾，直到只剩下一棵左偏树，其时间复杂度为 $O(n)$。

输入序列 1,2,3,4,5,6,7,8，构建一棵左偏树，其过程如下图所示。

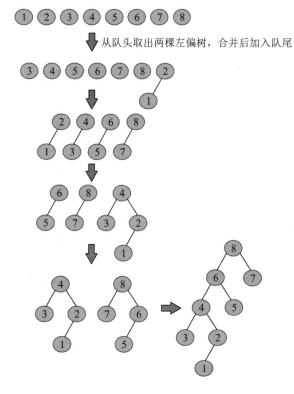

算法分析：

假设 $n=2^k$，则：

（1）前 $n/2$ 次合并，两棵左偏树均有 1 个节点；

（2）接下来 $n/4$ 次合并，两棵左偏树均有 2 个节点；

（3）接下来 $n/8$ 次合并，两棵左偏树均有 4 个节点；

（4）······

（5）接下来 $n/2^i$ 次合并，两棵左偏树均有 2^{i-1} 个节点；

（6）合并两棵均有 2^{i-1} 个节点的左偏树，时间复杂度为 $O(i)$。

总的时间复杂度：

$$\frac{n}{2} \times O(1) + \frac{n}{4} \times O(2) + \frac{n}{8} \times O(3) + \cdots + \frac{n}{2^k} \times O(k)$$

$$= O(n \times \sum_{i=1}^{k} \frac{i}{2^i})$$

$$\approx O(n)$$

计算过程如下，令

$$A = \sum_{i=1}^{k} \frac{i}{2^i} = \frac{1}{2} + \frac{2}{4} + \frac{3}{8} + \cdots + \frac{k-1}{2^{k-1}} + \frac{k}{2^k}$$

$$2 \times A = 1 + \frac{2}{2} + \frac{3}{4} + \frac{4}{8} + \cdots + \frac{k-1}{2^{k-2}} + \frac{k}{2^{k-1}}$$

两式相减，得到

$$A = 1 + \frac{1}{2} + \frac{1}{4} + \frac{1}{8} + \cdots + \frac{1}{2^{k-1}} - \frac{k}{2^k}$$

$$= 2 \times (1 - \frac{1}{2^k}) - \frac{k}{2^k}$$

$$= 2 - \frac{k+2}{2^k} = 2 - \frac{\log n + 2}{n} \approx 2$$

用第 2 种方法创建左偏树的时间复杂度为 $O(n)$。

总结：左偏树作为可合并堆的实现，可以快速查找、删除最大（或最小）节点，快速合并两棵左偏树，编程复杂度低，效率高。但是，左偏树不是二叉搜索树，不满足中序有序性，无法二分搜索，因此不可以快速查找或删除特定值的节点。

❖ 训练 1 猴王

题目描述（HDU1512）：在森林里住着 N 只好斗的猴子。开始时，猴子们彼此不认识，难免吵架，吵架只发生在互不认识的两只猴子之间。吵架发生时，两只猴子都会邀请它们中最强壮的朋友来决斗。决斗过后，两只猴子和它们的所有朋友都认识对方，吵架不再发生。假设每只猴子都有一个强壮值，决斗后，强壮值会减少到原来的一半（即 10 将减少到 5，5 将减少到 2）；且每只猴子都认识自己，如果它是所有朋友中最强壮的，那么它自己也会去决斗。确定决斗后它们所有朋友的最大强壮值。

输入：输入包含几个测试用例，每个测试用例都由两部分组成。第 1 部分的第 1 行包含一个整数 N（$N \leqslant 10^5$），表示猴子的数量；接下来的 N 行，每行都有一个数字，表示第 i 个猴子的强壮值 V_i（$V_i \leqslant 32768$）。第 2 部分的第 1 行包含一个整数 M（$M \leqslant 10^5$），表示发生了 M 次冲突；接下来的 M 行，每行都包含两个整数 x、y，表示第 x 个猴子和第 y 个猴子之间存在冲突。

输出：对每一次冲突，若两只猴子互相认识，则都输出–1，否则输出决斗后它们所有朋友的最大强壮值。

输入样例	输出样例
5	8
20	5
16	5
10	-1
10	10
4	
5	
2 3	
3 4	
3 5	
4 5	
1 5	

题解：根据输入样例 1，初始状态如下图所示。

对输入样例的 5 种操作如下。

（1）2 3：猴子 2-3 决斗，强壮值减少一半，合并为一个群体，输出群体的最大强壮值 8。

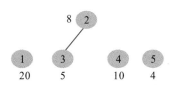

（2）3 4：猴子 3-4 冲突，3 所在群体的最强壮猴子 2 和 4 决斗，强壮值减少一半，合并为一个群体，输出群体的最大强壮值 5。

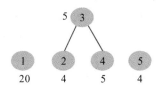

（3）3 5：猴子 3-5 冲突，3 所在群体的最强壮猴子 3 和 5 决斗，强壮值减少一半，合并为一个群体，输出群体的最大强壮值 5。

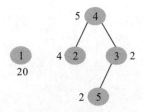

（4）4 5：猴子4-5冲突，4和5猴子在一个群体，输出–1。

（5）1 5：猴子1-5冲突，5所在群体的最强壮猴子4和1决斗，强壮值减少一半，合并为一个群体，输出群体的最大强壮值10。

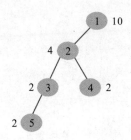

本题是典型的堆合并问题，可使用左偏树（可合并堆）解决。

1. 算法设计

（1）利用并查集记录群体的集合号。

（2）若猴子x、y冲突，且两者的集合号相同（fx=fy），则输出–1，否则：

- 删除x所在堆的堆顶fx，然后将fx的权值减少一半，合并到原来的堆中；
- 删除y所在堆的堆顶fy，然后将fy的权值减少一半，合并到原来的堆中；
- 将上面两个堆合并，输出堆顶的值。

2. 算法实现

```
int merge(int x,int y){//合并堆
    if(!x) return y;
    if(!y) return x;
    if(v[x]<v[y]) swap(x,y);
    r[x]=merge(r[x],y);
    fa[r[x]]=x;//集合号
    if(d[l[x]]<d[r[x]]) swap(l[x],r[x]);
    d[x]=d[r[x]]+1;//距离
    return x;
}

int pop(int x){//删除堆顶
```

```
    fa[l[x]]=l[x];fa[r[x]]=r[x];
    return merge(l[x],r[x]);
}

int find(int x){//并查集找祖宗
    return fa[x]==x?x:fa[x]=find(fa[x]);
}

int main(){
    int n,m,x,y;
    d[0]=-1;
    while(~scanf("%d",&n)){
        for(int i=1;i<=n;i++){
            scanf("%d",&v[i]);
            l[i]=r[i]=d[i]=0;
            fa[i]=i;
        }
        scanf("%d",&m);
        while(m--){
            scanf("%d%d",&x,&y);
            int fx=find(x),fy=find(y);
            if(fx==fy){printf("-1\n");continue;}
            int rt=pop(fx);//删除最大值
            v[fx]/=2;l[fx]=r[fx]=d[fx]=0;
            fx=merge(rt,fx);
            rt=pop(fy);
            v[fy]/=2;l[fy]=r[fy]=d[fy]=0;
            fy=merge(rt,fy);
            rt=merge(fx,fy);
            printf("%d\n",v[rt]);
        }
    }
    return 0;
}
```

❖ 训练 2　小根堆

题目描述（**P3377**）：左偏树一开始有 N 个小根堆，每个堆都包含且仅包含一个数，它支持两种操作：①1 x y，将第 x 个数和第 y 个数所在的小根堆合并（若第 x 个数或第 y 个数已经被删除或两个数在同一个堆内，则无视此操作）；②2 x，输出第 x 个数所在堆的最小值，并将其删除（若第 x 个数已被删除，则输出–1 且无视删除操作）。

输入：第 1 行包含两个正整数 N、M（$N \leqslant 10^5$，$M \leqslant 10^5$），分别表示开始时小根堆的个数和

接下来的操作个数；第 2 行输入 N 个正整数，其中第 i 个正整数表示第 i 个小根堆初始时包含的数；接下来的 M 行，每行都包含 2 或 3 个正整数，表示一个操作。

输出：对每个操作，都单行输出结果。

输入样例	输出样例
5 5	1
1 5 4 2 3	2
1 1 5	
1 2 5	
2 2	
1 4 2	
2 2	

提示：当堆里有多个最小值时，优先删除原序列中靠前的，否则影响后续操作，导致错误。

题解：本题是典型的左偏树模板题，包括合并、删除最小值两个基本操作。因为要判断两个数是否在同一个堆中，所以可以采用并查集判断，当然，也可以不用并查集，在左偏树中一直向上找父节点，树根的父节点为 0，两个数所在左偏树的树根相同，说明在同一棵树中。

注意：若使用并查集，则删除最小值时仍需将最小值的父节点指向新树的树根，这是因为并查集的树形和左偏树不同，被删除的最小值在并查集中可能有子节点，这些子节点还没更新集合号，在下次查找时会更新。

1. 算法设计

（1）初始化。初始化每个节点的左右子节点、距离和删除标记为 0，集合号为其自身。

（2）合并。将第 x 个数和第 y 个数所在的小根堆合并。若两个数有一个带删除标记，则继续；否则查询两个数所在的堆（集合），若相同，则继续，否则合并两个堆。

（3）删除最小值。若第 x 个数带有删除标记，则输出–1；否则查询 x 所在的集合 fx，输出 $v[fx]$，对 fx 加删除标记；删除 fx，删除之后更新被删除节点的集合号为新树根。

2. 算法实现

```
int merge(int x,int y){//合并
    if(!x) return y;
    if(!y) return x;
    if(v[x]>v[y]||(v[x]==v[y]&&x>y)) swap(x,y);//小根堆
    r[x]=merge(r[x],y);
    fa[r[x]]=x;
    if(d[l[x]]<d[r[x]]) swap(l[x],r[x]);
    d[x]=d[r[x]]+1;
    return x;
}
```

```
int pop(int x){//删除最小值
    fa[l[x]]=l[x];fa[r[x]]=r[x];
    return merge(l[x],r[x]);
}

int find(int x){//并查集查找
    return fa[x]==x?x:fa[x]=find(fa[x]);
}

int main(){
    int n,m,opt,x,y;
    d[0]=-1;
    scanf("%d%d",&n,&m);
    for(int i=1;i<=n;i++){
        scanf("%d",&v[i]);
        l[i]=r[i]=d[i]=del[i]=0;
        fa[i]=i;
    }
    while(m--){
        scanf("%d",&opt);
        if(opt==1){
            scanf("%d%d",&x,&y);
            if(del[x]||del[y]) continue;//有删除标记
            int fx=find(x),fy=find(y);
            if(fx==fy) continue;
            merge(fx,fy);
        }else{
            scanf("%d",&x);
            if(del[x]){
                printf("-1\n");
            }else{
                int fx=find(x);
                printf("%d\n",v[fx]);
                del[fx]=1;//标记删除
                fa[fx]=pop(fx);//坑点，将被删除节点的集合号修改为新根，并查集中的被删节点可能有子节点
            }
        }
    }
    return 0;
}
```

❖ 训练3 路面修整

题目描述（POJ3666）：一条笔直的道路连接着约翰农场的两块田地，但它变化的海拔高度超出了约翰的想象。约翰希望添加或清除道路上的泥土，使其成为一个单调的斜坡（向上或向下倾斜）。给定 N 个整数 $A_1,\cdots,A_N$（$0 \leq A_i \leq 10^8$，$1 \leq N \leq 2000$），用于描述道路上 N 个等距位置的海拔高度。将这些海拔高度调整为新的非递增或非递减序列 $B_1,\cdots,B_N$。由于在道路沿线的任何位置添加或清除泥土的费用都相同，因此修改道路的总费用为 $|A_1-B_1|+|A_2-B_2|+\cdots+|A_N-B_N|$，请计算道路修整的最小成本，答案为不大于 32 位的整数。

输入：第 1 行输入单个整数 N；接下来的 N 行，每行都包含一个整数 A_i，表示海拔高度。

输出：输出对道路进行坡度调整的最小成本，使其在海拔高度上非递增或非递减。

输入样例	输出样例
7	3
1	
3	
2	
4	
5	
3	
9	

题解：本题给定序列 $A_1,\cdots,A_N$，需要找到一个非递增或非递减序列 $B_1,\cdots,B_N$，使 A 变为 B 的成本最低。若要求序列 $B_1,\cdots,B_N$ 非递减，则可分为以下 3 种情况。

（1）若 $A_1 \leq A_2 \leq \cdots \leq A_N$，则取 $B[i]$ 等于 $A[i]$，此时最小成本为 0。例如，A={3,5,8,12,25}，B={3,5,8,12,25}，则 A 变为 B 的最小成本为

$$| 3-3 |+| 5-5 |+| 8-8 |+| 12-12 |+| 25-25 |=0$$

（2）若 $A_1 \geq A_2 \geq \cdots \geq A_N$，则取 $B[i]$ 为 x，x 为序列 A 的中位数。例如，A={25,12,8,5,3}，最优解取 A 的中位数 8，B={8,8,8,8,8}，则 A 变为 B 的最小成本为

$$| 25-8 |+| 12-8 |+| 8-8 |+| 5-8 |+| 3-8 |=29$$

（3）若序列 A 不是单调的，有增有减，处于无序状态，则此时可以分段处理，划分成阶梯状。分段方法：假设 $A_1,\cdots,A_{i-1}$ 已经分段完毕，则将 A_i 作为一个分段，中位数就是 A_i 自身。若当前分段的中位数不小于前一个分段的中位数，则将当前分段作为一个新的分段继续处理。若当前分段的中位数小于前一个分段的中位数，则将当前分段与前一个分段合并，更新该分段的中位数，继续向前比较，直到当前分段的中位数不小于前一个分段的中位数为止。这样可以保证每一分段的中位数都是非递减的。序列 B 取每一分段的中位数即可。

对以上所述的第 3 种情况（序列 A 不是单调的，有增有减，处于无序状态），这里详细图解说明。例如，若 A={1,3,2,4,5,3,9}，则可以分段处理，过程如下。

（1）将第 1 个数作为一个分段，中位数是 1。

（2）将第 2 个数作为一个分段，中位数是 3，与前一分段的中位数比较，3>1，作为新的分段。

（3）将第 3 个数作为一个分段，中位数是 2，与前一分段的中位数比较，2<3，与前一分段合并，更新该分段的中位数为 2；继续向前比较，当前分段的中位数不小于前一分段的中位数。

（4）将第 4 个数作为一个分段，中位数是 4。与前一分段的中位数比较，4>2，作为新的分段。

（5）将第 5 个数作为一个分段，中位数是 5。与前一分段的中位数比较，5>4，作为新的分段。

（6）将第 6 个数作为一个分段，中位数是 3。与前一分段的中位数比较，3<5，与前一分段合并，更新该分段的中位数为 3；继续与前一分段的中位数比较，3<4，与前一分段合并，更新该分段的中位数为 4；4 大于前一分段的中位数，比较停止。

（7）将第 7 个数作为一个分段，中位数是 9。与前一分段的中位数比较，9>4，作为新的分段。

（8）处理完毕，A={{1},{3,2},{4,5,3},{9}}，第 1 分段的中位数为 1，第 2 分段的中位数为 2，第 3 分段的中位数为 4，第 4 分段的中位数为 9，每个分段的 B 值都取该分段的中位数，B={1,2,2,4,4,4,9}，最小成本为| 1–1 |+| 3–2 |+| 2–2 |+| 4–4 |+| 5–4 |+| 3–4 |+| 9–9 |=3。

那么对一个无序序列，应该怎么存储该序列的中位数呢？因为有合并运算，所以可以采用左偏树维护每一分段区间的中位数。

1. 算法设计

（1）初始时将每个数都看作一棵左偏树。因为只有一个元素，所以中位数当然是它自己。

（2）每个分段都用左偏树维护该分段的一半数据$(len+1)/2$，树根为该分段的中位数。

（3）从左往右扫描，若当前分段的中位数比前一分段的中位数小，则把这两棵左偏树合并。若当前分段的区间长度为 lenb，前一分段的区间长度为 lena，则维护它们的左偏树分别有$(lena+1)/2$、$(lenb+1)/2$ 个节点。若$(lena+1)/2+(lenb+1)/2$ 大于$(lena+lenb+1)/2$，则删除树根。合并之后，左偏树有$(lena+lenb+1)/2$ 个节点。

为什么要删除树根？ 因为只有当前分段的中位数比前一分段的中位数小时才会把这两棵左偏树合并，所以合并之后该分段的中位数不会变大。因为左偏树只存储分段的一半元素，因此超过一半时删除树根（最大值）。合并后左偏树的树根为当前分段的中位数。

（4）每棵左偏树的树根就是当前分段的中位数，每个分段的 B[]都取该分段的中位数，与 A[]求差的绝对值之和，得到最小成本。

算法分析：左偏树合并和删除树根的时间复杂度均为 $O(\log n)$，合并操作少于 n 次，删除操作不超过 $n/2$ 次，因此总时间复杂度为 $O(n\log n)$。

2. 算法实现

```
struct LeftTree{
    int l,r,sz;
    int key,dis;
}tr[N];
int cnt_tr;

int NewTree(int k){
    tr[++cnt_tr].key=k;
    tr[cnt_tr].l=tr[cnt_tr].r=tr[cnt_tr].dis=0;
    tr[cnt_tr].sz=1;
    return cnt_tr;
}

int Merge(int x,int y){
    if(!x||!y) return x+y;
    if(tr[x].key<tr[y].key) swap(x,y);
    tr[x].r=Merge(tr[x].r,y);
    if(tr[tr[x].l].dis<tr[tr[x].r].dis) swap(tr[x].l,tr[x].r);
    tr[x].dis=tr[tr[x].r].dis+1;
    tr[x].sz=tr[tr[x].l].sz+tr[tr[x].r].sz+1;
```

```
      return x;
}

int Top(int x){return tr[x].key;}
void Pop(int &x){x=Merge(tr[x].l,tr[x].r);}

int solve(int a[]){
    int cnt=0;//分段数
    int ans=0;//最小代价
    cnt_tr=0;//节点编号
    for(int i=0;i<n;i++){
        root[++cnt]=NewTree(a[i]);//创建单节点左偏树
        num[cnt]=1;//第 cnt 分段的元素个数
        while(cnt>1&&Top(root[cnt])<Top(root[cnt-1])){
            cnt--;
            root[cnt]=Merge(root[cnt],root[cnt+1]);
            num[cnt]+=num[cnt+1];
            if(tr[root[cnt]].sz*2>num[cnt]+1) Pop(root[cnt]);
        }
    }
    int k=0;
    for(int i=1;i<=cnt;i++)
        for(int j=0,x=Top(root[i]);j<num[i];j++)
            ans+=abs(a[k++]-x);
    return ans;
}
```

注意：本题测试数据较少，只求非递减也可以通过。

总结：

- 若要求序列 $B_1,\cdots,B_N$ 非递减，则（按照上述方法）将 $A_1,\cdots,A_N$ 从前向后求解；
- 若要求序列 $B_1,\cdots,B_N$ 非递增，则将 $A_1,\cdots,A_N$ 从后向前求解，可以用辅助数组将 $A_1,\cdots,A_N$ 倒序复制一份，或者直接加负号，再调用上述程序；
- 若要求序列 $B_1,\cdots,B_N$ 非递增或非递减，则对两种求解答案取最小值；
- 若要求序列 $B_1,\cdots,B_N$ 严格递增或严格递减，则将 A_i-i 预处理之后求解即可，因为 A_i-i 预处理之后取得的中位数也减去了 i 值，所以这些中位数组成的 B 序列若非递减（允许有相等的递增）或非递增，则加 i 值还原后会变成严格递增或严格递减。

✧ 训练 4　K-单调

题目描述（POJ3016）：若一个整数序列的每一项都严格大于它前面的项，则称之为严格单调递增序列。类似地，若一个序列的每一项都严格小于它前面的项，则称之为严格单调递减序列。严格单调序列是严格单调递增或递减的序列。若一个整数序列可以分解为严格单调的 k 个不相交的连续子序列，则称之为 k-单调序列。一个严格单调递增序列是 1-单调序列，事实上它也是 k-单调序列。序列{1,2,3,2,1}是 2-单调的，因为它可以被分解为{1,2,3}和{2,1}。若序列不是 k-单调序列，则可以通过一次或多次进行以下操作将其转换为 k-单调序列：选择序列中的任意项，将其增加或减少 1。给定一个数字序列 $A_1, A_2, \cdots, A_n$ 和一个整数 k，计算将给定序列转换为 k-单调序列所需的最小成本。

输入：输入包含多个测试用例，每个测试用例都包含两行。第 1 行给出整数 n（$1 \leq n \leq 1000$）和 k（$1 \leq k \leq \min\{n, 10\}$）；第 2 行给出整数 $A_1, A_2, \cdots, A_n$（$-10^5 \leq A_i \leq 10^5$）。最后两个 0 表示结束。

输出：对每个测试用例，都单行输出答案。

输入样例	输出样例
4 1	4
1 1 1 1	2
4 2	0
1 1 1 1	9
4 4	
1 1 1 1	
6 1	
1 2 3 3 2 1	
0 0	

题解：本题可分成 k 段区间，每段都单调递增或单调递减，可考虑用左偏树+动态规划解决。

1. 算法设计

状态表示：dp[i][j]表示将前 i 项转换为 j 段单调序列的最小成本；cost[p][i]表示将第 p 项到第 i 项转换为单调序列的最小成本。

如果前 p 项变换成 $j-1$ 段单调序列的最小费用为 dp[p][$j-1$]，则只需加上将第 $p+1$ 项到第 i 项转换为单调序列的最小费用 cost[$p+1$][i]，即可得到将前 i 项转换为 j 段单调序列的最小费用。

状态转移方程：dp[i][j]=min{dp[p][$j-1$]+cost[$p+1$][i]}。

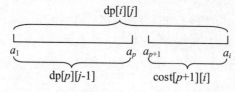

将一个序列 $A_1, \cdots, A_N$ 变为单调序列的最小成本可使用左偏树快速求解，问题的关键在于求解 cost[][]。根据训练 3 末尾的结论，若将序列转换为严格递增或严格递减序列，则将 $A_i - i$ 预处理后转换为非递减或非递增序列求解即可。本题分成 k 段区间，每段都严格递增或严格递减，

因此需要将原序列 A_i-i 预处理以求出严格递增的最小成本，再将原序列复制一份并做预处理，$B_i=-A_i-i$，求出严格递减的最小成本，两者求最小值。

算法分析：左偏树合并和删除树根的时间复杂度均为 $O(\log n)$，合并操作少于 n 次，删除操作不超过 $n/2$ 次，因此每一行求解最小成本的时间复杂度都为 $O(n\log n)$。cost[][]数组共有 n 行，求解 cost[][]的时间复杂度为 $O(n^2\log n)$。问题来了，怎样将分段的最小费用存入 cost[][]中呢？

2．算法实现

计算 cost[][]有以下两种方法。

（1）记录区间端点。用两个数组 l[]、r[]记录每一段的左侧和右侧，并计算 cost[i][j]，若发生合并，则先减去前一个分段的最小费用，然后更新 r[]为合并后分段的右侧，重新计算合并后分段的最小费用。该方法反复加减，在未判断中位数是否有变化的情况下先减，然后重新累加，时间复杂度较高。

算法代码：

```
void cal(int a[],int pos){
    int cnt=0;//分段数
    int ans=0;//最小代价
    cnt_tr=0;//节点编号
    for(int i=pos;i<=n;i++){
        root[++cnt]=NewTree(a[i]);//创建单节点左偏树
        num[cnt]=1;//第 cnt 个分段的元素个数
        l[cnt]=r[cnt]=i;
        while(cnt>1&&Top(root[cnt])<Top(root[cnt-1])){
            cnt--;
            for(int j=l[cnt];j<=r[cnt];j++)
                ans-=abs(Top(root[cnt])-a[j]);
            root[cnt]=Merge(root[cnt],root[cnt+1]);
            num[cnt]+=num[cnt+1];
            r[cnt]=r[cnt+1];
            if(tr[root[cnt]].sz*2>num[cnt]+1) Pop(root[cnt]);
        }
        for(int j=l[cnt];j<=r[cnt];j++)
            ans+=abs(Top(root[cnt])-a[j]);
        cost[pos][i]=min(cost[pos][i],ans);
    }
}
```

（2）累加区间增量。判断两个分段合并后的增量，累加即可，比第 1 种方法快很多。这里以转换为非递减序列为例，分析维护中位数的过程，观察两个分段合并后的增量。假设已经处理好前 7 个数，将其分为两块，两个分段的中位数分别为 b、e。

$$[\ a\quad b\quad c\quad d\ ]\ [\ h\quad e\quad f\ ]$$

因为要求非递减序列，所以 $b \leq e$，每个分段都用左偏树维护分段的一半数据，树根为该分段的中位数。当处理下一个元素 x 时，若 $x \leq e$，则需要向前合并。合并后新的中位数 $\text{mid} = \max(h, x)$，下面进行分类讨论（增量均为两个分段的中位数之差 $e-x$）。

- $\text{mid}=h$：原来的费用是 $(e-h)+(e-e)+(f-e)=f-h$，变为 $(h-x)+(h-h)+(e-h)+(f-h)=f-h+e-x$。
- $\text{mid}=x$：原来的费用是 $(e-h)+(e-e)+(f-e)=f-h$，变为 $(x-h)+(x-x)+(e-x)+(f-x)=f-h+e-x$。

假设 $\text{mid}=h$，则合并后的分段为 (x,h,e,f)。

$$[\ a\quad b\quad c\quad d\ ]\ [\ x\quad h\quad e\quad f\ ]$$

$h<b$ 时需要继续向前合并。因为 $h<b$，因此 x、h 排在 b 前面，合并后是 (a,x,h,b,c,d,e,f)，顺序不确定，只可以确定中位数是 b。可以发现两个大小（元素个数）为偶数的分段合并，合并后不需要弹出元素。合并前 (a,b,c,d) 的中位数是 b，(x,h,e,f) 的中位数是 h，合并后的中位数是 b。

$$[\ a\quad x\quad h\quad b\quad c\quad d\quad e\quad f\ ]$$

中位数未修改，则前一分段费用不变，$b \leq e$（b 为中位数），后一分段的中位数由 h 变为 b，原来的费用是 $(h-x)+(h-h)+(e-h)+(f-h)=f-h+e-x$，变成了 $(b-x)+(b-h)+(e-b)+(f-b)=f-h+e-x$，费用不变，增量为 0。

经过观察和分析，总结如下。

（1）两个大小为偶数的分段合并，增量为 0。

（2）前一分段大小为奇数、当前分段大小为偶数的合并，增量为 0。例如，(a,b,c) 的中位数是 b，(d,e,f,g) 的中位数是 e，因为 $e<b$，因此 d、e 排在 b 前面，合并后是 (a,d,e,b,c,f,g)，合并后不需要弹出。中位数是 b，增量由 (d,e,f,g) 的修改产生，原来的费用是 $(e-d)+(e-e)+(f-e)+(g-e)=g-e+f-d$，变为 $(b-d)+(b-e)+(f-b)+(g-b)=g-e+f-d$，增量为 0。

（3）前一分段大小为偶数、当前分段大小为奇数的合并，增量为两个分段的中位数之差。例如，(a,b,c,d) 的中位数是 b，(e,f,g) 的中位数是 f，因为 $f<b$，所以 e、f 排在 b 前面，合并后是 (a,e,f,b,c,d,g)，合并后不需要弹出。中位数是 b，增量由 (e,f,g) 的修改产生，原来的费用是 $(f-e)+(f-f)+(g-f)=g-e$，变为 $(b-e)+(b-f)+(g-b)=g-e+b-f$，增量为 $b-f$。

（4）前一分段大小为奇数、当前分段大小为奇数的合并，增量为两个分段中位数之差。例如，(a,b,c) 的中位数是 b，(d,e,f) 的中位数是 e，因为 $e<b$，所以 d、e 排在 b 前面，合并后是 (a,d,e,b,c,f)，合并后弹出元素 b，中位数 $mid=\max(a,d,e)$，无论中位数是哪个，增量均为 $b-e$。

结论：两个分段合并时，若当前分段的大小为偶数，则答案不变，否则答案增加，增量为前一分段的中位数减去当前分段的中位数。

算法代码：

```
void cal(int a[],int pos){
    int cnt=0;//分段数
    int ans=0;//最小代价
    cnt_tr=0;//节点编号
    for(int i=pos;i<=n;i++){
        root[++cnt]=NewTree(a[i]);//创建单节点左偏树
        num[cnt]=1;//第 cnt 分段的元素个数
        while(cnt>1&&Top(root[cnt])<Top(root[cnt-1])){
            cnt--;
            if(num[cnt+1]&1)
                ans+=Top(root[cnt])-Top(root[cnt+1]);
            root[cnt]=Merge(root[cnt],root[cnt+1]);
            num[cnt]+=num[cnt+1];
            if(tr[root[cnt]].sz*2>num[cnt]+1) Pop(root[cnt]);
        }
        cost[pos][i]=min(cost[pos][i],ans);
    }
}
```

两种算法比较：第 1 种算法用时 4735ms，第 2 种算法用时 1657ms。

6.3　跳跃表

📖 原理　跳跃表详解

对有序顺序表可以采用二分查找，查找的时间复杂度为 $O(\log n)$，插入、删除的时间复杂度为 $O(n)$。但是对有序链表不可以采用二分查找，查找、插入和删除的时间复杂度均为 $O(n)$。

有序链表如下图所示，若查找 8，则必须从第 1 个节点开始，依次比较 8 次才能查找成功。

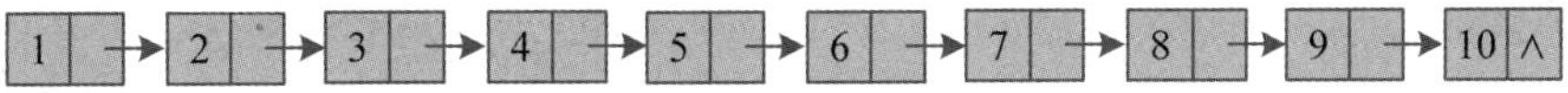

如何利用链表的有序性来提高查找效率？如何在一个有序链表中进行二分查找？若增加一级索引，把奇数位序作为索引，则如下图所示，若查找 8，则可以先从索引进行比较，依次比较 1、3、5、7、9，8 比 7 大但比 9 小，7 向下一层，继续向后比较，比较 6 次即可查找成功。

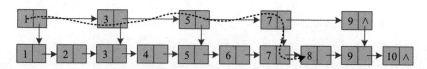

　　若再增加一级索引，把索引层的奇数位序作为索引，则如下图所示，若查找 7，则可以先从索引开始比较，依次 1、5、9，7 比 5 大但比 9 小，5 向下一层，继续向后比较，比较 4 次即可查找成功。

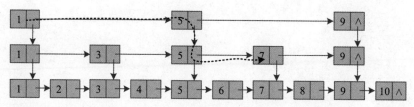

　　在增加两级索引后，若查找 5，则比较两次即可查找成功；若查找比 5 大的数，则以 5 为界向后查找；若查找比 5 小的数，则以 5 为界向前查找。这就是一个可进行二分查找的有序链表。

　　算法分析：若有 n 个元素，则增加 h 级索引后的数据结构如下图所示。

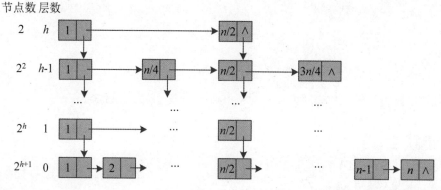

　　底层包含所有元素（n 个），即 $2^{h+1}=n$，索引层数 $h=\log n-1$。搜索时，首先在顶层索引中进行查找，然后二分搜索，最多从顶层搜索到底层，最多 $O(\log n)$ 层，因此查找的时间复杂度为 $O(\log n)$。

　　增加索引需要一些辅助空间，那么索引一共有多少个节点呢？从上图中可以看出，每层索引的节点之和都为 $2+2^2+\cdots+2^h=2^{h+1}-2=n-2$，因此空间复杂度为 $O(n)$。实际上，索引节点并不是原节点的复制，只是附加了一些指针建立索引。以上正是跳跃表的实现原理。

　　跳跃表（Skip list）是有序链表的扩展，简称跳表，它在原有的有序链表上增加了多级索引，通过索引来实现快速查找，实质上是一种可以进行二分查找的有序链表。

实际上，跳跃表并不是简单地通过奇偶次序建立索引的，而是通过随机技术实现的，因此也可以说它是一种随机化的数据结构。假如跳跃表每一层的晋升概率都是 1/2，则最理想的索引就是在原始链表中每隔一个元素抽取一个元素作为一级索引。其实在原始链表中随机选择 $n/2$ 个元素作为一级索引也可以，因为随机选择的元素相对均匀，对查找效率来讲影响不大。当原始链表中元素数量足够大且抽取足够随机时，得到的索引是均匀的。因此随机选择 $n/2$ 个元素作为一级索引，随机选择 $n/4$ 个元素作为二级索引，随机选择 $n/8$ 个元素作为三级索引，以此类推，一直到顶层索引。我们可以通过索引来提升跳跃表的查找效率。

跳跃表不仅可以提高搜索性能，还可以提高插入和删除操作的性能。平衡二叉查找树在进行插入、删除操作后需要多次调整平衡，而跳跃表完全依靠随机技术，其性能和平衡二叉查找树不相上下，但是原理非常简单。跳跃表是一种性能比较优秀的动态数据结构，Redis 中的有序集合 Sorted Set 和 LevelDB 中的 MemTable 都是采用跳跃表实现的。

1．数据结构定义

在每个节点都可以设置向右、向下指针，当然，也可以附加向左、向上指针，构建四联表。通过四联表可以快速地在四个方向访问前驱和后继。在此仅设置向右指针，在每个节点都定义一个后继指针数组，通过层次控制向下访问：

```
typedef struct Node{
    int val;
    struct Node *forward[MAX_LEVEL];//后继指针数组
}*Nodeptr;
Nodeptr head,updata[MAX_LEVEL];//head 为跳跃表头指针, updata[]记录访问路径每层的最高节点
int level;//跳跃表层次
```

初始时，附加一个头节点，层次为 0，数据为–INF，所有后继指针都为空：

```
void Init(){//初始化头节点
    level=0;
    head=new Node;
    for(int i=0;i<MAX_LEVEL;i++)
        head->forward[i]=NULL;
    head->val=-INF;
}
```

2．查找

在跳跃表中查找元素 x，需要从最上层索引开始逐层查找，算法步骤如下。

（1）从最上层 S_h 的头节点开始。

（2）假设当前位置为 p，p 的后继节点的值为 y，若 $x=y$，则查找成功；若 $x>y$，则 p 向后移一个位置，继续查找；若 $x<y$，则 p 向下移动一个位置，继续查找。

（3）若到达底层还要向下移动，则查找失败。

例如，跳跃表如下图所示，在表中查找元素 36，则先从顶层的头节点开始，比 20 大，向后为空，p 向下移动到第 2 层；比下一个元素 50 小，p 向下移动到第 1 层；比下一个元素 30 大，p 向右移动；比下一个元素 50 小，p 向下移动到第 0 层；与下一个元素 36 比较，查找成功。

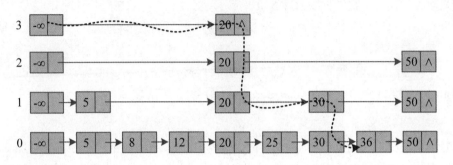

算法代码：

```
Nodeptr Find(int val){//查找最接近 val 的元素
    Nodeptr p=head;
    for(int i=level;i>=0;i--){
        while(p->forward[i]&&p->forward[i]->val<val)
            p=p->forward[i];
        updata[i]=p;//记录搜索过程中各级走过的最大节点位置
    }
    return p;
}
```

3. 插入

在跳跃表中插入一个元素时，相当于在某一个位置插入一列。插入的位置可以通过查找确定，而插入列的层次可以采用随机化决策确定。

随机化获取插入元素的层次：①初始时 lay=0，可设定晋升概率 P 为 0.5 或 0.25；②利用随机函数产生 0~1 的随机数 r；④若 r 小于 P 且 lay 小于最大层次，则 lay+1；否则返回 lay，作为新插入元素的层次。

```
int RandomLevel(){//随机产生插入元素的高度
    int lay=0; //rand()产生的随机数范围是 0~RAND_MAX
    while((float)rand()/RAND_MAX<P&&lay<MAX_LEVEL-1)
        lay++;
    return lay;
```

```
}
```

在 Redis 的 skiplist 中，$P=0.25$，MAX_LEVEL=32，节点层数至少为 0，而大于 0 的节点层数满足一个概率分布。第 0 层包含所有节点，晋升概率为 P，未晋升的概率为 $1-P$，因此节点层数恰好等于 0 的概率为 $1-P$；节点层数大于或等于 1 的概率为 P，而节点层数恰好等于 1 的概率为 $P(1-P)$；节点层数大于或等于 2 的概率为 P^2，而节点层数恰好等于 2 的概率为 $P^2(1-P)$；节点层数大于或等于 3 的概率为 P^3，而节点层数恰好等于 3 的概率为 $P^3(1-P)$；以此类推，如下图所示。

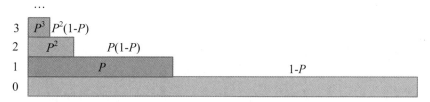

根据节点的层数随机算法，很容易得出：第 0 层链表有 n 个节点；第 1 层链表有 $n×P$ 个节点；第 2 层链表有 $n×P^2$ 个节点；以此类推。

随机化的方法和前面按奇偶次序建立索引的方法是等效的。也可以用 rand()%2 模拟投掷硬币，晋升概率逐层减半（相当于 $P=0.5$）。若 rand()%2 为奇数，则层次加 1，直到 rand()%2 为偶数时停止，此时得到的层次就是新插入元素的层次。

```
int RandomLevel(){//随机产生插入元素的层次
    int lay=0; //rand()产生的随机数范围是 0～RAND_MAX
    while(rand()%2&&lay<MAX_LEVEL-1)
        lay++;
    return lay;
}
```

在跳跃表中插入元素的算法步骤如下。

（1）查找插入位置，在查找过程中用 updata[i]记录经过的每一层的最大节点位置。

（2）采用随机化策略得到插入层次 lay。

（3）创建新节点，将层次为 lay 的列插入 updata[i]之后。

例如，跳跃表如下图所示，在表中插入元素 32。首先在跳跃表中查找 32，然后确定插入位置。在查找过程中用 updata[i]记录经过的每一层的最大节点位置；假设随机化得到的层次为 2，则 i 为 0～2，将新节点插入 updata[i]之后。

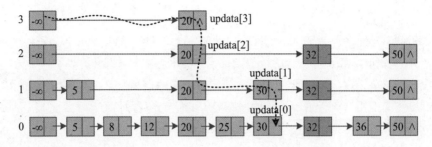

算法代码：

```
void Insert(int val){
    Nodeptr p,s,s1;
    int lay=RandomLevel();
    printf("lay=%d\n",lay);
    if(lay>level) //要插入的层数大于现有层数
        level=lay;
    p=Find(val); //查询
    s=new Node;//创建一个新节点
    s->val=val;
    for(int i=0;i<MAX_LEVEL;i++)
        s->forward[i]=NULL;
    for(int i=0;i<=lay;i++){//插入操作
        s->forward[i]=updata[i]->forward[i];
        updata[i]->forward[i]=s;
    }
}
```

4．删除

在跳跃表中删除一个元素，相当于删除这个元素所在的列。

算法步骤：

（1）查找该元素，在查找过程中用 updata[i]记录经过的每一层的最大节点位置，实际上是待删除节点在每一层的前一个元素的位置。若查找失败，则退出。

（2）利用 updata[i]将该元素整列删除。

（3）若有多余空链，则删除空链。

例如，跳跃表如下图所示，在表中删除元素 20。首先在跳跃表中查找 20，在查找过程中用 updata[i]记录经过的每一层的最大节点位置；然后利用 updata[i]将每层的 20 节点删除。

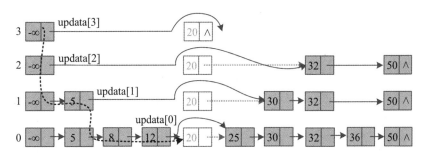

删除 20 所在的列后，最上层的链为空链，则删除空链，跳跃表的层次减 1。

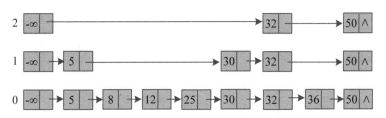

算法代码：

```
void Delete(int val){
    Nodeptr p=Find(val);
    if(p->forward[0]&&p->forward[0]->val==val){
        printf("%d\n",p->forward[0]->val);
        for(int i=level;i>=0;i--){//删除操作
            if(updata[i]->forward[i]&&updata[i]->forward[i]->val==val)
                updata[i]->forward[i]=updata[i]->forward[i]->forward[i];
        }
        while(level>0&&!head->forward[level])//删除空链
            level--;
    }
}
```

算法分析：跳跃表结构的头节点要有足够的指针域，以满足可能构造最大级数的需要，而尾节点指针域为空。跳跃表采用随机技术决定节点的层次高度，采用这种随机技术后，跳跃表中查找、插入、删除操作的时间复杂度均为 $O(\log n)$，在最坏情况下为 $O(n)$，不过这种概率极低。

⟡ 训练 1 双重队列

题目描述（POJ3481）见 5.1 节训练 1。

1. 算法设计

本题包括插入、删除优先级最高元素和删除优先级最低元素等 3 种操作，可以使用平衡二叉树解决，也可以使用跳跃表解决。

2. 算法实现

```
typedef struct Node{//数据结构定义
    int num,val;
    struct Node *forward[MAX_LEVEL];
}*Nodeptr;

Nodeptr head,updata[MAX_LEVEL];
int level,max_k,min_k;

void Init(){//初始化头节点
    level=0;
    max_k=-INF;
    min_k=INF;
    head=new Node;
    for(int i=0;i<MAX_LEVEL;i++)
        head->forward[i]=NULL;
    head->val=-INF;
}

int RandomLevel(){ //随机产生插入元素的层次
    int lay=0;
    while(rand()%2&&lay<MAX_LEVEL-1)
        lay++;
    return lay;
}

Nodeptr Find(int val){//查找最接近 val 的元素（插入位置）
    Nodeptr p=head;
    for(int i=level;i>=0;i--){
        while(p->forward[i]&&p->forward[i]->val<val)
            p=p->forward[i];
        updata[i]=p;//记录搜索过程中各级走过的最大节点位置
    }
    return p;
}

void Insert(int num,int val){
    if(val>max_k) max_k=val;
    if(val<min_k) min_k=val;
    Nodeptr p,s;
    int lay=RandomLevel();
    if(lay>level)  //要插入的层大于现有层数
```

```
        level=lay;
    p=Find(val); //查询
    s=new Node;//创建一个新节点
    s->num=num;
    s->val=val;
    for(int i=0;i<MAX_LEVEL;i++)
        s->forward[i]=NULL;
    for(int i=0;i<=lay;i++){//插入操作
        s->forward[i]=updata[i]->forward[i];
        updata[i]->forward[i]=s;
    }
}

void Delete(bool flag){//flag=0 表示删除最小值，1 表示删除最大值
    int d;
    if(flag) d=max_k;
    else d=min_k;
    if(d==-INF||d==INF){//说明还没有插入元素
        printf("0\n");
        return;
    }
    Nodeptr p=Find(d);
    if(p->forward[0]&&p->forward[0]->val==d){
        printf("%d\n",p->forward[0]->num);
        if(p->val==-INF&&!p->forward[0]->forward[0])//删除唯一节点
            max_k=-INF,min_k=INF;
        else{
            if(flag) max_k=p->val;
            else min_k=p->forward[0]->forward[0]->val;
        }
        for(int i=level;i>=0;i--){//删除操作
            if(updata[i]->forward[i]&&updata[i]->forward[i]->val==d)
                updata[i]->forward[i]=updata[i]->forward[i]->forward[i];
        }
    }
}
```

训练 2　第 k 大的数

题目描述（HDU4006）见 1.2 节训练 1。

1. 算法设计

本题查询第 k 大的数，有以下 3 种解法。

- 优先队列：可以使用优先队列，在队列中存储最大的 k 个数，队头刚好是第 k 大的数。若队列中的元素个数不小于 k，且当前输入元素大于堆顶，则队头出队，当前元素入队。对于询问，输出队头即可（见 1.2 节训练 1）。
- SBT：第 k 大，即第 $size-k+1$ 小（见 5.3 节训练 3）。
- 跳跃表：第 k 大，即第 $total-k+1$ 小。

2．算法实现

1）查询第 k 小的元素

在跳跃表中如何查询第 k 小？在每个节点都增加一个域 $sum[i]$，用于记录当前节点到下一个节点的元素个数。

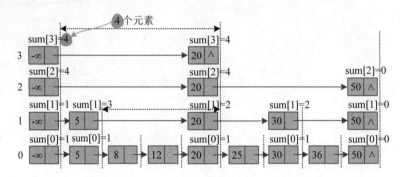

算法步骤：

（1）指针 p 指向跳跃表的头节点。

（2）从跳跃表的顶层向下逐层判断。

（3）执行循环，若 p 不空且 $p\text{->}sum[i]$ 小于 k，则 k 减去 $p\text{->}sum[i]$，p 后移一位指向其后继；否则进入下一层。

（4）直到最后一层处理完毕，此时 p 的后继元素就是第 k 小的元素。

完美图解：

例如，跳跃表如下图所示，在表中查询第 6 小的元素，过程如下。

（1）$i=3$，$k=6$，$p=head$，$p\text{->}sum[3]=4 < k$，$k=k-p\text{->}sum[3]=6-4=2$，$p$ 指针后移一位指向元素 20，此时 $p\text{->}sum[3]=4 > k$，进入下一层。

（2）$i=2$，$p\text{->}sum[2]=4 > k$，进入下一层。

（3）$i=1$，$p\text{->}sum[1]=2 \geqslant k$，进入下一层。

（4）$i=0$，$p\text{->}sum[0]=1 < k$，$k=2-1=1$，p 指针后移一位指向元素 25，此时 $p\text{->}sum[0]=1\geqslant k$，已到底层，无法进入下一层，算法结束。此时 p 的后继元素 30 就是第 6 小的节点。

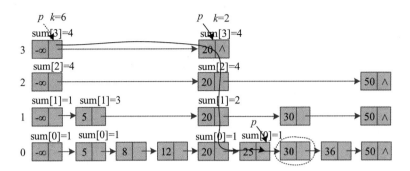

算法代码：

```
int Get_kth(int k){//查找第 k 小的元素
    Nodeptr p=head;
    for(int i=level;i>=0;i--){
        while(p&&p->sum[i]<k)
            k-=p->sum[i],p=p->forward[i];
    }
    return p->forward[0]->val;
}
```

2）查找元素

在跳跃表中查找小于 val 的元素个数，在查找过程中用 tot[i] 累加当前层到当前点的节点数。

算法步骤：

（1）指针 p 指向跳跃表的头节点。

（2）从跳跃表的顶层向下逐层判断。

（3）执行循环，若 p 的后继不空且 p 的后继元素小于 val，则 tot[i] 累加 p->sum[i]，p 后移一位；否则进入下一层。

（4）当前层处理完毕时，下一层累计节点数的初值等于上一层的累计节点数 tot[i−1]=tot[i]，updata[i] 记录搜索过程中各级走过的最大节点位置 updata[i]=p。

（5）直到最后一层处理完毕，此时 p 指向比 val 小的最大元素，tot[0] 表示小于 val 的数量。

完美图解：

例如，跳跃表如下图所示，在表中查询小于 20 的元素个数，过程如下。

（1）i=3，tot[3]=0，p 的后继元素为 20，不小于 20，tot[2]=tot[3]，updata[3]=p，进入下一层。

（2）i=2，p 的后继元素为 20，不小于 20，tot[1]=tot[2]，updata[2]=p，进入下一层。

（3）i=1，p 的后继元素为 5，小于 20，tot[1]+=p->sum[1]=1，p 后移一位指向元素 5，p 的

后继元素为 20，不小于 20，tot[0]=tot[1]，updata[1]=p，进入下一层。

（4）i=0，p 的后继元素为 8，小于 20，tot[0]+=p->sum[0]=2，p 后移一位指向元素 8，p 的后继元素为 12，小于 20，tot[0]+=p->sum[0]=3，p 后移一位指向元素 12，p 的后继元素为 20，不小于 20，此时 i=0，不再赋值 tot[i−1]；否则下标越界，updata[0]=p，算法结束。

（5）此时 p 指向 20 的前一个节点（若查找失败，则会指向小于它的最大节点），tot[0]等于 3，表示小于 20 的元素个数为 3。

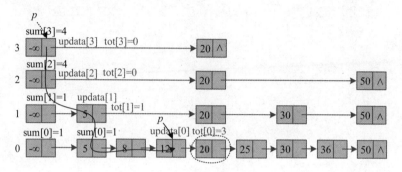

算法代码：

```
int Find(int val){//查找小于 val 的元素个数
    Nodeptr p=head;
    tot[level]=0;
    for(int i=level;i>=0;i--){
        while(p->forward[i]&&p->forward[i]->val<val)
            tot[i]+=p->sum[i],p=p->forward[i];
        if(i>0)
            tot[i-1]=tot[i];
        updata[i]=p;//记录搜索过程中各级走过的最大节点位置
    }
    return tot[0];//返回小于 val 的数量
}
```

3）插入元素

插入元素时，除了需要查找插入位置，还需要更新 sum[]，插入元素后节点总数 total++。

算法步骤：

（1）通过随机化程序得到新插入节点的层次 lay，若 lay>level，则更新头节点的 level+1～lay 层，head->sum[i]=total，total 为跳跃表的节点总数，level 为跳跃表的最大层次，并更新 level=lay。

（2）通过查找，得到小于 val 的元素，在查询过程中记录 tot[]和 updata[]。

（3）创建新节点 s 并初始化。

（4）将新节点插入每层的 updata[] 之后，更新 s->sum[*i*] 和 updata[*i*]->sum[*i*]。

（5）若 lay<level，则更新 lay+1～level 层的 updata[*i*]->sum[*i*]。

完美图解：

例如，跳跃表如下图所示。

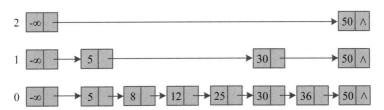

在跳跃表中插入元素 20，过程如下。

（1）通过随机化程序得到新插入节点的层次 lay=3，lay 大于跳跃表的层次 level，因此更新跳跃表头节点的层次为 3，head->sum[3]=total=7。

（2）通过查找得到小于 20 的元素个数，在查询过程中记录 tot[] 和 updata[]。

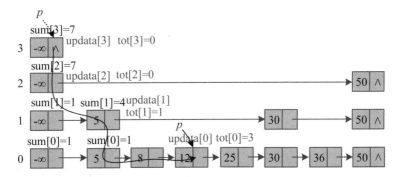

（3）创建新节点 s 并初始化。

（4）将新节点插入每层的 updata[] 之后，并更新 s->sum[*i*] 和 updata[*i*]->sum[*i*]。

```
s->sum[i]=updata[i]->sum[i]-(tot[0]-tot[i]);
updata[i]->sum[i]-=s->sum[i]-1;
```

- *i*=3：s->sum[3]=7−(3−0)=4，updata[3]->sum[3]=7−4+1=4。
- *i*=2：s->sum[2]=7−(3−0)=4，updata[2]->sum[2]=7−4+1=4。
- *i*=1：s->sum[1]=4−(3−1)=2，updata[1]->sum[1]=4−2+1=3。
- *i*=0：s->sum[0]=1−(3−3)=1，updata[0]->sum[0]=1−1+1=1。

插入元素的过程如下图所示。

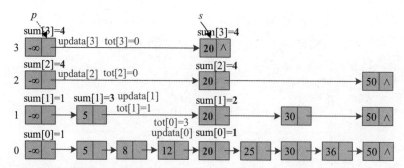

可以动手试试看，插入一个新元素，使其层次小于跳跃表的层次。

算法代码：

```
void Insert(int val){
    Nodeptr p,s;
    int lay=RandomLevel();
    if(lay>level){//要插入的层次大于现有层数
        for(int i=level+1;i<=lay;i++)
            head->sum[i]=total;
        level=lay;
    }
    Find(val); //查询
    s=new Node;//创建一个新节点
    s->val=val;
    for(int i=0;i<MAX_LEVEL;i++){
        s->forward[i]=NULL;
        s->sum[i]=0;
    }
    for(int i=0;i<=lay;i++){//插入操作
        s->forward[i]=updata[i]->forward[i];
        updata[i]->forward[i]=s;
        s->sum[i]=updata[i]->sum[i]-(tot[0]-tot[i]);
        updata[i]->sum[i]-=s->sum[i]-1;
    }
    for(int i=lay+1;i<=level;i++)
        updata[i]->sum[i]++;
}
```

⋇ 训练3 郁闷的出纳员

题目描述（P1486）（见 5.3 节训练 5）

题解： 本题求解第 k 大的数，可以转换为第 $total-k+1$ 小问题，采用线段树、平衡二叉树、跳跃表均可解决。

1．算法设计

（1）可以设置全局变量 add 记录增加的工资量，增加工资 k 时，直接 add+=k 即可。

（2）插入新员工的工资 k 时，若 k 大于或等于下限，则将 k-add 插入跳跃表中，员工总数 total++。

（3）扣除工资 k 时，add-=k；在跳跃表中查询小于 MIN-add 的元素个数 sum，删除所有小于 MIN-add 的元素。辞职的员工的总数 ans+=sum，total-=sum。

（4）查询第 k 大的数时，若 k 大于 total，则输出-1，否则查询第 total-k+1 小的数，加上 add 后输出。

2．算法实现

在上一个训练中已经讲解了如何查询第 k 小的数，这里不再赘述，而是重点讲解如何删除小于 val 的所有元素。

本题要求删除所有小于 MIN 的元素，因为跳跃表中的元素都是减 add 后存储的，因此删除所有小于 MIN-add 的元素即可。删除小于 val 的所有元素的步骤如下。

（1）通过查找，得到小于 val 的元素个数 sum，在查询过程中记录 tot[] 和 updata[]。

（2）将头节点的后继指针指向 updata[i] 的后继，这样就删除了所有小于 val 的元素。

（3）删除后需要更新 head->sum[i]，如果有空链，则删除空链。

完美图解：

例如，跳跃表如下图所示，删除表中小于 20 的所有元素，过程如下。

（1）首先查找小于 20 的元素个数。

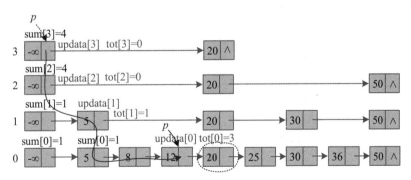

（2）删除小于 20 的所有元素。头节点的后继指针跳过这些节点指向 updata[i] 的后继即可。

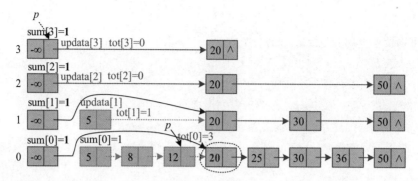

可以动手试试看，删除表中小于 30 的所有元素。

算法代码：

```
int Delete(int val){//删除小于 val 的所有元素
    int sum=Find(val);
    for(int i=0;i<=level;i++){
        head->forward[i]=updata[i]->forward[i];
        head->sum[i]=updata[i]->sum[i]-(tot[0]-tot[i]);
    }
    while(level>0&&!head->forward[level])//删除空链
        level--;
    return sum;
}
```

6.4　树套树

📖 原理　树套树详解

查询序列中第 k 小的元素很容易实现，但是查询某一个区间的第 k 小就不容易了，若带有动态修改，则查询区间的第 k 小更难。若不要求在线处理，则采用整体二分和 CDQ 可以解决动态区间的第 k 小问题，若要求在线，则这两种算法都无能为力，这时树套树闪亮登场。

树套树指在一个树形数据结构上，每个节点不再是一个节点，而是另一种树形数据结构。最常见的树套树有线段树套线段树、线段树套平衡树、树状数组套平衡树。

线段树可用于点更新、区间更新和查询，平衡树可用于查询第 k 小、排名、前驱和后继等。将二者结合起来，就是线段树套平衡树：用线段树维护区间，再用平衡树维护对区间中的动态修改。先构造出线段树，每个线段树节点除了记录左、右边界，还用一棵平衡树维护这一个区间的所有数。同理，线段树套线段树也是如此。下面通过 4 个实例讲解线段树套平衡树、线段树套线段树。

✦ 训练 1　动态区间问题

题目描述（**P3380/bzoj3196/Tyvj1730**）：写一种数据结构（平衡树）来维护一个有序数列，其中需要提供以下操作：①查询 k 在区间内的排名；②查询区间内排名为 k 的值；③修改某一位置上的数值；④查询 k 在区间内的前驱（前驱指严格小于 x 且最大的数，若不存在，则输出 -2147483647）；⑤查询 k 在区间内的后继（后继指严格大于 x 且最小的数，若不存在，则输出 2147483647）。

输入：第 1 行包含两个整数 n、m，表示序列元素数量和操作数量。第 2 行包含 n 个数，表示有序序列。接下来的 m 行，opt 表示操作标号，若 opt=1，则为操作①，之后有 3 个数 l、r、k，表示查询 k 在 $[l, r]$ 区间的排名；若 opt=2，则为操作②，之后有 3 个数 l、r、k，表示查询 $[l, r]$ 区间排名为 k 的数；若 opt=3，则为操作③，之后有两个数 pos、k，表示将 pos 位置的数修改为 k；若 opt=4，则为操作④，之后有 3 个数 l、r、k，表示查询 $[l, r]$ 区间 k 的前驱；若 opt=5，则为操作⑤，之后有 3 个数 l、r、k，表示查询 $[l, r]$ 区间 k 的后继。$n, m \leq 5 \times 10^4$，保证有序序列的所有值在任何时刻都满足 $[0, 10^8]$。

输出：对操作①②④⑤各输出一行，表示查询结果。

输入样例	输出样例
9 6	2
4 2 2 1 9 4 0 1 1	4
2 1 4 3	3
3 4 10	4
2 1 4 3	9
1 2 5 9	
4 3 9 5	
5 2 8 5	

题解：本题包括 5 种操作：区间排名、区间第 k 小、点更新、区间前驱、区间后继。既有区间操作，又有动态更新，因此可采用线段树+平衡树解决。

1．算法设计

为线段树的每个节点都开辟一棵和区间大小相同的平衡树，平衡树一般采用 Treap 或伸展树。线段树的每一层区间包含的元素个数都为 n，至多有 $\log n$ 层，平衡树的节点数为 $O(n\log n)$。线段树的节点数为 $O(4 \times n)$，总空间复杂度为 $O(n\log n)$。

一棵树（线段树套平衡树）如下图所示。

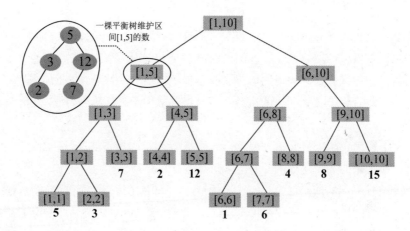

2. 算法实现

1）创建线段树+平衡树

首先创建一棵线段树，同时将每个节点的区间数据都插入该节点对应的平衡树中。

算法代码：

```
void build(int x,int l,int r){//创建线段树
    a[x].root=0;
    for(int i=l;i<=r;i++)
        a[x].insert(a[x].root,p[i]);//将[l,r]区间的数据插入a[x]节点对应的平衡树中
    if(l==r) return ;
    build(x<<1,l,l+r>>1);
    build(x<<1|1,(l+r>>1)+1,r);
}
```

2）查询 *k* 在[ql, qr]区间的排名

在线段树区间查询，统计区间中小于 *k* 的元素个数，然后加 1 得到 *k* 在[ql, qr]区间的排名。

例如，查询 6 在[3,8]区间的排名，过程如下。

（1）从线段树的树根开始，查询区间[3,8]。

（2）查询到[3,3]区间，在该区间的平衡树中比 6 小的数为 0，ans=0。

（3）查询到[4,5]区间，在该区间的平衡树中比 6 小的数为 1，ans=1。

（4）查询到[6,8]区间，在该区间的平衡树中比 6 小的数为 2，ans=3。

因此 6 在[3,8]区间的排名为 ans+1=4，如下图所示。

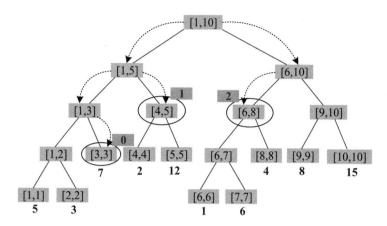

算法代码：

```
int queryrank(int x,int l,int r,int ql,int qr,int k){//查询值为 k 的排名
    if(l>qr||r<ql) return 0;
    if(ql<=l&&r<=qr)
        return a[x].rank(a[x].root,k);//在平衡树中查询排名（比 k 小的元素个数）
    int ans=0,mid=l+r>>1;
    ans+=queryrank(x<<1,l,mid,ql,qr,k);
    ans+=queryrank(x<<1|1,mid+1,r,ql,qr,k);
    return ans;
}
```

算法分析：在线段树中查询区间最多 $O(\log n)$ 层，在平衡树中查询排名最多 $O(\log n)$ 层，因此总时间复杂度为 $O(\log^2 n)$。

3）查询[ql, qr]区间排名为 k 的值（区间第 k 小）

区间内的元素是无序的，不可以按区间查找排名。因此查询[ql, qr]区间排名为 k 的值时只能按值二分搜索。初始时 l=0，r=M，M 为序列中元素的最大值，mid=$(l+r)/2$，查询 mid 在[ql, qr]区间的排名，若排名小于或等于 k，则 ans=mid，l=mid+1；否则 r=mid−1。

例如，查询[3,7]区间排名第 3 的元素值，过程如下。

（1）l=0，r=M=15，mid=$(l+r)/2$=7，7 在[3,7]区间的排名为 4，4>3，r=mid−1=6。

（2）mid=(0+6)/2=3，3 在[3,7]区间的排名为 3，ans=3，l=mid+1=4。

（3）mid=(4+6)/2=5，5 在[3,7]区间的排名为 3，ans=5，l=mid+1=6。

（4）mid=(6+6)/2=6，6 在[3,7]区间的排名为 3，ans=6，l=mid+1=7。

（5）此时 l=7，r=6，l>r，循环结束。

[3,7]区间排名第 3 的元素为 6，如下图所示。

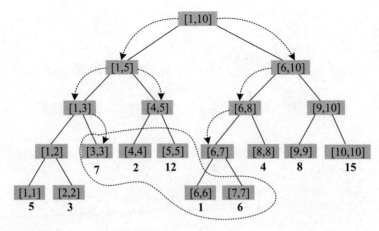

算法代码：

```
int queryval(int ql,int qr,int k){//查询排名为k的值
    int l=0,r=1e8,s,ans=-1;//二分
    while(l<=r){
        mid=l+r>>1;
        if(queryrank(1,1,n,ql,qr,mid)+1<=k) ans=mid,l=mid+1;
        else r=mid-1;
    }
    return ans;
}
```

算法分析： 查询到 mid 在[ql, qr]区间的排名时间复杂度为 $O(\log^2 n)$，二分搜索的时间复杂度为 $O(\log M)$，因此总时间复杂度为 $O(\log^2 n \log M)$。

4）点更新

修改 pos 位上的数值为 k，即点更新。与线段树的点更新相似，不同的是还需要更新每个节点对应的平衡树，最后修改 $p[pos]=k$。

例如，将第 4 个数修改为 10，过程如下。

（1）从线段树的树根开始，更新树根对应的平衡树，先删除 $p[4]$，再插入 10。

（2）进入左子树[1,5]，更新其对应的平衡树，先删除 $p[4]$，再插入 10。

（3）进入右子树[4,5]，更新其对应的平衡树，先删除 $p[4]$，再插入 10。

（4）进入左子树[4,4]，更新其对应的平衡树，先删除 $p[4]$，再插入 10。

最后将 $p[4]$ 修改为 10，如下图所示。

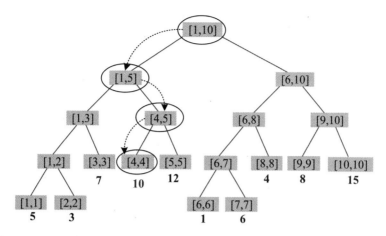

算法代码：

```
void modify(int x,int l,int r,int pos,int k){//修改
    if(pos<l||r<pos) return ;
    a[x].delet(a[x].root,p[pos]);//先从平衡树中删除
    a[x].insert(a[x].root,k);//再将新值插入平衡树中
    if(l==r) return ;
    int mid=l+r>>1;
    modify(x<<1,l,mid,pos,k);
    modify(x<<1|1,mid+1,r,pos,k);
}
```

算法分析： 在线段树中查询区间最多有 $O(\log n)$ 层，在平衡树中更新最多有 $O(\log n)$ 层，因此总时间复杂度为 $O(\log^2 n)$。

5）查询 k 在[ql, qr]区间的前驱

若查询区间与当前节点区间无交集，则返回−inf。若查询区间覆盖当前节点区间，则在当前节点对应的平衡树中查询 k 的前驱；否则在左右子树中搜索，求解两者最大值为 k 的前驱。

例如，查询 10 在[4,9]区间的前驱，过程如下。

（1）查询到[4,5]区间，在该区间的平衡树中 10 的前驱为−inf，ans=−inf。

（2）查询到[6,8]区间，在该区间的平衡树中 10 的前驱为 6，ans=max(ans,6)=6。

（3）查询到[9,9]区间，在该区间的平衡树中 10 的前驱为 8，ans=max(ans,8)=8。

因此 10 在[4,9]区间的前驱为 8，如下图所示。

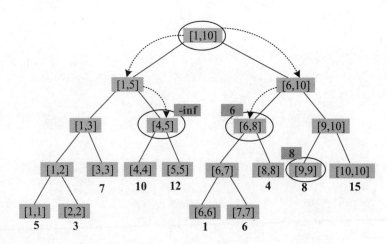

算法代码：

```
int querypre(int x,int l,int r,int ql,int qr,int k){//找前驱
    if(l>qr||r<ql) return -inf;
    if(ql<=l&&r<=qr) return a[x].pre(a[x].root,k); //在平衡树中查询前驱
    int mid=l+r>>1;
    int ans=querypre(x<<1,l,mid,ql,qr,k);
    ans=max(ans,querypre(x<<1|1,mid+1,r,ql,qr,k));
    return ans;
}
```

算法分析： 在线段树中查询区间最多有 $O(\log n)$ 层，在平衡树中查询前驱最多有 $O(\log n)$ 层，因此总时间复杂度为 $O(\log^2 n)$。

6）查询 k 在[ql, qr]区间的后继

若查询区间与当前节点区间无交集，则返回 inf。若查询区间覆盖当前节点区间，则在当前节点对应的平衡树中查询 k 的后继；否则在左右子树中搜索，求解两者最小值为 k 的后继。

例如，查询 6 在[4,9]区间的后继，过程如下。

（1）查询到[4,5]区间，在该区间的平衡树中 6 的后继为 10，ans=10。

（2）查询到[6,8]区间，在该区间的平衡树中 6 的后继为 inf，ans=min(ans, inf)=10。

（3）查询到[9,9]区间，在该区间的平衡树中 6 的后继为 8，ans=max(ans,8)=8。

因此 6 在[4,9]区间的后继为 8，如下图所示。

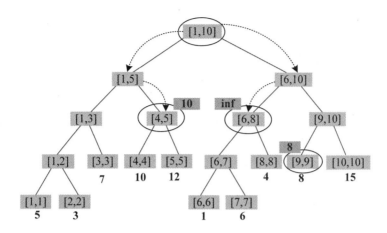

算法代码：

```
int querynxt(int x,int l,int r,int ql,int qr,int k){//找后继
    if(l>qr||r<ql) return inf;
    if(ql<=l&&r<=qr) return a[x].nxt(a[x].root,k);//在平衡树中查询后继
    int mid=l+r>>1;
    int ans=querynxt(x<<1,l,mid,ql,qr,k);
    ans=min(ans,querynxt(x<<1|1,mid+1,r,ql,qr,k));
    return ans;
}
```

算法分析：在线段树中查询区间最多有 $O(\log n)$ 层，在平衡树中查询后继最多有 $O(\log n)$ 层，因此总时间复杂度为 $O(\log^2 n)$。

✨ 训练 2　动态区间第 k 小

题目描述（**ZOJ2112**）：对 N 个数 $a[1],a[2],\cdots,a[N]$，求解 $a[i],a[i+1],\cdots,a[j]$ 第 k 小的数是多少（$i \leqslant j$，$0 < k \leqslant j+1-i$）？有两种操作指令，Q $i\,j\,k$ 表示查询 $a[i],[i+1],\cdots,a[j]$ 的第 k 小的数；C $i\,t$ 表示将 $a[i]$ 修改为 t。

输入：第 1 行包含一个整数 T（$0 < T \leqslant 4$），表示测试用例数。每个测试用例的第 1 行都包含两个整数 N（$1 \leqslant N \leqslant 5 \times 10^4$）和 M（$1 \leqslant M \leqslant 10^4$），表示 N 个数和 M 行指令。后面一行包含 N 个数，第 i 个数表示 $a[i]$。接下来的 M 行，每行都包含一个指令。保证在任何时候，$a[i]$ 都是小于 10^9 的非负整数。

输出：对每个查询操作，都单行输出答案。

输入样例	输出样例
2	3
5 3	6
3 2 1 4 7	3
Q 1 4 3	6
C 2 6	
Q 2 5 3	
5 3	
3 2 1 4 7	
Q 1 4 3	
C 2 6	
Q 2 5 3	

题解：

1．算法设计

本题包括两种操作：区间第 k 小、点更新。在本题中既有区间查询又有动态更新，是典型的动态区间第 k 小问题，可以采用线段树+平衡树解决。

2．算法实现

（1）点更新，修改 pos 位上的数值为 k。与线段树的点更新相似，不同的是还需要更新每个节点对应的平衡树。最后修改 p[pos]=k。

（2）查询[ql, qr]区间第 k 小的元素，需要按值进行二分搜索。图解及过程见训练 1。

⁙ 训练 3 矩形区域查询

题目描述（POJ1195）见 2.3 节训练 4。

题解：本题为二维空间的点更新和区间和查询问题，可以采用二维树状数组轻松解决，也可以采用二维线段树解决，即线段树套线段树解决。

1．算法设计

首先按照第 1 维数据创建线段树，在该线段树的每个节点再按照第 2 维数据创建一棵线段树，从而实现树套树——线段树套线段树，如下图所示。线段树有 $O(n)$ 个节点，每个节点又有一棵 $O(n)$ 个节点的线段树，因此总空间复杂度为 $O(n^2)$。查询、更新等操作除了需要 $O(\log n)$ 时间查询一维线段树，在每个节点还需要 $O(\log n)$ 时间查询二维线段树，总时间复杂度为 $O(\log^2 n)$。

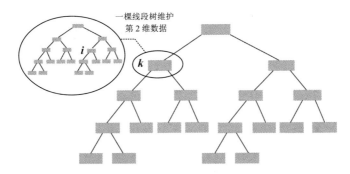

2．算法实现

1）数据结构定义

定义两个线段树节点结构体：第 1 个结构体为第 2 维线段树节点，包括左右区间、和值；第 2 个结构体为第 1 维线段树节点，包括左右区间、第 2 维线段树。

```
struct node_y{//第2维线段树节点
    int l,r;
    int sum;
};
struct node_x{//第1维线段树节点
    int l,r;
    node_y s[maxn<<2];
}tr[maxn<<2];
```

2）创建线段树套线段树

包括创建第 2 维线段树和第 1 维线段树两个函数。创建第 2 维线段树时需要指明为第 1 维线段树的哪个节点创建第 2 维线段树，传递参数 k，为第 1 维线段树下标为 k 的节点创建第 2 维线段树。创建第 2 维线段树的方法与创建普通线段树相同。

```
void build_y(int i,int l,int r,int k){//创建第2维线段树
    tr[k].s[i].l=l;
    tr[k].s[i].r=r;
    tr[k].s[i].sum=0;
    if(l==r) return;
    int mid=(l+r)>>1;
    build_y(i<<1,l,mid,k);
    build_y(i<<1|1,mid+1,r,k);
}

void build_x(int i,int l,int r,int ll,int rr){//创建第1维线段树
    tr[i].l=l;
    tr[i].r=r;
```

```
    build_y(1,ll,rr,i);//为每个节点 i 都创建一棵第 2 维线段树
    if(l==r) return;
    int mid=(l+r)>>1;
    build_x(i<<1,l,mid,ll,rr);
    build_x(i<<1|1,mid+1,r,ll,rr);
}
```

3）点更新

本题有点更新的操作，对点(x, y)增加 val。进行点更新时，首先在第 1 维线段树上查找 x，在查找过程中对经过的每个节点对应的第 2 维线段树都进行点更新，在第 2 维线段树中查找 y，对经过的每个节点都更新 sum，sum+=val。因为 sum 记录的是区间和，因此在第 2 维线段树中进行点更新时，需要对查询路径上经过的节点更新区间和。

例如，二维线段树如下图所示。将点(4,6)的活动电话数增加 18，过程如下。

首先在第 1 维线段树上查找 4，在查找过程中对经过的每个节点对应的第 2 维线段树都进行点更新；然后在第 2 维线段树中查找 6，对经过的每个节点都更新 sum，sum+=18。

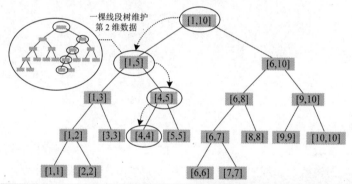

```
void update_y(int i,int y,int val,int k){//第 2 维线段树进行点更新
    tr[k].s[i].sum+=val;
    if(tr[k].s[i].l==tr[k].s[i].r) return;
    int mid=(tr[k].s[i].l+tr[k].s[i].r)>>1;
    if(y<=mid)
        update_y(i<<1,y,val,k);
    else
        update_y(i<<1|1,y,val,k);
}

void update_x(int i,int x,int y,int val){ //对第 1 维线段树进行点更新
    update_y(1,y,val,i);  //对每个节点 i 对应的第 2 维线段树都进行点更新
    if(tr[i].l==tr[i].r) return;
    int mid=(tr[i].l+tr[i].r)>>1;
```

```
    if(x<=mid)
        update_x(i<<1,x,y,val);
    else
        update_x(i<<1|1,x,y,val);
}
```

4）区间和查询

二维空间的区间和查询，相当于矩阵区间和值查询。左上角为(x_1, y_1)，右下角为(x_2, y_2)，求该矩形区域的和值。

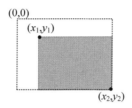

查询区间和时，首先在第 1 维线段树中查询$[x_1, x_2]$区间，在查询过程中将$[x_1, x_2]$区间覆盖的每个节点对应的第 2 维线段树都进行区间查询$[y_1, y_2]$，对$[y_1, y_2]$区间覆盖的节点累加 sum。

例如，二维线段树如下图所示，查询左上角(3,5)、右下角(7,9)的区间和。首先在第 1 维线段树中查询区间[3,7]，覆盖[3,3]、[4,5]、[6,7]共 3 个节点，在这 3 个节点对应的第 2 维线段树中分别查询区间[5,9]的区间和，累加结果即可。

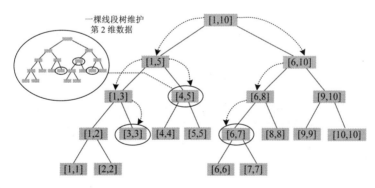

算法代码：

```
int query_y(int i,int l,int r,int k){
    if(tr[k].s[i].l==l&&tr[k].s[i].r==r)
        return tr[k].s[i].sum;
    int mid=(tr[k].s[i].l+tr[k].s[i].r)>>1;
    if(r<=mid)
        return query_y(i<<1,l,r,k);
    else if(l>mid)
```

```
            return query_y(i<<1|1,l,r,k);
        else
            return query_y(i<<1,l,mid,k)+query_y(i<<1|1,mid+1,r,k);
}

int query_x(int i,int l,int r,int ll,int rr){
    if(tr[i].l==l&&tr[i].r==r)
        return query_y(1,ll,rr,i);
    int mid=(tr[i].l+tr[i].r)>>1;
    if(r<=mid)
        return query_x(i<<1,l,r,ll,rr);
    else if(l>mid)
        return query_x(i<<1|1,l,r,ll,rr);
    else
        return query_x(i<<1,l,mid,ll,rr)+query_x(i<<1|1,mid+1,r,ll,rr);
}
```

❀ 训练 4 马赛克处理

题目描述（HDU4819）：对一些图片进行像素化处理（打马赛克），先把每一张图片都分成 $n \times n$ 个单元格，每个单元格都有一个颜色值，然后选择一个单元格，检查以该单元格为中心的 $L \times L$ 区域的颜色值。假设区域中的最大颜色值和最小颜色值分别为 A 和 B，则用 floor((A+B)/2) 替换所选单元格的颜色值。

输入：第 1 行包含一个整数 T（$T \leq 5$），表示测试用例的数量，每个测试用例都以整数 n 为开头（$5 < n < 800$）；接下来的 n 行，每行都有 n 个整数表示原始颜色值，第 i 行中的第 j 个整数是图片单元格(i, j)的颜色值，颜色值是非负整数，不超过 10^9。之后有一个整数 Q（$Q \leq 10^5$），表示打马赛克的数量。在 Q 个操作中，第 i 行表示第 i 个处理位置 x_i, y_i, L_i（$1 \leq x_i, y_i \leq n, 1 \leq L_i < 10^4$，$L_i$ 是奇数），表示将根据上文所述的 $L_i \times L_i$ 区域修改(x_i, y_i)的颜色值。查询(2,3,3)表示根据区域(1,2)、(1,3)、(1,4)、(2,2)、(2,3)、(2,4)、(3,2)、(3,3)、(3,4)更新第 2 行和第 3 列单元格的颜色值。注意：若区域不完全在图片中，则只考虑同时位于区域和图片中的单元格，并按照输入顺序逐个更新。

输出：对每个测试用例，都输出一行"Case#t:"（不带引号，t 表示测试用例的编号），对每种操作都输出已更新单元格的颜色值。

输入样例	输出样例
1	Case #1:
3	5
1 2 3	6
4 5 6	3
7 8 9	4
5	6

```
2 2 1
3 2 3
1 1 3
1 2 3
2 2 3
```

1．算法设计

本题包括两种操作：区间最值查询、点更新。要求查询以(x, y)为中心，$L \times L$ 大小的矩形区间的颜色最大值 maxs 和最小值 mins，用(maxs+mins)/2 更新单元格(x, y)的颜色值。因为本题数据是二维数据，所以可以采用二维线段树（线段树套线段树）解决。

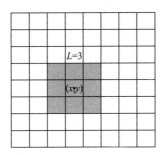

2．算法实现

1）数据结构定义

本题采用二维数组记录区间最值，不存储区间左右边界。tr[k][i]表示第 1 维线段树中下标为 k 的节点对应的第 2 维线段树中下标为 i 的节点。

```
struct node{
    int Max,Min;//没有存储l,r
}tr[maxn<<2][maxn<<2];
```

2）创建线段树套线段树

包括创建第 2 维线段树和第 1 维线段树两个函数。创建第 2 维线段树时需要指明为第 1 维线段树的哪个节点创建第 2 维线段树。以输入样例为例，单元格如下图所示。

1	2	3
4	5	6
7	8	9

创建线段树套线段树的过程如下。

（1）第 1 维线段树的叶子[1,1]处理第 1 行数据，叶子[2,2]处理第 2 行数据，叶子[3,3]处理第 3 行数据。

（2）第 1 维线段树的叶子[1,1]处理第 1 行数据，在其对应的第 2 维线段树 T_1 中，叶子[1,1]代表第 1 行第 1 列，叶子[2,2]代表第 1 行第 2 列，叶子[3,3]代表第 1 行第 3 列。T_1 的分支节点[1,2]代表第 1 行第 1、2 列，因此它的最值取左右子树的最值即可。

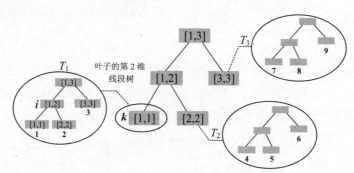

（3）回归时为第 1 维线段树的分支节点创建第 2 维线段树。第 1 维线段树的分支节点[1,2]代表第 1~2 行，在其对应的第 2 维线段树 T_4 中，叶子节点[1,1]代表第 1~2 行的第 1 列，其最值取第 1 行第 1 列和第 2 行第 1 列的最值，即取 T_1 和 T_2 中对应节点的最值。在 T_4 中的叶子节点更新完毕后，返回时更新上层分支节点，取自身的左右子树最值即可。

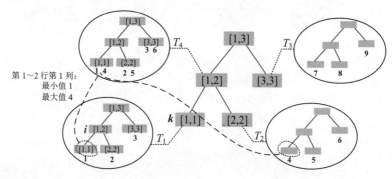

算法代码：

```
void build_y(int i,int k,int l,int r,int flag) {//创建第 2 维线段树
int mid,val;//参数 k，为第 1 维线段树下标为 k 的节点创建第 2 维线段树
//flag=1，表示为第 1 维线段树的叶子节点创建第 2 维线段树；flag=2，表示为分支节点创建第 2 维线段树
    if(l==r){
        if(flag==1) {//只在叶子节点读入数据
            scanf("%d",&val);
            tr[k][i].Max=tr[k][i].Min=val;
        }else{
            tr[k][i].Max=max(tr[k<<1][i].Max,tr[k<<1|1][i].Max);
            tr[k][i].Min=min(tr[k<<1][i].Min,tr[k<<1|1][i].Min);
        }
```

```
        return;
    }
    mid=(l+r)>>1;
    build_y(i<<1,k,l,mid,flag);
    build_y(i<<1|1,k,mid+1,r,flag);
    push_up(i,k);
}

void push_up(int i,int k){
    tr[k][i].Max=max(tr[k][i<<1].Max,tr[k][i<<1|1].Max);
    tr[k][i].Min=min(tr[k][i<<1].Min,tr[k][i<<1|1].Min);
}

void build_x(int i,int l,int r) {//创建第 1 维线段树
    if(l==r){
        build_y(1,i,1,n,1);//第 1 种创建方式，为叶子节点创建第 2 维线段树
        return;
    }
    int mid=(l+r)>>1;
    build_x(i<<1,l,mid);
    build_x(i<<1|1,mid+1,r);
    build_y(1,i,1,n,2);//第 2 种创建方式，为分支节点创建第 2 维线段树
}
```

3）区间最值查询

首先在第 1 维线段树中查询[xa, xb]，覆盖节点区间时进入该节点对应的第 2 维线段树中查询[ya, yb]，更新最大值和最小值。例如，查询行[2,3]、列[1,3]的区间最值，首先在第 1 维线段树中查询[2,3]，找到节点[2,2]和[3,3]。在节点[2,2]对应的第 2 维线段树 T_2 中查询[1,3]，T_2 中的根节点区间就是[1,3]，返回最大值 6 和最小值 4，maxs=6，mins=4；在节点[3,3]对应的第 2 维线段树 T_3 中查询[1,3]，T_3 中的根节点区间就是[1,3]，返回最大值 9 和最小值 7，maxs=9，mins=4。

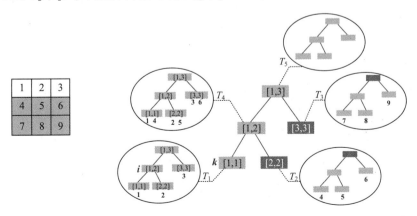

```
void query_y(int i,int k,int l,int r,int ll,int rr){//查询第2维线段树
    if(ll<=l&&rr>=r){
        maxs=max(maxs,tr[k][i].Max);
        mins=min(mins,tr[k][i].Min);
        return;
    }
    int mid=(l+r)>>1;
    if(ll<=mid) query_y(i<<1,k,l,mid,ll,rr);
    if(rr>mid) query_y(i<<1|1,k,mid+1,r,ll,rr);
}

void query_x(int i,int l,int r,int ll,int rr){ //查询第1维线段树
    if(ll<=l&&rr>=r){
        query_y(1,i,1,n,ya,yb);
        return;
    }
    int mid=(l+r)>>1;
    if(ll<=mid) query_x(i<<1,l,mid,ll,rr);
    if(rr>mid) query_x(i<<1|1,mid+1,r,ll,rr);
}
```

4）点更新

点更新即将单元格(x, y)的颜色值更新为 val。点更新和创建树时一样，也分为叶子和非叶子两种更新方式。

（1）第 1 维线段树的叶子更新。首先在第 1 维线段树中查询 x，找到 x 所在的叶子节点后，在该节点对应的第 2 维线段树中查询 y，找到 y 所在的叶子节点后，将最大值和最小值均更新为 val，返回时更新第 2 维线段树上层节点的最值。例如，将(2,3)更新为 10 时，首先在第 1 维线段树中查询 2，找到叶子节点[2,2]，在该节点对应的第 2 维线段树 T_2 中查询 3，找到 3 所在的叶子节点[2,2]后，将最大值和最小值均更新为 10，返回时更新 T_2 上层节点的最值。

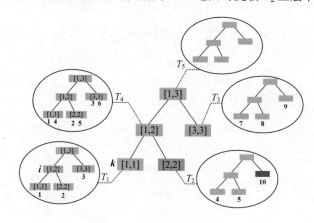

（2）第 1 维线段树的分支节点更新。从第 1 维线段树的叶子节点[2,2]返回时，需要更新其父节点[1,2]。第 1 维线段树的分支节点[1,2]代表第 1、2 行，取 T_1 和 T_2 中对应节点的最值。在 T_4 更新完毕后，返回时更新上层分支节点。

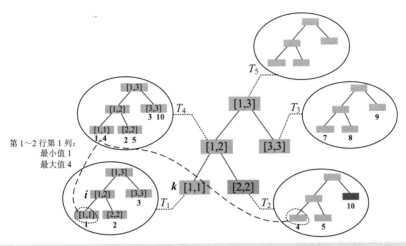

```
void modify_y(int i,int k,int l,int r,int val,int flag) {//更新第2维线段树
    if(l==r){
        if(flag==1) tr[k][i].Max=tr[k][i].Min=val;
        else{
            tr[k][i].Max=max(tr[k<<1][i].Max,tr[k<<1|1][i].Max);
            tr[k][i].Min=min(tr[k<<1][i].Min,tr[k<<1|1][i].Min);
        }
        return;
    }
    int mid=(l+r)>>1;
    if(mid>=y) modify_y(i<<1,k,l,mid,val,flag);
    else modify_y(i<<1|1,k,mid+1,r,val,flag);
    push_up(i,k);
}

void modify_x(int i,int l,int r,int val) {//更新第2维线段树
    if(l==r){
        modify_y(1,i,1,n,val,1);
        return;
    }
    int mid=(l+r)>>1;
    if(mid>=x) modify_x(i<<1,l,mid,val);
    else modify_x(i<<1|1,mid+1,r,val);
    modify_y(1,i,1,n,val,2);
}
```

6.5 可持久化数据结构

可持久化数据结构可以存储数据结构的所有历史版本，并通过重用数据减少时间和空间消耗。可持久化提供了一种思想：在每次操作后，都仅对已修改部分创建副本，对其他部分重用，这样数据结构的时间复杂度不变，空间复杂度仅增加与时间同级的规模，可以高效记录数据结构的所有历史状态。很多数据结构都可被写成可持久化形式，例如线段树、Trie、并查集、块状链表和平衡树，等等。

📖 原理 1 可持久化线段树详解

在讲解可持久化线段树之前，首先了解另一种线段树——权值线段树。

1. 权值线段树

权值线段树和普通线段树样子类似，但含义不同。普通线段树的节点通常存储该区间的最值或和值，其节点范围是一个区间；权值线段树的节点存储该值域内的元素个数，其节点范围是一个值域。例如，构建权值线段树存储序列{3, 1, 4, 2, 3, 5, 3, 4}，过程如下。

（1）该序列的最小值和最大值分别为 1 和 5，树根[1,5]表示值域大于或等于 1 小于或等于 5，下面的节点只需像构建普通线段树一样二分即可。初始化时，权值线段树每个节点的权值均为 0，即落入该节点值域内的元素个数为 0，如下图所示；然后将序列中的元素依次插入权值线段树中，每插入一个元素，即产生一棵权值线段树。

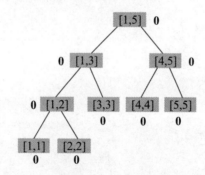

（2）将序列第 1 个元素 3 插入权值线段树，则落入值域[1,5]的数有 1 个，落入值域[1,3]的数有 1 个，落入值域[3,3]的数有 1 个。第 1 棵权值线段树如下图所示。

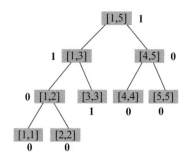

（3）依次插入元素 1、4、2、3，落入值域[1,5]的数有 5 个，落入值域[1,3]的数有 4 个，等等。第 5 棵权值线段树如下图所示。

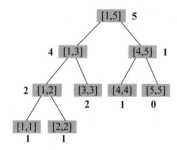

（4）依次插入元素 5、3、4，落入值域[1,5]的数有 8 个，落入值域[1,3]的数有 5 个，等等。第 8 棵权值线段树如下图所示。

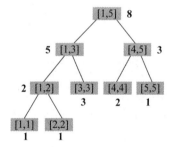

上面 n 棵权值线段树的形状一模一样，只是节点的权值不一样，所以这样的两棵线段树是可以相减的（两棵线段树相减就是每个对应节点的权值相减）。

第 8 棵权值线段树减去第 5 棵权值线段树得到的权值线段树如下图所示。第 5 棵权值线段树维护的序列区间是[1,5]，第 8 棵权值线段树维护的序列区间是[1,8]，两棵线段树相减得到一个新的序列区间[6,8]，即序列第 6～8 个元素{5,3,4}对应的权值线段树。

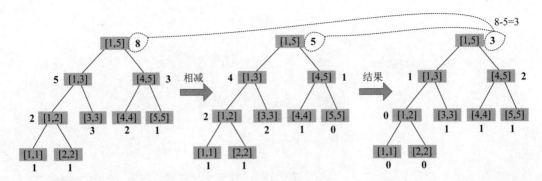

这是前缀和的思想：若任意一个[l, r]区间的权值线段树都可以由两棵权值线段树（[1,r]和[1, l−1]）相减得到，则可以在这棵权值线段树上快速查询区间问题。

但是，这 n 棵权值线段树占用的空间太大了，其中有很多节点重复，浪费了大量空间。对此可以考虑优化：在创建权值线段树的过程中仅对权值有变化的节点进行新建，对权值未修改的节点直接重用，这就是可持久化线段树，下面详细讲解如何实现。

2．可持久化线段树

例如，对序列{3, 1, 4, 2, 3, 5, 3, 4}构建可持久化线段树进行存储，过程如下。

（1）初始化时，每个节点的权值都为 0，树根为 rt[0]。

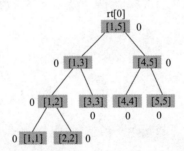

（2）将序列第 1 个元素 3 插入权值线段树中，元素 3 落在值域区间[1,5]、[1,3]、[3,3]，只有这 3 个节点的权值有变化，这时新建 3 个节点，对其他节点重用即可。插入第 1 个元素后，产生了第 1 个权值线段树，树根为 rt[1]，如下图所示。

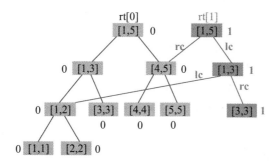

（3）将序列第 2 个元素 1 插入权值线段树中，元素 1 落在值域区间[1,5]、[1,3]、[1,2]、[1,1]，只需新建 4 个节点，其他节点重用，第 2 个权值线段树的树根为 rt[2]，如下图所示。

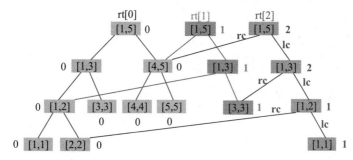

（4）插入第 3 个元素 4，元素 4 落在值域区间[1,5]、[4,5]、[4,4]，只需新建 3 个节点，对其他节点重用，第 3 个权值线段树的树根为 rt[3]，如下图所示。

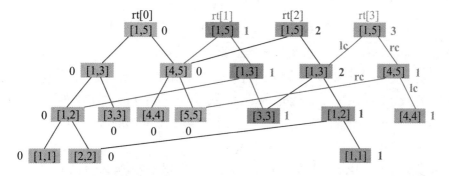

每次插入操作最多创建的节点数都为 log$n$（从根到叶子），一共执行了 n 次插入操作，可持久化线段树的节点总数为 $O(n\log n)$，而 n 棵单独权值线段树的节点总数为 $O(n^2)$，很明显，可持久化线段树通过重用减少了很多节点。同时，可以查询每个历史版本，查询插入第 3 个元素后的线段树，只需找到第 3 棵树的树根 rt[3]即可。

3．数据离散化

因为权值线段树的节点范围是一个值域，因此在值域非常大时需要离散化处理。

（1）将原数据复制一份到 b[]，对 b[]进行排序，使用 unique()函数去掉重复的数（即去重）。例如，原序列{12, 5, 15, 8, 12, 20, 12, 15}排序后为{5, 8, 12, 12, 12, 15, 15, 20}，去重后为{5, 8, 12, 15, 20}，元素个数 tot=5。排序、去重后，b[]={5, 8, 12, 15, 20}。

算法代码：

```
sort(b+1,b+n+1);//排序
int tot=unique(b+1,b+n+1)-b-1;//去重
```

（2）将原序列转换为去重后序列的下标。a[]={12, 5, 15, 8, 12, 20, 12, 15}，a[]的第 1 个元素为 12，在 b[]中查找第 1 个大于或等于 12 的元素，其下标为 3；a[]的第 2 个元素为 5，在 b[]中查找第 1 个大于或等于 5 的元素，其下标为 1。可以使用 STL 中的 lower_bound()函数实现：

```
lower_bound (b+1, b+tot+1, a[i])-b;
```

lower_bound(begin, end, num)指从数组的 begin 位置到 end−1 位置二分查找第 1 个大于或等于 num 的元素，找到后返回该元素的地址，若不存在则返回 end，将返回的地址减去起始地址 begin，得到该元素在数组中的下标。

4．创建可持久化线段树

创建可持久化线段树的过程，相当于把 a[]的每个元素都离散化为下标，将该下标插入可持久化线段树中。

```
for(int i=1;i<=n;i++)//将每个元素离散化后都插入可持久化线段树中
  update(rt[i],rt[i-1],1,tot,lower_bound(b+1,b+tot+1,a[i])-b);
```

其中，rt[i]为当前版本（第 i 棵树）的树根，rt[$i-1$]为前一版本（第 $i-1$ 棵树）的树根，tot 为离散化后的元素个数，lower_bound(b+1,b+tot+1,a[i])−b 为将 a[i]离散化后的下标。

对于 rt[0]这棵树，既可以创建，也可以不创建，直接将其初始化为 0 即可。

算法分析：创建可持久化线段树，一共包括 n 次插入，每次插入元素时都最多创建 log$n$ 个新节点（从根到叶子），总时间复杂度为 $O(n\log n)$，空间复杂度也为 $O(n\log n)$。

5．插入

插入元素时，只需创建更新的节点，对无须更新的节点重用上一个版本（注意：不可以对历史版本进行修改）。

例如，原序列 a[]={12, 5, 15, 8, 12, 20, 12, 15}，利用插入操作创建可持久化线段树。排序去重后，b[]={5, 8, 12, 15, 20}，元素个数 tot=5。

	1	2	3	4	5
$b[]$	5	8	12	15	20

原序列 $a[]$ 的第 1 个元素为 12，对应 $b[]$ 的下标为 3；第 2 个元素为 5，对应 $b[]$ 的下标为 1，以此类推。离散化后的原序列对应的 $b[]$ 的下标序列为 {3, 1, 4, 2, 3, 5, 3, 4}，将该序列依次插入可持久化线段树中。

创建可持久化线段树的过程如下。

（1）插入 3。复制上一版本 rt[1]=rt[0]，树根区间为[1,5]，权值加 1，mid=(1+5)/2=3，3≤mid，将其插入左子树中；复制上一版本的节点[1,3]，权值加 1，mid=(1+3)/2=2，3>mid，将其插入右子树中；复制上一版本的节点[3,3]，权值加 1。已到叶子，处理完毕。

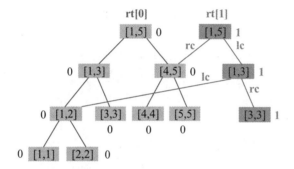

（2）插入 1。复制上一版本 rt[2]=rt[1]，权值加 1，mid=(1+5)/2=3，1≤mid，将其插入左子树；复制上一版本的节点[1,3]，权值加 1，mid=(1+3)/2=2，1≤mid，将其插入左子树；复制上一版本的节点[1,2]，权值加 1，mid=(1+2)/2=1，1≤mid，将其插入左子树；复制上一版本的节点[1,1]，权值加 1。已到叶子，处理完毕。

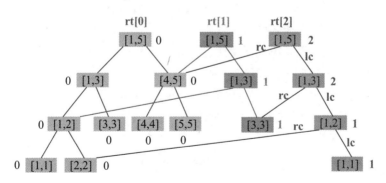

算法代码：

```
void update(int &i,int j,int l,int r,int k){//在可持久化线段树中插入元素 k
    i=++cnt;
```

```
    tr[i]=tr[j];
    ++tr[i].num;
    if(l==r) return;
    if(k<=mid) update(lc,Lc,l,mid,k);//mid为(l+r)/2,lc和rc为tr[i]的左、右子节点
    else update(rc,Rc,mid+1,r,k);//Lc和Rc为tr[j]的左、右子节点
}
```

算法分析：

插入操作每次最多从根到叶子，时间复杂度和空间复杂度均为 $O(\log n)$。

6. 区间第 k 小的数（POJ2104）

在可持久化线段树中，有相同值域的节点有可减性。

- 以 $rt[i-1]$ 为根的线段树，其权值表示序列$[1, i-1]$有多少个数落入值域$[l, r]$区间。
- 以 $rt[j]$ 为根的线段树，其权值表示序列$[1, j]$有多少个数落入值域$[l, r]$区间。

两棵线段树的值域划分是相同的，即两棵线段树中的节点是一一对应的。有相同值域的节点有可减性。$rt[j]$的权值减去$rt[i]$的权值等于序列$[i, j]$有多少个数落入值域$[l, r]$区间。

查询$[i, j]$区间第 k 小的元素时，只需将$rt[j]$和$rt[i-1]$两棵线段树的权值相减，就可以得到一棵$[i, j]$区间对应的线段树，然后在该线段树上搜索即可。

算法步骤： 从树根 $rt[j]$和$rt[i-1]$开始，若 $l=r$，则返回 l；将当前两个节点的左子树权值相减得到 s，若$k \leqslant s$，则在左子树中查找第 k 小，否则在右子树中查找第 $k-s$ 小。

例如，对原序列 $a[]=\{12, 5, 15, 8, 12, 20, 12, 15\}$排序、去重后得到 $b[]$，$b[]=\{5, 8, 12, 15, 20\}$，离散化后，原序列对应的 $b[]$ 的下标为$\{3, 1, 4, 2, 3, 5, 3, 4\}$。

若查询原序列中$[2,4]$区间第 2 小的元素，则查询过程如下。

（1）将第 4 棵树和第 1 棵树的左子树$[1,3]$的权值相减，$s=3-1=2$。

（2）$2 \leqslant s$，到左子树$[1,3]$中查找第 2 小的元素。

（3）将第 4 棵树和第 1 棵树的左子树$[1,2]$的权值相减，$s=2-0=2$。

（4）$2 \leqslant s$，到左子树$[1,2]$中查找第 2 小的元素。

（5）将第 4 棵树和第 1 棵树的的左子树$[1,1]$的权值相减，$s=1-0=1$。

（6）$2>s$，到右子树$[2,2]$中查找第 1 小的元素。

（7）此时 $l=r$，返回 $l=2$，结束。

返回的值是 $b[]$ 的下标，$b[2]=8$，即区间$[2,4]$的第 2 小元素为 8。

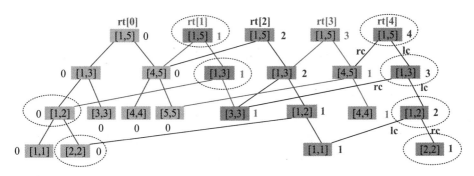

算法代码：

```
int query(int i,int j,int l,int r,int k){
    if(l==r) return l;
    int s=tr[Lc].num-tr[lc].num;
    if(k<=s) return query(lc,Lc,l,mid,k); //mid为(1+r)/2,lc和rc为tr[i]的左、右子节点
    else return query(rc,Rc,mid+1,r,k-s); //Lc和Rc为tr[j]的左、右子节点
}
```

算法分析： 区间查询从根到叶子最多查询 $\log n$ 个节点，时间复杂度为 $O(\log n)$，m 次查询的总时间复杂度为 $O(m\log n)$。对于静态区间第 k 小问题，采用可持久化线段树解决的时间复杂度为 $O((n+m)\log n)$，空间复杂度为 $O(n\log n)$；也可以采用线段树套平衡树解决，时间复杂度为 $O((n+m)\log^2 n)$，空间复杂度为 $O(n\log n)$。线段树套平衡树更适用于解决动态区间第 k 小问题，可持久化线段树很难用于动态修改。

📖 原理 2　可持久化 Trie 详解

可持久化 Trie 与其他可持久化数据结构一样，存储所有历史版本，并利用可重用信息，每次只重建有变化的节点。可持久化 Trie 的节点与普通 Trie 的节点一样，可以用 trie[x][c]存储节点 x 的字符指针 c 指向的子节点编号。

在可持久化 Trie 中插入一个字符串 s，假设当前可持久化 Trie 的树根为 root[i-1]，令 p=root[i-1]，从 s[j]（j=0）开始处理。

算法步骤：

（1）创建一个新节点 q，令当前树根 root[i]=q；

（2）若 $p\neq0$，则复制 p 节点，对于每个字符 'c'，都令 trie[q][c]=trie[p][c]；

（3）创建一个新节点 r，trie[q][s[j]]=r。此时 q 节点除了字符指针 s[j]与 p 节点不同，其他子节点完全相同；

（4）令 p=trie[p][s[j]]，q=trie[q][s[j]]，j=j+1，转向第 2 步继续处理字符串的下一个字符。

完美图解：

例如，在可持久化 Trie 中依次插入字符串 "cat" "bat" "cow" "bee"，过程如下。

（1）插入 "cat"。创建新树根 rt[1]。

（2）插入 "bat"。创建新树根 rt[2]，rt[2]复制根节点 rt[1]。c 指针和前一版本一样，创建新节点，b 指针指向该节点。沿着字符 'b' 向下走，继续处理余下字符。

（3）插入 "cow"。创建新树根 rt[3]，rt[3]复制根节点 rt[2]，创建新节点，c 指针指向该节点。p 和 q 变量分别从树根 rt[2]、rt[3]开始沿着字符 'c' 向下走，q 复制 p 节点，a 指针和前面的版本一样；p 和 q 变量分别沿着字符 'o' 向下走，处理余下字符。

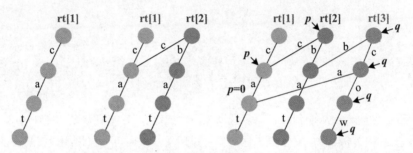

（4）插入 "bee"。创建新树根 rt[4]，rt[4]复制根节点 rt[3]，指针和前一版本一样，创建新节点，b 指针指向该节点。p 和 q 变量分别从树根 rt[3]、rt[4]开始沿着字符 'b' 向下走，q 复制 p 节点，a 指针和前面的版本一样；p 和 q 变量分别沿着字符 'e' 向下走，处理余下字符。

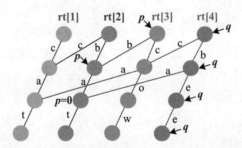

从任何一棵树根 rt[i]都可以找到前 i 个字符串。从树根 rt[3]可以找到前 3 个字符串 "cat" "bat" "cow"。

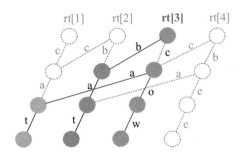

训练 1　超级马里奥

题目描述（HDU4417）见 2.5 节训练 4。

题解：本题为区间查询问题，查询区间内小于或等于 H 的数有多少个，可以采用分块来解决，也可以采用可持久化线段树来解决。

1. 算法设计

首先将数据离散化，然后创建可持久化线段树；最后对于查询 L R H，先将 H 转换为离散化后的下标 k，再查询小于或等于 k 的数有多少个。

2. 算法实现

1）离散化

将原数据复制一份到 $b[]$，对 $b[]$ 进行排序，使用 unique 函数去掉重复的数。

2）创建可持久化线段树

创建可持久化线段树，相当于把 $a[]$ 的每个元素都离散化为 $b[]$ 的下标，将该下标插入可持久化线段树中：

```
for(int i=1;i<=n;i++)//将每个元素离散化后的下标都插入可持久化线段树中
  update(rt[i],rt[i-1],1,tot,lower_bound(b+1,b+tot+1,a[i])-b);
```

对原序列 $\{0, 5, 2, 7, 5, 4, 3, 8, 7, 7\}$ 排序、去重后，$b[]=\{0, 2, 3, 4, 5, 7, 8\}$，如下图所示。

	1	2	3	4	5	6	7
$b[]$	0	2	3	4	5	7	8

离散化后，原序列对应的 $b[]$ 的下标为 $\{1, 5, 2, 6, 5, 4, 3, 7, 6, 6\}$，将该序列依次插入可持久化线段树中。

创建可持久化线段树的过程如下。

（1）初始化所有节点的权值为 0。

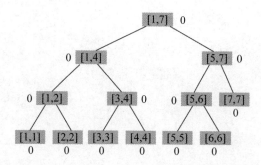

（2）插入 1，生成第 1 棵权值线段树。1 落入 4 个区间[1,7]、[1,4]、[1,2]、[1,1]，新建 4 个节点，其他节点重用。

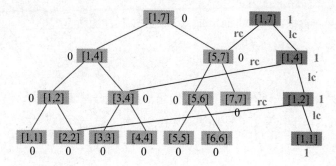

（3）插入 5，生成第 2 棵权值线段树。5 落入 4 个区间[1,7]、[5,7]、[5,6]、[5,5]，新建 4 个节点，其他节点重用。

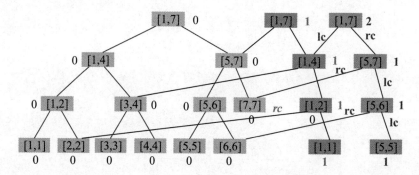

（4）插入 2，生成第 3 棵权值线段树。2 落入 4 个区间[1,7]、[1,4]、[1,2]、[2,2]，新建 4 个节点，对其他节点重用。

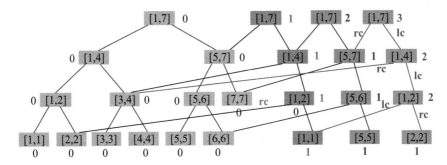

（5）插入 6，生成第 4 棵权值线段树。6 落入 4 个区间[1,7]、[5,7]、[5,6]、[6,6]，新建 4 个节点，对其他节点重用。

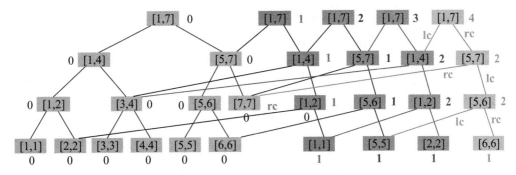

（6）将剩余的 6 个元素{5, 4, 3, 7, 6, 6}依次插入可持久化线段树中。

3）查询[L, R]区间小于或等于 H 的数

例如，查询[2,4]区间小于或等于 6 的数有多少个，因为在创建的可持久化线段树中，插入的数据是离散化后的下标，因此也需要将 6 转变为离散化后的下标。

在 b[]中查找第 1 个大于 6 的数的下标，减 1 得到 k=5。

	1	2	3	4	5	6	7
b[]	0	2	3	4	5	7	8

问题转变为：在可持久化线段树中，查询[2,4]区间小于或等于 5 的数有多少个。可以使用 STL 中的 upper_bound()函数解决这个问题：

```
int k=upper_bound(b+1,b+tot+1,h)-b-1;
```

采用可持久化线段树处理[L, R]区间的问题时，需要将两棵树 rt[R]和 rt[L−1]的权值相减。

算法步骤：

（1）从树根 rt[R]和 rt[L−1]开始。

（2）若 k≤mid，则到左子树中查找，累加结果。

（3）若 k>mid，则落在左子树值域中的数都是比 k 小的数，rt[R]和 rt[L−1]的左子树权值之差就是[L, R]区间比 k 小的元素个数，然后在右子树中查找，累加结果。

（4）若 l=r，则返回权值之差。

完美图解：

在上述可持久化线段树中查询[2,4]区间小于或等于 5 的数有多少个，过程如下。

（1）从树根 rt[4]开始，l=1，r=7，mid=4。

（2）5>mid，累加 rt[4]和 rt[1]的左子树[1,4]的权值之差，ans=2−1=1；然后到右子树[5,7]中查找，l=5，r=7，mid=6。

（3）5≤mid，到左子树[5,6]中查找，l=5，r=6，mid=5。

（4）5≤mid，到左子树[5,5]中查找，l=r，累加 rt[4]和 rt[1]的左子树[5,5]的权值之差，ans+=1−0=2，所以[2,4]区间小于或等于 5 的数有两个。

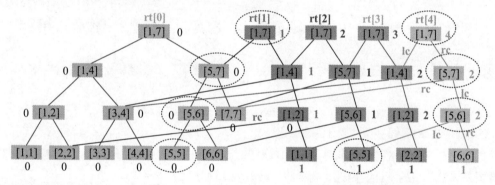

回头看原序列{0, 5, 2, 7, 5, 4, 3, 8, 7, 7 }，[2,4]区间小于或等于 6 的数恰好有两个。

算法代码：

```
int query(int i,int j,int l,int r,int k){
    if(l==r) return tr[j].num-tr[i].num;
    int ans=0;
    if(k<=mid) ans+=query(lc,Lc,l,mid,k);
    else{
        ans+=tr[Lc].num-tr[lc].num;
        ans+=query(rc,Rc,mid+1,r,k);
    }
    return ans;
}
```

算法分析：创建可持久化线段树的时间为 $O(n\log n)$，区间查询从根到叶子最多查询 $\log n$ 个节点，m 次查询的时间为 $O(m\log n)$，总时间复杂度为 $O((n+m)\log n)$，空间复杂度为 $O(n\log n)$。

训练 2　记忆重现

题目描述（HDU4348）：《到月球去》是 RPG 公司开发的一款角色扮演冒险游戏，登月的前提是有一种技术能让我们永久重建临终人类的记忆。假设有 n 个整数 A[1],A[2],…,A[n]，实现以下操作：①C l r d：每个 A_i（$l{\leqslant}i{\leqslant}r$）都增加一个常数 d，并将时间戳增加 1，这是唯一导致时间戳增加的操作；②Q l r：查询 A_i（$l{\leqslant}i{\leqslant}r$）的当前和；③H l r t：查询 t 时间 A_i（$l{\leqslant}i{\leqslant}r$）的历史和；④B t：回到时间 t。一旦决定回到过去，就再也不可以访问一个前进版了。其中，n、$m{\leqslant}10^5$，$|A[i]|{\leqslant}10^9$，$1{\leqslant}l{\leqslant}r{\leqslant}n$，$|d|{\leqslant}10^4$。系统从时间 0 开始，第 1 次修改是在时间 1，$t{\geqslant}0$，不会向我们介绍未来的状态。

输入：输入包含多个测试用例，每个测试用例的第 1 行都包含两个整数 n 和 m，表示元素个数和操作数；第 2 行包含 n 个整数 A[1],A[2],…,A[n]；接下来有 m 行，每行都表示一种操作。

输出：对每个查询，都单行输出结果。

输入样例	输出样例
10 5	4
1 2 3 4 5 6 7 8 9 10	55
Q 4 4	9
Q 1 10	15
Q 2 4	0
C 3 6 3	1
Q 2 4	
2 4	
0 0	
C 1 1 1	
C 2 2 -1	
Q 1 2	
H 1 2 1	

题解：

1. 算法设计

本题包括 4 种操作：区间更新、区间和查询、历史版本区间和、回到某个历史版本。因为要记录每个历史版本，所以考虑采用可持久化数据结构来解决，例如可持久化线段树。但区间更新是一个大问题，可持久化线段树不允许对历史版本进行更新，因为更新历史版本会引起连锁反应，后面重用该节点的版本都需要更新。可以考虑打懒标记，查询时，不下传懒标记，遇到懒标记就累加，最后把懒标记的影响加到总答案里，这种懒标记叫作永久化标记。

2. 算法实现

1）创建初始化线段树

创建一棵普通线段树（因为要计算区间和，所以不可以用权值线段树），每个节点的值都为该节点的区间和值，懒标记初始为 0。根据序列{5, 3, 7, 2, 12}构建的普通线段树如下图所示。

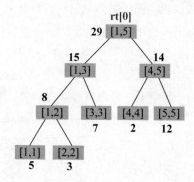

算法代码：

```
void build(int &i,int l,int r){
    i=++cnt;
    tr[i].lazy=0;
    if(l==r){
        scanf("%lld",&tr[i].sum);
        return;
    }
    build(lc,l,mid);
    build(rc,mid+1,r);
    push_up(i);
}
void push_up(int i){tr[i].sum=tr[lc].sum+tr[rc].sum;}
```

2）区间更新

将当前线段树[L, R]区间的所有元素都增加 c，时间戳增加 1。

算法步骤：

（1）从当前树根开始，在线段树中查询[L, R]区间，在查询过程中将复制经过的节点，并更新和值累加$(R{-}L{+}1) \times c$。

（2）若[L, R]区间覆盖当前节点区间，则打懒标记。

（3）若 $R \leqslant$ mid，则在左子树中更新。

（4）若 $L >$ mid，则在右子树中更新。

（5）否则分别在左右子树中更新。

完美图解：

例如，对当前线段树[3,5]区间增加 2。

（1）从树根开始查询[3,5]区间，复制树根[1,5]，更新和值 29+(5–3+1)×2=35。

（2）[3,5]区间跨左右两棵子树，在左子树中查询[3,3]区间，在右子树中查询[4,5]区间。

（3）在左子树中查询[3,3]区间，复制左子树节点[1,5]，更新和值 15+(3–3+1)×2=17。

（4）继续在[1,3]的右子树中查询[3,3]区间，复制该节点[3,3]，更新和值 7+(3–3+1)×2=9。[3,3]区间覆盖该节点，因此该节点的懒标记+2。

（5）在右子树中查询[4,5]区间，复制该节点[4,5]，更新和值 14+(5–4+1)×2=18。[4,5]区间覆盖该节点，因此该节点懒标记+2。

当前线段树的[3,5]区间增加 2 后，结果如下图所示。

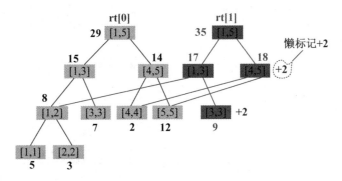

然后，继续对当前线段树[1,4]区间增加 5。

（1）从树根开始，查询[1,4]区间，复制树根[1,5]，更新和值 29+(4–1+1)×5=55。

（2）[1,4]区间跨左右两棵子树，在左子树中查询[1,3]区间，在右子树中查询[4,4]。

（3）在左子树[1,3]中查询[1,3]区间，复制左子树节点[1,3]，更新和值 17+(3–1+1)×5=32；[1,3]区间覆盖该节点，因此该节点懒标记+5。

（4）在右子树[4,5]中查询[4,4]区间，复制该节点[4,5]，更新和值 18+(4–4+1)×5=23。

接着，继续在节点[4,5]的左子树中查询[4,4]区间，更新和值 2+(4–4+1)×5=7。[4,4]区间覆盖该节点，因此该节点懒标记+5。

当前线段树[1,4]区间增加 5 后，结果如下图所示。

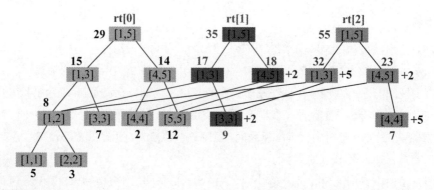

算法代码：

```
void update(int &i,int j,int l,int r,int L,int R,int c){
    i=++cnt;
    tr[i]=tr[j];
    tr[i].sum+=1ll*(R-L+1)*c;
    if(l>=L&&r<=R){
        tr[i].lazy+=c;
        return;
    }
    if(R<=mid) update(lc,Lc,l,mid,L,R,c);
    else if(L>mid) update(rc,Rc,mid+1,r,L,R,c);
    else{
        update(lc,Lc,l,mid,L,mid,c);
        update(rc,Rc,mid+1,r,mid+1,R,c);
    }
}
```

3）区间和查询

查询[L, R]的区间和时，首先要确定是哪个版本的线段树，即指明树根，然后在该线段树中查询区间和。查询历史版本的区间和时指明历史版本 t 即可，该树根为 rt[t]，当前树根为 rt[now]。

算法步骤：

（1）从当前树根开始，$l=1$，$r=n$，懒标记参数 $x=0$。

（2）若[L, R]覆盖当前节点区间，则返回当前节点的和值+区间长度×懒标记。

（3）若 $R \leqslant$ mid，则在左子树中查询，懒标记参数累加当前节点的懒标记 $x+$tr[i].lazy。

（4）若 $L>$ mid，则在右子树中查询，懒标记参数累加当前节点的懒标记 $x+$tr[i].lazy。

（5）否则，分别在左右子树中查询累加和值，懒标记参数均累加当前节点的懒标记 $x+$tr[i].lazy。

查询当前线段树[1,4]的区间和，步骤如下。

（1）从当前树根开始，懒标记参数 x=0。

（2）[1,4]区间跨左右两棵子树，分别在左子树中查询[1,3]区间，在右子树中查询[4,4]区间，累加和值。

（3）在左子树[1,3]中查询[1,3]区间，[1,3]覆盖当前节点区间，返回当前节点的和值+区间长度×懒标记，得到 32+(3–1+1)×0=32。

（4）在右子树[4,5]中查询[4,4]区间，继续到左子树中查询，懒标记参数累加当前节点的懒标记 x+tr[i].lazy=2。

（5）在节点[4,5]的左子树[4,4]中查询[4,4]区间，[4,4]覆盖当前节点区间，返回当前节点的和值+区间长度×懒标记，得到 7+(4–4+1)×2=9。

（6）将左右子树的结果累加，32+9=41。

查询经过的节点如下图所示。

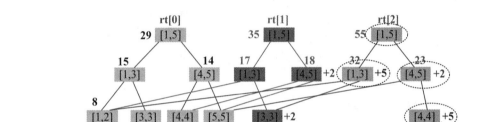

算法代码：

```
ll query(int i,int l,int r,int L,int R,ll x){
    if(l>=L&&r<=R)
        return tr[i].sum+1ll*(r-l+1)*x;
    if(R<=mid) return query(lc,l,mid,L,R,x+tr[i].lazy);
    else if(L>mid) return query(rc,mid+1,r,L,R,x+tr[i].lazy);
    else return query(lc,l,mid,L,mid,x+tr[i].lazy)+query(rc,mid+1,r,mid+1,R,x+tr[i].lazy);
}
```

4）回到某个历史版本

回到历史版本 t，令当前版本 now=t 即可。注意：t 之后的版本已经失效，因此重置节点下标 cnt 为 t 版本的最后一个节点编号，即 rt[t+1]的前一个节点编号，cnt=rt[t+1]–1；若没有重置 cnt，则这些失效的空间仍然占用空间，会浪费 5 倍空间。

算法分析： 区间更新、区间查询的时间复杂度均为 $O(\log n)$，回到历史版本的时间复杂度为 $O(1)$。

❀ 训练3 最大异或和

题目描述（P4735）：给定一个非负整数序列 $\{a[i]\}$，初始长度为 N。有 M 个操作，两种操作类型：①A x，表示添加操作，在序列末尾添加一个数 x，序列的长度为 $N+1$；②Q l r x，表示询问操作，需要找到一个位置 p，满足 $1 \leq p \leq r$，使得 $a[p] \oplus a[p+1] \oplus \cdots \oplus a[N] \oplus x$ 最大，输出最大是多少。

输入：第 1 行包含两个整数 N、M（$N, M \leq 3 \times 10^5$）；第 2 行包含 N 个非负整数，表示初始的序列 $a[i]$（$0 \leq a[i] \leq 10^7$）；接下来的 M 行，每行都描述一种操作。

输出：对每个询问操作，都单行输出答案。

输入样例	输出样例
5 5	4
2 6 4 3 6	5
A 1	6
Q 3 5 4	
A 4	
Q 5 7 0	
Q 3 6 6	

题解：

1. 算法设计

本题包括区间查询和添加操作。对最大异或问题可以采用 Trie 解决，若带有区间限制，则采用可持久化 Trie 解决。

在解决本题之前，先介绍异或问题。异或问题是研究数列上的异或性质的一类问题，例如区间最大异或、异或和相关问题等，解决这些问题时通常用到如下性质。

- 交换律：$a \oplus b = a \oplus b$
- 结合律：$(a \oplus b) \oplus c = a \oplus (b \oplus c)$
- 自反性：$a \oplus a = 0$
- 不变性：$a \oplus 0 = a$

根据上述性质，区间的异或值有前缀和性质，即

$$a_l \oplus a_{l+1} \oplus \cdots \oplus a_r = (a_1 \oplus a_2 \oplus \cdots \oplus a_{l-1}) \oplus (a_1 \oplus a_2 \oplus \cdots \oplus a_{l-1} \oplus a_l \oplus a_{l+1} \oplus \cdots \oplus a_r)$$

等号右侧前面部分根据自反性抵消掉，写成公式：

$$\mathop{\oplus}_{k=l}^{r} a_k = \left(\mathop{\oplus}_{k=1}^{l-1} a_k\right) \oplus \left(\mathop{\oplus}_{k=1}^{r} a_k\right)$$

根据异或的前缀和性质，设 $s[i]$ 表示 a 序列的前 i 个数异或的结果：

$$s[i] = \bigoplus_{k=1}^{i} a_k$$

$$\bigoplus_{k=p}^{N} a_k = s[p-1] \oplus s[N]$$

$$\bigoplus_{k=p}^{N} a_k \oplus x = s[p-1] \oplus s[N] \oplus x$$

则问题转变为求解一个 p（$l-1 \leqslant p \leqslant r-1$），使 $s[p] \oplus s[N] \oplus x$ 最大。

令 val$=s[N] \oplus x$，若没有区间限制，则可以直接将 $s[0] \sim s[N]$ 的二进制编码插入 Trie 中，询问哪个 $s[]$ 与 val 异或的结果最大。可以从 Trie 的树根出发，沿着与 val 当前位相反的边走，若无法行进，则选择另一条边，得到的数与 val 异或的结果最大。

在有区间限制 $[l-1,\ r-1]$ 的情况下，可以采用可持久化 Trie，rt$[i]$ 存储 $s[0] \sim s[i]$ 的二进制编码，在 rt$[r-1]$ 这棵树上查询，尽量沿着与 val 当前位相反的边走，且该节点对应的 $s[]$ 下标 p 大于或等于 $l-1$，这样求出的 p 值满足 $l-1 \leqslant p \leqslant r-1$，返回 $s[p] \oplus$ val 即可。

2．算法实现

1）创建可持久化 Trie

创建可持久化 Trie，读入 x，得到 $s[i]=s[i-1]$^x，即前 i 个数异或的结果。将 $s[i]$ 插入可持久化 Trie 中，当前树根为 rt$[i]$，上一个版本的树根为 rt$[i-1]$。$0 \leqslant a[i] \leqslant 10^7$，二进制不超过 24 位，因此从最高位 23 插入。

算法代码：

```
for(int i=1;i<=n;i++){
  scanf("%d",&x);
  s[i]=s[i-1]^x;
  rt[i]=++tot;
  insert(i,23,rt[i-1],rt[i]);
}
```

2）插入操作

可持久化 Trie 记录每个历史版本，插入操作是在上一个版本的基础上创建有变化的节点，无变化的节点复制上一版本。初始化时，maxs[0]=-1，所有未创建的节点下标均为 0。

算法步骤：

（1）从当前树根 q 及上一版本的树根 p 开始。

（2）maxs[q]=i，记录新节点 q 对应的 s[] 下标。

（3）若 $k<0$，则返回。

（4）取 s[i] 第 k 位上的数 c，创建新节点 trie[q][c]=++tot。

（5）若上一版本的 p 存在，则复制其另一棵子树，trie[q][c^1]=trie[p][c^1]。

（6）递归调用，处理 k–1 位，当前树根为 trie[q][c]，上一版本的树根为 trie[p][c]。

完美图解：

例如，根据序列 {2, 6, 4, 3, 6} 创建 s[i] 组成的可持久化 Trie，过程如下。

（1）初始化，将 0 插入可持久化 Trie 中。

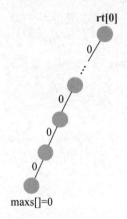

（2）s[1]=s[0]^2=0^2=2，将 2(10) 插入可持久化 Trie 中。

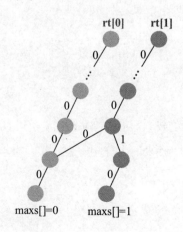

（3）$s[2]=s[1]\^6=2\^6=4$，将 4(100)插入可持久化 Trie 中。

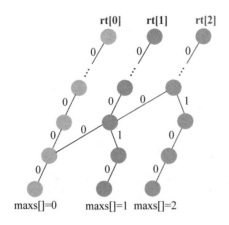

（4）$s[3]=s[2]\^4=4\^4=0$，将 0 插入可持久化 Trie 中。

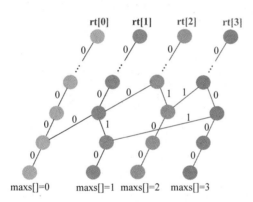

（5）$s[4]=s[3]\^3=0\^3=3$，将 3(11)插入可持久化 Trie 中。

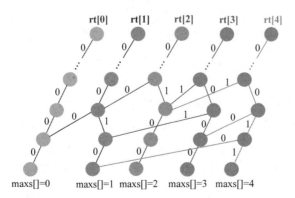

（6）$s[5]=s[4]\^6=3\^6=5$，将 5(101)插入可持久化 Trie 中。

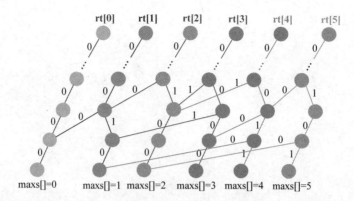

从可持久化 Trie 的创建过程中可以发现，创建第 i 棵树（插入 $s[i]$）时，新创建的所有节点 x 的下标均为 i。因此，maxs[x] 也可以被理解为节点 x 创建时对应的 $s[]$ 下标。

算法代码：

```
void insert(int i,int k,int p,int q) {
    maxs[q]=i;//新节点 q 对应的 s[]下标
    if(k<0) return;
    int c=s[i]>>k&1;//取第 k 位
    if(p) trie[q][c^1]=trie[p][c^1];//另一子树复制上一版本
    trie[q][c]=++tot;//创建新节点
    insert(i,k-1,trie[p][c],trie[q][c]);
}
```

3）查询操作

区间查询，查询下标 p（$l-1 \leqslant p \leqslant r-1$），使 $s[p] \oplus$ val 最大。在 rt[$r-1$] 这棵树上查询，若与 val 当前位相反的节点对应的 $s[]$ 下标大于或等于 $l-1$，则沿着与 val 当前位相反的边走，否则沿着与 val 当前位相同的边走，$k<0$ 时返回 $s[\text{maxs}[q]] \oplus$ val 即可。此时 maxs[q] 就是满足条件的 p 值。

为什么仅判断下界？因为从 rt[$r-1$] 这棵树上查询时，rt[$r-1$] 这棵树记录的是 $s[1] \sim s[r-1]$，因此找到的下标 p 不会超过 $r-1$。根据前缀和特性，可持久化数据结构只可能向前搜索，不可能向后搜索。沿着与 val 当前位相反的边走时，有可能向前走向 $s[]$ 下标小于 $l-1$ 的节点，因此需要判断，当该节点对应 $s[]$ 下标大于或等于 $l-1$ 时，才会沿着该节点走。

为什么与 val 当前位相同的节点不用判断 $s[]$ 下标？因为与 val 当前位相反的节点对应的 $s[]$ 下标小于 $l-1$ 时，说明该节点在当前树前面的树中，而与 val 当前位相同的节点肯定在当前树中，既然可以访问当前树，那么当前树中每个节点对应的 $s[]$ 下标都必然大于或等于 $l-1$。

完美图解:

（1）添加 A 1，$s[6]=s[5]\wedge1=5\wedge1=4$，将 4(100)插入可持久化 Trie 中。

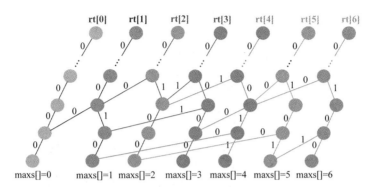

（2）查询 Q 3 5 4，即求解 $2\leqslant p\leqslant4$，使 $s[p]\oplus\text{val}$ 最大。$\text{val}=s[N]\oplus x=s[6]\wedge4=4\wedge4=0$。在 $rt[4]$ 这棵树上查询，若与 val 当前位相反的节点对应的 $s[]$ 下标大于或等于 2，则沿着与 val 当前位相反的边走，否则沿着与 val 当前位相同的边走，$k<0$ 时返回 $s[2]\wedge0=4\wedge0=4$。

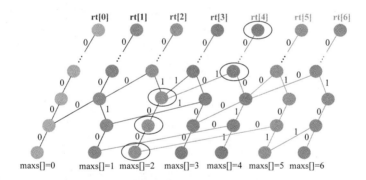

（3）添加 A 4，$s[7]=s[6]\wedge4=4\wedge4=0$，将 0 插入可持久化 Trie 中。

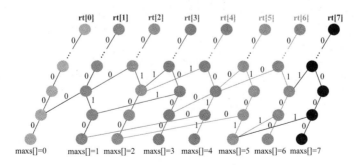

（4）查询 Q 5 7 0，即求解 $4\leqslant p\leqslant6$，使 $s[p]\oplus\text{val}$ 最大。$\text{val}=s[N]\oplus x=s[7]\wedge0=0\wedge0=0$。在 rt[6]

这棵树上查询，若与 val 当前位相反的节点对应的 $s[]$ 下标大于或等于 4，则沿着与 val 当前位相反的边走，否则沿着与 val 当前位相同的边走，$k<0$ 时返回 $s[5]\wedge0=5\wedge0=5$。

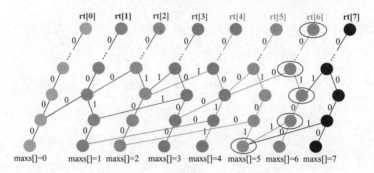

（5）查询 Q 3 6 6，即求解 $2\leqslant p\leqslant5$，使 $s[p]\oplus$ val 最大。val=$s[N]\oplus x=s[7]\wedge6=0\wedge6=6$。在 rt[5] 这棵树上查询，若与 val 当前位相反的节点对应的 $s[]$ 下标大于或等于 2，则沿着与 val 当前位相反的边走，否则沿着与 val 当前位相同的边走，$k<0$ 时返回 $s[3]\wedge6=0\wedge6=6$。

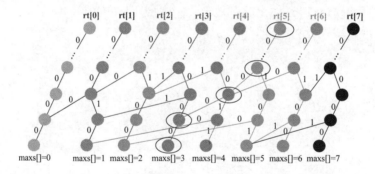

算法代码：

```
int query(int q,int k,int val,int limit) {
  if(k<0) return s[maxs[q]]^val;
  int c=val>>k&1;
  if(maxs[trie[q][c^1]]>=limit)
      return query(trie[q][c^1],k-1,val,limit);
  else
      return query(trie[q][c],k-1,val,limit);
}
```

第7章 | 动态规划及其优化

动态规划是理查德·贝尔曼于 1957 年在 *Dynamic Programming* 一书中提出的一种表格处理方法，它把原问题分解为若干子问题，自底向上先求解最小的子问题，把结果存储在表格中，求解大的子问题时直接从表格中查询小的子问题的解，以避免重复计算，从而提高效率。

7.1 动态规划求解原理

对什么样的问题可以使用动态规划求解呢？首先要分析问题是否具有以下 3 个性质。

（1）最优子结构。最优子结构指问题的最优解包含其子问题的最优解，是使用动态规划的基本条件。

（2）子问题重叠。子问题重叠指求解过程中每次产生的子问题并不总是新问题，有大量子问题是重复的。例如，递归求解斐波那契数列时，有大量子问题被重复求解，如下图所示。动态规划算法利用了子问题重叠的性质，自底向上对每一个子问题都只求解一次，将其结果存储在一个表格中，当再次需要求解该子问题时，直接在表格中查询，无须再次求解，从而提高效率。子问题重叠不是使用动态规划解决问题的必要条件，但更能突出动态规划的优势。

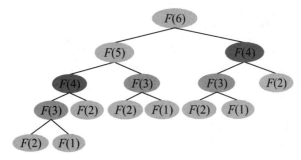

（3）无后效性。在动态规划中会将原问题分解为若干子问题，将每个子问题的求解过程都作为一个阶段，在完成前一阶段后，根据前一阶段的结果求解后一阶段。并且，对当前阶段的求解只与之前阶段有关，与之后阶段无关，这叫作"无后效性"。如果一个问题有后效性，则需要将其转化或逆向求解来消除后效性，然后才可以使用动态规划。

📖 原理 1　动态规划的三个要素

在现实生活中有一类活动，可以将活动过程按顺序分解成若干个相互联系的阶段，在每一阶段都要做出决策，对全部过程的决策是一个决策序列。对每一阶段决策的选取都不是随意确定的，依赖于当前状态，又影响以后的发展。这种把问题看作一个前后关联的具有链状结构的多阶段的过程叫作多阶段决策过程，这种问题就叫作多阶段决策问题。

动态规划把原问题划分为若干子问题，通过求解子问题的解得到原问题的解，每个子问题的求解过程都构成一个阶段，在完成前一阶段的求解后才会进行后一阶段的求解。根据无后效性，动态规划的求解过程构成一个有向无环图，求解遍历的顺序就是该有向无环图的一个拓扑序。在有向无环图中，节点对应问题的状态，有向边对应状态之间的转移，对转移的选择对应动态规划中的决策。所以，**状态、阶段、决策**就是动态规划的三个要素。

例如，使用动态规划求解单源最短路径问题，过程如下。

（1）确定状态，$dp[i]$ 表示源点到节点 i 的最短距离。

（2）根据拓扑序列划分阶段。

（3）决策选择：考察当前节点的逆邻接点，将所有逆邻接点的最短距离与边权之和取最小值得到 $dp[i]$，写出状态转移方程，$dp[i]=\min(dp[j]+w[j][i])$，$\langle j,i\rangle \in E$。

（4）边界条件：若源点为 1，则令 $dp[1]=0$。

（5）求解目标：$dp[i]$，$i=2,3,\cdots,n$，如下图所示。

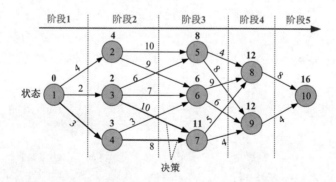

📖 原理 2　动态规划设计方法

动态规划所处理的问题是一个多阶段决策问题，一般由初始状态开始，通过对中间阶段决策的选择达到结束状态；或者倒过来，从结束状态开始，通过对中间阶段决策的选择达到初始状态。这些决策形成一个决策序列，同时确定了完成整个过程的一条活动路线，通常是求最优活动路线。动态规划有一定的设计模式，一般分为以下步骤。

（1）状态表示。将问题发展到各个阶段时所处的各种客观情况用不同的状态表示出来，确定状态和状态变量。当然，对状态的选择要满足无后效性。

（2）阶段划分。按照问题的时间特征或空间特征，将问题划分为若干阶段。划分后的阶段一定是有序或可排序的，否则问题无法求解。

（3）状态转移。状态转移指根据上一阶段的状态和决策导出本阶段的状态。根据相邻两阶段各个状态之间的关系确定决策，一旦确定决策，就可以写出状态转移方程。

（4）边界条件。状态转移方程是一个递归式，需要确定初始条件或边界条件。

（5）求解目标。确定问题的求解目标，根据状态转移方程的递推结果得到求解目标。

求解动态规划问题时，如何确定状态和状态转移方程是关键，也是难点。不同的状态和状态转移方程可能产生不同的算法复杂度。动态规划问题灵活多变，在各类算法竞赛中层出不穷，需要多练习、多总结，积累丰富的经验和发挥创造力。

7.2 背包问题

背包问题是动态规划的经典问题之一，本节讲解各种背包问题及其转化。背包问题指在一个有容积或重量限制的背包中放入物品，物品有体积、重量、价值等属性，要求在满足背包限制的情况下放置物品，使背包中物品的价值之和最大。根据物品限制条件的不同，背包问题可分为 01 背包问题、完全背包问题、多重背包问题、分组背包问题和混合背包问题等。

📖 原理 1 01 背包

给定 n 种物品，每种物品都有重量 w_i 和价值 v_i，每种物品都只有一个。另外，背包容量为 W。求解在不超过背包容量的情况下将哪些物品放入背包，才可以使背包中的物品价值之和最大。每种物品只有一个，要么不放入（0），要么放入（1），因此称之为 01 背包。

假设第 i 阶段表示处理第 i 物品，第 $i-1$ 阶段表示处理第 $i-1$ 种物品，则当处理第 i 种物品时，前 $i-1$ 种物品已处理完毕，只需考虑第 $i-1$ 阶段向第 i 阶段的转移。

状态表示：$c[i][j]$ 表示将前 i 种物品放入容量为 j 的背包中获得的最大价值。

第 i 种物品的处理状态包括以下两种。

- 不放入：放入背包的价值不增加，问题转化为"将前 $i-1$ 种物品放入容量为 j 的背包中获得的最大价值"，最大价值为 $c[i-1][j]$。
- 放入：在第 i 种物品放入之前为第 $i-1$ 阶段，相当于从第 $i-1$ 阶段向第 i 阶段转化。问题转化为"将前 $i-1$ 种物品放入容量为 $j-w[i]$ 的背包中获得的最大价值"，此时获得的最大价值就是 $c[i-1][j-w[i]]$，再加上放入第 i 种物品获得的价值 $v[i]$，总价值为 $c[i-1][j-w[i]]+v[i]$。

第 i-1 阶段	第 i 阶段

$c[][]$	$j-w[i]$	j

若背包容量不足，则肯定不可以放入，所以价值仍为前 $i-1$ 种物品处理后的结果；若背包容量充足，则考察在放入、不放入哪种情况下获得的价值更大。

状态转移方程：

$$c[i][j]=\begin{cases} c[i-1][j] & ,j<w[i] \\ \max\{c[i-1][j],c[i-1][j-w[i]]+v[i]\} & ,j\geq w[i] \end{cases}$$

1. 算法步骤

1）初始化

初始化 $c[][]$ 数组 0 行 0 列为 0：$c[0][j]=0$，$c[i][0]=0$，其中 $i=0,1,2,\cdots,n$，$j=0,1,2,\cdots,W$，表示第 0 种物品或背包容量为 0 时获得的价值均为 0。

2）循环阶段

（1）按照状态转移方程处理第 1 种物品，得到 $c[1][j]$，$j=1,2,\cdots,W$。

（2）按照状态转移方程处理第 2 种物品，得到 $c[2][j]$，$j=1,2,\cdots,W$。

（3）以此类推，得到 $c[n][j]$，$j=1,2,\cdots,W$。

3）构造最优解

$c[n][W]$ 就是不超过背包容量时可以放入物品的最大价值（最优值）。若还想知道具体放入了哪些物品，则需要根据 $c[][]$ 数组逆向构造最优解。对此可以用一维数组 $x[]$ 来存储解向量，$x[i]=1$ 表示第 i 种物品被放入背包，$x[i]=0$ 表示第 i 种物品未被放入背包。

（1）初始时 $i=n$，$j=W$。

（2）若 $c[i][j]>c[i-1][j]$，则说明第 i 种物品被放入背包，令 $x[i]=1$，$j-=w[i]$；若 $c[i][j]\leq c[i-1][j]$，则说明第 i 种物品没被放入背包，令 $x[i]=0$。

（3）$i--$，转向第 2 步，直到 $i=1$ 时处理完毕。

此时已经得到解向量（$x[1],x[2],\cdots,x[n]$），直接输出该解向量，也可以仅把 $x[i]=1$ 的物品序号 i 输出。

2. 完美图解

有 5 个物品，重量分别为 2、5、4、2、3，价值分别为 6、3、5、4、6。背包的容量为 10。求解在不超过背包容量的前提下将哪些物品放入背包，才可以使背包中的物品价值之和最大。

	1	2	3	4	5
$w[]$	2	5	4	2	3

	1	2	3	4	5
$v[]$	6	3	5	4	6

（1）初始化。$c[i][j]$表示将前 i 种物品放入容量为 j 的背包中可以获得的最大价值。初始化 $c[][]$数组第 0 行第 0 列为 0。

$c[][]$	0	1	2	3	4	5	6	7	8	9	10
0	0	0	0	0	0	0	0	0	0	0	0
1	0										
2	0										
3	0										
4	0										
5	0										

（2）按照状态转移方程处理第 1 种物品（i=1），$w[1]$=2，$v[1]$=6，如下图所示。

$$c[i][j]=\begin{cases} c[i-1][j] & , j < w[i] \\ \max\{c[i-1][j],c[i-1][j-w[i]]+v[i]\} & , j \geq w[i] \end{cases}$$

$c[][]$	0	1	2	3	4	5	6	7	8	9	10
0	0	0	0	0	0	0	0	0	0	0	0
1	0	0	6	6	6	6	6	6	6	6	6
2	0										
3	0										
4	0										
5	0										

其中：

- j=1 时，$c[1][1]$=$c[0][1]$=0；
- j=2 时，$c[1][2]$=$\max\{c[0][2],c[0][0]+6\}$=6；
- j=3 时，$c[1][3]$=$\max\{c[0][3],c[0][1]+6\}$=6；
- j=4 时，$c[1][4]$=$\max\{c[0][4],c[0][2]+6\}$=6；
- j=5 时，$c[1][5]$=$\max\{c[0][5],c[0][3]+6\}$=6；
- j=6 时，$c[1][6]$=$\max\{c[0][6],c[0][4]+6\}$=6；
- j=7 时，$c[1][7]$=$\max\{c[0][7],c[0][5]+6\}$=6；
- j=8 时，$c[1][8]$=$\max\{c[0][8],c[0][6]+6\}$=6；
- j=9 时，$c[1][9]$=$\max\{c[0][9],c[0][7]+6\}$=6；
- j=10 时，$c[1][10]$=$\max\{c[0][10],c[0][8]+6\}$=6。

（3）按照状态转移方程处理第 2 种物品（i=2），$w[2]$=5，$v[2]$=3，如下图所示。

$c[][]$	0	1	2	3	4	5	6	7	8	9	10
0	0	0	0	0	0	0	0	0	0	0	0
1	0	0	6	6	6	6	6	6	6	6	6
2	0	0	6	6	6	6	6	9	9	9	9
3	0										
4	0										
5	0										

其中：

- $j=1$ 时，$c[2][1]=c[1][1]=0$；
- $j=2$ 时，$c[2][2]=c[1][2]=6$；
- $j=3$ 时，$c[2][3]=c[1][3]=6$；
- $j=4$ 时，$c[2][4]=c[1][4]=6$；
- $j=5$ 时，$c[2][5]=\max\{c[1][5],c[1][0]+3\}=6$；
- $j=6$ 时，$c[2][6]=\max\{c[1][6],c[1][1]+3\}=6$；
- $j=7$ 时，$c[2][7]=\max\{c[1][7],c[1][2]+3\}=9$；
- $j=8$ 时，$c[2][8]=\max\{c[1][8],c[1][3]+3\}=9$；
- $j=9$ 时，$c[2][9]=\max\{c[1][9],c[1][4]+3\}=9$；
- $j=10$ 时，$c[1][10]=\max\{c[1][10],c[1][5]+3\}=9$。

（4）按照状态转移方程处理第 3 种物品（$i=3$），$w[3]=4$，$v[3]=5$，如下图所示。

$c[][]$	0	1	2	3	4	5	6	7	8	9	10
0	0	0	0	0	0	0	0	0	0	0	0
1	0	0	6	6	6	6	6	6	6	6	6
2	0	0	6	6	6	6	6	9	9	9	9
3	0	0	6	6	6	6	11	11	11	11	11
4	0										
5	0										

其中：

- $j=1$ 时，$c[3][1]=c[2][1]=0$；
- $j=2$ 时，$c[3][2]=c[2][2]=6$；
- $j=3$ 时，$c[3][3]=c[2][3]=6$；
- $j=4$ 时，$c[3][4]=\max\{c[2][4],c[2][0]+5\}=6$；
- $j=5$ 时，$c[3][5]=\max\{c[2][5],c[2][1]+5\}=6$；
- $j=6$ 时，$c[3][6]=\max\{c[2][6],c[2][2]+5\}=11$；

- j=7 时，$c[3][7]=\max\{c[2][7],c[2][3]+5\}=11$；
- j=8 时，$c[3][8]=\max\{c[2][8],c[2][4]+5\}=11$；
- j=9 时，$c[3][9]=\max\{c[2][9],c[2][5]+5\}=11$；
- j=10 时，$c[3][10]=\max\{c[2][10],c[2][6]+5\}=11$。

（5）按照状态转移方程处理第 4 种物品（i=4），$w[4]=2$，$v[4]=4$，如下图所示。

$c[][]$	0	1	2	3	4	5	6	7	8	9	10
0	0	0	0	0	0	0	0	0	0	0	0
1	0	0	6	6	6	6	6	6	6	6	6
2	0	0	6	6	6	6	6	9	9	9	9
3	0	0	6	6	6	6	11	11	11	11	11
4	0	0	6	6	10	10	11	11	15	15	15
5	0										

其中：

- j=1 时，$c[4][1]=c[3][1]=0$；
- j=2 时，$c[4][2]=\max\{c[3][2],c[3][0]+4\}=6$；
- j=3 时，$c[4][3]=\max\{c[3][3],c[3][1]+4\}=6$；
- j=4 时，$c[4][4]=\max\{c[3][4],c[3][2]+4\}=10$；
- j=5 时，$c[4][5]=\max\{c[3][5],c[3][3]+4\}=10$；
- j=6 时，$c[4][6]=\max\{c[3][6],c[3][4]+4\}=11$；
- j=7 时，$c[4][7]=\max\{c[3][7],c[3][5]+4\}=11$；
- j=8 时，$c[4][8]=\max\{c[3][8],c[3][6]+4\}=15$；
- j=9 时，$c[4][9]=\max\{c[3][9],c[3][7]+4\}=15$；
- j=10 时，$c[4][10]=\max\{c[3][10],c[3][8]+4\}=15$。

（6）按照状态转移方程处理第 5 种物品（i=5），$w[5]=3$，$v[5]=6$，如下图所示。

$c[][]$	0	1	2	3	4	5	6	7	8	9	10
0	0	0	0	0	0	0	0	0	0	0	0
1	0	0	6	6	6	6	6	6	6	6	6
2	0	0	6	6	6	6	6	9	9	9	9
3	0	0	6	6	6	6	11	11	11	11	11
4	0	0	6	6	10	10	11	11	15	15	15
5	0	0	6	6	10	12	12	16	16	17	17

其中：

- $j=1$ 时，$c[5][1]=c[4][1]=0$；
- $j=2$ 时，$c[5][2]=c[4][2]=6$；
- $j=3$ 时，$c[5][3]=\max\{c[4][3],c[4][0]+6\}=6$；
- $j=4$ 时，$c[5][4]=\max\{c[4][4],c[4][1]+6\}=10$；
- $j=5$ 时，$c[5][5]=\max\{c[4][5],c[4][2]+6\}=12$；
- $j=6$ 时，$c[5][6]=\max\{c[4][6],c[4][3]+6\}=12$；
- $j=7$ 时，$c[5][7]=\max\{c[4][7],c[4][4]+6\}=16$；
- $j=8$ 时，$c[5][8]=\max\{c[4][8],c[4][5]+6\}=16$；
- $j=9$ 时，$c[5][9]=\max\{c[4][9],c[4][6]+6\}=17$；
- $j=10$ 时，$c[5][10]=\max\{c[4][10],c[4][7]+6\}=17$。

（7）构造最优解：①读取 $c[5][10]>c[4][10]$，说明第 5 种物品被放入背包，即 $x[5]=1$，$j=10-w[5]=7$；②发现 $c[4][7]=c[3][7]$，说明第 4 种物品没被放入背包，即 $x[4]=0$；③发现 $c[3][7]>c[2][7]$，说明第 3 种物品被放入背包，即 $x[3]=1$，$j=j-w[3]=3$；④发现 $c[2][3]=c[1][3]$，说明第 2 种物品没被放入背包，即 $x[2]=0$；⑤发现 $c[1][3]>c[0][3]$，说明第 1 种物品被放入背包，即 $x[1]=1$，$j=j-w[1]=1$，如下图所示。

c[][]	0	1	2	3	4	5	6	7	8	9	10
0	0	0	0	0	0	0	0	0	0	0	0
1	0	0	6	6	6	6	6	6	6	6	6
2	0	0	6	6	6	6	6	9	9	9	9
3	0	0	6	6	6	6	11	11	11	11	11
4	0	0	6	6	10	10	11	11	15	15	15
5	0	0	6	6	10	12	12	16	16	17	17

3. 算法实现

1）求解放入背包的物品最大价值

$c[i][j]$ 表示将前 i 种物品放入容量为 j 的背包中可以获得的最大价值。对每种物品都进行计算，背包容量 j 为 $1\sim W$，若物品重量大于背包容量，则不放此物品，$c[i][j]=c[i-1][j]$；否则比较放与不放此物品哪种使背包内的物品价值最大，即 $c[i][j]=\max(c[i-1][j],c[i-1][j-w[i]]+v[i])$。

算法代码：

```
for(i=1;i<=n;i++)//计算c[i][j]
    for(j=1;j<=W;j++)
        if(j<w[i])   //若物品重量大于背包容量，则不放此物品
            c[i][j]=c[i-1][j];
```

```
        else    //否则比较放与不放此物品哪种使背包内的物品价值最大
                c[i][j]=max(c[i-1][j],c[i-1][j-w[i]]+v[i]);
cout<<"放入背包的最大价值为:"<<c[n][W]<<endl;
```

2）最优解构造

根据 $c[][]$ 数组的计算结果逆向递推最优解，若 $c[i][j]>c[i-1][j]$，则说明第 i 种物品被放入背包，令 $x[i]=1$，$j-=w[i]$；若 $c[i][j] \leqslant c[i-1][j]$，则说明第 i 种物品没被放入背包，令 $x[i]=0$。

算法代码：

```
//逆向构造最优解
j=W;
for(i=n;i>0;i--)
    if(c[i][j]>c[i-1][j]){
        x[i]=1;
        j-=w[i];
    }
    else
        x[i]=0;
cout<<"放入背包的物品为:";
for(i=1;i<=n;i++)
    if(x[i]==1)
        cout<<i<<"  ";
```

算法分析： 本算法使用了两层 for 循环，时间复杂度为 $O(nW)$；使用了二维数组 $c[n][W]$，空间复杂度为 $O(nW)$。

4．算法优化

根据求解过程可以看出，依次处理 $1..n$ 的物品，当处理第 i 种物品时，只需第 $i-1$ 种物品的处理结果，若不需要构造最优解，则放入第 $i-1$ 种物品之前的处理结果已经没用了。

例如，处理到第 4 种物品（$w[4]=2$，$v[4]=4$）时，只需第 3 种物品的处理结果（上一行）。求第 j 列时，若 $j<w[4]$，则照抄上一行；若 $j \geqslant w[4]$，则需要将上一行第 j 列的值与上一行第 $j-w[4]$ 列的值+$v[4]$ 的值进行比较，取最大值，如下图所示。

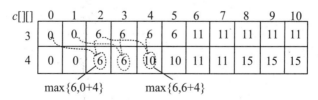

既然只需上一行当前列和前面列的值，那么只用一个一维数组倒推就可以了。

状态表示： $dp[j]$ 表示将物品放入容量为 j 的背包中可以获得的最大价值。

状态转移方程：$dp[j]=\max\{dp[j],dp[j-w[i]]+v[i]\}$。

倒推的计算过程如下图所示。

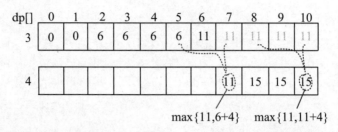

为什么不正推呢？下面进行推理。

正推的情况：求解 $dp[4]$ 时，将当前值与 $dp[2]+4$ 进行比较，取最大值，发现将第 4 种物品放入的价值最大，结果为 10；求解 $dp[6]$ 时，将当前值与 $dp[4]+4$ 进行比较，求最大值，发现将第 4 种物品放入的价值最大，结果为 14；此时第 4 种物品被放入两次，因为计算 $dp[6]$ 时，$dp[4]$ 不是第 3 种物品处理完毕的结果，而是放入第 4 种物品更新后的结果，如下图所示。

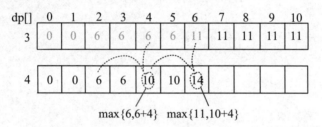

第 i 阶段表示处理第 i 种物品时，前 $i-1$ 种物品已被处理完毕。倒推时，从后往前推，前面的值还未更新，仍为第 $i-1$ 阶段的结果，这意味着总是用第 $i-1$ 阶段的结果更新第 i 阶段，即从第 $i-1$ 阶段向第 i 阶段进行状态转移。第 $i-1$ 阶段的结果不包括第 i 种物品，保证第 i 种物品最多只被放入背包 1 次，如下图所示。

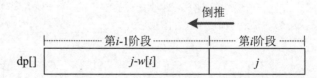

正推时，从前往后推，前面的值已被更新为第 i 阶段，这意味着总是用第 i 阶段的结果更新第 i 阶段，即从第 i 阶段向第 i 阶段进行状态转移。这样第 i 种物品可能被放入背包多次，如下图所示。

在 01 背包问题中，每种物品只有一个，最多被放入 1 次，所以必须采用倒推形式求解。若每种物品有多个且可被放入多次（完全背包），则采用正推求解，见下一小节的内容。

算法代码：

```
void opt2(int n,int W){//采用 01 背包优化一维数组
    for(i=1;i<=n;i++)
        for(j=W;j>=w[i];j--)//逆向循环（倒推）
            dp[j]=max(dp[j],dp[j-w[i]]+v[i]);
}
```

算法分析： 本算法包含两层 for 循环，时间复杂度为 $O(nW)$；使用了一维数组 dp[W]，空间复杂度为 $O(W)$。

❖ 训练 1　骨头收藏家

题目描述（HDU2602）： 有位骨头收藏家喜欢收集各种各样的骨头，不同的骨头有不同的体积和价值。这个收藏家有一个体积为 V 的背包，请计算他可以收藏的最大价值。

输入： 第 1 行包含一个整数 T，表示测试用例的数量。每个测试用例都包含 3 行，第 1 行包含两个整数 N、V（$N \leqslant 1000$，$V \leqslant 1000$），分别表示骨头的数量和背包的体积；第 2 行包含 N 个整数，表示每个骨头的价值；第 3 行包含 N 个整数，表示每个骨头的体积。

输出： 对每个测试用例，都单行输出可以得到的最大价值（该数小于 2^{31}）。

输入样例	输出样例
1	14
5 10	
1 2 3 4 5	
5 4 3 2 1	

1. 算法设计

本题为 01 背包问题，可以采用动态规划算法求解。

状态表示：

- $c[i][j]$ 表示将前 i 个骨头放入容量为 j 的背包中可以获得的最大价值；
- $v[i]$ 和 val[i] 分别表示第 i 个骨头的体积和价值。

如果背包容量不足，则肯定不可以放入，价值仍为前 $i-1$ 个骨头处理后的结果；如果背包

容量充足，则考察在放入、不放入哪种情况下获得的价值更大。

状态转移方程：

$$c[i][j] = \begin{cases} c[i-1][j] & ,j < v[i] \\ \max\{c[i-1][j], c[i-1][j-v[i]] + \text{val}[i]\} & ,j \geqslant v[i] \end{cases}$$

2. 算法实现

```
//二维数组，01背包问题
int c[M][M];//c[i][j]表示将前i个骨头放入容量为j的背包中可以获得的最大价值
int val[M],v[M];//val[i]表示第i个骨头的价值，v[i]表示第i个骨头的体积
int main(){
    int t,N,V;//N个骨头，V表示背包的容量
    cin>>t;
    while(t--){
        cin>>N>>V;
        for(int i=1;i<=N;i++)
            cin>>val[i];
        for(int i=1;i<=N;i++)
            cin>>v[i];
        for(int i=0;i<=N;i++)
            c[i][0]=0;
        for(int j=0;j<=V;j++)
            c[0][j]=0;
        for(int i=1;i<=N;i++)//计算c[i][j]
            for(int j=0;j<=V;j++)//坑点：骨头体积可能为0！
                if(j<v[i])  //若骨头的体积大于背包的容量，则不放此骨头
                    c[i][j]=c[i-1][j];
                else    //否则比较此骨头放与不放哪种使得背包内的价值最大
                    c[i][j]=max(c[i-1][j],c[i-1][j-v[i]]+val[i]);
        cout<<c[N][V]<<endl;
    }
    return 0;
}
```

3. 算法优化

采用一维数组优化，倒推即可。dp[j]表示将骨头放入容量为 j 的背包中可以获得的最大价值。

状态转移方程： dp[j]=max{dp[j],dp[$j-v[i]$]+val[i]}。

```
//一维数组，01背包问题
int dp[M];//dp[j]表示将骨头放入容量为j的背包中可以获得的最大价值
int val[M],v[M];//val[i]表示第i个骨头的价值，v[i]表示第i个骨头的体积
int main(){
```

```
int t,N,V;//t 个测试用例，N 个骨头，V 表示背包的容量
cin>>t;
while(t--){
    memset(dp,0,sizeof(dp));
    cin>>N>>V;
    for(int i=1;i<=N;i++)
        cin>>val[i];
    for(int i=1;i<=N;i++)
        cin>>v[i];
    for(int i=1;i<=N;i++)//计算 dp[j]
        for(int j=V;j>=v[i];j--)//比较放与不放此骨头是否使背包内的价值最大
            dp[j]=max(dp[j],dp[j-v[i]]+val[i]);
    cout<<dp[V]<<endl;
}
return 0;
}
```

📖 原理 2　完全背包

给定 n 种物品，每种物品都有重量 w_i 和价值 v_i，其数量没有限制。背包容量为 W，求解在不超过背包容量的情况下如何放置物品，使背包中物品的价值之和最大。

假设第 i 阶段表示处理第 i 种物品，因为第 i 种物品可以被多次放入，所以相当于从第 i 阶段向第 i 阶段转移。

根据对 01 背包算法优化的分析，可以采用一维数组正推，这样每种物品都可被多次放入。

状态表示：dp[j]表示将物品放入容量为 j 的背包中可以获得的最大价值。

状态转移方程：dp[j]=max{dp[j],dp[$j-w[i]$]+$v[i]$}。

算法代码：

```
void comp_knapsack(int n,int W){//完全背包问题
    for(i=1;i<=n;i++)
        for(j=w[i];j<=W;j++)//正序循环（正推）
            dp[j]=max(dp[j],dp[j-w[i]]+v[i]);
}
```

算法分析：本算法时间复杂度为 $O(nW)$，空间复杂度为 $O(W)$。

✥ 训练 2　存钱罐

题目描述（HDU1114）：存钱罐有个大问题，不打碎存钱罐，就无法确定里面有多少钱，所以可能会出现把存钱罐打碎后发现钱不够的情况。唯一的可能是，称一下存钱罐的重量，试着猜里面有多少钱。已知存钱罐的重量和每种面值的硬币重量，请确定存钱罐内的最小金额。

　　输入：输入的第 1 行包含整数 T，表示测试用例的数量。每个测试用例的第 1 行都包含两个整数 e 和 f（$1 \leqslant e \leqslant f \leqslant 10000$），分别表示空存钱罐和装满硬币的存钱罐的重量（以克计）。第 2 行包含一个整数 n（$1 \leqslant n \leqslant 500$），表示硬币的总数量。接下来的 n 行，每行都包含两个整数 p 和 w（$1 \leqslant p \leqslant 50000$，$1 \leqslant w \leqslant 10000$），分别表示硬币的面值和重量。

　　输出：对每个测试用例，都输出一行，包含"The minimum amount of money in the piggy-bank is x"，其中 x 是存钱罐内的最小金额。若无法确定，则输出"This is impossible."。

输入样例	输出样例
3	The minimum amount of money in the piggy-bank is 60.
10 110	The minimum amount of money in the piggy-bank is 100.
2	This is impossible.
1 1	
30 50	
10 110	
2	
1 1	
50 30	
1 6	
2	
10 3	
20 4	

1. 算法设计

　　本题为完全背包问题，对每种硬币的数量都没有限制，求解在重量不超过 $f-e$ 的情况下存钱罐内的最小金额。

　　状态表示：dp[j] 表示重量为 j 的存钱罐内的最小金额。

　　状态转移方程：dp[j]=min{dp[j],dp[$j-w[i]$]+val[i]}。

2. 算法实现

```
int dp[M];//dp[j]表示重量为j的存钱罐内的最小金额
int val[M],w[M];//val[i]表示第i种硬币的面值，w[i]表示第i种硬币的重量
int main(){
    int t,E,F,W,N;//t个测试用例，E、F表示没装硬币和装了硬币之后的重量，W为重量差值，N为硬币种类
    cin>>t;
    while(t--){
        cin>>E>>F;
        W=F-E;
        cin>>N;
        for(int i=0;i<N;i++)
            cin>>val[i]>>w[i];
        memset(dp,0x3f,sizeof(dp));
```

```
        dp[0]=0;
        for(int i=0;i<N;i++)//计算dp[j]
            for(int j=w[i];j<=W;j++)//比较此硬币放与不放哪种情况使存钱罐内的金额最小
                dp[j]=min(dp[j],dp[j-w[i]]+val[i]);
        if(dp[W]<INF)
            cout<<"The minimum amount of money in the piggy-bank is "<<dp[W]<<"."<<endl;
        else
            cout<<"This is impossible."<<endl;
    }
    return 0;
}
```

📖 原理 3　多重背包

给定 n 种物品，每种物品都有重量 w_i 和价值 v_i，每种物品的数量都可以大于 1 但是有限制。第 i 种物品有 c_i 个。背包容量为 W，求解在不超过背包容量的情况下如何放置物品，可以使背包中物品的价值之和最大。我们可以将多重背包问题通过暴力拆分或二进制拆分转化为 01 背包问题，也可以通过数组优化对物品数量进行限制。

1．暴力拆分

暴力拆分指将第 i 种物品看作 c_i 种独立的物品，每种物品只有一个，转化为 01 背包问题。状态表示和状态转移方程与 01 背包问题中的相同，如下图所示。

算法代码：

```
void multi_knapsack1(int n,int W){//暴力拆分
    for(i=1;i<=n;i++)
        for(k=1;k<=c[i];k++)//多一层循环
            for(j=W;j>=w[i];j--)
                dp[j]=max(dp[j],dp[j-w[i]]+v[i]);
}
```

算法分析： 本算法包含 3 层 for 循环，时间复杂度为 $O(W\sum c_i)$，空间复杂度为 $O(W)$。

2．二进制拆分

当物品满足 $c[i]\times w[i]\geqslant W$ 时，可以认为这种物品是不限数量的，按照完全背包的方法求解即可；否则可以采用二进制拆分，将 $c[i]$ 个物品拆分成若干种新物品。

一定存在一个最大的整数 p，使得 $2^0+2^1+2^2+\cdots+2^p\leqslant c[i]$，将剩余部分用 R_i 表示，

$R_i=c[i]-(2^0+2^1+2^2+\cdots+2^p)$。可以将 $c[i]$ 拆分为 $p+2$ 个数：$2^0,2^1,2^2,\cdots,2^p,R_i$，例如，若 $c[i]=9$，则可以将 9 拆分为 $2^0,2^1,2^2,9-(2^0+2^1+2^2)$，即 1,2,4,2，相当于将 9 个物品分成 4 堆，第 1 堆有 1 个物品，第 2 堆有 2 个物品，第 3 堆有 4 个物品，第 4 堆有 2 个物品。可以将每堆物品都看作一种新物品。

将 $c[i]$ 个物品拆分为 $p+2$ 种新物品，每种新物品对应的重量和价值都如下图所示。

第 i 种物品

将 c_i 个物品拆分为 $p+2$ 种新物品

进行二进制拆分后，$c[i]$ 个物品被拆分为 $p+2$ 种新物品，每种新物品只有一个，转化为 01 背包问题。

算法代码：

```cpp
void multi_knapsack2(int n,int W){//二进制拆分
    for(i=1;i<=n;i++){
        if(c[i]*w[i]>=W){//转化为完全背包问题
            for(j=w[i];j<=w;j++)
                dp[j]=max(dp[j],dp[j-w[i]]+v[i]);
        }
        else{
            for(int k=1;c[i]>0;k<<=1){//二进制拆分
                int x=min(k,c[i]);
                for(int j=W;j>=w[i]*x;j--)//转化为01背包问题
                    dp[j]=max(dp[j],dp[j-w[i]*x]+x*v[i]);
                c[i]-=x;
            }
        }
    }
}
```

算法分析： 本算法包含 3 层 for 循环，将 $c[i]$ 个物品拆分为 $p+2$ 种新物品需要 $O(\log c_i)$ 时间，时间复杂度为 $O(W\sum \log c_i)$，空间复杂度为 $O(W)$。

3. 数组优化

若不要求最优性，仅关注可行性（如面值是否能拼成 POJ1276），则可使用数组优化。

算法代码：

```cpp
bool dp[maxc];//dp[j]表示是否能够拼出金额 j
int num[maxc];//num[j]表示在金额为 j 时用了多少个第 i 种钱币
void multi_knapsack3(int n,int W){//数组优化
    ans=0,dp[0]=1;
```

```
for(int i=1;i<=n;i++){
  memset(num,0,sizeof(num));//统计数量
  for(int j=v[i];j<=W;j++){
      if(!dp[j]&&dp[j-v[i]]&&num[j-v[i]]<c[i]){
          dp[j]=1;
          num[j]=num[j-v[i]]+1;
          ans=max(ans,j);
      }
  }
}
```

算法分析：本算法包含两层 for 循环，时间复杂度为 $O(nW)$，空间复杂度为 $O(W)$。

⁂ 训练 3 硬币

题目描述（HDU2844）：小明想买一只非常漂亮的手表，他知道价格不会超过 m，但不知道手表的确切价格。已知硬币的面值 $a_1,a_2,a_3,\cdots,a_n$ 和该面值的数量 $c_1,c_2,c_3,\cdots,c_n$，计算可以用这些硬币支付多少种价格（$1\sim m$）。

输入：输入包含几个测试用例。每个测试用例的第 1 行都包含两个整数 n（$1\leqslant n\leqslant 100$）、$m$（$m\leqslant 100000$）；第 2 行包含 $2n$ 个整数 $a_1,a_2,a_3,\cdots,a_n,c_1,c_2,c_3,\cdots,c_n$（$1\leqslant a_i\leqslant 100000$，$1\leqslant c_i\leqslant 1000$）。在最后一个测试用例后面包含两个 0，表示结束。

输出：对每个测试用例，都单行输出答案。

输入样例	输出样例
3 10	8
1 2 4 2 1 1	4
2 5	
1 4 2 1	
0 0	

1. 算法设计

本题为多重背包问题，每种面值的硬币都有数量限制，求这些硬币可以拼成的价格（$1\sim m$）有多少个。第 i 阶段表示处理第 i 种面值的硬币，dp[j] 表示前 i 种硬币是否可以拼成价格 j。

本题可分为以下两种情况。

（1）第 i-1 阶段向第 i 阶段转移：若前 i-1 种硬币就可以拼成 j，即第 i-1 阶段时 dp[j] 已经为 true，则第 i 阶段时 dp[j] 也为 true。

（2）第 i 阶段向第 i 阶段转移：在第 i 阶段，若 dp[j-v[i]] 已经为 true，则 dp[j] 也为 true。

对第 1 种情况不用处理，因为 dp[j] 已被标记为 true。对第 2 种情况采用二进制分解方法或数组优化方法，一般不会采用暴力分解方法处理，容易超时。

注意：本题采用二进制分解方法可以通过，而对同样的题（POJ1742）会超时，因为后者的测试数据量较大。所以对于数据量大的题目，可以采用数组优化方法。

2. 算法实现

```cpp
bool dp[M];//dp[j]表示前 i 种硬币是否可以拼成价格 j
int v[105],c[105];//价值, 数量
void multi_knapsack(int n,int W){//二进制拆分
    for(int i=1;i<=n;i++) {
        if(c[i]*v[i]>=W){//转化为完全背包问题
            for(int j=v[i];j<=W;j++)
                if(dp[j-v[i]])//若 dp[j-v[i]]是可达的, 则 dp[j]也可以
                    dp[j]=1;
        }
        else{
            for(int k=1;c[i]>0;k<<=1){//二进制拆分
                int x=min(k,c[i]);
                for(int j=W;j>=v[i]*x;j--)//转化为 01 背包问题
                    if(dp[j-v[i]*x])//若 dp[j-v[i]*x]是可达的, 则 dp[j]也可以
                        dp[j]=1;
                c[i]-=x;
            }
        }
    }
}

int main(){
    int n,m;//n 个数, 手表价格 m
    while(~scanf("%d%d",&n,&m),n+m){
        for(int i=1;i<=n;i++)//价值
            scanf("%d",&v[i]);
        for(int i=1;i<=n;i++)
            scanf("%d",&c[i]);//数量
        memset(dp,0,sizeof(dp));
        dp[0]=1;//初始状态 0 可达
        multi_knapsack(n,m);
        int ans=0;
        for(int i=1;i<=m;i++)//累加答案
            ans+=dp[i];
        printf("%d\n",ans);
    }
    return 0;
}
```

3. 算法优化

用 used[j] 数组记录拼成价格 j 时用了多少个第 i 种硬币，由此实现数量限制约束。

```
int v[105],c[105],used[M]; //数组优化
bool dp[M];
int main(){
    int n,m,ans;
    while(~scanf("%d%d",&n,&m),n&&m){
        for(int i=1;i<=n;i++)
            scanf("%d",&v[i]);
        for(int i=1;i<=n;i++)
            scanf("%d",&c[i]);
        memset(dp,0,sizeof(dp));
        ans=0,dp[0]=1;
        for(int i=1;i<=n;i++){
            memset(used,0,sizeof(used));
            for(int j=v[i];j<=m;j++){
                if(!dp[j]&&dp[j-v[i]]&&used[j-v[i]]<c[i]){
                    dp[j]=1;
                    used[j]=used[j-v[i]]+1;
                    ans++;
                }
            }
        }
        printf("%d\n",ans);
    }
    return 0;
}
```

📖 原理 4　分组背包

给定 n 组物品，第 i 组有 c_i 个物品，第 i 组的第 j 个物品有重量 w_{ij} 和价值 v_{ij}，背包容量为 W，在不超过背包容量的情况下每组最多选择一个物品，求解如何放置物品可使背包中物品的价值之和最大。

因为每组最多选择一个物品，所以可以将每组都看作一个整体，这就类似于 01 背包问题。

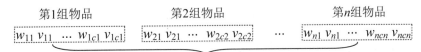

处理第 i 组物品时，前 $i-1$ 组物品已处理完毕，只需考虑从第 $i-1$ 阶段向第 i 阶段转移。

状态表示：$c[i][j]$ 表示将前 i 组物品放入容量为 j 的背包中可以获得的最大价值。

对第 i 组物品的处理状态如下。

- 若不放入第 i 组物品，则放入背包的价值不增加，问题转化为"将前 $i-1$ 组物品放入容量为 j 的背包中可以获得的最大价值"，最大价值为 $c[i-1][j]$。

- 若放入第 i 组的第 k 个物品，则相当于从第 $i-1$ 阶段向第 i 阶段转移，问题转化为"将前 $i-1$ 组物品放入容量为 $j-w[i][k]$ 的背包中可以获得的最大价值"，此时获得的最大价值是 $c[i-1][j-w[i][k]]$，再加上放入第 i 组的第 k 个物品获得的价值 $v[i][k]$，总价值为 $c[i-1][j-w[i][k]]+v[i][k]$。

如果背包容量不足，不可以放入，则价值仍为前 $i-1$ 组物品处理后的结果；如果背包容量允许，则考察放入或不放入哪种获得的价值更大。

状态转移方程：

$$c[i][j]=\begin{cases} c[i-1][j] & ,j<w_{ik} \\ \max_{1\leqslant k\leqslant c_i}\{c[i-1][j],c[i-1][j-w[i][k]]+v[i][k]\} & ,j\geqslant w_{ik} \end{cases}$$

和 01 背包一样，我们可以将分组背包优化为一维数组，然后倒推，从而实现从第 $i-1$ 阶段向第 i 阶段转移时每组最多选择一个物品。

状态表示： dp[j]表示放入容量为 j 的背包时可以获得的最大价值。

状态转移方程： dp[j]=max(dp[j],dp[$j-w[i][k]$]+v[i][k])。

算法代码：

```
void group_knapsack1(int n,int W){//分组背包
    for(int i=1;i<=n;i++)
        for(int j=W;j>=0;j--)
            for(int k=1;k<=c[i];k++)//枚举组内的各个物品
                if(j>=w[i][k])
                    dp[j]=max(dp[j],dp[j-w[i][k]]+v[i][k]);
}
```

算法分析： 本算法包含 3 层 for 循环，时间复杂度为 $O(W\sum c_i)$，空间复杂度为 $O(W)$。

注意：枚举组内各个物品的个数 k 一定在最内层循环中，若将其放在 j 的外层，则变为多重背包的暴力拆分算法，因为这会出现组内物品被多次放入的情况，就变成了多重背包问题。

✤ 训练 4 价值最大化

题目描述（HDU1712）： 小明这学期有 n 门课程，他计划最多花 m 天学习。根据他在不同课程上花费的天数，他将获得不同的价值，求如何安排 n 门课程的 m 天可使价值最大化。

输入： 输入包含多个测试用例。每个测试用例的第 1 行都包含两个正整数 n 和 m，分别表

示课程数和天数。接下来是矩阵 $a[i][j]$，$1 \leqslant i \leqslant n \leqslant 100$，$1 \leqslant j \leqslant m \leqslant 100$。$a[i][j]$ 表示在第 i 门课程上花费 j 天将获得的价值。在 $n=0$、$m=0$ 时结束输入。

输出：对每个测试用例，都单行输出获得的最大价值。

输入样例	输出样例
2 2	3
1 2	4
1 3	6
2 2	
2 1	
2 1	
2 3	
3 2 1	
3 2 1	
0 0	

1. 算法设计

本题为分组背包问题，n 门课程为 n 组，天数为 m（背包容量），$a[i][j]$ 表示在第 i 门课程上花费 j 天所得的价值。求解在不超过 m 天的情况下如何安排 n 门课程的学习，使获得的价值之和最大。

状态表示：$dp[j]$ 表示花费 j 天可以获得的最大价值。

状态转移方程：对于第 i 门课程，有两种选择：花费 0 天和花费 k 天。前者等于没学习第 i 门课程，获得的价值等于前 $i-1$ 门课程获得的价值 $dp[j]$。若在第 i 门课程上花费 k 天获得的价值为 $a[i][k]$，前 $i-1$ 门课程花费 $j-k$ 天获得的最大价值为 $dp[j-k]$，则在前 i 门课程上花费 j 天可以获得的价值为 $dp[j-k]+a[i][k]$。对两种选择结果取最大值即可，$dp[j]=\max(dp[j],dp[j-k]+a[i][k])$。

2. 算法实现

```
int a[maxn][maxn],dp[maxn];
int main(){
    while(~scanf("%d%d",&n,&m)){
        if(n==0&&m==0) break;
        memset(dp,0,sizeof(dp));
        for(int i=1;i<=n;i++)
            for(int j=1;j<=m;j++)
                scanf("%d",&a[i][j]);
        for(int i=1;i<=n;i++)
            for(int j=m;j>=0;j--)
                for(int k=1;k<=j;k++)//用来枚举分组内的天数
                    dp[j]=max(dp[j],dp[j-k]+a[i][k]);
        printf("%d\n",dp[m]);
```

```
    }
    return 0;
}
```

📖 原理 5 混合背包

如果在一个问题中有些物品只可以取一次（01 背包），有些物品可以取无限次（完全背包），有些物品可以取的次数有一个上限（多重背包），则该种问题属于混合背包问题。

1. 01 背包+完全背包

01 背包问题和完全背包问题混合时，根据物品的类别选择倒推或正推求解即可，伪代码如下：

```
for i=1..N
    if 第 i 种物品属于 01 背包问题
        for v=V..0
            f[v]=max{f[v],f[v-c[i]]+w[i]};
    else if 第 i 种物品属于完全背包问题
        for v=0..V
            f[v]=max{f[v],f[v-c[i]]+w[i]};
```

2. 01 背包+完全背包+多重背包

若三种背包问题混合，则分别判断物品所属类别进行处理即可，伪代码如下：

```
for i=1..N
    if 第 i 种物品属于 01 背包问题
        ZeroOnePack(c[i],w[i])
    else if 第 i 种物品属于完全背包问题
        CompletePack(c[i],w[i])
    else if 第 i 种物品属于多重背包问题
        MultiplePack(c[i],w[i],n[i])
```

混合背包问题并不是什么难题，但将它们组合起来可能会难倒不少人。只要基础扎实，领会基本背包问题的思想，就可以把困难的问题拆分成简单的问题来解决。

✦ 训练 5 最少的硬币

题目描述（POJ3260）：约翰进城买农产品时总是以最小数量的硬币来交易，即他用来支付的硬币数量和收到找零的硬币数量之和是最小的。他想购买 T（$1 \leqslant T \leqslant 10000$）美分的用品，而硬币系统有 N（$1 \leqslant N \leqslant 100$）种不同的硬币，面值分别为 $v_1, v_2, \cdots, v_N$（$1 \leqslant v_i \leqslant 120$）。约翰有 c_1 个面值为 v_1 的硬币,c_2 个面值 v_2 的硬币,$\cdots,c_N$ 个面值 v_N（$0 \leqslant c_i \leqslant 10000$）的硬币。店主拥有无限量的硬币，并且总是以最有效的方式进行交易（约翰必须确保通过其付款方式可以正确交易）。

输入：第 1 行有两个整数 N 和 T。第 2 行有 N 个整数 $v_1, v_2, \cdots, v_N$，表示硬币的面值。第 3 行有 N 个整数 $c_1, c_2, \cdots, c_N$，表示硬币的数量。

输出：单行输出支付和找零的最小硬币数，若不可能支付和找零，则输出–1。

输入样例	输出样例
3 70	3
5 25 50	
5 2 2	

提示：约翰用一枚 50 美分和一枚 25 美分的硬币支付 75 美分，并收到一枚 5 美分的零钱，总共有 3 枚硬币用于交易。

题解：约翰要购买价格为 T 的物品，他有 N 种硬币，第 i 种硬币的面值为 v_i，数量为 c_i，同时店主只有这几种面值的硬币，但数量无限，问支付和找零的最小硬币数。约翰支付对应多重背包问题，店主找零对应完全背包问题，本题为多重背包+完全背包混合问题。背包容量的上界为 maxv×maxv+T，其中 maxv 表示硬币的最大面值。

证明：假设存在一种最优支付方案，支付了多于 maxv×maxv+T 的钱，则商店会找零多于 maxv×maxv 的钱，这些硬币的个数大于 maxv。假设这些硬币的面值分别为 v_i，则根据鸽笼原理，在硬币序列中至少存在两个子序列，这两个子序列的和都可以被 maxv 整除。若直接用长度更小的子序列换算为面值为 maxv 的硬币某整数个，再去替换母序列，就可以用更少的硬币买到商品，这与最优支付方案矛盾。

1. 算法设计

（1）支付：对应多重背包问题，每种面值 $v[i]$ 的硬币都有数量限制 $c[i]$，求解在金额不超过 maxv×maxv+T 的情况下，可以达到的最少硬币数。

（2）找零：对应完全背包问题，每种面值 $v[i]$ 的硬币都没有数量限制，求解在金额不超过 maxv×maxv 的情况下，可以达到的最少硬币数。

（3）两者之和求最小值：ans=min(ans,dp_pay[$T+i$]+dp_change[i])，dp_pay[j]和 dp_change[j] 分别表示在金额不超过 j 的情况下支付和找零达到的最少硬币数。支付 $T+i$ 金额的钱，找零 i 金额的钱，就相当于买到价格 T 的商品。

2. 算法实现

```
const int maxm=10000+120*120+5;//T+maxv*maxv+5
int dp_pay[maxm],dp_change[maxm]; //分别表示支付和找零达到的最少硬币数量
void multi_knapsack(int n,int W){//多重背包问题，二进制拆分
    memset(dp_pay,0x3f,sizeof(dp_pay));
    dp_pay[0]=0;
    for(int i=1;i<=N;i++){
```

```
    if(c[i]*v[i]>=W){
        for(int j=v[i];j<=W;j++)
            dp_pay[j]=min(dp_pay[j],dp_pay[j-v[i]]+1);
    }
    else{
        for(int k=1;c[i]>0;k<<=1){//二进制拆分
            int x=min(k,c[i]);
            for(int j=W;j>=v[i]*x;j--)//转化为01背包问题
                dp_pay[j]=min(dp_pay[j],dp_pay[j-v[i]*x]+x);
            c[i]-=x;
        }
    }
  }
}

void complete_knapsack(int n,int W){//完全背包问题
    memset(dp_change,0x3f,sizeof(dp_change));
    dp_change[0]=0;
    for(int i=1;i<=n;i++)
        for(int j=v[i];j<=W;j++)
            dp_change[j]=min(dp_change[j],dp_change[j-v[i]]+1);
}

int main(){
    while(~scanf("%d%d",&N,&T)){
        int maxv=0,W;
        for(int i=1;i<=N;i++)
            scanf("%d",&v[i]),maxv=max(maxv,v[i]);
        for(int i=1;i<=N;i++)
            scanf("%d",&c[i]);
        maxv=maxv*maxv;
        multi_knapsack(N,maxv+T);//付钱，多重背包问题
        complete_knapsack(N,maxv);//找零，完全背包问题
        //统计最小值
        int ans=INF;
        for(int i=0;i<=maxv;i++)//支付T+i金额的钱，找零i金额的钱
            ans=min(ans,dp_pay[i+T]+dp_change[i]);
        if(ans==INF)
            ans=-1; //不可以找出，调整输出为-1
        printf("%d\n",ans);
    }
    return 0;
}
```

7.3 线性 DP

具有线性阶段划分的动态规划算法叫作线性动态规划（简称线性 DP）。若状态包含多个维度，则每个维度都是线性划分的阶段，也属于线性 DP，如下图所示。

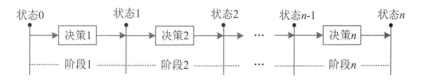

❋ 训练 1 超级楼梯

题目描述（HDU2041）：一个楼梯共有 M 级台阶，刚开始时我们站在第 1 级台阶上，若每次只可以走上一级或二级台阶，则要走上第 M 级台阶共有多少种走法？

输入：第 1 行包含一个整数 N，表示测试用例的个数。然后是 N 行数据，每行都包含一个整数 M（$1 \leq M \leq 40$），表示楼梯的级数。

输出：对每个测试实例都输出不同走法的数量。

输入样例	输出样例
2	1
2	2
3	

1．算法设计

状态表示：fn[n]表示走上第 n 级台阶共有多少种走法。

状态转移：由于每次都只可以走上一级或两级台阶，则走上第 n 级台阶之前的状态为站在第 $n-1$ 级台阶或第 $n-2$ 级台阶上。

状态转移方程：fn[n]=fn[$n-2$]+fn[$n-1$]。

这就是一个斐波那契数列，开始时站在第 1 级台阶上，所以数列的开始几项有所不同。

- fn[1]=0：开始时站在第 1 级台阶上，所以走上第 1 级台阶的走法有 0 种。
- fn[2]=1：只可以从第 1 级台阶走上 1 级台阶，所以走上第 2 级台阶的走法有 1 种。
- fn[3]=2：可以从第 1 级台阶走上 2 级台阶，或可以从第 2 级台阶走上 1 级台阶，所以走上第 3 级台阶的走法有两种。
- 当 $n>3$ 时，fn[n]= fn[$n-2$]+fn[$n-1$]。

数据量大时，递归求解会超时，所以可采用动态规划递推求解。

2. 算法实现

```
typedef unsigned long long LL;
LL fn[MAXN+1];
LL solve1(int n){//采用该递归求解方法会超时
    if(n==1)
        return 0;
    if(n==2)
        return 1;
    if(n==3)
        return 2;
    else
        return solve1(n-2)+solve1(n-1);
}

void solve(){//动态规划
    fn[1]=0;
    fn[2]=1;
    fn[3]=2;
    for(int i=4;i<=MAXN;i++)
        fn[i]=fn[i-2]+fn[i-1];
}
```

✧ 训练2 数字三角形

题目描述（**POJ1163**）：下图显示了一个数字三角形。每一步都可以向左斜下方走或向右斜下方走，计算从顶到底某条路线上经过的数字的最大和。

$$
\begin{array}{ccccccccc}
 & & & & 7 & & & & \\
 & & & 3 & & 8 & & & \\
 & & 8 & & 1 & & 0 & & \\
 & 2 & & 7 & & 4 & & 4 & \\
4 & & 5 & & 2 & & 6 & & 5 \\
\end{array}
$$

输入：第 1 行包含一个整数 n（$1<n\leq100$），表示三角形的行数。下面的 n 行描述了三角形的数据。三角形中的所有整数都为 0～99。

输出：输出从顶到底某条路线上经过的数字的最大和。

输入样例	输出样例
5	30
7	
3 8	
8 1 0	
2 7 4 4	

4 5 2 6 5

1. 算法设计

状态表示：dp[i][j]表示从左上角走到第 i 行第 j 列时经过的数字的最大和。

状态转移：输入数据并不是题目描述的三角形，走到位置(i, j)之前的位置为上方(i−1, j)或者左上方(i−1, j−1)，如下图所示。将上方和左上方的最优解取最大值，再加上当前位置的数字 a[i][j]即可。

状态转移方程：dp[i][j]=max{dp[i−1][j],dp[i−1][j−1]}+a[i][j]。

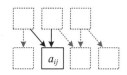

边界条件：dp[1][1]=a[1][1]。

求解目标：max{dp[n][j]}，求解最后一行各列的 dp[][]最大值。

2. 算法实现

```
int dp[maxn][maxn];
int main(){
    int n;
    scanf("%d",&n);
    for(int i=1;i<=n;i++)
        for(int j=1;j<=i;j++)
            scanf("%d",&a[i][j]);
    memset(dp,0,sizeof(dp));
    dp[1][1]=a[1][1];
    for(int i=2;i<=n;i++)
        for(int j=1;j<=i;j++)
            dp[i][j]=a[i][j]+max(dp[i-1][j],dp[i-1][j-1]);
    int ans=0;
    for(int j=1;j<=n;j++)
        ans=max(dp[n][j],ans);
    printf("%d\n", ans);
    return 0;
}
```

3. 算法优化

根据状态转移方程 dp[i][j]=max{dp[i−1][j],dp[i−1][j−1]}+a[i][j]，求当前位置的最优解时，只需 dp[i−1][j]（上一行同列）和 dp[i−1][j−1]（上一行前一列），所以将状态优化为一维数组，从后往前倒推即可。

状态表示：dp[*j*]表示从左上角走到第 *j* 列时经过的数字的最大和。

状态转移：dp[*j*]=max{dp[*j*],dp[*j*−1]}+*a*[*i*][*j*]。

```
int dp[maxn]; //一维数组优化
int main(){
    int n;
    scanf("%d",&n);
    for(int i=1;i<=n;i++)
        for(int j=1;j<=i;j++)
            scanf("%d",&a[i][j]);
    memset(dp,0,sizeof(dp));
    dp[1]=a[1][1];
    for(int i=2;i<=n;i++)
        for(int j=i;j>=1;j--)//倒推，一维数组优化
            dp[j]=a[i][j]+max(dp[j],dp[j-1]);
    int ans=0;
    for(int j=1;j<=n;j++)
        ans=max(dp[j],ans);
    printf("%d\n", ans);
    return 0;
}
```

⋰⋱ 训练 3　最长上升子序列

题目描述（POJ2533）：若一个序列满足 $a_1<a_2<\cdots<a_n$，则该序列是有序（上升）的。设给定数字序列($a_1,a_2,\cdots,a_n$)的子序列为任意序列($a_{i1},a_{i2},\cdots,a_{ik}$)，其中 $1\leqslant i_1<i_2<\cdots<i_k\leqslant n$，例如序列(1,7,3,5,9,4,8)有上升子序列如(1,7)、(3,4,8)和其他子序列。所有最长的上升子序列的长度都是 4，例如(1,3,5,8)。当给定数字序列时，找到其最长上升子序列的长度。

输入：第 1 行包含序列的长度 *n*（$1\leqslant n\leqslant 1000$）；第 2 行包含序列的 *n* 个元素，每个元素都为 0~10000 的整数。

输出：输出给定序列的最长上升子序列的长度。

输入样例	输出样例
7	4
1 7 3 5 9 4 8	

1．算法设计

本题为最长上升子序列问题。

状态表示：dp[*i*]表示以 *a*[*i*]结尾的最长上升子序列长度。

状态转移：对于 $1\leqslant j<i$，若 *a*[*j*]<*a*[*i*]，则可以将 *a*[*i*]放在以 *a*[*j*]结尾的最长上升序列后面，

得到的长度为 dp[j]+1。

状态转移方程：dp[i]=max(dp[i],dp[j]+1)。

边界条件：dp[0]=0。

求解目标：max(dp[i])。

2. 算法实现

```
int dp[maxn];//dp[i]表示以a[i]结尾的最长上升序列长度
int main(){
    int n;
    scanf("%d",&n);
    for(int i=1;i<=n;i++)
        scanf("%d",&a[i]);
    int ans=0;
    memset(dp,0,sizeof(dp));
    for(int i=1;i<=n;i++){
        dp[i]=1;
        for(int j=1;j<i;j++)
            if(a[j]<a[i])//动态更新每一个元素作为最后一个元素所构造的序列长度
                dp[i]=max(dp[i],dp[j]+1);
        if(dp[i]>ans)
            ans=dp[i];//更新最大值
    }
    printf("%d\n",ans);
    return 0;
}
```

以上 DP 算法的时间复杂度为 $O(n^2)$。

3. 算法优化

根据上升子序列的特性，可设置一个辅助数组 $d[]$ 记录最长上升子序列，len 表示最长上升子序列的长度。

算法步骤如下。

（1）初始化：d[1]=a[1]，len=1。

（2）枚举 $i=2..n$，将 a[i] 与 d[len]（d[] 的最后一个元素）做比较。

（3）若 a[i]=d[len]，则什么也不做，继续下一次循环。

（4）若 a[i]>d[len]，则将 a[i] 添加到 d[] 尾部，即 d[++len]=a[i]。

（5）若 a[i]<d[len]，则将 a[i] 替换 d[] 中第 1 个大于或等于 a[i] 的数。在 d[] 中查找第 1 个大于等于 a[i] 的数时，可以采用二分查找（d[] 自身有序），也可以直接调用 lower_bound() 函数，该函数也是采用二分查找实现的，每次查找的时间复杂度都为 $O(\log n)$。

为什么可以这么做呢？本题求解最长上升子序列，所以对前两种情况都很容易理解。若 $a[i]<d[len]$，则将 $a[i]$ 替换 $d[]$ 中第 1 个大于或等于 $a[i]$ 的数，这是因为在不影响 $d[]$ 长度的情况下，$d[]$ 数组中的元素越小，就越可能得到更长的上升子序列。

完美图解：

输入样例"1 7 3 5 9 4 8"，求解其最长上升子序列，过程如下表所示。

i	$a[]$	$d[]$	len	将 $a[i]$ 和 $d[len]$ 比较
1	**1** 7 3 5 9 4 8	**1**	1	初始化
2	1 **7** 3 5 9 4 8	1 7	2	$a[2]>d[1]$，将 $a[2]$ 放入 $d[]$ 尾部
3	1 7 **3** 5 9 4 8	1 3	2	$a[3]<d[2]$，令 $a[3]$ 替换第1个比其大的元素
4	1 7 3 **5** 9 4 8	1 3 5	3	$a[4]>d[2]$，将 $a[4]$ 放入 $d[]$ 尾部
5	1 7 3 5 **9** 4 8	1 3 5 9	4	$a[5]>d[3]$，将 $a[5]$ 放入 $d[]$ 尾部
6	1 7 3 5 9 **4** 8	1 3 4 9	4	$a[6]<d[4]$，令 $a[6]$ 替换第1个比其大的元素
7	1 7 3 5 9 4 **8**	1 3 4 8	4	$a[7]<d[4]$，令 $a[7]$ 替换第1个比其大的元素

求解最长上升子序列的优化算法的时间复杂度为 $O(n\log n)$。

```
int d[maxn];//d[]存储最长上升子序列的元素
int main(){
    int n;
    scanf("%d",&n);
    for(int i=1;i<=n;i++)
        scanf("%d",&a[i]);
    int len=1;
    d[1]=a[1];
    for(int i=2;i<=n;i++){
        if(a[i]==d[len]) continue;
        if(a[i]>d[len])
            d[++len]=a[i];
        else//a[i]覆盖d[]中第1个大于a[i]的数
            *lower_bound(d+1,d+len+1,a[i])=a[i];
    }
    printf("%d\n",len);
    return 0;
}
```

❖ 训练 4　最长公共子序列

题目描述（POJ1458）：序列的子序列指序列中的一些元素被省略。给定一个序列 $x=<x_1,x_2,\cdots,x_m>$ 及另一个序列 $z=<z_1,z_2,\cdots,z_k>$，若 x 的索引存在严格递增的序列 $<i_1,i_2,\cdots,i_k>$，则对所有 $j=1,2,\cdots,k$ 及 $x_{i_j}=z_j$，z 都是 x 的子序列。例如，$z=<a,b,f,c>$ 的索引序列是 $<1,2,4,6>$，它是 $x=<a,b,c,f,b,c>$ 的子序列。若 z 既是 x 的子序列，也是 y 的子序列，则称 z 是 x 和 y 的公共子序列。给定两个序列 x 和 y，求 x 和 y 的最长公共子序列的长度。

输入：每个测试用例都包含两个表示给定序列的字符串，序列由任意数量的空格分隔。

输出：对每个测试用例，都单行输出最长公共子序列的长度。

输入样例		输出样例
abcfbc	abfcab	4
programming	contest	2
abcd	mnp	0

1. 算法设计

本题为最长公共子序列问题。

状态表示：$dp[i][j]$ 表示 $x[1..i]$ 和 $y[1..j]$ 的最长公共子序列长度。

状态转移：对两个序列中的字符 x_i 和 y_j，可以分成以下两种情况。

- $x_i=y_j$：求解 X_{i-1} 和 Y_{j-1} 的最长公共子序列长度加 1，$dp[i][j]=dp[i-1][j-1]+1$。

- $x_i \neq y_j$：可以把 x_i 去掉，求解 X_{i-1} 和 Y_j 的最长公共子序列长度，或者把 y_j 去掉，求解 X_i 和 Y_{j-1} 的最长公共子序列长度，取二者的最大值，$dp[i][j]=\max(dp[i][j-1],dp[i-1][j])$。

边界条件：$dp[i][0]=0$，$dp[0][j]=0$。

求解目标：$dp[n][m]$，n、m 分别为两个字符串的长度。

2. 算法实现

```
//最长公共子序列，时间复杂度为O(nm)
int dp[maxn][maxn];//dp[i][j]表示s1[1..i]和s2[1..j]的最长公共子序列长度
```

```
int main(){
    while(~scanf("%s%s",s1,s2)){
        int len1=strlen(s1);
        int len2=strlen(s2);
        for(int i=0;i<=len1;i++) dp[i][0]=0;
        for(int j=0;j<=len2;j++) dp[0][j]=0;
        for(int i=1;i<=len1;i++)
            for(int j=1;j<=len2;j++){
                if(s1[i-1]==s2[j-1])//字符串的下标实际上从 0 开始
                    dp[i][j]=dp[i-1][j-1]+1;
                else
                    dp[i][j]=max(dp[i][j-1],dp[i-1][j]);
            }
        printf("%d\n",dp[len1][len2]);
    }
    return 0;
}
```

训练 5　最大连续子段和

题目描述（HDU1003）：给定一个序列 $a_1,a_2,a_3,\cdots,a_n$，计算其最大连续字段和。例如，给定 $(6,-1,5,4,-7)$，此序列的最大连续字段和为 $6+(-1)+5+4=14$。

输入：第 1 行包含一个整数 t（$1 \leqslant t \leqslant 20$），表示测试用例的数量。接下来的 t 行，每行都以数字 n 为开头（$1 \leqslant n \leqslant 100000$），然后是 n 个整数（数值范围：$-1000 \sim 1000$）。

输出：对每个测试用例，都输出两行。第 1 行是"Case x:"，x 表示测试用例的编号。第 2 行包含 3 个整数，为序列的最大连续子段和及该子段的开始位置、结束位置。若有多个结果，则输出第 1 个结果。在两个测试用例之间输出一个空行。

输入样例	输出样例
2	Case 1:
5 6 -1 5 4 -7	14 1 4
7 0 6 -1 1 -6 7 -5	
	Case 2:
	7 1 6

1. 算法设计

本题求解最大连续子段和，且需要输出最大连续子段和的开始位置和结束位置。

状态表示：$dp[i]$ 表示以 $a[i]$ 结尾的最大和。注意：这个最大和不是 $[1..i]$ 区间的最大连续子段和，若求解 $[1..n]$ 区间的最大连续子段和，则需要从所有 $dp[]$ 中求最大值。例如 $\{-2,1,2,3,-2\}$，$dp[1]=-2$，$dp[2]=1$，$dp[3]=3$，$dp[4]=6$，$dp[5]=4$，最大连续子段和为 6。

状态转移：若 dp[i−1]大于或等于 0，则 dp[i−1]累加 $a[i]$即可；否则 dp[i]=$a[i]$; start=i，重新开始统计，这是因为 dp[i−1]是负值时，对求解最大连续子段和没有意义。

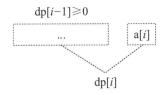

空间优化：可将数据直接读入 dp[]数组（初始化 dp[i]=$a[i]$），省略 $a[]$数组。

2．算法实现

```c
int dp[maxn];//dp[i]表示以a[i]结尾的最大和
int main(){
    int t,n,cas=0;
    scanf("%d",&t);
    while(t--){
        scanf("%d",&n);
        for(int i=1;i<=n;i++)
            scanf("%d",&dp[i]);//省略原数组，直接用dp[]
        int l=1,r=1;//记录区间
        int start=1;//记录起点
        int MAX=dp[1];
        for(int i=2;i<=n;i++){
            if(dp[i-1]>=0)//若dp[i-1]大于或等于0，则累加，否则重新开始
                dp[i]=dp[i-1]+dp[i];
            else
                start=i;//重新开始
            if(dp[i]>MAX){//更新最值
                MAX=dp[i];
                l=start;
                r=i;
            }
        }
        if(cas)
            printf("\n");
        printf("Case %d:\n",++cas);
        printf("%d %d %d\n",MAX,l,r);
    }
    return 0;
}
```

7.4 区间 DP

区间 DP 属于线性 DP 的一种，以区间长度作为 DP 的阶段，以区间的左右端点作为状态的维度。一个状态通常由被它包含且比它更小的区间状态转移而来。阶段（长度）、状态（左右端点）、决策三者按照由外到内的顺序构成三层循环。

∴ 训练 1 回文

题目描述（POJ3280）：约翰在每头牛身上都安装了一个 id 标签（电子身份标签），当牛通过扫描仪时，系统会读取这个标签。每个 id 标签都是从 n（$1 \leqslant n \leqslant 26$）个小写字母的字母表中提取的长度为 m（$1 \leqslant m \leqslant 2000$）的字符串。牛有时试图通过倒退来欺骗系统。当一头牛的 id 标签是"abcba"时，不管它朝哪个方向走，都会读到相同的 id 标签，而一头牛的 id 标签是"abcb"时，可能会被读到两个不同的 id 标签（abcb 和 bcba）。约翰想修改牛的 id 标签，这样无论牛从哪个方向走过，都可以读到相同的内容。例如，"abcb"可以通过在末尾添加 'a'，形成"abcba"，这样的 id 标签就是回文（向前和向后读取都是相同的内容）。将 id 标签更改为回文的其他方法包括将"bcb"添加到开头，产生 id 标签"bcbabcb"；或删除字符 'a'，产生 id 标签"bcb"。可以在字符串中的任何位置添加或删除字符，从而生成比原始字符串长或短的字符串。给定牛的 id 标签及添加、删除每个字符的成本（$0 \leqslant$ 成本 $\leqslant 10000$），求解使 id 标签满足回文字符串的最小成本。一个空的 id 标签被认为已满足要求。只有包含相关成本的字母才可以被添加到字符串中。

输入：第 1 行包含两个整数 n 和 m。第 2 行包含 m 个字符，表示初始的 id 标签。第 3..n+2 行的每一行都包含一个字符和两个整数，分别表示添加和删除该字符的成本。

输出：单行输出更改给定标签为回文的最小成本。

输入样例	输出样例
3 4	900
abcb	
a 1000 1100	
b 350 700	
c 200 800	

提示：若在"abcb"末尾添加一个"a"，则得到"abcba"，成本是 1000；若把开头的"a"删掉，则得到"bcb"，成本是 1100；若在开头插入"bcb"，则得到"bcbabcb"，成本是 350+200+350=900，这是最小成本。

1. 算法设计

本题求解将一个字符串转化为回文的最小成本，属于区间 DP 问题。可以将长度作为阶段，将序列的开始和结束下标作为状态的维度，对不同的情况执行不同的决策。

状态表示：dp[i][j]表示将字符串 s 的子区间[i, j]转化为回文字符串的最小成本。

对于字符串 s 的子区间[i, j]两端的字符 s[i]和 s[j]，分为以下两种情况。

（1）若 s[i]=s[j]，则两端的字符不需要花费成本，问题转化为求解子区间[i+1, j−1]。

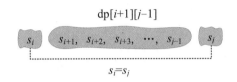

状态转移方程：dp[i][j]=dp[i+1][j−1]。

（2）若 s[i]≠s[j]，则需要比较两端的字符插入或删除的成本，问题转化为添加或删除左侧字符，或者添加或删除右侧字符，取两者的最小值。

删除或添加 s[i]：

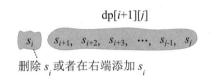

状态转移方程：dp[i][j]=dp[i+1][j]+w[i]，w[i]表示添加或删除 s[i]的最小成本。

删除或添加 s[j]：

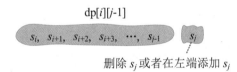

状态转移方程：dp[i][j]=dp[i][j−1]+w[j]，w[j]表示添加或删除 s[j]的最小成本。

两者取最小值：dp[i][j]=min(dp[i+1][j]+w[i],dp[i][j−1]+w[j])。

2．算法实现

```
const int maxn=2000+10;
int n,m,dp[maxn][maxn],w[30];
string s;
int main(){
    cin>>n>>m;
    cin>>s;
    for(int i=1;i<=n;i++){
        char c;
```

```
        int k1,k2;
        cin>>c>>k1>>k2;
        w[c-'a']=min(k1,k2);
    }
    for(int i=m-1;i>=0;i--)
        for(int j=i+1;j<m;j++){
            if(s[i]==s[j])
                dp[i][j]=dp[i+1][j-1];
            else
                dp[i][j]=min(dp[i+1][j]+w[s[i]-'a'],dp[i][j-1]+w[s[j]-'a']);
        }
    cout<<dp[0][m-1]<<endl;
    return 0;
}
```

∴ 训练 2 括号匹配

题目描述（POJ2955）："正则括号"序列的定义如下。

- 空序列是一个正则括号序列。
- 若 s 是正则括号序列，则(s)和[s]也是正则括号序列。
- 若 a 和 b 是正则括号序列，则 ab 也是正则括号序列。
- 没有其他序列是正则括号序列。

例如，()、[]、(())、()[]、()[()]都是正则括号序列，而(、]、)(、([)]、[[()不是正则括号序列。

给定括号序列 $a_1a_2 \cdots a_n$，求解其最长的正则括号子序列的长度。也就是说，希望找到最大的 m，使 $a_{i_1}a_{i_2} \cdots a_{i_m}$ 是一个正则括号序列，其中 $1 \leqslant i_1 < i_2 < \cdots < i_m \leqslant n$。例如给定初始序列([([]])])，最长的正则括号子序列是[([])]，其长度是 6。

输入：输入包含多个测试用例。每个测试用例都只包含一行由(、)、[、]组成的字符串，其长度为 1~100（包括 1 和 100）。输入的结尾由包含 "end" 的行标记，不应对其进行处理。

输出：对每个测试用例，都单行输出最长的正则括号子序列的长度。

输入样例	输出样例
((()))	6
()()()	6
([]])	4
)[()	0
([][][)	6
end	

1. 算法设计

本题求最长正则括号子序列的长度，属于区间 DP 问题。可以将长度作为阶段，将序列的开始和结束下标作为状态的维度，通过不同的情况执行不同的决策。

状态表示：dp[i][j]表示字符串 s 的子区间[i, j]的最长正则括号子序列的长度。

对字符串 s 的子区间[i, j]的两端 $s[i]$ 和 $s[j]$，分为以下两种情况。

（1）若 $s[i]$ 与 $s[j]$ 匹配，则问题转化为求解子区间[i+1, j−1]，然后长度增加 2。

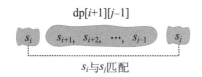

状态转移方程：dp[i][j]=dp[i+1][j−1]+2。

（2）枚举每一个位置 k，求两个子问题之和的最大值。

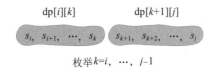

枚举 k=i, …, j−1

状态转移方程：dp[i][j]=max(dp[i][k]+dp[k+1][j])，k=i,…,j−1。

注意：在第 1 种情况执行完后仍需执行第 2 种情况。例如对于样例 2 "()()()" 存在两种情况：①$s[0]$ 与 $s[5]$ 匹配，dp[0][5]=dp[1][4]+2=4；②枚举 k，当 k=1 时，dp[0][1]+dp[2][5]=6，取最大值，最长正则括号子序列的长度为 6。

2. 算法实现

```
int dp[105][105];
char s[105];
bool match(int l,int r){
    if(s[l]=='('&&s[r]==')') return 1;
    if(s[l]=='['&&s[r]==']') return 1;
    return 0;
}

int main(){
    while(~scanf("%s",s)&&s[0]!='e'){
        int len=strlen(s);
        memset(dp,0,sizeof(dp));
        for(int d=1;d<len;d++){
            for(int i=0;i+d<len;i++){
```

```
        int j=i+d;
        if(match(i,j))
            dp[i][j]=dp[i+1][j-1]+2;
        for(int k=i;k<j;k++)
            dp[i][j]=max(dp[i][j],dp[i][k]+dp[k+1][j]);
        }
    }
    printf("%d\n", dp[0][len-1]);
    }
    return 0;
}
```

✨ 训练3　猴子派对

题目描述（HDU3506）：森林之王决定举办一个盛大的派对来庆祝香蕉节，但是小猴子们都不认识对方。有 N 只猴子坐在一个圈里，每只猴子都有交朋友的时间，而且每只猴子都有两个邻居。介绍它们的规则是：①森林之王每次都可以介绍一只猴子和该猴子的一个邻居；②若森林之王介绍 A 和 B，则 A 已经认识的每只猴子都将认识 B 已经认识的每只猴子，介绍的总时间是 A 和 B 已经认识的所有猴子交友时间的总和；③每只猴子都认识自己。为了尽快开始聚会和吃香蕉，需求出森林之王需要介绍的时间。

输入：输入包含几个测试用例。每个测试用例的第 1 行都是 n（1≤n≤1000），表示猴子的数量。下一行包含 n 个正整数（小于 1000），表示交朋友的时间（第 1 个和最后 1 个是邻居）。

输出：对每个测试用例，都单行输出需要介绍的时间。

输入样例	输出样例
8	105
5 2 4 7 6 1 3 9	

1. 算法设计

本题属于区间 DP 问题。n 只猴子坐在一个圈里，是一个环。对于包含 n 个元素的环型，可以将前 n−1 个元素依次复制到第 n 个元素的后面，将环型转化为直线型。

$$a_1 \quad a_2 \quad \cdots \quad a_n \quad a_1 \quad a_2 \quad \cdots \quad a_{n-1}$$

然后以长度作为阶段，以序列的开始和结束下标作为状态的维度，通过不同的情况执行不同的决策。

状态表示：dp[i][j] 表示 [i, j] 区间猴子相互认识的最少时间。枚举每一个位置 k，求两个子问题之和的最小值。

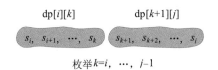

枚举 $k=i,\,\cdots,\,j-1$

状态转移方程： $\mathrm{dp}[i][j]=\min(\mathrm{dp}[i][k]+\mathrm{dp}[k+1][j]+\mathrm{sum}(i,j))$。

最后从规模是 n 的最优值中找出最小值即可。

$$a_1\ \overbrace{a_2\ \cdots\ a_n}^{\text{规模为}n}\ a_1\ a_2\ \cdots\ a_{n-1}$$

$$\underbrace{\qquad\qquad}_{\text{规模为}n}$$

该算法的时间复杂度为 $O(n^3)$，数据范围 $1\leqslant n\leqslant 1000$，超时，考虑采用四边不等式优化。

2．算法优化

求解 $\mathrm{dp}[i][j]$ 时，需要枚举位置 $k=i,\cdots,j-1$，用 $s[i][j]$ 记录 $\mathrm{dp}[i][j]$ 取得最小值的位置 k。利用四边形不等式优化后，k 的枚举范围变为 $s[i][j-1]\sim s[i+1][j]$，枚举范围缩小了很多。

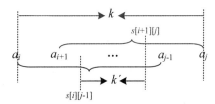

经过四边不等式优化（见 7.9 节原理 5），算法时间复杂度可以减少至 $O(n^2)$。

3．算法实现

```
void init(){
    sum[0]=0;
    for(int i=1;i<=n;i++){
        scanf("%d",a+i);
        sum[i]=a[i]+sum[i-1];
        dp[i][i]=0;
        s[i][i]=i;
    }
    for(int i=1;i<n;i++){
        a[n+i]=a[i];
        sum[n+i]=a[n+i]+sum[n+i-1];
        dp[n+i][n+i]=0;
        s[n+i][n+i]=n+i;
    }
```

```
}

void solve(){
    for(int d=2;d<=n;d++){
        for(int i=1;i<=2*n-d;i++){
            int j=i+d-1;
            int tmp=sum[j]-sum[i-1];
            dp[i][j]=INF;
            for(int k=s[i][j-1];k<=s[i+1][j];k++)
                if(dp[i][k]+dp[k+1][j]+tmp<dp[i][j]){
                    dp[i][j]=dp[i][k]+dp[k+1][j]+tmp;
                    s[i][j]=k;
                }
        }
    }
    int ans=INF;
    for(int i=1;i<=n;i++)
        ans=min(ans,dp[i][n+i-1]);
    printf("%d\n",ans);
}
```

❀训练4 乘法难题

题目描述（POJ1651）：乘法游戏是用一些牌来玩的，在每张牌上都有一个正整数。玩家从一行牌中取出一张牌，得分的数量等于所取牌上的数字与左右两张牌上的数字的乘积。不允许取出第一张和最后一张牌。经过最后一步后，只剩下两张牌。玩牌的目标是把得分的总数降到最低。例如，若一行牌包含数字 10、1、50、20、5，则若玩家先拿出一张 1，然后拿出 20 和 50 的牌，得分便是 $10×1×50+50×20×5+10×50×5=500+5000+2500=8000$。若他按相反的顺序拿牌，即 50、20、1，则得分是 $1×50×20+1×20×5+10×1×5=1000+100+50=1150$。

输入：第 1 行包含牌的数量 n（$3 \leqslant n \leqslant 100$），第 2 行包含 1～100 的 n 个整数，表示牌上的数字。

输出：单行输出玩牌的最小分数。

输入样例	输出样例
6	3650
10 1 50 50 20 5	

题解：根据输入样例，5 张牌分别为 10、1、50、20、5，玩家如果先拿出一张 1，则得分为 $10×1×50$，相当于两个矩阵 $A_{10×1}$ 和 $A_{1×50}$ 相乘的乘法次数，且执行乘法后只剩下 $A_{10×50}$ 的矩阵，相当于把 1 的牌抽掉了。

然后剩下 4 张牌 10、50、20、5，若拿出 20 的牌，则得分为 50×20×5，相当于两个矩阵 $A_{50\times20}$ 和 $A_{20\times5}$ 相乘的乘法次数，且执行乘法后只剩下 $A_{50\times5}$ 的矩阵，相当于把 20 的牌抽掉了。

接着剩下 3 张牌 10、50、5，若拿出 50 的牌，则得分为 10×50×5，相当于两个矩阵 $A_{10\times50}$ 和 $A_{50\times5}$ 相乘的乘法次数，且执行乘法后只剩下 $A_{10\times5}$ 的矩阵，相当于把 50 的牌抽掉了。

最后剩下两张牌 10、5，算法结束。

题目原型实际上是矩阵连乘问题，求解 n 张牌 $\{p_0, p_1, p_2, \cdots, p_n\}$ 的最小得分，相当于求解 n 个矩阵 $\{A_{p0\times p1}, A_{p1\times p2}, A_{p2\times p3}, \cdots, A_{pn-1\times pn}\}$ 相乘的最少乘法次数。

1. 算法设计

本题是矩阵连乘问题，属于区间 DP 问题。

状态表示：dp[i][j] 表示 $A_iA_{i+1}\cdots A_j$ 矩阵连乘的最优值（最少乘法次数），两个子问题($A_iA_{i+1}\cdots A_k$)、($A_{k+1}A_{k+2}\cdots A_j$)对应的最优值分别是 dp[i][k] 和 dp[k+1][j]。剩下的只需考察($A_iA_{i+1}\cdots A_k$)和($A_{k+1}A_{k+2}\cdots A_j$)的结果矩阵相乘的乘法次数了。

设矩阵 A_m 的行数为 p_m，列数为 q_m，$m=i, i+1, \cdots, j$，而且矩阵是可乘的，即相邻矩阵前一个矩阵的列等于后一个矩阵的行（$q_m=p_{m+1}$）。($A_iA_{i+1}\cdots A_k$)矩阵相乘的结果是一个 $p_i\times q_k$ 矩阵，($A_{k+1}A_{k+2}\cdots A_j$)矩阵相乘的结果是一个 $p_{k+1}\times q_j$ 矩阵，$q_k=p_{k+1}$，两个结果矩阵相乘的乘法次数是 $p_i\times p_{k+1}\times q_j$，如下图所示。

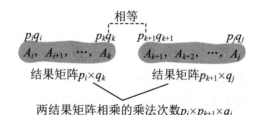

两结果矩阵相乘的乘法次数 $p_i\times p_{k+1}\times q_j$

状态转移方程：
- 当 $i=j$ 时，只有一个矩阵，dp[i][j]=0；
- 当 $i<j$ 时，$\text{dp}[i][j] = \min_{i\le k<j}\{\text{dp}[i][k] + \text{dp}[k+1][j] + p_ip_{k+1}q_j\}$。

若用一维数组 $p[]$ 来记录矩阵的行和列，将第 i 个矩阵的行数 p_i 和列数 q_i 分别存储在 $p[i-1]$ 和 $p[i]$ 中，则 $p_i\times p_{k+1}\times q_j$ 对应的数组元素相乘为 $p[i-1]\times p[k]\times p[j]$。

状态转移方程：

$$\text{dp}[i][j] = \begin{cases} 0 & ,i=j \\ \min_{i\le k<j}\{\text{dp}[i][k]+\text{dp}[k+1][j]+p[i-1]\times p[k]\times p[j]\} & ,i<j \end{cases}$$

2. 算法实现

```
int solve(int n){
    for(int d=2;d<=n;d++){
        for(int i=1;i<=n-d+1;i++){
            int j=i+d-1;
            dp[i][j]=dp[i+1][j]+p[i-1]*p[i]*p[j];
            for(int k=i+1;k<j;k++)
                dp[i][j]=min(dp[i][j],dp[i][k]+dp[k+1][j]+p[i-1]*p[k]*p[j]);
        }
    }
    return dp[1][n];
}

int main(){
    int n;
     scanf("%d",&n);
    memset(dp,0,sizeof(dp));
    for(int i=0;i<n;i++)
        scanf("%d",p+i);
    printf("%d\n",solve(n-1));//矩阵n-1个
    return 0;
}
```

7.5 树形DP

在树形结构上实现的动态规划叫作树形 DP。动态规划自身是多阶段决策问题，而树形结构有明显的层次性，正好对应动态规划的多个阶段。树形 DP 的求解过程一般为自底向上，将子树从小到大作为 DP 的"阶段"，将节点编号作为 DP 状态的第 1 维，代表以该节点为根的子树。树形 DP 一般采用深度优先遍历，递归求解每棵子树，回溯时从子节点向上进行状态转移。在当前节点的所有子树都求解完毕后，才可以求解当前节点。

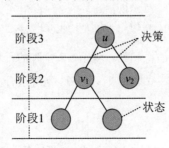

⋙ 训练 1　别墅派对

题目描述（POJ3342/HDU2412/UVA1220）：约翰要在别墅开派对，希望可以邀请所有同事，但不同时邀请员工和老板。公司的组织层级是这样的：除了大老板，每个人都有唯一的老板（直接上司），当一个人被邀请时，他的老板不会被邀请，请确定邀请客人的最大数量。另外，需要表明客人列表中的人是否是唯一确定的。

输入：输入包含多个测试用例。每个测试用例都以整数 n（$1 \leqslant n \leqslant 200$）开始，表示员工的数量。下一行只包含大老板的名字。在接下来的 $n-1$ 行中，每一行都包含员工的名字及其老板的名字。所有名字都是由至少一个和最多 100 个字母组成的字符串，以空格隔开。每个测试用例的最后一行都包含一个 0。

输出：对每个测试用例，都单行输出一个数字和一个单词，分别表示邀请客人的最大数量和客人列表是否唯一。

输入样例	输出样例
6	4 Yes
Jason	1 No
Jack Jason	
Joe Jack	
Jill Jason	
John Jack	
Jim Jill	
2	
Ming	
Cho Ming	
0	

题解：根据输入样例 1 和 2，分别对应的两棵关系树如下图所示。

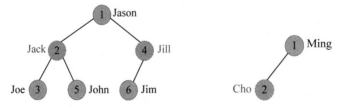

若选择父节点，则子节点不可选。对第 1 个输入样例，可选择 1、3、5、6，最多人数为 4，且方案唯一；对第 2 个输入样例，最多可选择 1 人，选择 Ming 或 Cho 都可以，方案不唯一。

1. 算法设计

本题属于最大独立集问题，和 POJ2342/HDU1520 类似，但增加了唯一性判断。独立集指图 G 中两两互不相邻的节点构成的集合。最大独立集是节点数最多的独立集。

状态表示： 对每一个节点 u 来说，都分为选择和不选择两种情况。

- $dp[u][0]$ 表示不选择节点 u 时，在以节点 u 为根的子树中选择的最大人数。
- $dp[u][1]$ 表示选择节点 u 时，在以节点 u 为根的子树中选择的最大人数。
- $f[u][0]$ 表示不选择节点 u 时，以节点 u 为根的子树方案的唯一性。$f[u][0]=1$，表示不选择 u 时，以节点 u 为根的子树方案唯一；$f[u][0]=0$，表示不选择节点 u 时，以节点 u 为根的子树方案不唯一。
- $f[u][1]$ 表示选择节点 u 时，以节点 u 为根的子树方案的唯一性。

阶段划分： 当前子树的根所在位置。当子树中的节点处理完毕时，才可以进入下一阶段。

状态转移方程如下。

若不选择当前节点 u，则它的所有子节点 v 都可选或不选，取最大值即可。

$$dp[u][0]+=\max(dp[v][0], dp[v][1])$$

若 $dp[v][0]$ 和 $dp[v][1]$ 相等，则取哪个都可以，方案不唯一；若取到最大值所对应的方案不唯一，则 $f[u][0]$ 也不唯一。

若选择当前节点 u，则它的所有子节点 v 均不可选。

$$dp[u][1]+=dp[v][0]$$

若 $f[v][0]$ 方案不唯一，则 $f[u][1]$ 也不唯一。

边界条件： $dp[u][0]=0$，$dp[u][1]=1$，将 $f[][]$ 数组全部初始化为 1。

求解目标如下。

- $dp[0][0]$：客人的最大人数，增加一个 0 作为超根。
- $f[0][0]$：唯一性判断。

2. 算法实现

本题为典型的树形 DP 问题，采用一次深度优先搜索即可实现，用 $E[u]$ 存储 u 节点的所有子节点。另外，本题有多组测试用例，需要将 E 数组初始化为 0。

```
int dp[N][2],n;
bool f[N][2];
vector<int>E[N];
void dfs(int u){
    dp[u][0]=0;
    dp[u][1]=1;
    for(int i=0;i<E[u].size();i++){
        int v=E[u][i];
        dfs(v);
        if(dp[v][0]==dp[v][1]){
            dp[u][0]+=dp[v][0];
            f[u][0]=0;
```

```
        }else if(dp[v][0]>dp[v][1]){
            dp[u][0]+=dp[v][0];
            if(!f[v][0]) f[u][0]=0;
        }
        else{
            dp[u][0]+=dp[v][1];
            if(!f[v][1]) f[u][0]=0;
        }
        dp[u][1]+=dp[v][0];
        if(!f[v][0]) f[u][1]=0;
    }
}

int main(){
    int n,k;
    string s1,s2;
    map<string,int>mp;
    while(cin>>n&&n){//n 为 0 时结束
        mp.clear();
        for(int i=0;i<=n;i++)//尽量不要使用 memset 清 0 的办法，尽管也可以用
            E[i].clear();
        memset(f,true,sizeof(f));
        k=1;
        cin>>s1;
        mp[s1]=k++;
        E[0].push_back(mp[s1]);//增加超根
        for(int i=1;i<=n-1;i++){
            cin>>s1>>s2;
            if(mp[s1]==0)
                mp[s1]=k++;
            if(mp[s2]==0)
                mp[s2]=k++;
            E[mp[s2]].push_back(mp[s1]);
        }
        dfs(0);
        printf("%d ",dp[0][0]);
        if(f[0][0])
            printf("Yes\n");
        else
            printf("No\n");
    }
    return 0;
}
```

✧ 训练 2　战略游戏

题目描述（POJ1463）：鲍勃喜欢玩战略游戏，但他有时找不到足够快的解决方案。现在他必须保卫一座中世纪城市，城市的道路形成一棵树。他必须把最小数量的士兵放在节点上，这样才可以观察到所有道路。请帮助鲍勃找到放置的最小士兵数。例如，对如下图所示的树，解决方案是放置 1 个士兵（放置在节点 1 处）。

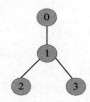

输入：输入多个测试用例。每个测试用例的第 1 行都包含节点数 n（$0 < n \leqslant 1500$）；接下来的 n 行，每行的描述格式都为"节点编号:(道路数)节点编号 1　节点编号 2…"或"节点编号:(0)"。节点编号为 $0 \sim n{-}1$，每个节点连接的道路数都不超过 10 条。每条道路在输入数据中都只出现一次。

输出：对每个测试用例，都单行输出放置的最小士兵数。

输入样例	输出样例
4	1
0:(1) 1	2
1:(2) 2 3	
2:(0)	
3:(0)	
5	
3:(3) 1 4 2	
1:(1) 0	
2:(0)	
0:(0)	
4:(0)	

对输入样例 1 的数据解释如下所示：

```
4 //节点数为 4
0:(1) 1 //节点 0 连接 1 条道路，道路的另一端节点为 1，即 0-1 有 1 条道路
1:(2) 2 3 //节点 1 连接两条道路，道路的另一端节点分别为 2、3，即 1-2、1-3 分别有 1 条道路
2:(0) //节点 2 连接 0 条道路
3:(0) //节点 3 连接 0 条道路
```

其对应的树形结构如题目描述中的树。

1．算法设计

状态表示：

- dp[*u*][0]表示不在节点 *u* 放置士兵时，以节点 *u* 为根的子树放置的最少士兵数；
- dp[*u*][1]表示在节点 *u* 放置士兵时，以节点 *u* 为根的子树放置的最少士兵数。

状态转移方程如下。

- 若节点 *u* 不放置士兵，则它的所有子节点 *v* 都需要放置士兵，dp[*u*][0]+= dp[*v*][1]。
- 若节点 *u* 放置士兵，则它的所有子节点 *v* 既可以放置士兵，也可以不放置士兵，取两种情况的最小值，dp[*u*][1]+=min(dp[*v*][0], dp[*v*][1])。

边界条件： dp[*u*][0]=0, dp[*u*][1]=1。

求解目标： min(dp[root][0], dp[root][1])，root 为树根。

2．算法实现

本题为典型的树形 DP 问题，采用一次深度优先搜索即可实现。

```
int val[N],dp[N][2],fa[N],n;
vector<int>E[N];
void dfs(int u){
    dp[u][0]=0;
    dp[u][1]=1;
    for(int i=0;i<E[u].size();i++){
        int v=E[u][i];
        dfs(v);
        dp[u][1]+=min(dp[v][1],dp[v][0]);
        dp[u][0]+=dp[v][1];
    }
}

int main(){
    while(~scanf("%d",&n)){
        for(int i=0;i<n;i++)//编号从 0 开始
            E[i].clear();
        memset(fa,-1,sizeof(fa));
        memset(dp,0,sizeof(dp));
        for(int i=0;i<n;i++){
            int a,b,m;
            scanf("%d:(%d)",&a,&m);
            while(m--){
                scanf("%d",&b);
                E[a].push_back(b);
                fa[b]=a;
```

```
        }
    }
    int rt=0;//编号从 0 开始
    while(fa[rt]!=-1) rt=fa[rt];
    dfs(rt);
    printf("%d\n",min(dp[rt][1],dp[rt][0]));
    }
    return 0;
}
```

❖ 训练 3   工人请愿书

题目描述（UVA12186）：公司有一个严格的等级制度，除了大老板，每个员工都只有一个老板（直接上司）。不是其他员工老板的员工被称为工人，其余的员工和老板都叫作老板。要求加薪时，工人应向其老板提出请愿书。若至少 $T\%$ 的直接下属提交请愿书，则该老板会有压力，向自己的老板提交请愿书。每个老板最多向自己的老板提交一份请愿书。老板仅统计他的直接下属的请愿书数量来计算压力百分比。当一份请愿书被提交给公司大老板时，所有人的工资都会增加。请找出为使大老板收到请愿书而必须提交请愿书的最少工人数。

输入：输入包含几个测试用例。每个测试用例都包括两行，第 1 行包含两个整数 n 和 T（$1 \leq n \leq 10^5$，$1 \leq T \leq 100$），n 表示公司的员工人数（不包括公司大老板），T 是上面描述的参数。每个员工的编号都为 1～n，大老板编号为 0；第 2 行包含整数列表，列表中的位置 i（从 1 开始）为整数 b_i（$0 \leq b_i \leq i-1$），表示员工 i 的直接上司的编号。在最后一个测试用例后面包含两个 0。

输出：对每个测试用例，都单行输出为使大老板收到请愿书而必须提交请愿书的最少工人数。

输入样例	输出样例
3 100	3
0 0 0	2
3 50	5
0 0 0	
14 60	
0 0 1 1 2 2 2 5 7 5 7 5 7 5	
0 0	

题解：本题求解至少有多少个工人提交请愿书，大老板才可以收到请愿书。对任意一个节点 u，若其直接下属有 k 个，则至少有 $\lceil k \times T\% \rceil$ 的直接下属递交请愿书时，其才会向上一级递交请愿书。例如，当前节点有 10 个直接下属，$k=10$，$T=72$，$k \times T/100=7.2$，$c=\lceil 7.2 \rceil=8$，至少需要 8 个直接下属提交请愿书，当前节点才会向直接上司提交请愿书。

1. 算法设计

本题求解递交请愿书的最少工人数。因为求解以节点 u 为根的子树中递交请愿书的最少工人数时，u 的子树中递交请愿书的工人数越少越好，所以可以将 u 的子节点按照递交请愿书的工人数非递减排序，选择前 c 个子节点将其递交请愿书的工人数加起来。

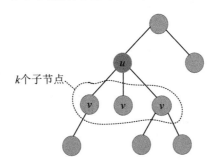

k个子节点

状态表示：dp[u]表示让 u 给上级发请愿书，最少需要多少个工人递交请愿书。

状态转移方程：对于 u 的子节点 v，将 dp[v] 按照非递减排序，选择前 c 个累加，$c=\lceil k \times T\% \rceil$，dp[$u$] +=sum(dp[$v$])。

边界条件：如果 u 为叶子节点，dp[u]=1。

求解目标：dp[root]，root 为树根。

2. 取整问题

本题涉及向上取整问题，$\lceil k \times T\% \rceil = \lceil k \times T/100 \rceil = (k \times T - 1)/100 + 1$。向上取整的 3 种方法如下。

（1）使用公式 $\lceil N/M \rceil = (N-1)/M + 1$。

（2）判断余数，若 $N\%M$ 不为 0，则 $\lceil N/M \rceil = N/M + 1$。

（3）使用头文件。在 C++的头文件 cmath 中有 floor()、ceil()和 round()函数。这三个函数的作用如下。

函数名称	函数说明	2.1	2.9	−2.1	−2.9
floor()	不大于自变量的最大整数	2	2	−3	−3
ceil()	不小于自变量的最大整数	3	3	−2	−2
round()	四舍五入到最邻近的整数	2	3	−2	−3

从函数说明中可以看出：

- floor()会取不大于自变量的最大整数，自变量是 3.1 或 3.9 没有区别，返回的都是 3；自变量是−2.1 或−2.9 也没有区别，返回的都是−3；

- ceil()会取不小于自变量的最大整数，自变量是 3.1 或 3.9 没有区别，返回的都是 4；自变量是−2.1 或−2.9 也没有区别，返回的都是−2；

- round()是四舍五入的函数，会返回离自变量最近的整数，这个返回的整数可能大于或小于原来的数，但一定是离它最近的整数。

floor 函数的原型如下：

```
double floor (double x);
float floor (float x);
long double floor (long double x);
```

注意：在类型转换中可能存在精度丢失问题。精度丢失可能仅在很极端的场景下出现，可一旦出现就是非常难以排查的隐式 bug。例如：假设某两个数的 ceil 计算结果原本是 2.0，但由于精度问题，ceil 的计算结果其实是 1.999 999 999 999 999 999 999 999 999 9。在结果转为 int 型数据时发生了精度丢失，计算结果由 2.0 转换为 1，相当于少了 1。在极个别的实例中会出现这种 bug，且从代码逻辑来看没什么问题，所以慎用该方法。

3. 算法实现

可以用返回值的方式实现，省略 dp 数组。

```
vector<int> E[100005];
int n,T;
int dfs(int u){
    if(E[u].size()==0) return 1;
    int k=E[u].size();
    vector<int> d;
    for(int i=0;i<k;i++)
        d.push_back(dfs(E[u][i]));
    sort(d.begin(),d.end());
    int c=(k*T-1)/100+1,ans=0;//也可以用c=ceil(k*T/100.0)
    for(int i=0;i<c;i++)
        ans+=d[i];
    return ans;
}
```

⁂ 训练 4 完美的服务

题目描述（POJ3398/UVA1218）：网络由 n 台计算机组成，这些计算机通过 $n-1$ 个通信链路连接，使得任意两台计算机都可以通过唯一的路由进行通信。若两台计算机之间有通信链路，则称它们相邻。计算机的邻居是与其相邻的一组计算机。需要选择一些计算机作为服务器，服务器可以为其所有邻居都提供服务。若每台客户机（非服务器）都只由一台服务器提供服务，则网络中的一组服务器就形成了完美服务，形成完美服务的最小服务器数叫作完美服务数。例如，下图显示了由 6 台计算机组成的网络，其中黑色节点表示服务器，白色节点表示客户机。

图(a)中的服务器 3 和 5 不形成完美服务，因为客户机 4 与服务器 3 和 5 相邻，由两台服务器提供服务。图(b)中的服务器 3 和 4 形成完美服务，且完美服务数等于 2。

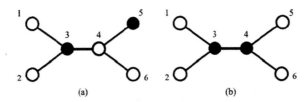

输入：输入包含多个测试用例。每个测试用例的第 1 行都包含一个正整数 n（$n \leqslant 10000$），表示网络中的计算机数，编号为 $1 \sim n$。接下来的 $n-1$ 行，每行都包含两个正整数，表示一个通信链路。第 $n+1$ 行的 0 表示第 1 个测试用例的结束，-1 表示整个输入的结束。

输出：对每个测试用例，都单行输出完美服务数。

输入样例	输出样例
6	2
1 3	1
2 3	
3 4	
4 5	
4 6	
0	
2	
1 2	
-1	

题解：本题要求一台客户机只可以连接一台服务器，分为以下 3 种情况。

- 若 u 是服务器，则其子节点既可以是服务器，也可以不是服务器。
- 若 u 不是服务器，u 的父节点是服务器，则其所有子节点都不是服务器。
- 若 u 不是服务器，u 的父节点也不是服务器，则 u 恰好有一个子节点是服务器。

1. 算法设计

状态表示：对每个节点 u 来说，都分为以下 3 种情况。

- dp[u][0]表示 u 是服务器时，以 u 为根的子树的最小服务器数。
- dp[u][1]表示 u 不是服务器而且 u 的父节点是服务器时，以 u 为根的子树的最小服务器数。
- dp[u][2]表示 u 不是服务器而且 u 的父节点也不是服务器时，以 u 为根的子树的最小服务器数。

状态转移方程如下。

（1）dp[u][0]：u 是服务器，其子节点 v 是或不是服务器，选择最小数值，求所有子树的最小服务器数之和再加 1，dp[u][0]=sum{min(dp[v][0],dp[v][1])}+1。

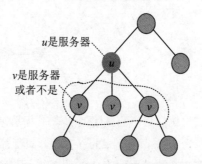

（2）dp[u][1]：若 u 不是服务器，u 的父节点是服务器，则其子节点 v 都不是服务器，求所有子树的最小服务器数之和，dp[u][1]=sum(dp[v][2])。

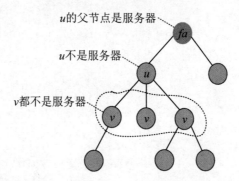

（3）dp[u][2]：若 u 不是服务器，u 的父节点也不是服务器，则 u 恰好有一个子节点是服务器。到底哪个子节点是服务器，使服务器数最小呢？这需要枚举 u 的每一个子节点 v，v 是服务器而其他子节点都不是服务器的情况。dp[u][2]=min(dp[u][2],dp[v_1][2]+dp[v_2][2]+…+dp[v][0])。

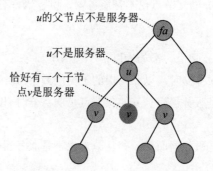

若节点 u 的子节点个数为 k，则枚举每一个子节点 v 都是服务器而其他子节点都不是服务

器的情况，需要 $O(k)$ 时间，共计 k 个子节点，求解 dp[u][2]的总时间为 $O(k^2)$。实际上，我们可以利用上次计算的结果，dp[u][1]=sum(dp[v][2])，dp[u][1]已经计算出 u 的所有子节点都不是服务器的情况，若 u 的某一个子节点 v 是服务器，则只需将其值 dp[v][2]替换为 dp[v][0]即可（先从总和中去掉 dp[v][2]，再加上 dp[v][0]）。dp[u][2]=min(dp[u][2],dp[u][1]−dp[v][2]+dp[v][0])。

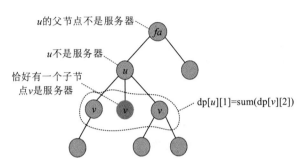

枚举每一个子节点 v 都是服务器而其他子节点都不是服务器的情况，需要 $O(1)$ 时间，总计 k 个子节点，求解 dp[u][2]的总时间为 $O(k)$。

边界条件：

```
dp[u][0]=1; //自身为服务器
dp[u][1]=0; //累加所有子节点
dp[u][2]=maxn; //求最小值，初始化为所有节点数
```

求解目标： min(dp[1][0],dp[1][2])。

本题为无根树，可以将 1 作为树根，将哪一个节点作为根并不影响结果。

2．算法实现

```
vector<int> E[maxn];
int dp[maxn][3];
void dfs(int u,int fa){
    dp[u][0]=1; //加上自身为服务器
    dp[u][1]=0;
    dp[u][2]=maxn;
    int k=E[u].size();
    if(k==1&&fa!=0)  return; //树的叶子节点
    for(int i=0;i<k;i++){
        int v=E[u][i];
        if(v==fa) continue;
        dfs(v,u);
        dp[u][0]+=min(dp[v][0],dp[v][1]);
        dp[u][1]+=dp[v][2];
    }
```

```
for(int i=0;i<k;i++){
    int v=E[u][i];
    if(v==fa)  continue;
    dp[u][2]=min(dp[u][2],dp[u][1]-dp[v][2]+dp[v][0]);
}
}
```

❖ 训练 5　背包类树形 DP

题目描述（HDU1561）：在一个地图上有 N 座城堡，每座城堡都有一定的宝物。在每次游戏中都允许攻克 M 个城堡并获得里面的宝物。但有些城堡不可以直接攻克，要攻克这些城堡，必须先攻克其他某个特定的城堡。计算攻克 M 个城堡最多可以获得的宝物数量。

输入：每个测试实例都首先包括两个整数 N 和 M（$1 \leqslant M \leqslant N \leqslant 200$）。接下来的 N 行，每行都包括两个整数 a、b。在第 i 行中，a 表示要攻克第 i 个城堡，则必须先攻克第 a 个城堡，若 $a=0$，则表示可以直接攻克第 i 个城堡；b（$b \geqslant 0$）表示第 i 个城堡的宝物数量。当 $N=0$、$M=0$ 时输入结束。

输出：对每个测试实例，都单行输出攻克 M 个城堡最多可以获得的宝物数量。

输入样例	输出样例
3 2	5
0 1	13
0 2	
0 3	
7 4	
2 2	
0 1	
0 4	
2 1	
7 1	
7 6	
2 2	
0 0	

题解：本题要求在 N 座城堡中选择 M 座城堡的宝物，城堡之间有拓扑关系，求解如何选择城堡获得的宝物数量最多。本题类似于背包问题，在城堡数量有限制的情况下获得的宝物数量最多，只是加了拓扑限制，属于背包类树形 DP 问题。

根据输入样例 1、2，关系树如下图所示。

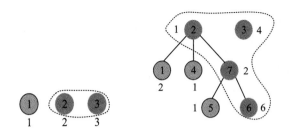

第 1 个样例，因为 3 个节点都没有直接前驱，所以可以直接从 3 个节点中选择宝物数量最多的两个城堡（$M=2$），最大和值为 5。

第 2 个样例，2、3 号节点没有直接前驱，2、7、6 号节点有拓扑关系，可以选择宝物数量之和最多的 4 个城堡（$M=4$）：2、7、6、3，最大和值为 13。

1. 算法设计

本题的数据结构为森林，可以添加一个 0 号节点作为超根，转化为一棵树。将节点编号作为状态的第 1 维，将选择的节点数作为状态的第 2 维。

状态表示：dp[u][j] 表示在以节点 u 为根的子树中选择 j 个节点获得的最大和值。

状态转移方程如下。

dp[u][j]=max(dp[u][j], dp[v][k]+dp[u][j–k])，$1 \leqslant j \leqslant M$，$k < j$，$v$ 为 u 的子节点。

对节点 u 的每一个子节点 v，若在以 v 为根的子树中选择 k 个节点获得的最大和值为 dp[v][k]，则在以节点 u 为根的其余部分获得的最大和值为 dp[u][j–k]，两部分求和之后取最大值。

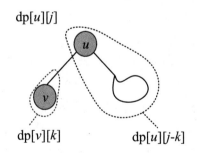

边界条件：dp[u][1]=val[u]。

求解目标：dp[0][M]。

2. 算法实现

本题为典型的背包类树形 DP 问题，在深度优先搜索过程中对节点 u 的所有子节点都采用分组背包的处理方式进行更新。

```
int val[N],dp[N][N];
```

```
vector<int>E[N];
void dfs(int u,int M){
    dp[u][1]=val[u];
    for(int i=0;i<E[u].size();i++){
        int v=E[u][i];
        dfs(v,M-1);
        for(int j=M;j>=1;j--)//类似分组背包倒推
            for(int k=1;k<j;k++)
                dp[u][j]=max(dp[u][j],dp[v][k]+dp[u][j-k]);
    }
}

int main(){
    int N,M;
    while(~scanf("%d%d",&N,&M),N+M){//N+M为0时，结束
        for(int i=0;i<=N;i++)
            E[i].clear();
        memset(dp,0,sizeof(dp));
        M++;//增加超根后，M+1
        val[0]=0;
        int u;
        for(int i=1;i<=N;i++){
            scanf("%d%d",&u,&val[i]);
            E[u].push_back(i);
        }
        dfs(0,M);
        printf("%d\n",dp[0][M]);
    }
    return 0;
}
```

3. 算法优化

在以节点 v 为根的子树中选择 k 个节点，k 必然小于或等于以 v 为根的子树的大小 sizev。例如，以节点 v 为根的子树有 3 个节点，就不可能在该子树中选择超过 3 个节点。所以在 $k<j$ 的基础上附加一个条件 $k \leqslant$ sizev 进行优化，优化后速度明显加快，算法优化后的运行时间为 31ms，未优化时的运行时间为 234ms。

```
int dfs(int u,int M){//返回以 u 为根的子树大小
    dp[u][1]=val[u];
    int sizeu=1,sizev=0;//以 u、v 为根的子树大小
    for(int i=0;i<E[u].size();i++){
        int v=E[u][i];
        sizev=dfs(v,M-1);
```

```
        for(int j=M;j>=1;j--)//类似于分组背包倒推
              for(int k=1;k<=sizev&&k<j;k++)
                    dp[u][j]=max(dp[u][j],dp[v][k]+dp[u][j-k]);
        sizeu+=sizev;
    }
    return sizeu;
}
```

✨ 训练 6　苹果树

题目描述（POJ2486）：一棵虚拟的苹果树有 n 个节点，每个节点都有一定数量的苹果。从节点 1 出发，可以吃掉到达节点的所有苹果。当从一个节点转到另一个相邻节点时，需要走一步。计算经过 k 步最多吃多少个苹果。

输入：输入包含几个测试用例。每个测试用例都包含 3 部分。第 1 部分包含两个数字 n、k（$1 \leq n \leq 100$，$0 \leq k \leq 200$），分别表示节点数和所走的步数，节点编号为 $1 \sim n$。第 2 部分包含 n 个整数（所有整数均非负且不大于 1000），第 i 个整数表示节点 i 的苹果数量。第 3 部分包含 $n-1$ 行，每行都包含两个整数 a、b，表示节点 a 和节点 b 是相邻的。

输出：对每个测试用例，都单行输出经过 k 步可以吃到的最大苹果数量。

输入样例	输出样例
2 1	11
0 11	2
1 2	
3 2	
0 1 2	
1 2	
1 3	

题解：输入样例 1、2，对应的关系树如下图所示。

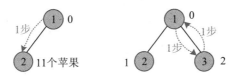

第 1 个样例从 1 号节点走 1 步到 2 号节点，可以吃 11 个苹果。第 2 个样例从 1 号节点走 2 步，可以吃两个苹果，因为从 1 号节点走 1 步到 3 号节点，可以吃两个苹果，从 3 号节点返回 1 时没有苹果可吃。

1．算法设计

从节点 u 出发有两种情况：回到 u 和不回到 u。将节点编号作为第 1 维，将走的步数作为第 2 维，将是否回到 u 作为第 3 维（0 表示没有回到 u，1 表示回到 u）。

状态表示：

- dp[u][j][1] 表示从节点 u 出发，走 j 步，再回到 u，吃到的最大苹果数量；
- dp[u][j][0] 表示从节点 u 出发，走 j 步，不回到 u，吃到的最大苹果数量。

（1）回到 u。从节点 u 出发，到其中一棵子树吃苹果，然后返回 u，再到另一棵子树吃苹果，总步数为 j。

这个过程可分为两部分：①从节点 u 到达其子节点 v，再从 v 遍历 v 的子树并回到 v，从 v 回到 u，除去 $u{\to}v$、$v{\to}u$ 来回的两步，在以 v 为根的子树中走了 $t{-}2$ 步；②用剩余的步数（$j{-}t$）遍历节点 u 的其余子树，再回到节点 u。

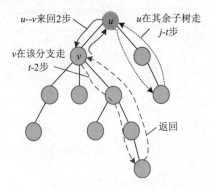

状态转移方程： dp[u][j][1]=max(dp[u][j][1],dp[u][$j{-}t$][1]+dp[v][$t{-}2$][1])。

（2）不回到 u。若不回到节点 u，则最后的位置会是哪里呢？可以把以子节点 v 为根节点的子树和节点 u 的其余子树分开考虑。最后的位置分为以下两种情况。

情况一，最后的位置在以子节点 v 为根的子树上。此时分为两部分：①从节点 u 遍历其余子树，最终回到 u；②节点再从 u 遍历以 v 为根节点的子树，最终在 v 的子树上。

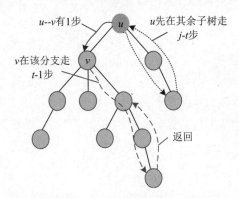

状态转移方程： dp[u][j][0]=max(dp[u][j][0],dp[u][$j{-}t$][1]+dp[v][$t{-}1$][0])。

情况二，最后的位置在节点 u 的其他子树上。此时分为两部分：①从节点 u 到达其子节点 v，再从 v 遍历 v 的子树并回到 v，从 v 回到 u，除去 $u{\to}v$、$v{\to}u$ 来回的两步，在以 v 为根的子树中走了 $t-2$ 步；②用剩余的步数（$j-t$）遍历节点 u 的其余子树，最终在 u 的其他子树上。

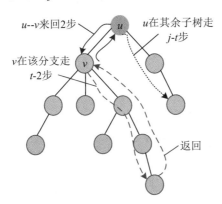

状态转移方程：$dp[u][j][0]=\max(dp[u][j][0],dp[u][j-t][0]+dp[v][t-2][1])$。

边界条件：$dp[u][j][0]=dp[u][j][1]=val[u]$。

求解目标：$\max(dp[1][k][0],dp[1][k][1])$。

2．算法实现

本情况也属于树形背包问题，采用 1 次深度优先搜索实现。对每一个节点的子节点都枚举 $j=k{\sim}1$，$t=1{\sim}j$。

```
int dp[M][M][2],val[M],head[M];
void dfs(int u,int fa){
    for(int i=0;i<=k;i++)
        dp[u][i][0]=dp[u][i][1]=val[u];
    for(int i=head[u];~i;i=e[i].next){
        int v=e[i].v;
        if(v==fa) continue;
        dfs(v,u);
        for(int j=k;j>=1;j--){//树形背包
            for(int t=1;t<=j;t++){
                dp[u][j][0]=max(dp[u][j][0],dp[u][j-t][1]+dp[v][t-1][0]);
                if(t>=2) dp[u][j][0]=max(dp[u][j][0],dp[u][j-t][0]+dp[v][t-2][1]);
                if(t>=2) dp[u][j][1]=max(dp[u][j][1],dp[u][j-t][1]+dp[v][t-2][1]);
            }
        }
    }
}
```

```
int main(){
    int u,v;
    while(~scanf("%d%d",&n,&k)){
        init();
        for(int i=1;i<=n;++i)
            scanf("%d",&val[i]);
        for(int i=1;i<n;++i){
            scanf("%d%d",&u,&v);
            add(u,v),add(v,u);
        }
        dfs(1,-1);
        printf("%d\n",max(dp[1][k][0],dp[1][k][1]));
    }
    return 0;
}
```

❖ 训练 7　二次扫描与换根

题目描述（POJ3585）：$a(x)$表示树中节点 x 的累积度，定义如下：①树的每个边都有一个正容量；②树中度为 1 的节点叫作终端；③每条边的流量都不可以超过其容量；④$a(x)$是节点 x 可以流向其他终端节点的最大流量。示例如下图所示。

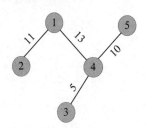

（1）$a(1)=11+5+8=24$

路径和流量：1→2　　　　11

　　　　　　　1→4→3　　5

　　　　　　　1→4→5　　8（因为 1→4 的容量是 13）

（2）$a(2)=5+6=11$

路径和流量：2→1→4→3　　5

　　　　　　　2→1→4→5　　6

（3）$a(3)=5$

路径和流量：3→4→5　　　5

（4）$a(4)=11+5+10=26$

路径和流量： 4→1→2　　11

4→3　　　5

4→5　　　10

（5）$a(5)=10$

路径和流量： 5→4→1→2　10

树的累积度是树中节点的最大累积度。

输入：第 1 行是一个整数 t，表示测试用例的数量。每个测试用例的第 1 行都是一个正整数 n，表示节点数，节点编号为 1～n。下面 n–1 行中的每一行都包含三个整数 x、y、z，表示在节点 x 和节点 y 之间有一条边容量为 z。所有元素都是不超过 200000 的非负整数。

输出：对每个测试用例，都单行输出树的累积度。

输入样例	输出样例
1	26
5	
1 2 11	
1 4 13	
3 4 5	
4 5 10	

1. 算法设计

节点的累积度 $a(x)$ 是节点 x 可以流向其他终端节点的最大流量，相当于以 x 为源点流向树中其他终端节点的最大流量。本题需要计算所有节点的累积度，然后以最大值作为树的累积度。若以每个节点为根都计算一次，则时间复杂度太高。本题属于"不定根"树形动态规划问题，对此类问题可以采用二次扫描与换根法解决。

二次扫描与换根：在一棵无根树上需要以多个节点为根求解答案，可以运用二次扫描与换根法。具体操作是通过实现一次自底向上的深度优先搜索和一次自顶向下的深度优先搜索来计算"换根"后的解。

（1）第 1 次扫描：任选一个节点为根出发，执行一次深度优先搜索，在递归回溯时自底向上进行状态转移，用子节点的状态更新父节点的状态。

（2）第 2 次扫描：从刚才选出的根出发，再进行一次深度优先搜索，在每次递归前都自顶向下进行状态转移，用父节点的状态更新子节点的状态，计算出"换根"后的结果。

状态表示：$d[u]$ 表示在以 u 为根的子树中从 u 出发流向该子树的最大流量。

状态转移方程：

对于节点 u 的子节点 v，分为两种情况：①若 v 的度为 1，则说明 v 是一个终端，没有子节点，$d[u]=\text{sum}(c(u,v))$。其中，$c(u,v)$表示u和v之间的容量；②若v的度大于1，则$d[u]=\text{sum}(\min(d[v],$
$c(u,v)))$。

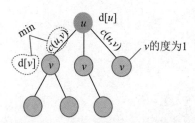

若从节点u出发求解，则得到的结果$d[u]$就是以u为源点的最大流量，怎么求从其他节点出发的最大流量呢？最笨的方法是以其他每个节点为源点再求解一遍。其实这完全没有必要。

状态表示：$dp[u]$表示以节点u为源点，从u出发流向其他所有终端的最大流量。

注意：$dp[u]$的定义与$d[u]$不同，$d[u]$表示从节点u出发向下流向其子树的最大流量，$dp[u]$表示从节点u出发流向其他所有终端的最大流量，包括向上和向下的最大流量。

假设已经求出$dp[u]$，则对节点u的每一个子节点v来说，从v出发流向整个终端的最大流量都包括两部分：①v向下流向其子树的流量$d[v]$；②v向上流向其父节点u的流量，这部分流量会经过u流向其他分支。

求从v出发流向整个终端的最大流量时既考虑向上流量，又考虑向下流量，相当于把v换作根求解，这就是换根的含义。

第1部分流量$d[v]$在第1次深度优先搜索时已经求出。第2部分v向上流向其父节点u的流量分为以下两种情况。

- u的度为1。即u除了与v相连，没有其他子节点，所以这部分流量是$c(u,v)$。

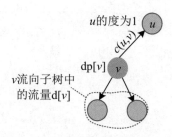

状态转移方程：$dp[v]=d[v]+c(u,v)$。

- u的度大于1。v向上流向父节点u的流量等于$\min(t, c(u,v))$，t为u流向除v外的其他部分的流量。t等于u的最大流量$dp[u]$减去流向v的流量$\min(d[v],c(u,v))$，即$t=dp[u]-\min(d[v],c(u,v))$。

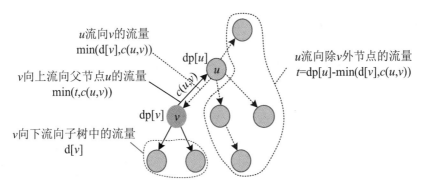

状态转移方程：dp[v]=d[v]+min(dp[u]−min(d[v],$c(u,v)$) , $c(u,v)$)。

2. 算法实现

```
void dfs1(int u,int fa){
    d[u]=0;
    for(int i=head[u];~i;i=edge[i].next){
        int v=edge[i].v;
        if(v==fa) continue;
        dfs1(v,u);
        if(deg[v]==1) d[u]+=edge[i].w;
        else d[u]+=min(d[v],edge[i].w);
    }
}

void dfs2(int u,int fa){
    for(int i=head[u];~i;i=edge[i].next){
        int v=edge[i].v;
        if(v==fa) continue;
        if(deg[u]==1) dp[v]=d[v]+edge[i].w;
        else dp[v]=d[v]+min(dp[u]-min(d[v], edge[i].w),edge[i].w);
        dfs2(v,u);
    }
}

int main() {
    scanf("%d",&T);
    while(T--){
        scanf("%d",&n);
        init();
        for(int i=1;i<n;i++){
            int u,v,w;
            scanf("%d%d%d",&u,&v,&w);
            add(u,v,w),add(v,u,w);
```

```
            deg[u]++,deg[v]++;
        }
        dfs1(1,0);
        dp[1]=d[1];
        dfs2(1,0);
        int ans=0;
        for(int i=1;i<=n;i++)
            ans=max(ans,dp[i]);
        printf("%d\n",ans);
    }
    return 0;
}
```

✧ 训练8 最远距离

题目描述（HDU2196）：学校不久前买了第 1 台计算机（编号为 1）。近年来，学校又买了 $N-1$ 台新计算机。每台新计算机都被连接到先前安装的一台计算机上。学校管理者担心网络运行缓慢，想知道第 i 台计算机发送信号的最大距离 s_i（即电缆到最远的计算机的长度）。

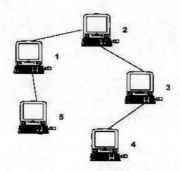

提示：输入样例对应上图，可以看出，计算机 1 距离 4 最远，最远电缆长度为 3，所以 $s_1=3$。计算机 2 距离 5 和 4 最远，最远电缆长度 $s_2=2$。计算机 3 距离 5 最远，最远电缆长度 $s_3=3$。同理，得到 $s_4=4$、$s_5=4$。

输入：输入包含多个测试用例。每个测试用例的第 1 行都为 n（$n \le 10000$），后面 $n-1$ 行为对计算机的描述。第 i 行包含两个自然数，分别表示连接第 i 台计算机的计算机编号和用于连接的电缆长度。电缆总长度不超过 10^9。

输出：对每个测试用例，都输出 n 行，第 i 行表示第 i 台计算机到其他计算机的最远距离。

输入样例	输出样例
5	3
1 1	2
2 1	3

3 1	4
1 1	4

1．算法设计

本题为树中任意节点的最远距离问题。对树中的任意一个节点求其最远距离时，都可以从该节点出发，做一次广度优先搜索，时间复杂度为 $O(n)$，n 个节点总的时间复杂度为 $O(n^2)$。本题时间限制为 1 秒，$n \le 10000$，时间复杂度为 $O(n^2)$ 的算法会超时。可以考虑采用树形 DP 算法。

对树中任意一个节点 v，其最远距离都可以分为两部分：节点 v 向下走的最远距离及节点 v 向上走的最远距离，两者取最大值即可。对节点 v 向下走的最远距离只需进行一次深度优先搜索即可得到，问题的关键在于怎么求解节点 v 向上走的最远距离。

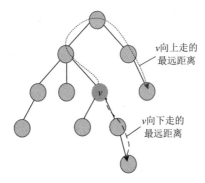

若节点 u 为节点 v 的父节点，则 u–v 的权值为 cost。v 向上走的最远距离可以分为以下两种情况。

（1）u 向下走的最远距离经过节点 v，如下图所示。

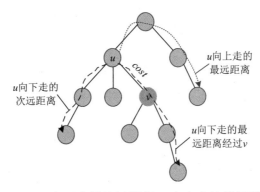

v 向上走的最远距离=max{u 向下走的次远距离，u 向上走的最远距离}+cost

（2）u 向下走的最远距离不经过 v，如下图所示。

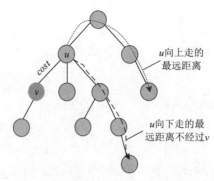

v 向上走的最远距离=max{u 向下走的最远距离, u 向上走的最远距离}+cost

状态表示：

- dp[u][0]表示节点 u 向下走的最远距离（以 u 为根的子树中的节点与 u 的最远距离）；
- dp[u][1]表示节点 u 向下走的次远距离；
- dp[u][2]表示节点 u 向上走的最远距离。

状态转移方程： dp[u][0]和 dp[u][1]可以通过一遍深度优先搜索得到，dp[u][2]需要再执行一遍深度优先搜索得到。两次深度优先搜索的算法时间复杂度均为 $O(n)$。

若节点 u 为节点 v 的父节点，则两节点之间的权值为 cost。dp[v][2]分以下两种情况。

- u 向下走的最远距离经过 v：dp[v][2]=max(dp[u][1], dp[u][2])+cost。
- u 向下走的最远距离不经过 v：dp[v][2]=max(dp[u][0], dp[u][2])+cost。

边界条件： dp[u][0]=dp[u][1]=dp[u][2]=0。

求解目标： 节点 u 的最远距离为 max(dp[u][0],dp[u][2])。

本题可以采用二次扫描和换根法求解。

算法步骤：

（1）第 1 次深度优先搜索，自底向上求解每个节点向下的最远距离 dp[u][0]和次远距离 dp[u][1]；

（2）第 2 次深度优先搜索，自顶向下求解每个节点向上的最远距离 dp[u][2]；

（3）对每个节点 u 都输出 max(dp[u][0],dp[u][2])。

2. 算法实现

```
void dfs1(int u,int fa){
    int mx1=0,mx2=0;//最大值、第2大值
    for(int i=head[u];~i;i=edge[i].next){
        int v=edge[i].v;
        if(v==fa) continue;
        dfs1(v,u);
        int c=dp[v][0]+edge[i].w;
```

```
        if(mx1<=c)  mx2=mx1,mx1=c,idx[u]=v;
        else if(mx2<c) mx2=c;
    }
    dp[u][0]=mx1;
    dp[u][1]=mx2;
}

void dfs2(int u,int fa){
    for(int i=head[u];~i;i=edge[i].next){
        int v=edge[i].v;
        if(v==fa) continue;
        if(idx[u]==v)
            dp[v][2]=max(dp[u][1]+edge[i].w,dp[u][2]+edge[i].w);
        else
            dp[v][2]=max(dp[u][0]+edge[i].w,dp[u][2]+edge[i].w);
        dfs2(v,u);
    }
}

int main(){
    int n,a,b;
    while(~scanf("%d",&n)){
        cnt=0;
        memset(head,-1,sizeof(head));
        for(int i=2;i<=n;i++){
            scanf("%d%d",&a,&b);
            add(i,a,b),add(a,i,b);
        }
        memset(dp,0,sizeof(dp));
        dfs1(1,1);
        dfs2(1,1);
        for(int i=1;i<=n;i++)
            printf("%d\n",max(dp[i][0],dp[i][2]));
    }
    return 0;
}
```

7.6 数位 DP

数位 DP 是与数位相关的一类计数类 DP，一般用于统计[l, r]区间满足特定条件的元素个数。数位指个位、十位、百位、千位等，数位 DP 就是在数位上进行动态规划。数位 DP 在实质上是一种有策略的穷举方式，在子问题求解完毕后将其结果记忆化就可以了。

❄ 训练.1 不吉利的数字

题目描述（HDU2089）：很多人都不喜欢在车牌中有不吉利的号码，不吉利的号码为所有包含 4 或 62 的号码，例如 62315、73418、88914 都属于不吉利的号码。但是，61152 虽然含有 6 和 2，但不是 62 连号，所以不属于不吉利的号码。

输入：输入整数对 n、m（$0<n\leq m<1000000$），遇到都是 0 的整数对时，输入结束。

输出：对每个整数对都单行输出 $[n, m]$ 区间不包 4 或 62 的号码个数。

输入样例	输出样例
1 100	80
0 0	

题解：本题实质上是求一个区间不包含 4 或 62 的元素个数，为典型的数位 DP 问题，可以采用预处理、记忆化递归两种方式求解。

1. 预处理方式

预处理方式指先统计 i 位数满足条件（不含有不吉利数字 4 或 62）的元素个数并存储，对某一个具体的数进行求解时直接查询结果即可。$[a, b]$ 区间满足条件的元素个数等于 $[1, b]$ 区间满足条件的元素个数减去 $[1, a-1]$ 区间满足条件的元素个数。

状态表示：dp[i][j] 表示 i 位数第 1 个数字是 j 时满足条件的元素个数。

本题的数据位数最多有 7 位，可以预处理 9 位，预处理只运行一次，所以比题目中的数据位数大一些也没有关系，但绝对不可以比题目中的数据位数小。

状态转移方程如下。

- j=4：dp[i][j]=0。第 1 个数字是 4，4 是不吉利的数字，满足条件的元素个数为 0。
- j=6 且 k=2：如果第 1 个数字是 6 且下一个数字是 2，则 62 是不吉利的数字，不满足条件，不累加；否则枚举下一个数字 k，累加 dp[$i-1$][k]，dp[i][j]+=dp[$i-1$][k]；k=0,1,$\cdots$,9。

临界条件：dp[0][0]=1，预处理时满足条件的元素包含数字 0。

预处理代码如下：

```
void init(){//预处理
    dp[0][0]=1;
    for(int i=1;i<=9;i++)
        for(int j=0;j<=9;j++){
```

```
        if(j==4)
            dp[i][j]=0;
        else
            for(int k=0;k<=9;k++){
                if(j==6&&k==2)
                    continue;
                dp[i][j]+=dp[i-1][k];
            }
    }
}
```

预处理之后的数据如下图所示。

```
j=          0           1           2           3           4   5           6           7           8           9
i=1         1           1           1           1           0   1           1           1           1           1
i=2         9           9           9           9           0   9           8           9           9           9
i=3         80          80          80          80          0   80          71          80          80          80
i=4         711         711         711         711         0   711         631         711         711         711
i=5         6319        6319        6319        6319        0   6319        5608        6319        6319        6319
i=6         56160       56160       56160       56160       0   56160       49841       56160       56160       56160
i=7         499121      499121      499121      499121      0   499121      442961      499121      499121      499121
i=8         4435929     4435929     4435929     4435929     0   4435929     3936808     4435929     4435929     4435929
i=9         39424240    39424240    39424240    39424240    0   39424240    34988311    39424240    39424240    39424240
```

求解$[1..x]$区间满足条件（不含有不吉利数字 4 或 62）的元素个数，过程如下。

（1）将整数的各位数字都存储在数组中。

（2）从高位向低位求解。对每一位 i 都枚举 $j=0..num[i]-1$，若 $j=4$ 或者 $j=2$ 且 $num[i+1]=6$，则不累加，否则 $ans+=dp[i][j]$。在枚举结束后进行判断，若 $num[i]=4$ 或者 $num[i]=2$ 且 $num[i+1]=6$，则 $ans--$，立即结束。

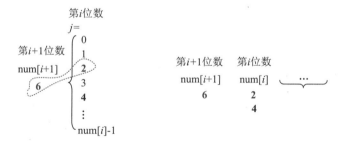

算法代码：

```
int solve(int x){//求解[1..x]区间满足条件的元素个数
    int ans=0,cnt=0;
    while(x)
        num[++cnt]=x%10,x/=10;
    num[cnt+1]=0;
    for(int i=cnt;i>=1;i--){//从高位向低位计算
        for(int j=0;j<num[i];j++)
```

```
        if(j==4||(j==2&&num[i+1]==6))
            continue;
        else
            ans+=dp[i][j];
    if(num[i]==4||(num[i]==2&&num[i+1]==6)){
        ans--;//例如 4，统计 0、1、2、3 共 4 个，其实只有 3 个满足（不包括 0）
        break;
    }
  }
  return ans;
}
```

示例 1：计算[1,386]区间不包含 4 也不包含 62 的数有多少个，求解过程如下。

（1）数字分解：num[1]=6，num[2]=8，num[3]=3。

（2）高位：统计首位是 0、1、2 的 3 位数，即 000～099、100～199、200～299 符合条件的数，ans+=dp[3][0]+ dp[3][1]+dp[3][2]=240。

（3）次高位：在高位 3 已确定的情况下，统计首位是 0～7 的两位数，即 300～309、310～319、320～329、330～339、340～349、350～359、360～369、370～379 符合条件的数，ans+=dp[2][0]+dp[2][1]+dp[2][2]+dp[2][3]+dp[2][4]+dp[2][5]+dp[2][6]+dp[2][7]=302。

（4）低位：在高位 38 已确定的情况下，统计首位是 0～5 的 1 位数，即 380～385 符合条件的数。最后 1 个数是 386，没有计算，正好多计算了 1 个数 000，不用特殊处理。ans+=dp[1][0]+dp[1][1]+dp[1][2]+dp[1][3]+dp[1][4]+dp[1][5]=307。

注意：若末尾是 4 或 62，则最后 1 个数不应该计算，计算结果要减 1，减去多算的 0。

示例 2：计算[1,24]区间不包含 4 也不包含 62 的数有多少个？求解过程如下。

（1）数字分解：num[1]=4，num[2]=2。

（2）高位：以 0、1 开头的两位数，统计 00～09、10～19 符合条件的数，ans+=dp[2][0]+dp[2][1]=18。

（3）低位：在高位 2 已确定的情况下，统计以 0～3 开头的一位数，即 20～23 符合条件的数，ans+=dp[1][0]+dp[1][1]+dp[1][2]+dp[1][3]=22。最后 1 个数是 24，不需要计算，结果多计算了 1 个数 00，需要减 1，所以在 1～24 中不包含 4 也不包含 62 的数有 21 个。

2．记忆化递归

记忆化递归在求解时把中间结果记录下来，若某一项的值已经有解，则直接返回，不需要重新计算，从而大大减少计算量。记忆化递归和动态规划（查表法）有异曲同工之妙。

例如，求解斐波那契数列的记忆化递归算法如下：

```
long long fac(int n){
```

```
    if(f[n]>0)  //记忆化递归，避免重复运算
        return f[n];
    if(n==1||n==2) return f[n]=1;
    return f[n]=fac(n-1)+fac(n-2);
}
```

本题考虑另一种枚举方式，从最高位开始往下枚举，在必要时控制上界。

例如，枚举[0,386]区间的所有数时，首先从百位开始枚举，百位可能是 0、1、2、3。枚举时不超过 386 即可。

- **百位 0**：十位可以是 0~9，个位也可以是 0~9，枚举没有限制，因为百位是 0 时，后面的位数无论是多少，都不可能超过 386，相当于枚举 000~099。
- **百位 1**：十位可以是 0~9，个位也可以是 0~9，枚举没有限制，枚举 100~199。
- **百位 2**：十位可以是 0~9，个位也可以是 0~9，枚举没有限制，枚举 200~299。
- **百位 3**：十位只可以是 0~8，否则超过 386，此时是有上界限制的。当十位是 0~7 时，个位可以是 0~9，因为 379 还是不会超过 386。但当十位是 8 时，个位只可以是 0~6，此时有上界限制，相当于枚举 300~379、380~386。

我们需要关注以下几个问题。

（1）记忆化。枚举[0,386]区间的所有数，当百位是 0~2 时，十位和个位枚举没有限制，都是一样的，采用记忆化递归，只需计算一次并将结果存储起来，下次判断若已赋值，则直接返回该值即可。百位是 3 时，十位限制在 0~8；十位是 0~7 时，个位无限制；十位是 8 时，个位限制在 0~6。有限制时，不可以采用记忆化递归，需要继续根据限制枚举。

（2）上界限制。当高位枚举刚好达到上界时，紧接着的下一位枚举就有上界限制了。可以设置一个变量 limit 来控制上界限制。

（3）高位枚举 0。为什么高位需要枚举 0？这是因为百位枚举 0 相当于此时枚举的这个数最多是两位数，若十位继续枚举 0，则枚举的是一位数。枚举小于或等于 386 的数，一位数、两位数当然也比它小，所以高位要枚举 0。

（4）前导 0。有时会有前导 0 的问题，可以设置一个 lead 变量表示有前导 0。例如统计数字里面 0 出现的次数。若有前导 0，例如 008，数字 8 不包含 0，则不应该统计 8 前面的两个 0。若没有前导 0，例如 108，则应该统计 8 前面的 1 个 0。

采用记忆化递归方法求解时的算法设计如下。

状态表示：dp[pos][sta]表示当前第 pos 位在 sta 状态满足条件的元素个数，sta 表示前一位是否是 6，只有 0 和 1 两种状态。

状态转移方程如下：

```
if(sta&&i==2) continue;
```

```
if(i==4) continue;
ans+=dfs(pos-1,i==6,limit&&i==len);//dfs(int pos,bool sta,bool limit)
```

临界条件：若 pos=0，则返回 1。

记忆化搜索：若没有限制且已求解，则直接返回，无须递归。

示例：计算[0,24]区间不包含 4 也不包含 62 的数有多少个，过程如下。

（1）数字分解：num[1]=4，num[2]=2。

（2）从高位开始，当前位是 2，前面 1 位不是 6，有限制 len=num[2]=2，枚举 i=0..2，递归求解。

- i=0：以 0 开头的 1 位数，无限制，len=9，枚举 i=0..9，包含 00～09，除去 04，dp[1][0]=9。
- i=1：以 1 开头的 1 位数，无限制且 dp[1][0]已赋值，直接返回 9。
- i=2：以 2 开头的 1 位数，有限制，len=num[1]=4，执行 i=0..4，包含 20～24，除去 24，共有 4 个数满足条件。

（3）累加结果，返回[0,24]区间不包含 4 也不包含 62 的 22 个数，求解过程如下图所示。

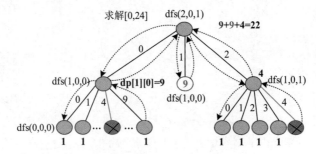

请尝试计算[0,386]区间不包含 4 也不包含 62 的数有多少个？

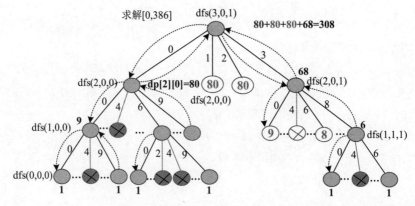

图中无填充色的节点均已有解，直接读取结果，无须再递归求解，这正是记忆化递归的妙

处。这种方式大大提高了算法效率。

算法代码：

```
int dfs(int pos,bool sta,bool limit){
    if(pos==0) return 1;
    if(!limit&&dp[pos][sta]!=-1) return dp[pos][sta];
    int len=limit?a[pos]:9;
    int ans=0;
    for(int i=0;i<=len;i++){
        if(sta&&i==2)continue;
        if(i==4) continue;//都保证了枚举的合法性
        ans+=dfs(pos-1,i==6,limit&&i==len);
    }
    if(!limit) dp[pos][sta]=ans;
    return ans;
}

int solve(int x){//求解[0..x]区间满足条件的个数
    int pos=0;
    while(x){
        a[++pos]=x%10;
        x/=10;
    }
    return dfs(pos,0,1);//若不包括 0，则此处减 1 即可
}
```

⁂ 训练 2　定时炸弹

题目描述（HDU3555）：反恐人员在尘土中发现了一枚定时炸弹，但这次恐怖分子改进了定时炸弹。定时炸弹的数字序列从 1 到 n。若当前的数字序列包括子序列 "49"，则爆炸的力量会增加一个点。现在反恐人员知道了数字 n，他们想知道最后的力量点。

输入：输入的第 1 行包含一个整数 T（$1 \leqslant T \leqslant 10000$），表示测试用例的数量。对每个测试用例，都有一个整数 n（$1 \leqslant n \leqslant 2^{63}-1$）作为描述。

输出：对每个测试用例，都输出一个整数，表示最终的力量点。

输入样例	输出样例
3	0
1	1
50	15
500	

提示：[1,500]区间包括 "49" 的数是 49、149、249、349、449、490、491、492、493、494、

495、496、497、498、499，所以答案是 15。

题解： 本题求 $[1, n]$ 区间包含"49"的数有多少个，为典型的数位 DP 问题。

1. 算法设计

可以采用两种方法求解：直接求包含"49"的元素个数，或者求不包含"49"的元素个数 ans（不包括 0），然后输出 n-ans 即可。第 2 种方法在前面已讲解，这里不再赘述。本节介绍第 1 种方法。

状态表示： dp[pos][sta] 表示当前第 pos 位在 sta 状态下满足条件的个数，sta 表示前一位是否是 4，只有 0 和 1 两种状态。

状态转移方程： dfs(int pos,bool sta,bool limit)：pos 表示位；sta 表示前一位是否是 4，若前一位是 4，则 sta=1，否则 sta=0。

```
if(sta&&i==9)
  ans+=limit?n%z[pos-1]+1:z[pos-1];
```

z[pos] 表示 10^{pos}，若无限制，则"49"后面有多少位，就累加 z[pos–1] 的个数。例如 [1,500] 区间，枚举时"49"后面还有 1 位数，则累加 10 个包含"49"的数，分别为 490～499。若有限制，则求出"49"后面的数字再加 1。例如 [1,496] 区间，枚举时"49"后面的数位是 6，则累加 6+1 个包含"49"的数，即 490～496。

临界条件： 当 pos=0 时，返回 0。

记忆化搜索： 若没有限制且已赋值，则直接返回该值，无须再递归求解。

示例： 计算 [1,500] 区间有多少个数包含"49"，过程如下。

（1）数字分解：dig[1]=0，dig[2]=0，dig[3]=5。

（2）从高位开始，当前位是 3，前面 1 位不是 4，有限制。len=dig[3]=5，枚举 i=0..5。

- i=0：以 0 开头的两位数，无限制，len=9，枚举 i=0..9，只有一个数包含"49"，即 049，dp[2][0]=1。
- i=1：以 1 开头的两位数，无限制且 dp[2][0] 已赋值，返回该值，即 149。
- i=2：以 2 开头的两位数，无限制且 dp[2][0] 已赋值，返回该值，即 249。
- i=3：以 3 开头的两位数，无限制且 dp[2][0] 已赋值，返回该值，即 349。
- i=4：以 4 开头的两位数，无限制，len=9，枚举 i=0..9。i=4 时，向下找到一个解 49，即 449；i=9 时，累加 10 个解，即 490～499。dp[2][1]=11。
- i=5：以 5 开头的两位数，有限制，len=dig[2]=0，执行 i=0，递归求解。pos=0 时，返回 0。

（3）累加结果，返回 [1,500] 区间包含"49"的数 15 个，求解过程如下图所示。

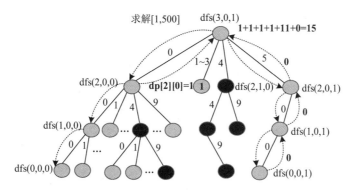

示例 2：计算[1,496]区间有多少个数包含 "49" ? 求解过程如下图所示。

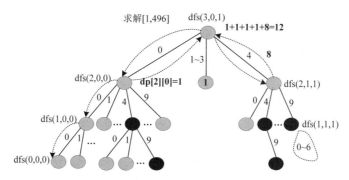

2. 算法实现

```
typedef long long LL;//注意：本题的数据类型为 long long
int dig[N];
LL dp[N][2],z[N],n;
//dp[pos][sta]表示当前第pos位在sta状态下满足条件的个数，sta表示前一位是否是4，只有0和1两种状态
LL dfs(int pos,bool sta,bool limit){//求包含"49"的个数
    if(!pos) return 0;
    if(!limit&&dp[pos][sta]!=-1) return dp[pos][sta];
    int len=limit?dig[pos]:9;
    LL ans=0;
    for(int i=0;i<=len;i++){
        if(sta&&i==9)
            ans+=limit?n%z[pos-1]+1:z[pos-1];
        else
            ans+=dfs(pos-1,i==4,limit&&i==len);
    }
    if(!limit) dp[pos][sta]=ans;
    return ans;
}
```

```
LL solve(LL x){//求解[1..x]区间满足条件的个数
    int pos=0;
    while(x){
        dig[++pos]=x%10;
        x/=10;
    }
    return dfs(pos,0,1);
}
```

训练 3 Round Numbers

题目描述（POJ3252）：若正整数 *n* 的二进制形式 0 的个数大于或等于 1 的个数，则称其为 Round Numbers。例如，整数 9 的二进制形式是 1001，1001 有两个 0 和两个 1，所以 9 是一个 Round Numbers。整数 26 在二进制中是 11010，因为它有两个 0 和三个 1，所以它不是一个 Round Numbers。计算在输入范围（1≤start<finish≤2000000000）内出现了多少个 Round Numbers。

输入：以两个空格分隔的整数，分别是 start 和 finish。

输出：单行输出[start, finish]区间 Round Numbers 的个数。

输入样例	输出样例
2 12	6

题解：本题求[start, finish]区间 Round Numbers 的个数，是典型的数位 DP 问题。

1. 算法设计

状态表示：dp[pos][num0][num1]表示当前数位为 pos 时 Round Numbers 的个数，其中 pos 表示当前数位，num0 为二进制中 0 的个数，num1 为二进制中 1 的个数。

可采用记忆化递归求解。

2. 完美图解

计算[0,5]区间 Round Numbers 的个数。

（1）将 5 转换为二进制数 101，dig[0]=1，dig[1]=0，dig[2]=1。

（2）首先从高位开始，当前位为 2，有前导零；有数位限制，枚举 *i*=0..1。

- *i*=0：有前导 0，无限制，包含 000、001、010、011 四个数，去掉前导零后为 0、1、10、11，其中 0 和 10 为 Round Numbers(0 的个数大于或等于 1 的个数)，dp[1][0][0]=2。
- *i*=1：无前导 0，有限制，包含 100、101 两个数，其中 100 为 Round Numbers，dp[1][0][1]=1。

（3）返回 dp[2][0][0]=dp[1][0][0]+dp[1][0][1]=3，表示[0,5]区间满足条件的数一共有 3 个：0、10、100。求解过程如下图所示。

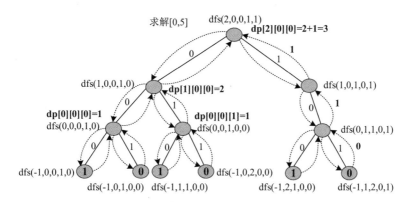

3. 算法实现

求解[*a*, *b*]区间 Round Numbers 的个数，可以先求解[0, *b*]和[0, *a*−1]区间 Round Numbers 的个数，然后求二者的差值。

```
int dfs(int pos,int num0,int num1,bool lead,bool limit){//lead 表示前导零，limit 表示数位限制
    if(pos==-1) return num0>=num1;
    if(!limit&&dp[pos][num0][num1]!=-1) return dp[pos][num0][num1];
    int len=limit?dig[pos]:1;
    int ans=0;
    for(int i=0;i<=len;i++){
        if(lead&&!i)//前导 0，前面没有 1
            ans+=dfs(pos-1,0,0,1,limit&&i==len);
        else//非前导 0，即前面已有 1
            ans+=dfs(pos-1,num0+(i==0),num1+(i==1),0,limit&&i==len);
    }
    if(!limit)
        dp[pos][num0][num1]=ans;
    return ans;
}

int solve(int x){//求[0,x]区间 Round Numbers 的个数
    int pos=0;
    while(x){
        dig[pos++]=x%2;
        x/=2;
    }
    return dfs(pos-1,0,0,1,1);
}
```

训练 4 计数问题

题目描述（POJ2282）：给定两个整数 a 和 b，将 $[a, b]$ 区间的数写在一个列表中。计算每个数字（0～9）的出现次数。例如，若 $a=1024$ 和 $b=1032$，则列表是 1024 1025 1026 1027 1028 1029 1030 1031 1032，列表中包含 10 个 0、10 个 1、7 个 2、3 个 3，等等。

输入：输入最多由 500 行组成，每行都包含两个数字 a 和 b，其中 $0<a$, $b<100000000$。输入由一行"0 0"终止，对该行不做处理。

输出：对每对输入都输出一行，包含由单个空格分隔的 10 个数。第 1 个数是数字 0 的出现次数，第 2 个数是数字 1 的出现次数，等等。

输入样例	输出样例
1 10	1 2 1 1 1 1 1 1 1 1
44 497	85 185 185 185 190 96 96 96 95 93
346 542	40 40 40 93 136 82 40 40 40 40
1199 1748	115 666 215 215 214 205 205 154 105 106
1496 1403	16 113 19 20 114 20 20 19 19 16
1004 503	107 105 100 101 101 197 200 200 200 200
1714 190	413 1133 503 503 503 502 502 417 402 412
1317 854	196 512 186 104 87 93 97 97 142 196
1976 494	398 1375 398 398 405 499 499 495 488 471
1001 1960	294 1256 296 296 296 296 287 286 286 247
0 0	

题解：本题求 $[a, b]$ 区间每个数字（0～9）的出现次数，为典型的数位 DP 问题。

1. 算法设计

状态表示：dp[pos][val][cnt]，pos 为当前数位，val 为当前统计的数字，cnt 为当前已统计的 val 的出现次数。

可采用记忆化递归求解，dfs(int pos,int val,int cnt,bool lead,bool limit)，lead 表示前导零；limit 表示上界限制。

示例 1：统计 $[1,35]$ 区间数字 0 的出现次数，过程如下。

（1）数字分解：dig[1]=5，dig[2]=3。

（2）统计数字 0 的出现次数。从高位开始，当前位为 2，有前导零，有限制，len=dig[2]=3，枚举 $i=0..3$。

$i=0$：有前导零，无限制，枚举 $i=0..9$，包含 00～09，去掉前导零后为 1～9，数字 0 出现 0 次。

$i=1$：无前导零，无限制，枚举 $i=0..9$，包含 10～19，数字 0 出现 1 次，dp[1][0][0]=**1**。

$i=2$：无前导零，无限制且 dp[1][0][0] 已赋值，直接返回该值 1。

$i=3$：无前导零，有限制，len=dig[1]=5，枚举 $i=0..5$，包含 30～35，数字 0 出现 1 次。

（3）累加结果，返回 dp[2][0][0]=**3**，表示[1,35]区间数字 0 出现 3 次：10、20、30。求解过程如下图所示。

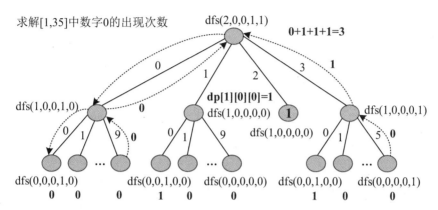

注意：只有无前导零、无限制且 dp[][][]已赋值时，才可以直接返回；只有无前导零且无限制时才可以对 dp[][][]赋值；否则在执行完第 2 层第 1 个节点 dfs(1,0,0,1,0)后，dp[1][0][0]已赋值，到第 2 层第 2 个节点 dfs(1,0,0,0,0)时就直接返回了，这显然不对，因为 0 的出现次数不同。所以执行完第 2 层第 1 个节点 dfs(1,0,0,1,0)后，dp[1][0][0]不赋值，只累加结果，执行完第 2 层第 2 个节点 dfs(1,0,0,0,0)后，无前导零且无限制，直接赋值 dp[1][0][0]=1，到第 2 层第 3 个节点 dfs(1,0,0,0,0)时，无前导零、无限制且 dp[][][]已赋值，直接返回该值，不需要重新计算。

示例 2：统计[1,35]区间数字 3 的出现次数，过程如下。

（1）数字分解：dig[1]=5，dig[2]=3。

（2）采用记忆化递归求解，当前位为 2，当前统计数字为 3，有前导零，有限制 len=dig[2]=3，枚举 $i=0..3$。

- $i=0$：有前导零，无限制，len=9，执行 $i=0..9$，包含 00～09，数字 3 出现 1 次。
- $i=1$：无前导零，无限制，len=9，执行 $i=0..9$，包含 10～19，数字 3 出现 1 次。无前导零且无限制，所以 dp[1][3][0]=1。
- $i=2$：无前导零，无限制且 dp[1][3][0]已赋值，直接返回该值 1。
- $i=3$：无前导零，有限制，len=dig[1]=5，枚举 $i=0..5$，包含 30～35，数字 3 的个数为 7 个。

（3）累加结果，dp[2][3][0]=10，表示[1,35]区间数字 3 出现 10 次：3、13、23、30、31、32、33、34、35。求解过程如下图所示。

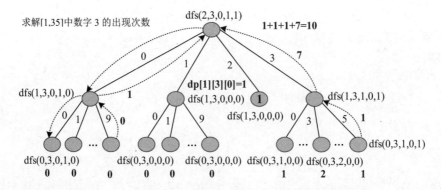

求解[1,35]中数字 3 的出现次数

3. 算法实现

```
LL dfs(int pos,int val,int cnt,bool lead,bool limit){
    if(pos==0) return cnt;
    if(!limit&&!lead&&dp[pos][val][cnt]!=-1) return dp[pos][val][cnt];
    int len=limit?dig[pos]:9,t=0;
    LL ans=0;
    for(int i=0;i<=len;i++){
        if(val!=i) t=cnt;
        else{
            if(lead&&val==0)
                t=0;
            else t=cnt+1;
        }
        ans+=dfs(pos-1,val,t,lead&&i==0,limit&&i==len);
    }
    if(!limit&&!lead) dp[pos][val][cnt]=ans;
    return ans;
}

void solve(LL x,int idx){
    if(x==0) return;
    int pos=0;
    while(x){
        dig[++pos]=x%10;
        x/=10;
    }
    for(int i=0;i<10;i++)
        ans[idx][i]=dfs(pos,i,0,1,1);
}

int main(){
    memset(dp,-1,sizeof(dp));
```

```
    LL a,b;
    while(~scanf("%I64d%I64d",&a,&b),a+b){
        if(a>b) swap(a,b);
        memset(ans,0,sizeof(ans));
        solve(a-1,0),solve(b,1);
        for(int i=0;i<10;i++)
            printf("%I64d ", ans[1][i]-ans[0][i]);
        printf("\n");
    }
    return 0;
}
```

⁙ 训练 5　数字权值

题目描述（HDU4734）：十进制数 x 包含 n 个数字（$a_n, a_{n-1}, a_{n-2}, \cdots, a_2, a_1$），它的权值被定义为 $F(x)=a_n\times 2^{n-1}+a_{n-1}\times 2^{n-2}+\cdots+a_2\times 2+a_1\times 1$。给定两个数字 A 和 B，请计算 $[0, B]$ 区间有多少个数字的权值不超过 $F(A)$。

输入：第 1 行包含一个数字 T（$T\leq 10000$），表示测试用例的数量。每个测试用例都有两个数字 A 和 B（$0\leq A$，$B<10^9$）。

输出：对每个测试用例，都先输出"Case #t:"（t 是从 1 开始的测试用例号），然后输出答案。

输入样例	输出样例
3	Case #1: 1
0 100	Case #2: 2
1 10	Case #3: 13
5 100	

题解：输入样例 1，F(0)=0，[0,1]只有 0 满足条件；输入样例 2，F(1)=1，[0,10]只有 0、1 满足条件；输入样例 3，F(5)=5，[0,100]有 0～5、10～13、20～21、100 共 13 个数满足条件。

本题求 $[0, B]$ 区间权值小于或等于 F(A) 的元素个数，可以采用记忆化递归求解。

1. 算法设计

状态表示：dp[pos][j]表示当前第 pos 位小于或等于 j 的元素个数。

状态转移方程：dfs(int pos,int fa,bool limit)。pos 表示当前数位；fa 表示当前处理的值，limit 表示数位限制。

```
ans+=dfs(pos-1,fa-i*(1<<pos),limit&&i==len);
```

临界条件：如果 pos=-1，则说明已处理完毕，返回 fa≥0，如果 fa<0，则说明不满足条件，

返回 0。

记忆化搜索：若没有限制且已求解，则直接返回，无须递归。

2. 完美图解

计算[0,100]区间权值小于或等于 F(5)的元素个数。

（1）数字 100 分解：dig[0]=0，dig[1]=0，dig[2]=1。

（2）计算 5 的权值 F(5)=5，fa=5。

（3）从高位开始求解，当前位为 2，fa 为 5，有限制，len=dig[2]=1，枚举 i=0..1。

i=0：以 0 开头的两位数，无限制，len=9，枚举 i=0..9。

- 以 0 开头权值小于或等于 5 的数包含 00、01、02、03、04、05，因此 dp[0][5]=6。
- 以 1 开头权值小于或等于 3 的数包含 10、11、12、13，因此 dp[0][3]=4。
- 以 2 开头权值小于或等于 1 的数包含 20、21，因此 dp[0][1]=2。
- 以 3~9 开头的数不满足条件，累加结果，dp[1][5]=12。

i=1：以 1 开头的两位数，有限制，len=dig[1]=0，执行 i=0。以 0 开头权值小于或等于 1 的数包含 100，返回 1。

（4）累加结果，返回[0,100]区间满足条件的个数 13 个，求解过程如下图所示。

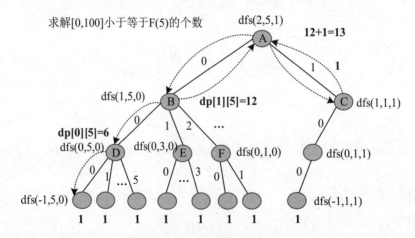

注意：向下一层递归时，fa 需要减去已经处理的数值，即 fa–i*(1<<pos)。

例如，根节点 A，其数位 pos=2，值 fa=5，数位限制 limit=1，扩展第 2 层第 1 个节点 B（i=0）时，值更新为 fa=5–0*2^2=5，扩展第 2 层第 2 个节点 C（i=1）时，值更新为 fa=5–1*2^2=1。

第 2 层节点 B，其数位 pos=1，值 fa=5，数位限制 limit=0，扩展第 3 层第 1 个节点 D（i=0）时，值更新为 fa=5–0*2^1=5，扩展第 3 层第 2 个节点 E（i=1）时，值更新为 fa=5–1*2^1=3，扩展第 3 层第 3 个节点 F（i=2）时，值更新为 fa=5–2*2^1=1。

请尝试计算[0,100]区间权值小于或等于 F(12)的数有多少个？

3．算法实现

```
int dfs(int pos,int fa,bool limit){
    if(pos==-1) return fa>=0;
    if(fa<0) return 0;
    if(!limit&&dp[pos][fa]!=-1) return dp[pos][fa];
    int len=limit?dig[pos]:9;
    int ans=0;
    for(int i=0;i<=len;i++)
        ans+=dfs(pos-1,fa-i*(1<<pos),limit&&i==len);
    if(!limit) dp[pos][fa]=ans;
    return ans;
}

int f(int n){
    int ans=0,len=1;
    while(n){
        ans+=n%10*len;
        len*=2;
        n/=10;
    }
    return ans;
}

int solve(int x){//求解小于 f(a)且满足条件的个数
    int pos=0;
    while(x){
        dig[pos++]=x%10;
        x/=10;
    }
    return dfs(pos-1,f(a),1);
}
```

7.7 状态压缩 DP

在动态规划状态设计中，若状态是一个集合，例如 $S=\{1,0,1,1,0\}$，则表示第 1、2、4 个节点被选中（从右向左对应 0～4 号节点）。若集合的大小不超过 N，则集合中的每个元素都是小于 K 的正整数，可以把这个集合看作一个 N 位 K 进制数，以一个[0, K^N-1]的十进制整数作为 DP 状态。可以将 $S=\{1,0,1,1,0\}$看作一个 5 位二进制数 10110，其对应的十进制数为 21。

这种将集合作为整数记录状态的一类算法叫作状态压缩 DP。在状态压缩 DP 中，状态的设计直接决定了程序的效率或者代码长短。我们需要积累经验，根据具体问题分析本质，才能更好地找出恰当的状态表示、状态转移方程和边界条件。

尽管用了一个十进制数据存储二进制状态，但因为操作系统是二进制的，所以在编译器中也可以采用位运算解决这个问题。在状态压缩 DP 中广泛应用位运算操作，常见的位运算如下。

（1）与：&，表示按位与运算，两个都是 1 才是 1。x&y 表示将两个十进制数 x、y 在二进制下按位与运算，然后返回其十进制下的值。例如，3(11)&2(10)=2(10)。

（2）或：|，表示按位或运算，有一个是 1 就是 1。x|y 表示将两个十进制数 x、y 在二进制下按位或运算，然后返回其十进制下的值。例如 3(11)|2(10)=3(11)。

（3）异或：^，表示按位异或运算，两个不相同时才是 1。x^y 表示将两个十进制数 x、y 在二进制下按位异或运算，然后返回其十进制下的值。例如 3(11)^2(10)=1(01)。

（4）左移：<<，表示左移操作。x<<2 表示将 x 在二进制下的每一位都向左移动两位，最右边用 0 填充，相当于让 x 乘以 4。每向左移动一位，都相当于乘以 2。

（5）右移：>>，表示右移操作。x>>1 表示将 x 在二进制下的每一位都向右移动一位，最右边用符号位填充，低位舍弃，相当于对 x/2 向 0 取整，3/2=1，(−3)/2=−1。

∵ 训练 1 旅行商问题

著名的旅行商问题（Traveling Salesman Problem，TSP）指一个旅行商从一个城市出发，经过每个城市一次且只有一次回到原来的地方，要求经过的距离最短。TSP 问题是一个 NP 难题，目前没有多项式时间的高效算法。若采用搜索+剪枝，则该算法的时间复杂度为 $O(n!)$，数据量大时，这种方法无法解决，可以尝试采用动态规划解决。

假设已访问的节点集合为 S（将源点 0 当作未被访问的节点，因为从 0 出发，所以要回到 0），当前所在的节点为 u。

状态表示： dp[S][u]表示已经访问的节点集合为 S，从 u 出发走完所有剩余节点回到源点的最短距离。

状态转移方程： 若当前 u 的邻接点 v 未访问，则 dp[S][u]由两部分组成，第 1 部分是 u 到 v 的边值，第 2 部分是从 v 出发走完所有剩余节点再回到源点的最短距离。访问完 v 之后，已访问的节点集合变为 $S\cup\{v\}$，若 u 有多个未被访问的邻接点 v，则取最小值。dp[S][u]=min{dp[$S\cup\{v\}$][v]+d[u][v] | $v\notin S$}，如下图所示。

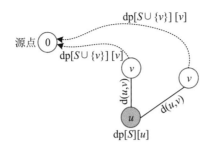

临界条件： dp[(1<<*n*)−1][0]=0，表示若所有节点都已被访问，则此时已经没有剩余节点，从 0 节点出发走完所有剩余节点回到源点的最短距离为 0。

旅行商问题可以采用递推和记忆化递归两种方法求解。

1. 递推

以递推方法求解旅行商问题指从临界条件开始枚举每一种状态 *S*，若 *u*=0 或者 *u* 已被访问，而 *v* 未被访问，则判断是否可以借助 *v* 更新 dp[*S*][*u*]，直到求解出答案 dp[0][0]。时间复杂度为 $O(n^2 2^n)$。

算法代码：

```
void Traveling(){//计算dp[S][u]
    dp[(1<<n)-1][0]=0;//注意：1<<n一定要加括号
    for(int S=(1<<n)-2;S>=0;S--)
      for(int u=0;u<n;u++)
        for(int v=0;v<n;v++){
            if((u!=0&&!(S>>u&1))||g[u][v]==INF) continue;//可以加约束条件，不加太多状态
            if(!(S>>v&1)&&dp[S][u]>dp[S|1<<v][v]+g[u][v]){
                dp[S][u]=dp[S|1<<v][v]+g[u][v];
                path[S][u]=v;//记录后继节点
            }
        }
}
```

完美图解：

一个有向图如下图所示，求从 0 节点出发经过每个节点一次且只有一次回到 0 节点的最短路径。

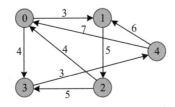

（1）初始条件，dp[(1<<n)−1][0]=0，即 dp[31][0]=0，S 对应的二进制为 11111，该二进制从低位到高位分别表示 0～4 号节点是否已被访问，0 表示未被访问，1 表示已被访问。初始时所有节点都已被访问，当前位置在 0 节点。

（2）枚举每一种状态，已被访问的节点集合 S 从 11110 枚举到 00000。当 S=11110 时，0 节点未被访问，更新以下结果。

- 从 2 节点出发到达 0 节点，最短距离为 4，dp[11110][2]=dp[11111][0]+4=4。
- 从 4 节点出发到达 0 节点，最短距离为 7，dp[11110][4]=dp[11111][0]+7=7。

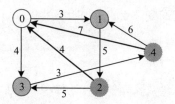

（3）当 S=11010 时，0、2 节点未被访问，更新以下结果。

- 从 1 节点出发经过 2 节点到达 0 节点，最短距离为 9，dp[11010][1]=dp[11110][2]+5=9。

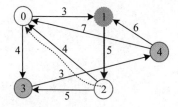

（4）当 S=11000 时，0、1、2 节点未被访问，更新以下结果。

- 从 0 节点出发经过 1、2 节点到达 0 节点，最短距离为 12，dp[11000][0]=dp[11010][1]+3=12。
- 从 4 节点出发经过 1、2 节点到达 0 节点，最短距离为 15，dp[11000][4]=dp[11010][1]+6=15。

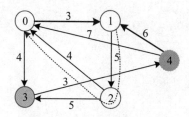

（5）当 S=01110 时，0、4 节点未被访问，更新以下结果。

- 从 3 节点出发经过 4 节点到达 0 节点，最短距离为 10，dp[01110][3]=dp[11110][4]+3=10。

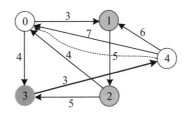

（6）当 S=01000 时，0、1、2、4 节点未被访问，更新以下结果。

- 从 3 节点出发经过 4、1、2 节点到达 0 节点，最短距离为 18，dp[01000][3]=dp[11000][4]+3=18。

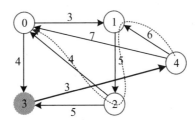

（7）当 S=00110 时，0、3、4 节点未被访问，更新以下结果。

- 从 0 节点出发经过 3、4 节点到达 0 节点，最短距离为 14，dp[00110][0]=dp[01110][3]+4=14。
- 从 2 节点出发经过 3、4 节点到达 0 节点，最短距离为 15，dp[00110][2]=dp[01110][3]+5=15。

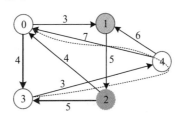

（8）当 S=00010 时，0、2、3、4 节点未被访问，所以更新。

- 从 1 节点出发经过 2、3、4 节点到达 0 节点，最短距离为 20，dp[00010][1]=dp[00110][2]+5=20。

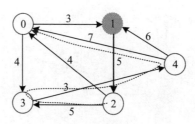

（9）当 S=00000 时，0、1、2、3、4 节点未被访问，更新以下结果。

- 从 0 节点出发经过 1、2、3、4 节点到达 0 节点，最短距离为 23，dp[00000][0]= dp[00010][1]+3=23；

- 从 0 节点出发经过 3、4、1、2 节点到达 0 节点，最短距离为 22，dp[00000][0]= dp[01000][3]+4=22。

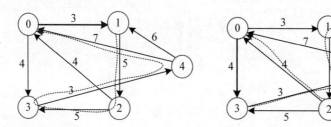

（10）输出最短路径：0→3→4→1→2→0；最短路径长度为 22。

2. 记忆化递归

采用记忆化递归的方法求解旅行商问题时，首先确定递归结束的条件和递归式，然后记忆化递归即可。

（1）递归结束的条件为上面递推方法的初始条件：当 S=(1<<n)-1 且 u=0 时，返回 dp[S][0]=0。

（2）递归式：Traveling(S,u)=min(ans,Traveling(S|1<<v,v)+g[u][v])。

（3）记忆化递归：将 dp[][]数组初始化为-1，若已赋值，则直接返回。

算法代码：

```
int Traveling(int S,int u) {//计算dp[S][u]，记忆化递归
    if(dp[S][u]>=0)//记忆化递归
        return dp[S][u];
    if(S==(1<<n)-1&&u==0)  //递归结束条件
        return dp[S][u]=0;
    int ans=INF;
    for(int v=0;v<n;v++)
        if(!(S>>v&1)&&g[u][v]!=INF)
            ans=min(ans,Traveling(S|1<<v,v)+g[u][v]);
    return dp[S][u]=ans;
```

}

示例：一个有向图如下图所示，求从 0 节点出发经过每个节点一次且只有一次回到 0 节点的最短路径。

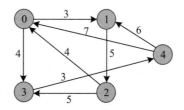

（1）从 Traveling(0,0)开始递归，达到结束条件时返回。递归树如下图所示。

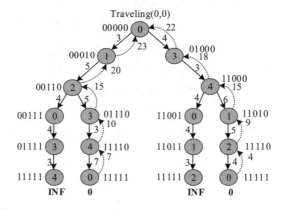

（2）状态转移情况：

- 从 4 节点出发到达 0 节点，最短距离为 7，dp[11110][4]=dp[11111][0]+7=7；
- 从 3 节点出发经过 4 节点到达 0 节点，最短距离为 10，dp[01110][3]=dp[11110][4]+3=10；
- 从 2 节点出发经过 3、4 节点到达 0 节点，最短距离为 15，dp[00110][2]=dp[01110][3]+5=15；
- 从 1 节点出发经过 2、3、4 节点到达 0 节点，最短距离为 20，dp[00010][1]=dp[00110][2]+5=20；
- 从 0 节点出发经过 1、2、3、4 节点到达 0 节点，最短距离为 23，dp[00000][0]=dp[00010][1]+3=23；
- 从 2 节点出发到达 0 节点，最短距离为 4，dp[11110][2]=dp[11111][0]+4=4；
- 从 1 节点出发经过 2 节点到达 0 节点，最短距离为 9，dp[11010][1]=dp[11110][2]+5=9；
- 从 4 节点出发经过 1、2 节点到达 0 节点，最短距离为 15，dp[11000][4]=dp[11010][1]+6=15；

- 从 3 节点出发经过 4、1、2 节点到达 0 节点，最短距离为 18，dp[01000][3]= dp[11000][4]+3=18；
- 从 0 节点出发经过 3、4、1、2 节点到达 0 节点，最短距离为 22，dp[00000][0]=dp[01000][3]+4=22。

最短路径：0→3→4→1→2→0；最短路径长度为 22。

训练 2　旅行商变形 1

题目描述（POJ3311）：披萨店以尽可能快地向顾客提供披萨而自豪。司机将等待一个或多个（最多 10 个）订单被处理，然后开始送货。他愿意走最短的路线运送这些货物，然后返回比萨店，即使这意味着途中要经过相同的地点或披萨店不止一次。

输入：输入包含多个测试用例。每个测试用例的第 1 行都包含一个整数 n（1≤n≤10），表示要交付的订单数量。之后 n+1 行中的每一行都包含 n+1 个整数，表示披萨店（编号 0）和 n 个位置（编号为 1~n）之间的行程时间。第 i 行上的第 j 个值表示从位置 i 直接到位置 j 的时间，时间值可能不对称，即从位置 i 直接到位置 j 的时间可能与从位置 j 直接到位置 i 的时间不同。n=0 时将终止输入。

输出：对每个测试用例，都单行输出交付所有披萨并返回披萨店的最短时间。

输入样例	输出样例
3	8
0 1 10 10	
1 0 1 2	
10 1 0 10	
10 2 10 0	
0	

1．算法设计

本题是旅行商问题的变形，求从源点出发，经过所有节点并回到源点的最短路径，一个节点可以被经过多次。因为可以多次经过一个节点，所以可以先求出每两个节点之间的最短路径，这样对每个点只走一次就可以了，因为两点之间已经是最短路径，所以走多次只会多花费时间。可将本题转换为经典的旅行商问题，用状态压缩 DP 算法解决即可。

2．算法实现

```
void floyd(){//求两个节点之间的最短路径
   for(int k=0;k<n;k++)
      for(int i=0;i<n;i++)
         for(int j=0;j<n;j++)
```

```
            g[i][j]=min(g[i][j],g[i][k]+g[k][j]);
}

int Tsp(int S,int u){//计算 dp[S][u]，记忆化递归
    if(dp[S][u]>=0)
        return dp[S][u];
    if(S==(1<<n)-1&&u==0)//递归结束条件
        return dp[S][u]=0;
    int ans=INF;
    for(int v=0;v<n;v++)
        if(!(S>>v&1)&&g[u][v]!=INF)
            ans=min(ans,Tsp(S|1<<v,v)+g[u][v]);
    return dp[S][u]=ans;
}
```

❖ 训练 3　旅行商变形 2

题目描述（HDU3001）：阿克默决定参观 n 个城市，他要参观所有城市，不介意哪座城市是他的起点。有 m 条道路照常收费，但他不想去一座城市超过两次，想把总费用降到最低。

输入：输入包含几个测试用例，每个测试用例的第 1 行都包含两个整数 n（$1 \leqslant n \leqslant 10$）和 m，表示 n 个城市、m 条道路。接下来的 m 行，每行都包含三个整数 a、b 和 c（$1 \leqslant a$, $b \leqslant n$），表示在 a 和 b 之间有一条道路，费用是 c。

输出：对每个测试用例，都单行输出应支付的最低费用，若找不到这样的路线，则输出−1。

输入样例	输出样例
2 1	100
1 2 100	90
3 2	7
1 2 40	
2 3 50	
3 3	
1 2 3	
1 3 4	
2 3 10	

1. 算法设计

本题是旅行商问题的变形，任何一个城市都可以作为源点，且走完每个城市即可，不需要回到源点，每个城市都最多经过两次且至少 1 次，求走完所有城市的最小费用。在旅行商问题中只可以访问每个城市一次，所以每个城市的状态只有两种，可以用二进制表示，0 表示未被访问，1 表示已被访问。本题中每个城市的状态都有 3 种，可以用三进制表示，0 表示未被访问，1 表

示已被访问 1 次，2 表示已被访问两次。

本题最多有 10 个城市，每个城市都有 3 种取值，共 3^{10} 种状态（$3^{10}=59050$），用三进制表示。例如有 5 个城市，$(11202)_3$ 表示第 1 个城市被访问了两次，第 2 个城市被访问了 0 次，第 3 个城市被访问了两次，第 4、5 个城市各被访问了 1 次。

状态表示：dp[S][u]表示当前状态为 S 时从 u 出发访问剩余所有城市的最小费用。

状态转移方程：dp[S][u]等于状态为 $S-\{u\}$ 时从 v 出发访问剩余所有城市的最小费用加上 u 到 v 的边值。若 u 有多个未被访问的邻接点 v，则取其最小值。dp[S][u]=min(dp[S][u], dp[$S-\{u\}$][v]+d[u][v])。

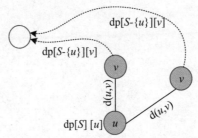

边界条件：dp[tri[i]][i]=0，初始化状态为 tri[i]时，从 i 出发的最小费用为 0。

tri[i]表示第 i 个节点已被访问 1 次，其他节点未被访问。tri[i]表示的三进制数的第 i 位为 1，其他位为 0。tri[i]可以用一个数组表示，其表达的含义为三进制，但在该程序中被赋值为十进制数。例如，tri[3]表示的三进制数的第 3 位是 1，其余位是 0，即$(100)_3$，其对应的十进制数 $(100)_3=1\times3^2+0\times3^1+0\times3^0=9$，tri[3]=9。对其他节点也如此处理，得到数组 int tri[12]= {0,1,3,9,27,81, 243,729,2187,6561,19683,59049}。

dp[9][3]表示在只有第 3 个城市已被访问的状态下，从 3 出发走完剩余城市的最小费用。

2. 算法实现

```
void init(){//预处理状态 S 的第 j 位
    for(int i=0;i<59050;i++){//预处理状态 S 的第 j 位
        int t=i;
        for(int j=1;j<=10;++j){//将 i 状态转换为 3 进制,记录每一位
            dig[i][j]=t%3;
            t/=3;
            if(t==0) break;
        }
    }
}

void solve(){//求解
    memset(dp,0x3f,sizeof(dp));
```

```
for(int i=1;i<=n;i++)
    dp[tri[i]][i]=0;//初始化状态为tri[i]时,从i出发的最小费用为0
ans=INF;
for(int S=0;S<tri[n+1];S++){
    bool visit_all=1;//标记所有城市都遍历1次以上
    for(int u=1;u<=n;u++){
        if(dig[S][u]==0){//S的第u位为0,说明u节点没被访问
            visit_all=0;
            continue;
        }
        for(int v=1;v<=n;v++){
            if(dig[S][v]==0) continue;//v节点未被访问,减法,三进制状态不会超过2
            dp[S][u]=min(dp[S][u],dp[S-tri[u]][v]+edge[u][v]);//u从S中减去
        }
    }
    if(visit_all){//将所有城市都遍历1次以上
        for(int u=1;u<=n;u++)
            ans=min(ans,dp[S][u]);
    }
}
}
```

❈ 训练 4 玉米田

题目描述（POJ3254）：约翰购买了由 $m \times n$（$1 \leqslant m$，$n \leqslant 12$）的方格组成的矩形牧场，想在一些方格上种玉米。遗憾的是，有些方格土壤贫瘠，无法种植。约翰在选择种植哪些方格时，会避免选择相邻的方格，没有两个选定的方格共享一条边。约翰考虑了所有可能的选择，他认为没有选择方格也是一种有效的选择！帮助他选择种植方格的方案数。

输入：第 1 行包含以两个空格分隔的整数 m 和 n。后面有 m 行，每行都包含 n 个整数，表示一个方格是否肥沃（1 表示肥沃，0 表示贫瘠）。

输出：单行输出选择种植方格的方案数模 100000000。

输入样例	输出样例
2 3	9
1 1 1	
0 1 0	

提示：按如下方式对肥沃的方格进行编号，仅在一个方格上种植有 4 种方案（1、2、3 或 4），在两个方格上种植有 3 种方案（13、14 或 34），在三个正方形上种植有 1 种方案（134），还有 1 种方案是所有方格都不种植。所以一共有 9 种方案。

4

1. 算法设计

本题要求只能选择肥沃的方格种植，且任何两个选择的方格都不能相邻。在第 i 行选择方格时，只需考虑与第 $i-1$ 行的状态是否冲突。对每一行的状态都用一个 n 位的二进制数表示，0 表示不选择种植，1 表示选择种植。

状态表示：dp[i][j]表示第 i 行是第 j 个状态时，前 i 行得到的方案数。当前行的状态可由前一行的状态转移而来。若当前行的状态符合种植要求，且与上一行不冲突，则将当前行的方案数累加上一行的方案数。

状态转移方程：dp[i][j]=(dp[i][j]+dp[$i-1$][k])，k 表示第 k 个合法状态。第 i 行的第 j 个状态必须满足合法性（横向检测，横向有没有相邻的种植方格）、匹配性（种植状态与土地状态匹配），而且与上一行不冲突（竖向检测，竖向有没有相邻的种植方格）。

边界条件：若第 j 个状态与土地状态匹配，则 dp[1][j]=1。

2. 算法实现

（1）预处理地图。预处理结果和原地图表示相反，目的是检测土地状态与种植状态的匹配性。在土地状态中，1 表示贫瘠，0 表示肥沃；在种植状态中，1 表示选择种植，0 表示不选择种植。土地状态和种植状态均为 1 时不匹配。

```
for(int i=1;i<=m;i++){//预处理地图状态，m行n列
    cur[i]=0;
    nt num;
    for(int j=1;j<=n;j++){
        scanf("%d",&num);
        if(num==0) cur[i]+=(1<<(n-j));//贫瘠为1，肥沃为0
    }
}
```

输入样例的预处理结果：cur[1]=000，cur[2]=101。

（2）合法性检测：

```
bool check(int x){//判断编号x状态的二进制数是否有相邻的1，有则返回0
  if(x&x<<1) return 0;
  return 1;
}
```

（3）记录所有合法状态：

```
void init(){//记录不包含相邻1的状态编号
  top=0;
  for(int i=0;i<1<<n;i++)//n个格子，2^n种情况
```

```
    if(check(i)) state[++top]=i;
}
```

（4）匹配性检测：

```
bool fit(int x,int k){//判断 x 状态的种植状态是否与第 k 行的土地状态匹配（两者均为 1 时不匹配）
  if(x&cur[k]) return 0;
  return 1;
}
```

（5）求解方案：

```
void solve(){
    for(int j=1;j<=top;j++)//处理第 1 行
        if(fit(state[j],1))
            dp[1][j]=1;
    for(int i=2;i<=m;i++)
        for(int j=1;j<=top;j++){//state[j]是第 i 行的状态
            if(!fit(state[j],i)) continue;//匹配性检测
            for(int k=1;k<=top;k++){//state[k]是第 i-1 行的状态
            if(!fit(state[k],i-1)) continue;
            if(state[j]&state[k]) continue;//上下行有冲突
                dp[i][j]=(dp[i][j]+dp[i-1][k])%mod;
            }
        }
}
```

3．样例求解过程

（1）处理第 1 行（土地状态为 000，0 表示肥沃，1 表示贫瘠）：输入样例共有 5 个合法（种植）状态（横向没有相邻的 1）：state[1]=000，state[2]=001，state[3]=010，state[4]=100，state[5]=101。第 1 行的土地状态与 5 个合法状态均匹配（不能种植在贫瘠的土地上），第 1 行不需要与上一行做冲突检测，因此种植方案数 dp[1][j]=1，j=1,2,…,5。

（2）处理第 2 行（土地状态 101，0 表示肥沃）。第 2 行的土地状态与两个合法状态匹配，还需要和第 1 行进行冲突检测（竖向没有相邻的 1）。

- state[1]=000：与第 1 行的 5 个合法状态均不冲突，dp[2][1]=5。
- state[3]=010：与第 1 行的第 3 个合法状态冲突，与其余 4 个合法状态不冲突，dp[2][3]=4。

（3）处理完毕，累加最后一行的结果，共有 9 种方案。

⁂ 训练 5　炮兵阵地

题目描述（POJ1185）：将军打算在地图上部署炮兵部队。地图由 N 行 M 列组成，地图的每一格都可能是山地（用 H 表示），也可能是平原（用 P 表示）。在每一格平原上最多可以部署

一支炮兵部队（在山地上不可以部署炮兵部队）。一支炮兵部队在地图上的攻击范围如下图中黑色区域所示。

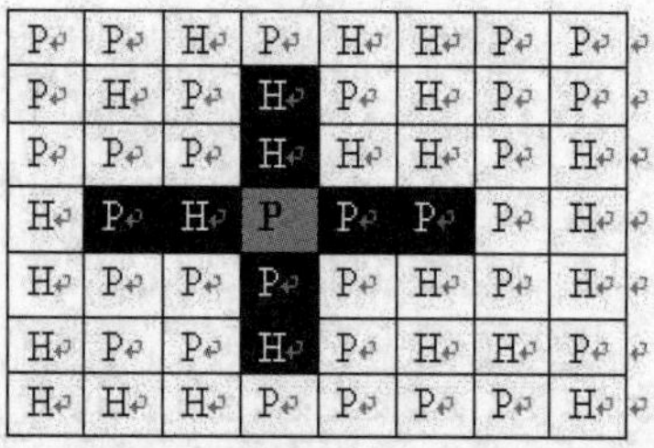

若在地图中灰色所标识的平原上部署一支炮兵部队，则图中的黑色网格表示它可以攻击到的区域：沿横向左右各两格，沿纵向上下各两格。不能攻击图上的其他白色网格。从图上可见炮兵的攻击范围不受地形的影响。将军们将规划部署炮兵部队，在防止误伤的前提下（任何一支炮兵部队都不在其他炮兵部队的攻击范围内），求整个地图区域内最多可以部署多少炮兵部队。

输入：第 1 行包含两个正整数 N 和 M（$N\leqslant100$，$M\leqslant10$），表示 N 行 M 列。接下来的 N 行，每一行都包含 M 个字符（H 或 P），表示地图上的山地或平原。

输出：单行输出最多可以部署的炮兵部队的数量。

输入样例	输出样例
5 4	6
PHPP	
PPHH	
PPPP	
PHPP	
PHHP	

1. 算法设计

本题求解部署最多的炮兵部队，炮兵部队的攻击范围为十字形状，两个十字的中心距离不可以小于 3（保证不互相攻击）。每一行放置炮兵的状态只与它上面两行的状态有关，即第 i 行放置炮兵时，需要考虑第 $i-1$ 行和第 $i-2$ 行的状态。对每一行放置炮兵的状态用一个 M 位的二进制数表示，0 表示不放置炮兵，1 表示放置炮兵。

状态表示：因为与前两行的状态有关，所以采用三维数组表示状态，当前行的状态可由前两行的状态转移而来。若当前行的状态符合前两行的约束条件（不和前两行的大炮互相攻击），则当前行的最大值就是上一个状态的值加上当前状态中 1 的个数（当前行放置炮兵的个数）。$dp[i][j][k]$ 表示第 i 行是第 j 个状态且第 $i-1$ 行为第 k 个状态时，前 i 行放置的最大炮兵数。

状态转移方程：$dp[i][j][k]=\max(dp[i][j][k],dp[i-1][k][t]+num[j])$，$num[j]$ 为 j 状态中 1 的个数。

第 *i* 行的状态为 *j* 时必须满足合法性（横向检测）、匹配性（山地不能放置炮兵），而且与上两行不冲突（竖向检测）。

边界条件：dp[1][*j*][0]=num[*j*]。第 1 行状态为 *j*，上一行状态为第 0 个状态，表示没有放置炮兵。

2．算法实现

（1）预处理地图。将山地（H）转换为 1，将平原（P）转换为 0。cur[*i*]表示第 *i* 行的地形状态：

```
for(int i=1;i<=N;i++){//预处理地图状态
    cur[i]=0;
    for(int j=1;j<=M;j++)
        if(map[i][j]=='H')
            cur[i]+=(1<<(j-1));
}
```

（2）合法性检测：

```
bool check(int x){//判断x状态是否合法，相邻的1之间的距离不可以小于3
    if(x&(x<<1)) return 0;
    if(x&(x<<2)) return 0;
    return 1;
}
```

（3）记录所有合法状态：

```
void init(){
    top=0;
    for(int i=0;i<(1<<M);i++)
        if(check(i)) stk[++top]=i;
}
```

（4）匹配性检测

```
bool fit(int x,int k){//判断状态x与地图的第k行是否匹配，炮兵不能被放置在山地上
    if(x&cur[k]) return 0;
    return 1;
}
```

（5）统计状态 *x* 的二进制数中 1 的个数（炮兵数）：

```
int count(int x){
    int cnt=0;
    while(x){
        cnt++;
```

```
        x&=(x-1);
    }
    return cnt;
}
```

（6）求解：

```
int solve(){
    int ans=0;
    memset(dp,-1,sizeof(dp));
    for(int j=0;j<top;j++){//初始化第 1 行的状态
        num[j]=count(stk[j]);
        if(fit(stk[j],1)){
            dp[1][j][0]=num[j];//第 1 行的状态为 j，上一行的状态为第 0 个状态，即 000000
            ans=max(ans,dp[1][j][0]);
        }
    }
    for(int i=2;i<=N;i++){
        for(int j=0;j<top;j++){
            if(!fit(stk[j],i)) continue;//匹配检测
            for(int k=0;k<top;k++){
                if(stk[j]&stk[k]) continue;//竖向检测，与上一行不可以有相邻的 1
                for(int t=0;t<top;t++){
                    if(stk[j]&stk[t]) continue;//竖向检测，与上上行不可以有相邻的 1
                    if(dp[i-1][k][t]==-1) continue;
                    dp[i][j][k]=max(dp[i][j][k],dp[i-1][k][t]+num[j]);
                }
                if(i==N) ans=max(ans,dp[i][j][k]);
            }
        }
    }
    return ans;
}
```

❖❖ 训练 6　马车旅行

题目描述（POJ2686）：有一个旅行者计划乘马车旅行，他的出发点和目的地是固定的，但不能确定路线。全国的城市有一个公路网，若在两个城市之间有一条路，则可以坐公共马车从一个城市到另一个城市。乘马车需要一张票，在每张票上都注明了马的数量。当然，马越多，马车跑得越快。在出发点，旅行者有许多车票。通过考虑这些车票和道路网络上的信息，我们应该能找到在最短时间内把他带到目的地的最佳路线。应考虑怎样使用车票，假设以下条件：
①乘马车可以把旅行者从一个城市直接带到另一个通过公路相连的城市。换而言之，每到一个

城市，他都必须换车；②在通过公路直接连接的两个城市之间只可以使用一张车票；③每张车票都只可以使用一次；④乘马车所需的时间是两个城市之间的距离除以马的数量；⑤应忽略换乘所需的时间。

输入：输入由多个数据集组成，每个数据集的格式如下。在最后一个数据集后面是一行，包含 5 个 0（用空格分隔）。

```
n m p a b
t1 t2 ... tn
x1 y1 z1
x2 y2 z2
...
xp yp zp
```

数据集中的每个输入项都是非负整数。n 是马车票的数量，$1 \leq n \leq 8$；m 是城市数，$2 \leq m \leq 30$；p 是道路数，可能为 0；a 是起始城市的编号，b 是目的地城市的编号，$a \neq b$。所有城市的编号都为 $1 \sim m$。第 2 行给出了车票信息，t_i 是第 i 张车票的马数（$1 \leq i \leq n$，$1 \leq t_i \leq 10$）。以下 p 行给出城市之间的道路信息。第 i 条道路将两个城市 x_i 和 y_i 连接起来，并有距离 z_i（$1 \leq i \leq p$，$1 \leq z_i \leq 100$）。两个城市之间最多一条道路，一条路不会连接城市自己，每条路都可双向行驶。

输出：若旅行者可以到达目的地，则输出出发点到目的地的最短时间。答案的误差不应大于 0.001。在满足上述精度条件的前提下，可以输出小数点后的任意位数。若无法到达目的地，则输出"Impossible"。

输入样例	输出样例
3 4 3 1 4	30.000
3 1 2	3.667
1 2 10	Impossible
2 3 30	Impossible
3 4 20	2.856
2 4 4 2 1	
3 1	
2 3	
1 3 3	
4 1 2	
4 2 5	
2 4 3 4 1	
5 5	
1 2 10	
2 3 10	
3 4 10	
1 2 0 1 2	
1	
8 5 10 1 5	

```
1
8 5 10 1 5
2 7 1 8 4 5 6 3
1 2 5
2 3 4
3 4 7
4 5 3
1 3 25
2 4 23
3 5 22
1 4 45
2 5 51
1 5 99
0 0 0 0 0
```

1. 算法设计

本题求解从源点到终点的最短时间，但是有车票限制，不可以直接求解最短时间。因为每一步都需要考虑还有哪些车票没有使用，选哪一种车票的总时间最短，所以可以将车票的使用情况作为状态，用 S 表示车票状态，0 表示已使用，1 表示未使用。

状态表示： dp[S][u]表示车票的状态为 S 时从源点到达 u 节点的最短时间。

状态转移方程： u 的邻接点 v 为 S 状态时从源点到 u 的最短时间为 dp[S][u]，如果使用车票 i 从 u 到 v，则车票状态变为 $S-\{i\}$，且时间为距离除以车票注明的马的数量。使用车票 i 时需要将 S 的第 i 位置 0，即 $S\&\sim(1<<i)$。dp[$S\&\sim(1<<i)$][v]=min(dp[$S\&\sim(1<<i)$][v], dp[S][u]+dis[u][v]/(double)t[i])。

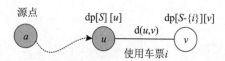

边界条件： dp[$(1<<n)-1$][a]=0，a 为起点。

2. 算法实现

```
void solve(){//求解方案
    for(int i=0;i<(1<<(n+1));i++)
        fill(dp[i],dp[i]+m+1,INF);
    dp[(1<<n)-1][a]=0;//起点
    ans=INF;
    for(int S=(1<<n)-1;S>=0;S--){//状态
        for(int u=1;u<=m;u++)//城市
            for(int i=0;i<n;i++)//车票
                if((S>>i)&1)//第i张车票未被使用
```

```
                    for(int v=1;v<=m;v++)//城市

    if(dis[u][v]>=0)dp[S&~(1<<i)][v]=min(dp[S&~(1<<i)][v],dp[S][u]+dis[u][v]/(double)t[i
]);
        ans=min(ans,dp[S][b]);
    }
}
```

7.8　插头 DP

插头 DP 是一类特殊的状态压缩 DP，又叫作轮廓线 DP，通常用于解决二维空间的状态压缩问题，且每个位置的取值都只与临近的几个位置有关，适用于超小数据范围、网格图、连通性等问题。

插头：一个格子通过某些方向与另一个格子相连，这些连接的位置叫作"插头"。可以这样理解，网格图上的每一个格子都是一块拼图，两块拼图的接口就是插头。

轮廓线：若从左上角开始处理，则灰色表示已确定状态，白色表示未确定状态，已确定状态和未确定状态之间的分界线叫作"轮廓线"。若按行从左向右逐格求解，则 x 位置是当前待确定状态的格子。x 的处理方案只与上一状态有关。

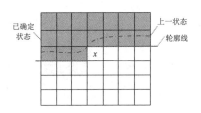

∵ 训练 1　铺砖

题目描述（POJ2411）：荷兰著名画家蒙德里安着迷于正方形和长方形，梦想着用不同的方式将高 1 宽 2 的小长方形填满一个大长方形。

计算填充大长方形（其大小也是整数值）的方案数。

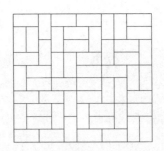

输入：包含几个测试用例，每个测试用例都由大长方形的高度 h 和宽度 w 两个整数组成（$1 \leq h, w \leq 11$）。输入以 0 0 结束。

输出：对每个测试用例，都输出用 1×2 的小长方形填充给定长方形的方案数，假设给定的大长方形是定向的，即多次计算对称的瓷砖。

输入样例	输出样例
1 2	1
1 3	0
1 4	1
2 2	2
2 3	3
2 4	5
2 11	144
4 11	51205
0 0	

1. 算法设计

本题求解用 1×2 长方形填充大长方形的方案数，可以采用普通状态压缩和插头 DP 两种方法解决。在此采用插头 DP 求解。

状态表示：S 表示格子的状态压缩，用 m 位二进制表示，二进制位 1 表示长方形的上半部分，二进制位 0 表示其他情况。因为当前格子状态的方案数只和上一个状态有关，所以两个数组可以滚动使用（使用后交换）。

- next[S] 表示待确定的格子在 S 状态下的方案数。
- cur[S] 表示前一个已确定的格子在 S 状态下的方案数。

对当前位置 (i, j) 分为不放置和放置两种情况。

（1）不放置。当前状态第 j 列为 1，表示长方形的上半部分，当前位置不放置，相当于留下一个插头，等待下一个状态放置。其上一行第 j 列一定为 0，表示已放置成功。注意：插头可以向下或向右，为了简单起见，在后面的图中全部用向下的插头表示。当前位置的方案数等于上一状态第 j 列为 0 的方案数。状态转移方程：next[S]=cur[S&~(1<<j)]。

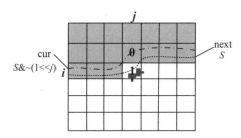

（2）放置。当前状态第 j 列为 0，分为横放和竖放两种情况，累加两种情况的方案数。

- 横放：当前状态第 $j+1$ 列为 0（没有给下一状态留插头），上一状态第 $j+1$ 列为 1。当前位置方案数等于上一状态第 $j+1$ 列为 1 的方案数。状态转移方程：tmp+=cur[S|1<<(j+1)]。

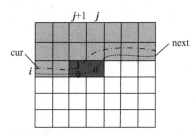

- 竖放：当前位置方案数等于上一状态 j 列为 1 的方案数。状态转移方程：tmp+= cur[S|1<<j]。累加后的结果赋值：next[S]=tmp。

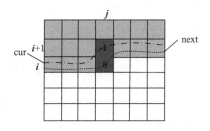

边界条件为 cur[0]=1。

2．完美图解

求解 2×3 的矩形放置最多的 1×2 长方形的方案数。

（1）初始化，cur[000]=1，即第 1 行上面的状态为 000，没有放置方格。其他状态 cur[]为 0。

（2）i=1，j=2。

- next 状态为 100 时，第 j 位为 1，不放置，next[100]=cur[000]=1。

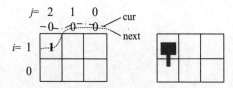

- next 状态为其他情况时，方案数均为 0。

两条轮廓线数组交换，swap(cur,next)，交换后 cur[100]=1，其他状态为 0。

（3）$i=1$，$j=1$。

- next 状态为 000 时，第 j 位为 0，横放，next[000]=cur[100]=1。

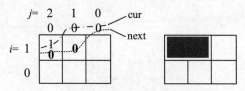

- next 状态为 110 时，第 j 位为 1，不放置，next[110]=cur[100]=1。

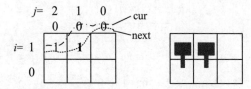

- next 状态为其他情况时，方案数均为 0。

两条轮廓线数组交换后，cur[000]=1，cur[110]=1，其他状态为 0。

（4）$i=1$，$j=0$。

- next 状态为 001 时，第 j 位为 1，不放置，next[001]=cur[000]=1。

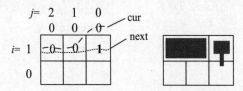

- next 状态为 100 时，第 j 位为 0，横放，next[100]=cur[110]=1。

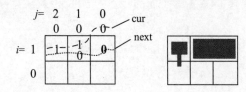

- next 状态为 111 时，第 j 位为 1，不放置，next[111]=cur[110]=1。

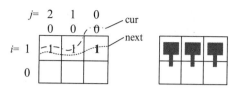

- next 状态为其他情况时，方案数均为 0。

两条轮廓线数组交换后，cur[001]=1，cur[100]=1，cur[111]=1，其他状态为 0。

（5）$i=0$，$j=2$。

- next 状态为 000 时，第 j 位为 0，竖放，next[000]=cur[100]=1。

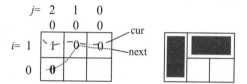

- next 状态为 011 时，第 j 位为 0，竖放，next[011]=cur[111]=1。

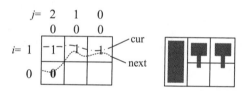

- next 状态为 101 时，第 j 位为 1，不放置，next[101]=cur[001]=1。

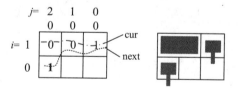

两条轮廓线数组交换后，cur[000]=1，cur[011]=1，cur[101]=1，其他状态为 0。

（6）$i=0$，$j=1$。

- next 状态为 001 时，第 j 位为 0，分为横放和竖放两种情况，next[001]=cur[101]+cur[011]=2。

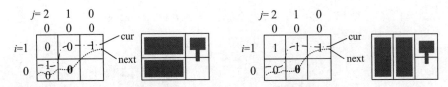

- next 状态为 010 时，第 j 位为 1，不放置，next[010]=cur[000]=1。

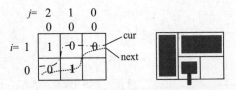

- next 状态为 111 时，第 j 位为 1，不放置，next[111]=cur[101]=1。

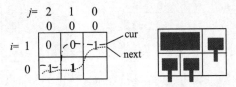

两条轮廓线数组交换后，cur[001]=2，cur[010]=1，cur[111]=1，其他状态为 0。

（7）$i=0$，$j=0$

- next 状态为 000 时，第 j 位为 0，分为横放和竖放两种情况，横放的情况如下图所示。

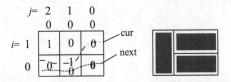

竖放有两种方案，如下图所示。

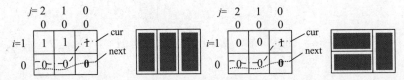

累加结果，next[000]=cur[010]+cur[001]=3。

- next 状态为 011 时，第 j 位为 1，不放置，next[011]=cur[010]=1。

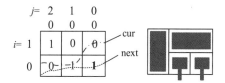

- next 状态为 110 时，第 j 位为 0，竖放，next[110]=cur[111]=1。

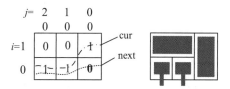

两条轮廓线数组交换后，cur[000]=3，cur[011]=1，cur[110]=1，其他状态为 0。

（8）此时 cur[000]表示最后一行放置完毕的方案数，因此填充方案数为 cur[000]=3。

3. 算法实现

```
LL dp[2][1<<12]; //二维滚动数组
LL *cur,*next;
cur=dp[0];next=dp[1];
cur[0]=1;
for(int i=n-1;i>=0;i--)
    for(int j=m-1;j>=0;j--){
        for(int S=0;S<(1<<m);S++){
            if((S>>j)&1)//若已经放了，则直接转移
                next[S]=cur[S&~(1<<j)];
            else{
                LL tmp=0;//坑点，不要将数据类型随意定义为int
                if(j+1<m&&!(S>>(j+1)&1))//尝试横放
                    tmp+=cur[S|1<<(j+1)];
                if(i+1<n)//尝试竖放
                    tmp+=cur[S|1<<j];
                next[S]=tmp;
            }
        }
        swap(cur,next);
    }
printf("%lld\n",cur[0]);
```

⁎⁎ 训练 2　方格取数

题目描述（HDU1565）：一个 n×n 的格子棋盘，在每个格子里面都有一个非负数，从中取出若干数，所取的数不可以相邻并且取出的数之和最大。

输入：包含多个测试实例，每个测试实例都包含一个整数 n 和 $n×n$ 个非负数（$n≤20$）。

输出：对每个测试实例都单行输出可能取得的最大和值。

输入样例	输出样例
3	188
75 15 21	
75 15 28	
34 70 5	

1. 算法设计

本题是方格取数问题，要求所取的数不可以相邻，取出的数之和最大。可以采用普通状态压缩 DP 记录每一行的状态，按行处理。也可以采用插头 DP 按格处理。

状态表示：格子的状态压缩为 S，用 n 位二进制表示，二进制位 1 表示选中该方格上的数字，二进制位 0 表示不选中该方格上的数字。因为当前格子状态得到的最大和值只和上一个状态有关，所以采用两个数组滚动使用。初始时 pre=0，now=1，使用后交换 pre 和 now，相当于交换了两个数组。

- dp[pre][S]：表示前一个已确定的格子在 S 状态下的最大和值。
- dp[now][S]：表示待确定的格子在 S 状态下的最大和值。

对当前方格(i, j)分为两种情况。

（1）不选择。当前方格状态为 0，表示不选当前方格。当前状态的最大和值与上一状态的最大和值取最大值。

状态转移方程：new$S$=S&(~(1<<j)); dp[now][new$S$]=max(dp[now][new$S$],dp[pre][S])。

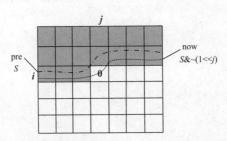

（2）选择。若当前方格的左侧和上侧方格均未选，则可以选择当前方格，当前状态的最大和值为上一状态的最大和值加上当前方格的数字。

状态转移方程：dp[now][S|(1<<j)]=max(dp[now][S|(1<<j)],dp[pre][S]+v)。

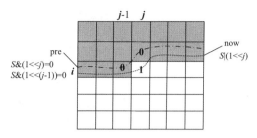

边界条件：dp[pre][0]=0。

求解目标：最后一个格子所有状态的最大值。

2．算法实现

```
void solve(){
    memset(dp,0,sizeof(dp));
    int pre=0,now=1;
    dp[pre][0]=0;
    int ans=0;
    for(int i=0;i<n;i++){
        for(int j=0;j<n;j++){
            scanf("%d",&v);
            for(int S=0;S<(1<<n);S++){//轮廓线状态
                int newS=S&(~(1<<j));
                dp[now][newS]=max(dp[now][newS],dp[pre][S]);
                if((S&(1<<j))==0&&(j==0||(S&(1<<(j-1)))==0))//上左均为0,可以取数字
                    dp[now][S|(1<<j)]=max(dp[now][S|(1<<j)],dp[pre][S]+v);
            }
            swap(pre,now);
        }
    }
    for(int S=0;S<(1<<n);S++)
        ans=max(ans,dp[pre][S]);
    printf("%d\n",ans);
}
```

✧ 训练3 多回路连通性问题

题目描述（HDU1693）：在 Dota（古代防御）游戏中，普吉的队友给了他一个新的任务"吃树"。这些树都是大小为 $n \times m$ 的矩形单元格，每个单元格要么只有一棵树，要么什么都没有。普吉需要做的是"吃掉"单元格里的所有树。他必须遵守几条规则：①必须通过选择一条回路来吃掉这些树，然后吃掉所选回路中的所有树；②不包含树的单元格是不可被访问的，例如，选择的回路通过的每个单元格都必须包含树，当选择回路时，回路上单元格中的树将消失；③可以选择一个或多个回路来吃这些树。有多少方法可以吃这些树？在下图中为 $n=6$ 和 $m=3$ 给出

了三个样本（灰色方块表示在单元格中没有树，粗体黑线表示所选的回路）。

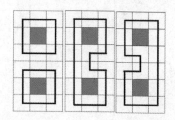

输入：输入的第 1 行是测试用例数 T（$T \leqslant 10$）。每个测试用例的第 1 行都包含整数 n 和 m（$1 \leqslant n, m \leqslant 11$）。在接下来的 n 行中，每行都包含 m 个数字（0 或 1），0 表示没有树的单元格，1 表示只有一棵树的单元格。

输出：对每个测试用例，都单行输出有多少种方法可以吃这些树，保证不超过 $2^{63}-1$。

输入样例	输出样例
2	Case 1: There are 3 ways to eat the trees.
6 3	Case 2: There are 2 ways to eat the trees.
1 1 1	
1 0 1	
1 1 1	
1 1 1	
1 0 1	
1 1 1	
2 4	
1 1 1 1	
1 1 1 1	

1．算法设计

本题为多回路连通性问题，求解经过所有可行单元格一次的回路方案数，允许有多个回路。因为本题不要求只有一个回路，所以不需要考虑连通分量合并的问题，逐格递推即可。

状态表示：格子的状态采用 $m+1$ 位二进制压缩为 S，二进制位 1 表示有插头，二进制位 0 表示无插头。当前格子状态的方案数只与上一个状态有关，采用滚动数组，初始时 pre=0, now=1，使用后交换。

- dp[pre][S]表示前一个已确定的格子在 S 状态下的方案数。
- dp[now][S]表示待确定的格子在 S 状态下的方案数。

对当前位置 x 求解时，只有两个位和上一个格子的状态不同，其他位均相同。状态转移时，只处理这两位即可。注意：状态表示从右向左，右侧为高位，如下图所示。

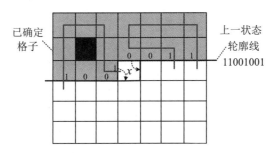

状态转移：状态转移可分为 3 种情况讨论。

（1）当前格没有树，不可行，原状态不变。若左侧、上侧都没有插头，则新的状态也没有插头，直接累加上一次的结果即可。

```
if(!p&&!q) dp[now][S]+=dp[pre][S];
```

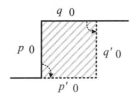

（2）当前格有树，左侧或上侧只有一个插头，原状态不变。若只有左插头，则新的状态为下插头；若只有上插头，则新的状态为右插头；原状态不变，直接累加上一次的结果即可。

```
if(p^q)//有一个为1，一个为0
    dp[now][S]+=dp[pre][S];//原状态不变
```

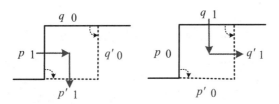

（3）当前格有树，将原状态的第 j 位、第 $j+1$ 位取反即可得到新状态，直接累加上一次结果即可，共有 4 种状态。

```
int j0=1<<j;//第j位为1，其他位为0
int j1=j0<<1; //第j+1位为1，其他位为0
dp[now][S^j0^j1]+=dp[pre][S];//第j、j+1位的相反状态
```

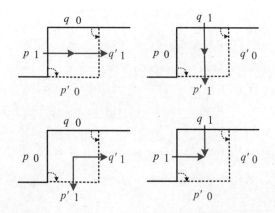

2. 换行处理

在一行处理完毕进入下一行时，需要做换行预处理。因为按格处理，所以处理完一行的最后一个格子时，最后的状态应该左移一位，作为上一状态继续处理下一行，如下图所示。

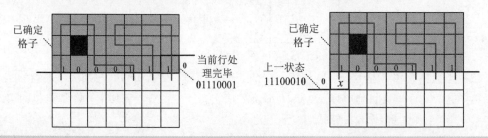

```
memset(dp[now],0,sizeof(dp[now]));//为处理下一行做准备
for(int S=0;S<total/2;S++)//处理完一行后，S 状态最大为 0111...1
    dp[now][S<<1]=dp[pre][S];//S<<1 表示 S 状态左移一位
swap(pre,now);//交换后的 pre 是处理后的结果，为下一行做准备
```

3. 算法实现

```
void solve(){
    int total=1<<(m+1);
    int pre=0,now=1;
    memset(dp[pre],0,sizeof(dp[pre]));
    dp[pre][0]=1;
    for(int i=0;i<n;i++){
        for(int j=0;j<m;j++){
            scanf("%d",&v);
            memset(dp[now],0,sizeof(dp[now]));
            int j0=1<<j;
            int j1=j0<<1;
            for(int S=0;S<total;S++){
                bool p=S&j0,q=S&j1;//前一个格子的左上状态
```

```
                    if(v==0){//障碍物,不可行
                        if(!p&&!q)
                            dp[now][S]+=dp[pre][S];
                    }else{
                        if(p^q)//有一个为1,一个为0
                            dp[now][S]+=dp[pre][S];//原状态不变
                        dp[now][S^j0^j1]+=dp[pre][S];//相反状态
                    }
                }
                swap(pre,now);//处理完一个格子后交换
            }
            memset(dp[now],0,sizeof(dp[now]));//为处理下一行做准备
            for(int S=0;S<total/2;S++)//处理完一行后,S状态最大为0111...1
                dp[now][S<<1]=dp[pre][S];
            swap(pre,now);//交换后的pre是处理后的结果,为下一行做准备
        }
        ans=dp[now][0];
    }
```

✧ 训练 4　单回路连通性问题

题目描述（URAL1519）：W 市将举办一级方程式赛事，需要建立一个新的赛道。但是在未来的赛道上有许多地鼠生活在洞里，不允许在洞上建造赛道。赛道是一个 $n×m$ 的矩形单元，每个单元都有一个单独的路段，每个路段都应该与矩形的一条边平行，所以赛道只可以有 90° 转弯。在下图中给出了 $n=m=4$ 的两个样例（灰色方块表示地鼠洞，粗体黑线表示赛道）。求解有多少种方法可以建立赛道。

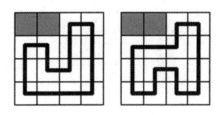

输入：第 1 行包含整数 n 和 m（$2 \leq n$，$m \leq 12$），表示行数和列数。接下来的 n 行中，每一行都包含 m 个字符，字符"."表示可以在该单元建立赛道，字符"*"表示该单元有地鼠洞。至少有 4 个单元格没有地鼠洞。

输出：输出建立赛道的方法数，保证不超过 $2^{63}-1$。

输入样例	输出样例
4 4	2
**..	6

```
....
....
....
4 4
....
....
....
....
```

1. 算法设计

本题为单回路连通性问题，求解有多少条回路（经过所有非障碍格子恰好一次）。因为本题要求只有一个回路，所以需要考虑连通分量合并，逐格递推即可。

状态表示：需要考虑连通分量合并，因此采用括号表示法，用三进制表示插头的状态。

- 没有插头，用 0 表示。
- 插头在连通分量的左端，则为左括号"("，用 1 表示。
- 插头在连通分量的右端，则为右括号")"，用 2 表示。

因为当前格子状态的方案数只与上一个状态有关，所以采用滚动数组逐格递推。初始时，pre=0，now=1，使用后交换。s 为状态编号。

- dp[pre][s]：表示前一个已确定格子的方案数。
- state[pre][s]：表示前一个已确定格子的状态压缩。
- dp[now][s]：表示当前待确定格子的方案数。

格子的状态采用 $m+1$ 位三进制压缩为 S，对当前位置 x 求解时，只有两个位和上一个格子的状态不同，其他位均相同。状态转移时，只需处理这两位即可，如下图所示。

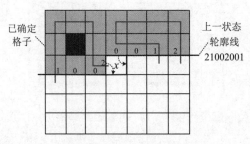

状态转移：状态转移可分为 4 种情况进行讨论。

（1）当前格子不可行（有障碍）。若左侧、上侧均没有插头（p、q 均为 0），则新的状态也没有插头，原状态不变，将新状态及方案数插入哈希表中。

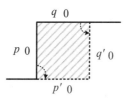

```
if(map[i][j]==0){//有障碍（地鼠洞），第1种情况
    if(p==0&&q==0)
        HashIn(S,num);//num 是上一格的方案数
}
```

（2）当前格可行，左侧和上侧都没有插头。若下侧和右侧可行，则下侧为左括号，右侧为右括号。将原状态的第 j 位修改为 1，将第 $j+1$ 位修改为 2，将新状态及方案数插入哈希表中。

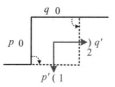

```
if(p==0&&q==0){//p、q均为 0，第 2 种情况
    if(map[i+1][j]&&map[i][j+1]){
        int nS=S;
        setV(nS,j,1);//将第 j 位修改为 1
        setV(nS,j+1,2);//将第 j+1 位修改为 2
        HashIn(nS,num);
    }
}
```

（3）当前格可行，左侧和上侧恰好有一个插头（p、q 恰好有一个为 0）。
状态不变的情况如下图所示。

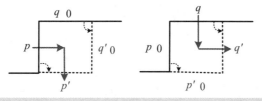

```
if(map[i+(p>0)][j+(q>0)])
    HashIn(S,num);//状态不变
```

状态相反的情况如下图所示。

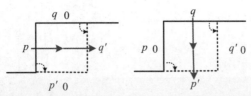

```
if(map[i+(q>0)][j+(p>0)]){
    int nS=S;
    setV(nS,j,q);//将第 j 位修改为 q，p、q 交换，状态相反
    setV(nS,j+1,p);//将第 j+1 位修改为 p
    HashIn(nS,num);
}
```

（4）当前格子可行，左侧和上侧均有插头（$p>0$，$q>0$）。此时新状态 $p'=0$，$q'=0$。因为可能会有连通分量的合并，所以分为四种情况讨论。

- $p=1$，$q=1$，均为左括号，需要将 p、q 置 0，相当于删除左侧两个左括号，然后将 q 对应的右括号 v 修改为左括号。此时完成了两个连通分量的合并，连通分量的两端正好为左右括号，如下图所示。

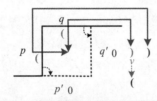

```
if(p==1&&q==1){//第 4 种情况，4.1
    int find=1;
    for(int v=j+2;v<=m;v++){//向后搜 q 匹配的右括号 ")"，将其修改为左括号
        int k=getV(S,v);
        if(k==1)
            find++;
            else if(k==2)
                find--;
        if(find==0){
            int nS=S;
            setV(nS,j,0);//p、q 置 0
            setV(nS,j+1,0);
            setV(nS,v,1);//修改为左括号
            HashIn(nS,num);
            break;
        }
    }
}
```

- $p=2$，$q=2$，均为右括号。需要将 p、q 置 0，相当于删去右侧两个右括号，然后将 p 对应的左括号 v 修改为右括号。此时完成了两个连通分量的合并，连通分量的两端正好为左右括号，如下图所示。

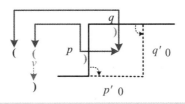

```
if(p==2&&q==2){//第 4 种情况，4.2
    int find=1;
    for(int v=j-1;v>=0;v--){//向前搜 p 匹配的左括号"("，将其修改为右括号
        int k=getV(S,v);
        if(k==2)
            find++;
        else if(k==1)
            find--;
        if(find==0){
            int nS=S;
            setV(nS,j,0);//将 p、q 置 0
            setV(nS,j+1,0);
            setV(nS,v,2);//修改为右括号
            HashIn(nS,num);
            break;
        }
    }
}
```

- $p=2$，$q=1$，右括号和左括号。需要将 p、q 置 0，相当于删去中间两个左右括号，两端两个括号不变。此时完成了两个连通分量的合并，连通分量的两端正好为左右括号，如下图所示。

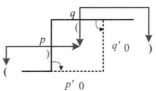

```
if(p==2&&q==1){//第 4 种情况，4.3
    int nS=S;
    setV(nS,j,0);//将 p、q 置 0
```

```
        setV(nS,j+1,0);
        HashIn(nS,num);
}
```

- $p=1$，$q=2$，左括号和右括号。此时正好形成一个回路，这种情况只可以出现在最后一个非障碍格子中。若是最后一个非障碍格子，则累加方案数，如下图所示。

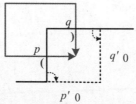

```
if(p==1&&q==2){//第 4 种情况，4.4
        if(i==endx&&j==endy)//最后一个非障碍格子
            ans+=num;
}
```

2. 换行处理

当一行处理完毕且进入下一行时，需要做换行预处理。因为按格处理，所以处理完一行的最后一个格子时，最后的状态应该左移一格，状态如下图所示。

```
memsetnow();//哈希表清空
for(int s=0;s<total[pre];s++)
    if(dp[pre][s]){
        LL num=dp[pre][s];
        int S=state[pre][s]<<2;//左移一格，一格相当于两位，如数字 2，该数字是两位 10
        HashIn(S,num);
    }
swap(now,pre);//滚动数组交换下标
```

3. 哈希表处理

在求解过程中，有些状态是一样的，只需将状态一样的方案数累加在一起，这样一个状态对应一个方案数。可以将已求解的状态放入哈希表中。在求解出一个新状态 S 和方案数 num 后，

首先在哈希表中查找 S 是否已经存在，若存在，则将 num 累加到该状态的方案数中；若不存在，则将新状态编号插入哈希表中。注意：尽量使用哈希值较小的哈希表，在每个格子处理完后都将哈希表清空，哈希值过大或者过小均会超时。当数据量不太大时（$m=12$），可以使用一个 5 位素数如 40013、30013。

```
void HashIn(int S,LL num){//新状态 S 及方案数 num
    int x=S%HASH;//哈希函数
    while(~Hash[x]&&state[now][Hash[x]]!=S){//线性探测，在哈希表中查找 S
        x++;
        x%=HASH;
    }
    if(Hash[x]==-1){//不存在，将状态编号插入哈希表中
        dp[now][total[now]]=num;//记录状态编号 total[now]对应的方案数 num
        state[now][total[now]]=S;//记录状态编号 total[now]对应的状态压缩 S
        Hash[x]=total[now];//将新状态编号插入哈希表中
        total[now]++;
    }
    else//存在，累加方案数
        dp[now][Hash[x]]+=num;
}
```

4．位运算

有三种反复使用的位运算：左移一格，取状态 S 的第 p 位，将第 p 位修改为 v。本题分为无括号、左括号、右括号三种状态，可以用三进制表示，但是为了使用位运算（速度快），要采用四进制，即尽量使用 2 的次幂作为进制。无论是哪种进制，其机内表达均为二进制。

（1）状态 S 左移一格。四进制的每一个数都占了两位，一格相当于二进制的两位。例如，$S=(1023)_4$，其对应的二进制为 $(01\ 00\ 10\ 11)_2$，如下图所示。所以 $(1023)_4$ 左移一格，其对应的二进制必须左移两位。$(01\ 00\ 10\ 11)_2$ 左移两位得到 $(00\ 10\ 11\ 00)_2$，其四进制为 $(0230)_4$。

（2）取状态 S 的第 p 位。四进制的位长度 $l=2$，意思是四进制的每一个数字都占两位，同理，八进制的位长度 $l=3$。首先将状态 S（机内表达为二进制）右移 $p\times l$ 位，将 1 左移 l 位后减 1，两者进行与运算。

例如，取 $S=(12032)_4$ 的第 3 位（$p=3$），其对应的二进为 $(01\ 10\ 00\ 11\ 10)_2$。将 $(01\ 10\ 00\ 11\ 10)_2$ 右移 $p\times l=6$ 位，得到 $(00\ 00\ 00\ 01\ 10)_2$，将 1 左移 $l=2$ 位后减 1 得到 $(11)_2$，两者进行与运算得到 $(10)_2$，

其对应的四进制为 2，正是 $(12032)_4$ 的第 3 位数（最右侧为第 0 位）。第 1 步相当于将 S 的第 p 位移动到最右侧 2 位，第 2 步得到 $(11)_2$，两者进行与运算后正好得到最右侧两位数，即 S 的第 p 位数。

```
int getV(int S,int p,int l=2){//4进制,l=2
    return (S>>(p*l))&((1<<l)-1);
}
```

（3）将状态 S 的第 p 位修改为 v。首先取出 S 的第 p 位数，将该数左移 $p×l$ 位，然后与 S 进行异或运算，相当于将 S 的第 p 位置 0，最后 v 左移 $p×l$ 位与 S 进行或运算，相当于将 S 的第 p 位改为 v。

示例：将 $S=(12032)_4$ 的第 3 位修改为 1，过程如下。

（1）取出 S 的第 3 位数 2，然后将 2 左移 6 位得到 $(10\ 00\ 00\ 00)_2$，与 S 进行异或运算，相当于将 S 的第 3 位置 0。

$$
\begin{array}{rl}
& (1\ \ 2\ \ 0\ \ 3\ \ 2)_4 \\
& \downarrow\ \downarrow\ \downarrow\ \downarrow\ \downarrow \\
& (01\ 10\ 00\ 11\ 10)_2 \\
\wedge & (00\ 10\ 00\ 00\ 00)_2 \\
\hline
& (01\ 00\ 00\ 11\ 10)_2
\end{array}
$$

（2）将 1 左移 6 位得到 $(01\ 00\ 00\ 00)_2$，与 S 进行或运算，结果为 $(01\ 01\ 00\ 11\ 10)_2=(11032)_4$，相当于将 $(12032)_4$ 的第 3 位修改为 1。

$$
\begin{array}{rl}
& (01\ 00\ 00\ 11\ 10)_2 \\
| & (00\ 01\ 00\ 00\ 00)_2 \\
\hline
& (01\ 01\ 00\ 11\ 10)_2
\end{array}
$$

```
void setV(int& S,int p,int v,int l=2){
    S^=getV(S,p)<<(p*l);//第p位置0
    S|=v<<(p*l);//第p位置v
}
```

训练 5　单通路连通性问题

题目描述（POJ1739）：一个方形乡镇被划分为 $n×m$ 个方块（$1≤n, m≤8$），有的封锁，有的畅通。农场位于左下方，市场位于右下方。托尼打算从农场到市场进行一次乡间旅行，对每一块没有封锁的土地都要走一次。计算从农场到市场有多少种不重复的旅游方案。

输入：包含几个测试用例。每个测试用例的第 1 行都包含两个整数 n、m，表示行数和列数。下面的 n 行，每行都包含 m 个字符。"#"表示封锁的方格，"."表示未封锁的方格。在最后一个测试用例后面跟着两个 0。

输出：对每个测试用例，都单行输出从农场到市场不重复的旅游方案数。

输入样例	输出样例
2 2	1
..	1
..	4
2 3	
#..	
...	
3 4	
....	
....	
....	
0 0	

1. 算法设计

本题求从左下角开始，经过所有可行格一次且仅一次，到右下角的简单路径方案数。

简单路径：除了起点和终点可能相同，其他顶点均不相同的路径。

简单回路：起点和终点相同的简单路径。

对本题需要做特殊判断和处理。

（1）特殊情况。

- 只有一个格子，若这个格子可行，则输出方案数 1，否则输出 0。

- 只有一列多行，左下角和右下角均为最后一格，因此仅有最后一格可行才有方案。若中间有可行格或者最后一格不可行，则输出 0，否则输出 1。

（2）其他情况，后面添加两行封装，按照上节（URAL1519）的方法求解单回路方案数。

- 第 1 行，首尾为可行格，中间为障碍。

- 第 2 行，全是可行格。

例如，第 2 个测试用例在添加两行之后，如下图所示。

若左下角或右下角不可行，则输出 0；否则记录右下角最后一个可行格的位置：endx=n+1; endy=m−1; n+=2;（注意：增加两行）。

按照上节 URAL1519 的求解方法，求解单回路方案数。

2．算法实现

除了做特殊判断和处理，其他内容与 URAL1519 的求解方法一致。

7.9　动态规划优化

动态规划是解决多阶段决策优化问题的一种方法。动态规划高效的关键在于减少了"冗余"，即减少了不必要或重复计算的部分。动态规划在自底向上的求解过程中，记录了子问题的求解结果，避免了重复求解子问题，提高了效率。

动态规划的时间复杂度计算抽象公式如下：

$$时间复杂度=状态总数×每个状态的决策数×每次状态转移所需的时间$$

可以从三个方面进行动态规划优化：状态总数、每个状态的决策数和每次状态转移所需的时间。

（1）减少状态总数的基本策略包括修改状态表示（状态压缩、倍增优化）、选择适当的 DP 方向（双向 DP）等。

（2）减少状态的决策数，最常见的是利用最优决策单调性进行四边不等式优化、剪枝优化。

（3）减少状态转移所需的时间，可采用预处理、合适的计算方法和数据结构优化。

📖 原理 1　倍增优化

倍增，顾名思义，指成倍增加。若问题的状态空间特别大，则一步一步递推的算法复杂度太高，可以利用倍增思想，只考察 2 的整数次幂位置，快速缩小求解范围，直到找到所需的解。采用倍增思想的动态规划优化算法如高级数据结构中倍增一节的实例 POJ3264、POJ3368 所示。

📖 原理 2　数据结构优化

可以利用数据结构（二分、哈希表、线段树、树状数组）优化，解决查找、区间最值、前缀和等问题。

⋰ 训练 1　最长公共上升子序列

题目描述（HDU1423）：若存在 $1 \leqslant i_1 < i_2 < ... < i_N \leqslant M$，$1 \leqslant j < N$，使 $S_j = A_{ij}$ 且 $S_j < S_{j+1}$，则称序列 $S_1, S_2, \cdots, S_N$ 为 $A_1, A_2, \cdots, A_M$ 的上升子序列。若 z 既是 x 的上升子序列，也是 y 的上升子序列，则称 z 是 x 和 y 的公共上升子序列。给定两个整数序列，求两者的最长公共上升子序列的长度。

输入：第 1 行包含测试用例数量 T。每个测试用例都包含两个序列，对每个序列都用长度

m（$1 \leqslant m \leqslant 500$）和 m 个整数 a_i（$-2^{31} \leqslant a_i < 2^{31}$）描述。

输出：输出两个序列最长公共上升子序列的长度。

输入样例	输出样例
1	2
5	
1 4 2 5 -12	
4	
-12 1 2 4	

1．算法设计

本题属于最长公共上升子序列问题（LCIS），是最长公共子序列（LCS）和最长上升子序列（LIS）的结合，可以采用动态规划方法解决。

状态表示：dp[i][j]表示 $a_1,a_2,\cdots,a_i$ 和 $b_1,b_2,\cdots,b_j$ 的最长公共上升子序列的长度。

状态转移分为以下两种情况。

- $a[i] \neq b[j]$：两者不等时，去掉 $a[i]$ 无影响，dp[i][j]和 dp[$i-1$][j]相同，dp[i][j]=dp[$i-1$][j]。
- $a[i]=b[j]$：只需在前面找到一个可以将 $b[j]$ 接到后面的最长公共子序列，即找到 dp[$i-1$][k])的最大值，然后加 1 即可，dp[i][j]=max(dp[$i-1$][k])+1，$1 \leqslant k < j$ 且 $b[k] < b[j]$。因为 $a[i]=b[j]$，所以可以将约束条件修改为 $1 \leqslant k < j$ 且 $b[k] < a[i]$。

边界条件：dp[i][0]=0; dp[0][j]=0。

求解目标：max(dp[i][j])。

2．算法实现

```
int solve(int *a,int n,int *b,int m){
    ans=0;
    memset(dp,0,sizeof(dp));
    for(int i=1;i<=n;i++)
        for(int j=1;j<=m;j++)
            if(a[i]!=b[j])
                dp[i][j]=dp[i-1][j];
            else{
                int mn=0;
                for(int k=1;k<j;k++)
                    if(b[k]<a[i])
                        mn=max(mn,dp[i-1][k]);
                dp[i][j]=mn+1;
                ans=max(dp[i][j],ans);
            }
    return ans;
```

```
}
```

该算法有三层循环，时间复杂度为 $O(nm^2)$。

3. 算法优化

在上述状态转移过程中，当 $a[i]=b[j]$ 时，需要在前面找到一个最长公共上升子序列，然后将 $b[j]$ 接到后面，其查找过程是可以优化的。把满足 $1 \leqslant k < j$ 且 $b[k] < a[i]$ 的所有 k 构成的集合记为 $S(i,j)$，它是 $dp[i][j]$ 进行状态转移的决策集合。在上述代码的第 2 层 for 循环中，i 是一个定值，因此 $b[k] < a[i]$ 的比较只与 k 相关，因为 $1 \leqslant k < j$，所以当 j 增加 1 时，k 的上界也增加了 1。j 若满足条件，则会加入新的决策集合，决策集合只扩大、不缩小，此时仅用一个变量 val 维护决策集合，使 $dp[i-1][k]$ 取得最大值即可。

```
int solve(int *a,int n,int *b,int m){
    ans=0;
    memset(dp,0,sizeof(dp));
    for(int i=1;i<=n;i++){
        int val=0;//记录决策集合使dp[i-1][k]取得的最大值
        for(int j=1;j<=m;j++){
            if(a[i]!=b[j])
                dp[i][j]=dp[i-1][j];
            else
                dp[i][j]=val+1;
            if(b[j]<a[i])//j满足条件，加入决策集合，更新最值
                val=max(val,dp[i-1][j]);
            ans=max(dp[i][j],ans);
        }
    }
    return ans;
}
```

优化算法减少了最内层循环，时间复杂度为 $O(nm)$。

❀ 训练 2 有序子序列

题目描述（HDU4991）：给定数字序列 $(A_1,A_2,\cdots,A_n)$ 的子序列是任意序列 $(A_{i1},A_{i2},\cdots,A_{ik})$，其中 $1 \leqslant i_1 < i_2 < i_k \leqslant n$，若子序列是严格递增的，则称之为有序子序列。例如，序列 $(1,7,3,5,9,4,8)$ 的有序子序列为 $(1,7)$、$(3,4,8)$ 等。给定数字序列，求解其长度为 m 的有序子序列的个数。

输入：输入包含多个测试用例，每个测试用例都包含两行。第 1 行包含两个整数 n（$1 \leqslant n \leqslant 10000$）和 m（$1 \leqslant m \leqslant 100$），$n$ 表示序列的长度，m 表示需要查找的有序子序列的长度；第 2 行包含序列的 n 个整数元素，每个元素的范围都为 $0 \sim 987654321$。

输出：对每个测试用例，都输出答案"%123456789"。

输入样例	输出样例
3 2	2
1 1 2	12
7 3	
1 7 3 5 9 4 8	

1．算法设计

本题求解长度为 m 的上升子序列的个数，可采用动态规划求解。

状态表示：dp[i][j]表示以 $a[i]$ 结尾的长度为 j 的上升子序列的个数。

状态转移：如果 $k<i$ 且 $a[k]<a[i]$，则求解以 $a[k]$ 结尾的长度为 $j-1$ 的上升子序列的个数之和，即可得到 dp[i][j]。

状态转移方程：dp[i][j]=sum(dp[k][$j-1$])，$a[k]<a[i]$，$1\leq k<i$。

求解目标：sum(dp[k][m])，$1\leq k\leq n$。

如果直接枚举 i、j、k 求解，则需要三层 for 循环，时间复杂度为 $O(mn^2)$。本题因为数据量大，所以会超时，在状态转移方程中需要求前缀和，可采用树状数组优化，优化后的时间复杂度为 $O(mn\log n)$。本题数据范围较大，需要进行数据离散化。

数据离散化：有些数据自身很大，无法作为数组的下标存储对应的属性。当数据只与它们之间的相对大小有关，而与具体数值无关时，可以对其进行离散化处理。

例如有包含 4 个数的序列(1234567,123456789,12345678,123456)，对该序列做离散化处理，流程如下。

（1）对序列排序：123456<1234567<12345678<123456789

　　　　索引 => 　1　<　2　<　3　<　4

（2）原序列第 1 个数 1234567 排序后在第 2 个位置，第 2 个数 123456789 排序后在第 4 个位置，根据排序后的索引，可以将原序列转化为索引序列(2,4,3,1)。

利用 STL 函数离散化：先排序，再删除重复的元素，然后得到每个元素离散化后的索引。离散化大大减少了代码量且结构清晰。因为排序会修改原序列，所以需要将原序列复制一个副本。假定序列为 $a[n]$，$b[n]$ 是序列 $a[n]$ 的一个副本，则离散化分为 3 步。

（1）排序。调用排序函数 sort($b+1$,$b+n+1$)进行排序，b[]数组下标从 1 开始。

（2）去重。unique()为去重函数，len 为离散化后的元素个数，len=unique($b+1$,$b+n+1$)$-b-1$。

（3）索引。lower_bound()为查找函数，查找第 1 个大于或等于 $a[i]$ 的数字地址，减去首地址可以转换为下标。由此得到每个元素离散化后的索引，pos=lower_bound($b+1$,$b+$len$+1$,$a[i]$)$-b$。

2. 算法实现

```
int lowbit(int x){
    return x&(-x);
}

void add(int i,int j,ll val){//树状数组点更新
    while(i<=len){
        dp[i][j]=(dp[i][j]+val)%mod;
        i+=lowbit(i);
    }
}

ll query(int i,int j){//求前缀和
    ll res=0;
    while(i>0){
        res=(res+dp[i][j])%mod;
        i-=lowbit(i);
    }
    return res;
}

int main(){
    while(~scanf("%d%d",&n,&m)){
        for(int i=1;i<=n;i++){
            scanf("%I64d",&a[i]);
            b[i]=a[i];
        }
        memset(dp,0,sizeof(dp));
        sort(b+1,b+n+1);
        len=unique(b+1,b+n+1)-b-1;
        for(int i=1;i<=n;i++){
            int pos=lower_bound(b+1,b+len+1,a[i])-b;
            add(pos,1,1);
            for(int j=2;j<=m;j++){
                int sum=query(pos-1,j-1);//求前缀和
                add(pos,j,sum);
            }
        }
        printf("%I64d\n",query(len,m));
    }
    return 0;
}
```

⫶ 训练 3　最大化器

题目描述（POJ1769）：公司正在准备一个新的分拣硬件，称之为最大化器。最大化器的 n 个输入都从 1 到 n，每个输入都代表一个整数。最大化器有一个输出，代表输入的最大值。最大化器的实现为排序器(i_1, j_1),…,排序器(i_k, j_k)的流水线。每台排序器都有 n 个输入和 n 个输出。排序器(i, j)对输入 i,$i+1$,…,j 以非递减顺序输出，对其他输入原样输出。最后一个排序器的第 n 个输出是最大化器的输出。经过观察，去掉一些排序器之后，最大化器仍然可以产生正确的结果。给定排序器序列，求可以产生正确结果的最少排序器数量。

输入：输入的第 1 行包含两个整数 n 和 m（$2 \leqslant n \leqslant 50000$，$1 \leqslant m \leqslant 500000$），分别表示输入的数量和流水线中的排序器数量。接下来的 m 行描述排序器的初始顺序，第 k 行包含第 k 个排序器的参数，即两个整数 s 和 t（$1 \leqslant s < t \leqslant n$），表示排序器排序的范围。

输出：单行输出可以产生正确结果的最少排序器数量。

输入样例	输出样例
40 6	4
20 30	
1 10	
10 20	
20 30	
15 25	
30 40	

1．算法设计

状态表示：dp[i][j]表示前 i 个排序器将最大值移动到第 j 个位置所需的最少排序器数量。

状态转移：第 i 个排序器序列的开始位置和结束位置分别是 s_i 和 t_i，分为两种情况。

（1）$t_i \neq j$：第 i 个排序器对最大值移动到第 j 个位置不起作用，dp[i][j]=dp[$i-1$][j]。

（2）$t_i = j$：若前 $i-1$ 个排序器可以将最大值移动到第 k（$s_i \leqslant k \leqslant t_i$）个位置，则第 i 个排序器可以将最大值移动到第 j 个位置，所需的最少排序器数量为前一状态的数量最小值+1，然后与 dp[i][j]求最小值，如下图所示。dp[i][j]=min(dp[i][j] , min(dp[$i-1$][k]) + 1)，$s_i \leqslant k \leqslant t_i$。

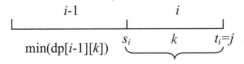

算法复杂性：时间复杂度和空间复杂度均为 $O(m \times n)$，本题数据 $2 \leqslant n \leqslant 50000$，$1 \leqslant m \leqslant 500000$，$m \times n \leqslant 2.5 \times 10^{10}$，其时间复杂度和空间复杂度均过大，无法通过。

2. 算法优化

（1）空间优化。可以采用一维数组优化空间。

- $t_i \neq j$：$dp[i][j]=dp[i-1][j]$，若使用一维数组 $dp[j]$，则直接利用 $i-1$ 阶段的结果即可。
- $t_i = j$：因为两者相等，所以原状态转移方程也可以写为 $dp[i][t_i]=\min(dp[i][t_i]$，$\min(dp[i-1][k])+1)$，$s_i \leqslant k \leqslant t_i$。

若使用一维数组 $dp[t_i]$，则只需求解 $i-1$ 阶段的 $[s_i, t_i]$ 区间最小值+1，再和自身求最小值即可。

（2）时间优化。区间最小值查询可以使用线段树优化，每次查询都为 $O(\log n)$，总时间复杂度都为 $O(m \times \log n)$。$\log 10^3 \approx \log 2^{10} \approx 10$，$\log 10^9 \approx \log 2^{30} \approx 30$，优化效果明显。

3. 算法实现

```
struct segment{//线段树的节点结构
    int l,r;
    int v;
}seg[3*maxn];

void build(int rt,int l,int r){//创建线段树
    seg[rt].l=l;seg[rt].r=r;
    if(l==r){
        int val=inf;
        if(l==1) val=0;
        seg[rt].v=val;
        return ;
    }
    int lc=rt<<1,rc=rt<<1|1;
    int mid=(l+r)>>1;
    build(lc,l,mid);
    build(rc,mid+1,r);
    seg[rt].v=min(seg[lc].v,seg[rc].v);
}

int query(int rt,int l,int r){//查询区间最小值
    if(seg[rt].l==l&&seg[rt].r==r)
        return seg[rt].v;
    int lc=rt<<1,rc=rt<<1|1;
    int mid=(seg[rt].l+seg[rt].r)>>1;
    if(r<=mid)
        return query(lc,l,r);
    else if(l>mid)
        return query(rc,l,r);
    else
        return min(query(lc,l,mid),query(rc,mid+1,r));
```

```
}

void update(int rt,int i,int val){//点更新
    if(seg[rt].l==seg[rt].r&&seg[rt].l==i){
        seg[rt].v=val;
        return ;
    }
    int lc=rt<<1,rc=rt<<1|1;
    int mid=(seg[rt].l+seg[rt].r)>>1;
    if(i<=mid)
        update(lc,i,val);
    else
        update(rc,i,val);
    seg[rt].v=min(seg[lc].v,seg[rc].v);
}

int main() {
    int s,t;
    while(~scanf("%d%d",&n,&m)){
        build(1,1,n);
        for(int i=0;i<m;i++){
            scanf("%d%d",&s,&t);
            int v1=query(1,s,t)+1;
            int v2=query(1,t,t);
            update(1,t,min(v1,v2));
        }
        printf("%d\n",query(1,n,n));
    }
    return 0;
}
```

∴∵训练 4　洒水装置

题目描述（POJ2373）：约翰在山脊上安装了洒水装置。每个洒水器都必须沿着山脊安装，山脊的长度为 L（$1 \leq L \leq 1000000$，L 是偶数）。每个洒水器都沿山脊在两个方向上浇灌地面一段距离。每个洒水器的喷洒半径均为[a,b]（$1 \leq a \leq b \leq 1000$）内的整数。约翰需要用一些洒水器来浇灌整个山脊，且浇灌范围不会超过山脊的末端。

约翰的 n（$1 \leq n \leq 1000$）头牛都有一个特别喜欢的范围[s,e]（这些范围可能重叠）。对每头牛喜欢的范围都必须用一个洒水器，洒水器可能会（或不会）喷到指定的范围之外。找到浇灌整个山脊而不重叠所需的洒水器最小数量。

输入：第 1 行包含两个整数 n 和 L。第 2 行包含两个整数 a 和 b。第 3..n+2 行中的每一行

都包含两个整数 s 和 e（$0{\leqslant}s{<}e{\leqslant}L$），分别表示一头牛喜欢的范围的开始位置和结束位置。位置以到山脊起点的距离表示，所以在 0..L 范围内。

输出：单行输出洒水器最小数量。若无法设计洒水装置，则输出–1。

输入样例	输出样例
2 8	3
1 2	
6 7	
3 6	

提示：根据输入样例，一共有两头牛，山脊的长度为 8。洒水器的喷洒半径为[1,2]（即 1 或 2）。一头牛喜欢 3-6 区域，另一头牛喜欢 6-7 区域。

我们需要 3 个洒水器：一个在 1 处，喷洒半径为 1；一个在 4 处，喷洒半径为 2；一个在 7 处，喷洒半径为 1。第 2 个洒水器浇灌了第 2 头牛喜欢的三叶草。最后一个洒水器浇灌了第 1 头牛喜欢的三叶草，如下图所示。喷水器在 2 和 6 处不被视为重叠。

```
            |-----c2----|-c1|      牛喜欢的区域
    |---1---|-------2-------|---3---|   洒水器
    +--+--+--+--+--+--+--+--+--+
    0  1  2  3  4  5  6  7  8
```

1. 算法设计

在长为 L 的山脊（可看成线段）上装洒水装置，以洒水器为中心喷洒，喷洒半径是可调节的，调节范围为[a,b]。要求山脊的每个位置都有且仅有一个喷水器覆盖，并且每头牛喜欢的区间都必须安装一个洒水器，求洒水器的最小数量。可以考虑采用动态规划解决。

状态表示：dp[i]表示覆盖[0, i]区间所需的最小洒水器数量。

状态转移：dp[i]可以由上一状态的区间最小值转化而来。上一状态的最小洒水器数量为 dp[j]，如果 j 与 i 之间有一个洒水器，则洒水器的数量为 dp[j]+1。因为洒水器的调整范围为[a,b]，因此 j 的范围为[$i-2b$, $i-2a$]，取 dp[j]的最小值+1 即可。dp[i]=min{dp[j]}+1，$i-2b{\leqslant}j{\leqslant}i-2a$，如下图所示。

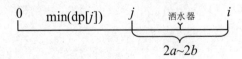

临界条件：dp[0]=0。

本题还涉及以下两个问题。

（1）覆盖区域的长度一定为偶数。因为洒水器是向两边喷洒的，所以一个洒水器覆盖的区间长度一定是偶数，又因为题目要求洒水器不可以喷洒到[0, L]以外的区域，所以从 0 开始的长度为奇数的子区间不可以被完全覆盖。因此枚举长度时，每次都增加 2。

（2）指定区域不可以被完全覆盖。每头牛喜欢的区间都必须被一个洒水器覆盖，不可以被其他洒水器覆盖。可以通过加限制来处理。若[s, e]区间只可以被一个洒水器覆盖，则[s+1, e−1]不可以成为其他洒水器的边界，可以采用布尔数组对(s, e)区间做限制标记，更简单的做法是直接在 dp 数组上用一个特殊值作为限制，例如 inf+1。

2．算法实现

按照此思路，可以通过动态规划递推来求解答案。

```
void solve(){
    dp[0]=0;
    for(int i=2;i<=L;i+=2){
        if(dp[i]<=inf){//非限制
            int min=inf;
            for(int k=a;k<=b;k++){//求区间[i-2*b,i-2*a]的dp最小值
                int j=i-2*k;
                if(j<0) break;
                if(min>dp[j])
                    min=dp[j];
            }
            dp[i]=min+1;
        }
    }
}
```

该算法的求解代码简单易懂，清晰明了，但是时间复杂度太高：$L \times b = 1000000 \times 1000 = 10^9$，本题的时间限制为 1 秒，这样的时间复杂度无法通过，必定超时。如何优化该算法？状态表示和状态转移自身都没有问题，问题在于枚举每一个偶数长度时，都要枚举 j 对应的最小值（[$i−2b$, $i−2a$]区间的 dp 最小值），这明显是区间最值查询问题。在求解时查询区间最小值，求解完毕后更新节点的 dp 值，这涉及点更新和区间查询，可以借助线段树轻松解决。

3．数据结构优化（线段树）

状态表示和状态转移同上。

（1）创建一个线段树，区间为[0,L/2]，奇数位置不枚举。将每个节点的最小值都初始化为inf，将 0 节点初始化为 0。

（2）枚举 $i=2a..L$ 的每一个偶数长度，若无限制，则查询[l, r]区间的最小值，其中 $l=i/2−b$，$r=i/2−a$。因为线段树中每一个点记录的都是偶数点，只有一半的点，j 对应线段树中的点为 $j/2$，

所以范围 $i-2b \leqslant j \leqslant i-2a$ 变成了 $(i-2b)/2 \leqslant j/2 \leqslant (i-2a)/2$，即 $i/2-b \leqslant j/2 \leqslant i/2-a$。若找到的最小值小于 inf，则将该值+1 更新线段树中 $i/2$ 的位置。

（3）求解答案为 getmin(1,L/2,L/2)。

```
int solve(){
    build(1,0,L/2);//创建线段树，偶数位置
    update(1,0,0);//第0个位置为0
    for(int i=a*2;i<=L;i+=2){
        if(flag[i]){
            int l=i/2-b,r=i/2-a;//(i-2*b)/2,(i-2*a)/2
            l=max(0,l);
            int tmp=getmin(1,l,r);
            if(tmp<inf)
                update(1,i/2,tmp+1);//对应i/2的位置
        }
    }
    return getmin(1,L/2,L/2);
}
```

这里创建线段树的时间复杂度为 $O(L\log L)$，查询和更新的时间复杂度为 $O(\log L)$，求解答案的时间复杂度也为 $O(L\log L)$，$\log L$ 的值并不大，$\log 10^3 \approx \log 2^{10} \approx 10$，$\log 10^9 \approx \log 2^{30} \approx 30$。但是因为本题 L 较大，所以采用线段树优化 750ms 险过。

对本题还可以采用单调队列优化（见本节训练6），速度更快（16ms）。

📖 原理3　单调队列优化

单调队列是一种特殊的队列，可以在队列两端进行删除操作，并始终维护队列的单调性。单调队列有两种单调性：元素的值严格单调（递减或递增），元素的下标严格单调（递减或递增）。单调队列只可以从队尾入队，但可以从队尾或队首出队。当状态转移为以下两种情况时，考虑优化。

状态转移方程形如 $dp[i]=\min\{dp[j]+f[j]\}$，$0 \leqslant j<i$。在这种情况下，下界不变，i 增加 1 时，j 的上界也增加 1，决策的候选集合只扩大、不缩小，仅用一个变量维护最值。用一个变量 val 维护 $[0,i)$ 区间中 $dp[j]+f[j]$ 的最小值即可。

状态转移方程形如 $dp[i]=\min\{dp[j]+f[j]\}$，$i-a \leqslant j \leqslant i-b$。在这种情况下，$i$ 增加 1 时，j 的上界、下界同时增加 1，在一个新的决策加入候选集时，需要把过时（前面一个超出区间的）的决策从候选集合中剔除。例如，当前 j 的范围为[2,4]，当 i 增加 1 时，j 的范围变为[3,5]，此时 2 已过时（不属于[3,5]区间）。当决策的取值范围的上、下界均单调变化时，每个决策都在候选集合中插入或删除最多一次，可以用一个单调队列维护 $[i-a,i-b]$ 区间 $dp[j]+f[j]$ 的最小值。

❖ 训练 5　滑动窗口

题目描述（POJ2823）：有 n（$n \leq 10^6$）个元素的数组，以及一个大小为 k 的滑动窗口，将滑动窗口从数组的最左边移动到最右边，只可以在该窗口中看到 k 个数字，滑动窗口每次都向右移动一个位置，请确定滑动窗口在每个位置的最大值和最小值。下面是一个例子，数组是[1 3 −1 −3 5 3 6 7]，k 是 3。

窗口位置	最 小 值	最 大 值
[1 3 −1] −3 5 3 6 7	−1	3
1 [3 −1 −3] 5 3 6 7	−3	3
1 3 [−1 −3 5] 3 6 7	−3	5
1 3 −1 [−3 5 3] 6 7	−3	5
1 3 −1 −3 [5 3 6] 7	3	6
1 3 −1 −3 5 [3 6 7]	3	7

输入：第 1 行包含整数 n 和 k，表示元素个数和滑动窗口的长度；第 2 行包含 n 个整数。

输出：第 1 行从左到右分别输出每个窗口中的最小值，第 2 行输出最大值。

输入样例	输出样例
8 3	-1 -3 -3 -3 3 3
1 3 -1 -3 5 3 6 7	3 3 5 5 6 7

1. 算法设计

Min[i]和 Max[i]分别表示以 i 结尾的大小为 k 的滑动窗口中的最小值和最大值。

- Min[i]=min$\{a_j\}$，$i-k+1 \leq j \leq i$。
- Max[i]=max$\{a_j\}$，$i-k+1 \leq j \leq i$。

当 i 增加 1 时，j 的上下界也增加 1，省略 j，用单调队列维护即可。

本题求解 Min[i]时采用元素单调递增（队头最小），下标递增。求解 Max[i]时采用元素单调递减（队头最大），下标递增。注意：在队列中存储的是下标，队头最小（最大）指的是队头下标对应的元素最小（最大）。

求解 Max[i]的步骤如下。

（1）单调递减的队列，队头元素总是最大的。

（2）若待入队的元素大于队尾元素，则队尾元素出队，直到待入队的元素小于或等于队尾元素，或队列为空，然后待入队的元素下标从队尾入队。

（3）若队头元素下标小于 $i-k+1$，则说明队头元素已过时（不在窗口内），队头元素下标出队。

元素是否过时与其下标有关，所以在队列中存储的是下标，求最值时只需访问队头元素下标在序列中对应的元素即可得到答案。每个元素下标最多入队、出队一次，均摊时间为 $O(1)$。

2. 算法实现

```
void get_min(){
    int st=0,ed=0;
    Q[ed++]=1;
    Min[1]=a[1];
    for(int i=2;i<=n;i++){
        while(st<ed&&a[i]<a[Q[ed-1]])//删除队尾元素
            ed--;
        Q[ed++]=i;          //将下标i放入队尾
        while(st<ed&&Q[st]<i-k+1)//删除队头过时元素
            st++;
        Min[i]=a[Q[st]];
    }
}

void get_max(){
    int st=0,ed=0;
    Q[ed++]=1;
    Max[1]=a[1];
    for(int i=2;i<=n;i++){
        while(st<ed&&(a[i]>a[Q[ed-1]]))
            ed--;
        Q[ed++]=i;
        while(st<ed&&Q[st]<i-k+1)
            st++;
        Max[i]=a[Q[st]];
    }
}
```

☆ 训练6 洒水装置

题目描述（POJ2373）见 7.9 节训练 4。

1. 算法设计

状态表示：dp[i]表示覆盖[0, i]区间所需的最小洒水器数。

状态转移：dp[i]=min{dp[j]}+1，$i-2b \leqslant j \leqslant i-2a$。

2. 单调队列优化

（1）建立单调队列，队头是当前 dp 最小值对应的下标。单调队列按照 dp 值递增。

（2）初始时，dp[0]=0，单调队列为空，队头 st=0，队尾 ed=0。

（3）枚举 $i=2a..L$ 的每一个偶数长度，求解步骤：①若队列不空，当前队尾 dp[ed−1]≥ dp[i−2a]，则队尾出队 ed−−，一直循环到 dp[ed−1]<dp[i−2a]为止；②将 i−2a 放入队尾，每次 i 增加时都会新增一个决策入队；③若队列不空，队头 queue[st]<i−2b，则说明队头下标已过时（不在区间内），队头出队 st++，一直循环到 queue[st]≥i−2b 为止；④若 dp[i]没有限制标记，则更新 dp[i]=dp[queue[st]]+1。

（4）求解答案为 dp[L]。

1. 算法实现

```
void solve(){
    dp[0]=0;
    int st=0,ed=0;
    for(int i=2*a;i<=L;i+=2){//单调递增队列：队首是当前 dp 最小的
        while((st<ed)&&(dp[queue[ed-1]]>=dp[i-2*a])) ed--;
        queue[ed++]=i-2*a;
        while((st<ed)&&(queue[st]<i-2*b)) st++;//i-2*b<=j<=i-2*a
        if(dp[i]<=inf) dp[i]=dp[queue[st]]+1;
    }
}
```

每个决策最多入队、出队一次，均摊时间为 $O(1)$，求解答案的时间复杂度也为 $O(L)$，提交通过时间为 16ms。本题采用单调队列优化比采用线段树优化速度快很多。

∵∴ 训练 7 股票交易

题目描述（HDU3401）：预测未来 T 天的股市。在第 i 天可以以 AP_i 的价格购买一只股票，或者以 BP_i 的价格卖出一只股票。在第 i 天最多买 AS_i 只股票，最多卖 BS_i 只股票。两个交易日的间隔应大于 W 天。也就是说，假设在第 i 天交易（任何买卖股票都被视为交易），则下一个交易日必须是第（$i+W+1$）天或更晚。在任何时候都不可以拥有超过 maxP 只股票。

第 1 天之前，小明已经有了无限多的钱，但没有股票，他想从股票市场尽可能多地赚钱。

输入：第 1 行是一个整数 t，表示测试用例的数量。每个测试用例的第 1 行都是三个整数 T、maxP、W，0≤W<T≤2000，1≤maxP≤2000。接下来的 T 行各有 4 个整数 AP_i、BP_i、AS_i、BS_i，1≤BP_i≤AP_i≤1000，1≤AS_i，BS_i≤maxP。

输出：单行输出小明赚得最多的钱数。

输入样例	输出样例
1	3
5 2 0	

```
2 1 1 1
2 1 1 1
3 2 1 1
4 3 1 1
5 4 1 1
```

1. 算法设计

本题求解小明赚得最多的钱数，第 i 天最多买 AS_i 只股票，最多卖 BS_i 只股票，交易的时间间隔必须超过 w 天，最多持有 maxP 只股票。可以采用动态规划递推解决。

状态表示：dp[i][j] 表示前 i 天持有 j 只股票时获得的最大收益。

状态转移：对第 i 天来说，分为三种情况。

- 不交易。收益为前 i–1 天持有 j 只股票时，获得的最大收益为 dp[i][j]=dp[i–1][j]。
- 买入。收益可以通过上一个交易日转化，因为两个交易日的间隔大于 w 天，上一个交易日为 i–w–1 天，假如上一个交易日持有 k 只股票，则获得的最大收益为 dp[i–w–1][k]，第 i 天买入 (j–k) 股后持有 j 只股票，减去购买 (j–k) 只的花费 (j–k)×AP[i]。dp[i][j]=dp[i–w–1] [k]–(j–k)×AP[i]，0≤j–k≤AS_i。
- 卖出。收益可以通过上一个交易日转化，上一个交易日为 i–w–1 天，假如上一个交易日持有 k 只股票，则获得的最大收益为 dp[i–w–1][k]，第 i 天卖出(k–j)只股票后持有 j 只股票，加上卖出(k–j)只股票的收益(k–j)×BP[i]。

$$\text{dp}[i][j]=\text{dp}[i\text{–}w\text{–}1][k]+(k\text{–}j)\times BP[i] \qquad 0\leqslant k\text{–}j\leqslant BS[i]$$

状态转移方程：dp[i][j]=max(dp[i–1][j], dp[i–w–1][k]–(j–k)×AP[i], dp[i–w–1][k]+(k–j)×BP[i])。不交易的状态转移很容易，这里将买入和卖出的状态转移整理成公式进行分析。

1）买入处理

首先，重新整理买入的状态转移方程：

dp[i–w–1][k]–(j–k)×AP[i]=dp[i–w–1][k]+k×AP[i]–j×AP[i]，0≤j–k≤AS[i]

若 k_2>k_1 且满足 dp[i–w–1][k_2]+k_2×AP[i]–j×AP[i]≥dp[i–w–1][k_1]+k_1×AP[i]–j×AP[i]

则整理上面的公式得到 dp[i–w–1][k_2]+k_2×AP[i]≥dp[i–w–1][k_1]+k_1×AP[i]。k_1 的转化结果不比 k_2 好，可以舍弃 k_1，用单调队列优化。因为对买入的收益求最大值，因此采用元素递增、下标递增的单调队列。下标 j 从小到大枚举，这样先入队的下标 k 一定比当前下标 j 小，由此满足限制条件 0≤j–k。

买入的求解步骤如下。

（1）因为有买入限制（0≤j–k≤AS[i]），所以当 j 增加 1 时，k 的上下界也增加 1，省略 k，直接枚举 j=0..maxP，在单调队列中存储 dp[i–w–1][k]+k×AP[i]结果和下标 k。

（2）对每一个 j，若 $dp[i-w-1][j]+j\times AP[i]$ 大于或等于单调队列中队尾的值，则队尾出队，一直循环到不满足条件为止。

（3）将当前 $dp[i-w-1][j]$ 及 j 下标存入队尾。

（4）队头下标为 k，若 $j-k>AS[i]$，则不满足 $j-k\leqslant AS[i]$ 的区间要求，队头出队，一直循环到 $j-k\leqslant AS[i]$ 为止。

（5）队头的值减去 $j\times AP[i]$ 与 $dp[i][j]$ 取最大值，即 $dp[i][j]$ 的求解结果。

2）卖出处理

将卖出的状态转移方程重新整理：

$$dp[i][j]=dp[i-w-1][k]+(k-j)\times BP[i]=dp[i-w-1][k]+k\times BP[i]-j\times BP[i]，\quad 0\leqslant k-j\leqslant BS[i]$$

若 $k_2<k_1$ 且满足 $dp[i-w-1][k_2]+k_2\times BP[i]-j\times BP[i]\geqslant dp[i-w-1][k_1]+k_1\times BP[i]-j\times BP[i]$，则整理公式得到：$dp[i-w-1][k_2]+k_2\times BP[i]\geqslant dp[i-w-1][k_1]+k_1\times BP[i]$。$k_1$ 的转化结果不比 k_2 好，可以舍弃 k_1，用单调队列优化。因为要对卖出的收益求最大值，所以采用元素递增、下标递减的单调队列。下标 j 从大到小枚举，这样先入队的下标 k 一定比当前下标 j 大，由此满足限制条件 $0\leqslant k-j$。

卖出的求解步骤如下。

（1）因为卖出限制（$0\leqslant k-j\leqslant BS[i]$），所以当 j 减 1 时，k 的上下界也减 1，省略 k，直接枚举 $j=maxP..0$，在单调队列中存储 $dp[i-w-1][k]+k\times BP[i]$ 结果和下标 k。

（2）对每一个 j，若 $dp[i-w-1][j]+j\times BP[i]$ 大于或等于单调队列中队尾的值，则队尾出队，一直循环到不满足条件为止。

（3）将当前 $dp[i-w-1][j]$ 及 j 下标存入队尾。

（4）队头下标为 k，若 $k-j>BS[i]$，则不满足 $k-j\leqslant BS[i]$ 的区间要求，队头出队，一直循环到 $k-j\leqslant BS[i]$ 为止。

（5）队头的值减去 $j\times BP[i]$ 与 $dp[i][j]$ 取最大值，即 $dp[i][j]$ 的求解结果。

2．算法实现

```
struct Qnode{
    int num,val;
}queue[maxn];

int main(){
    int t,p,w,cas;
    scanf("%d",&cas);
    while(cas--){
        scanf("%d%d%d",&t,&p,&w);
        for(int i=1;i<=t;i++)
            scanf("%d%d%d%d",&ap[i],&bp[i],&as[i],&bs[i]);
        memset(dp,-INF,sizeof(dp));
```

```
    for(int i=1;i<=w+1;i++){//所有股票都是当天买的
        for(int j=0;j<=min(as[i],p);j++)
            dp[i][j]=-j*ap[i];
    }
    for(int i=2;i<=t;i++){
        for(int j=0;j<=p;j++)//没有交易
            dp[i][j]=max(dp[i-1][j],dp[i][j]);
        if(i<w+2) continue;
        int pre=i-w-1;
        int st=0,ed=0;
        for(int j=0;j<=p;j++){ //买入
            int tmp=dp[pre][j]+j*ap[i];
            while(st<ed&&tmp>=queue[ed-1].val)
                ed--;
            queue[ed].num=j;
            queue[ed++].val=tmp;//ed++只可以最后执行一次
            while(st<ed&&j-queue[st].num>as[i])
                st++;
            dp[i][j]=max(dp[i][j],queue[st].val-j*ap[i]);
        }
        st=0,ed=0;
        for(int j=p;j>=0;j--){//卖出
            int tmp=dp[pre][j]+j*bp[i];
            while(st<ed&&tmp>=queue[ed-1].val)
                ed--;
            queue[ed].num=j;
            queue[ed++].val=tmp;
            while(st<ed&&queue[st].num-j>bs[i])//j=p..0，先入队的编号大
                                              //保证 queue[st].num-j>=0
                st++;
            dp[i][j]=max(dp[i][j],queue[st].val-j*bp[i]);
        }
    }
    printf("%d\n",dp[t][0]);
    }
    return 0;
}
```

📖 原理4　斜率优化

动态规划算法的状态转移方程为 $dp[i]=\min(dp[j]+f(i,j))$，$L(i) \leqslant j \leqslant R(i)$。

若 $f(i,j)$ 仅与 i、j 中的一个有关，则可以采用单调队列优化；若 $f(i,j)$ 与 i、j 均有关，则可以采用斜率优化。

⋮ 训练 8　打印文章

题目描述（HDU3507）：小明要打印一篇有 N 个单词的文章。每个单词 i 都有一个打印成本 C_i。在一行中打印 k 个单词要花费的成本为 $(\sum_{i=1}^{k} C_i)^2 + M$，其中 M 是常量。他想知道打印文章的最小成本。

输入：输入包含多个测试用例。每个测试用例的第 1 行都包含两个数字 N 和 M（$0 \leqslant N \leqslant 500000$，$0 \leqslant M \leqslant 1000$）。在接下来的 2～$N$+1 行中有 N 个数字，表示 N 个单词的打印成本。

输出：单行输出打印文章的最小成本。

输入样例	输出样例
5 5	230
5	
9	
5	
7	
5	

1. 算法设计

本题求解打印文档的最小成本，需要考虑在哪个地方换行，可以采用动态规划解决。

状态表示：dp[i]表示打印前 i 个单词的最小成本；s[i]表示前 i 个单词的打印成本之和。

状态转移：若前面已打印 j 个单词，当前行打印第 j+1..i 个单词，则 dp[i]等于打印前 j 个单词的最小成本加上打印 j+1..i 单词的成本。dp[i]=min(dp[j]+(s[i]−s[j])^2)+m，$0 \leqslant j < i$。

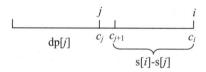

若枚举所有状态，则时间复杂度为 $O(n^2)$，n=500000，n^2=2.5×10^{11}，显然会超时。状态转移方程与 i、j 均有关，包含 i、j 有关的乘积，因此考虑斜率优化。整理状态转移方程得到 dp[i]=min(dp[j]+s[i]^2−2×s[i]×s[j]+s[j]^2)+m。

把仅与 j 有关的项放到等号左侧，把与 i、j 的乘积有关的项放到等号右侧，把常数和仅与 i 有关的项也放到等号右侧：dp[j]+s[j]^2=2×s[i]×s[j]+dp[i]−s[i]^2−m。

此时可以将上面的公式看作 $y=kx+b$ 的线性表示，y=dp[j]+s[j]^2，x=s[j]，k=2×s[i]，b=dp[i]−s[i]^2−m。其中，x 为横坐标，y 为纵坐标。

对一个确定的 i 来说，斜率 k 是定值，b 也是定值，每一个决策 j 都对应坐标系中的一个点（s[j]，dp[j]+s[j]^2），如何从众多决策点中找到线性方程的最小值呢？只需将该直线自下而上平移，该直线第 1 次接触到的决策点，可以使 y 得到最小值，此时截距 b 最小，因为 $b=dp[i]-s[i]^2-m$，$s[i]^2$ 和 m 为定值，所以 b 最小时 $dp[i]$ 也必然为最小值。

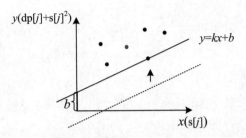

对于任意三个决策 $j_1<j_2<j_3$，对应的 x 坐标 $s[j]$ 表示前 j 个单词的成本和，成本均为正数，所以 $s[j_1]<s[j_2]<s[j_3]$。考虑 j_2 是否有可能成为最优决策：若 j_1 到 j_2 的线段和 j_2 到 j_3 的线段形成上凸形状，则无论直线斜率是多少，都不可能最先接触 j_2 决策点，所以 j_2 不是最优决策，可以排除。若 j_1 到 j_2 的线段和 j_2 到 j_3 的线段形成下凸形状，则 j_2 有可能成为最优决策。如下图所示，j_1 代指坐标点（$s[j_1]$, $dp[j_1]+s[j_1]^2$），其他点类似。

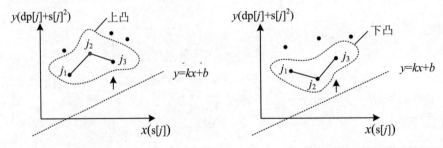

形成下凸形状的条件是 j_1 到 j_2 的线段斜率小于 j_2 到 j_3 的线段斜率，维护相邻两点的线段斜率单调递增即可保证下凸性。相邻两点的线段斜率单调递增的决策点集合叫作"下凸壳"，下凸壳上的点才有可能成为最优决策。对于直线 $y=kx+b$，若某个下凸点左侧线段的斜率比 k 小，右侧线段的斜率比 k 大，则该下凸点必为最优决策。因为直线自下而上平移时，必先接触到该点。

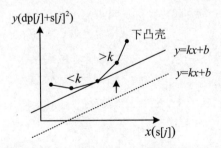

本题中，$0\leq j<i$，当 i 增加 1 时，j 也增加 1，所以可以省略 j，枚举 i 时再利用单调队列维

护即可。采用单调队列时需要注意两个问题。

（1）处理过时决策。本题斜率 $k=2×s[i]$，$s[i]$ 为打印成本的前缀和，成本为非负数，因此 k 随着 i 的递增而单调递增。当前最优决策左侧的点已过时，因为下一个直线的斜率更大，向上平移最先接触到的点不可能是这些点，所以每次都将相邻两点线段斜率小于或等于 k 的过时决策出队。此时队头就是最优决策，如下图所示。

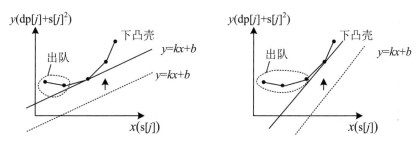

注意：若 k 不满足单调性，则不可以直接让小于或等于 k 的决策点出队，队头也不一定是最优决策。需要在单调队列中进行二分查找，找到一个位置 p，p 左侧线段的斜率比 k 小，右侧线段的斜率比 k 大，p 就是最优决策。

（2）维护下凸壳。横坐标 $s[j]$ 随着 j 的递增而单调递增，因此新的决策 i 必然出现在下凸壳的最右端，所以检查队列尾部两点和第 i 个点是否满足下凸性，若不满足，则队尾出队，直到满足下凸性，将 i 加入单调队列的尾部，如下图所示。单调队列按照横坐标递增，维护相邻两点斜率递增的下凸壳。

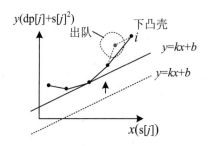

算法求解步骤如下。

（1）枚举 $i=1..n$，$k=2×s[i]$。

（2）检查单调队列队头相邻两点的斜率，若小于或等于 k，则队头出队，直到大于 k 为止。

（3）取队头 j 为最优决策，根据状态转移方程 $dp[i]=dp[j]+(s[i]-s[j])^2+m$ 计算 $dp[i]$。

（4）将新决策 i 加入单调队列中。若队列尾部两点和第 i 个点不满足下凸性，则队尾出队，直到满足下凸性，再将 i 加入单调队列尾部。

（5）最优解为 $dp[n]$。

斜率优化后的时间复杂度为 $O(n)$。

2．算法实现

```
int GetY(int k1,int k2){
    return dp[k2]+s[k2]*s[k2]-(dp[k1]+s[k1]*s[k1]);
}

int GetX(int k1,int k2){
    return s[k2]-s[k1];
}

int GetVal(int i,int j){
    return dp[j]+(s[i]-s[j])*(s[i]-s[j])+m;
}

int main(){
    while(~scanf("%d%d",&n,&m)){
        s[0]=0;
        dp[0]=0;
        for(int i=1;i<=n;i++){
            scanf("%d",&s[i]);
            s[i]+=s[i-1];
        }
        int head=0,tail=0;
        q[tail++]=0;
        for(int i=1;i<=n;i++) {
            while(head+1<tail&&GetY(q[head],q[head+1])<=2*s[i]*GetX(q[head],q[head+1]))
                head++;
            dp[i]=GetVal(i,q[head]);

while(head+1<tail&&GetY(q[tail-1],i)*GetX(q[tail-2],q[tail-1])<=GetY(q[tail-2],q[tail-1])
*GetX(q[tail-1],i))
            tail--;
        q[tail++]=i;
        }
        printf("%d\n",dp[n]);
    }
    return 0;
}
```

⁑ 训练9　覆盖走道

题目描述（**HDU4258**）：准备建一条新的走道，走道上的某些点必须被覆盖，其他点是否被覆盖并不重要。有一个有趣的定价方案：为了覆盖从 x 点到 y 点的走道，将收费 $c+(x-y)^2$，其中 c 是常数。注意：x 与 y 可能相等。给定走道沿线的点和常数 c，覆盖走道的最低成本是多少？

　　输入：输入包含几个测试用例。每个测试用例都以两个整数 n（$1 \leqslant n \leqslant 10^6$）和 c（$1 \leqslant c \leqslant 10^9$）为开头，其中 n 是必须覆盖的点数，c 是常数。以下 n 行中的每一行都包含一个整数 p（$1 \leqslant p \leqslant 10^9$），表示走道上必须覆盖的一个点，这些点从小到大排列。以一行两个 0 结尾。

　　输出：对每个测试用例都单行输出覆盖所有指定点的最小成本，答案为 64 位有符号整数。

输入样例	输出样例
10 5000	30726
1	
23	
45	
67	
101	
124	
560	
789	
990	
1019	
0 0	

1. 算法设计

本题求解覆盖所有点的最小成本，可以采用动态规划解决。

状态表示：dp[i] 表示覆盖前 i 个点的最小成本。

状态转移：设 $a[i]$ 为第 i 个点的坐标。若前面已覆盖 j 个点，则最小成本为 dp[j]，当前分段覆盖第 $j+1..i$ 点的成本为 $(a[i]-a[j+1])^2+c$，dp[i] 等于两者之和。

状态转移方程：dp[i]=min(dp[j]+$(a[i]-a[j+1])^2$)+c，$0 \leqslant j < i$。

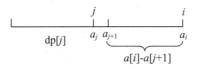

若枚举状态，则时间复杂度为 $O(n^2)$，n=1000000，n^2=10^{12}，显然会超时。整理状态转移方程得到 dp[i]=min(dp[j]+$a[i]^2$-2×$a[i]$×$a[j+1]$+$a[j+1]^2$)+c。

把仅与 j 有关的项放到等号左侧，把与 i、j 的乘积有关的项放到等号右侧，把常数和仅与 i 有关的项也放到等号右侧，得到 dp[j]+$a[j+1]^2$=2×$a[i]$×$a[j+1]$+dp[i]-$a[i]^2$-c。

可以将上面得到的公式看作 $y=kx+b$ 的线性表示，y=dp[j]+$a[j+1]^2$，x=$a[j+1]$，k=2×$a[i]$，b=dp[i]-$a[i]^2$-c。本题中 $0 \leqslant j < i$，当 i 增加 1 时，j 也增加 1，可以省略 j，枚举 i 时再利用单调队

列维护。单调队列按照横坐标递增，维护相邻两点线段斜率递增的下凸壳。

算法求解步骤如下。

（1）枚举 $i=1..n$，$k=2×s[i]$。

（2）检查单调队列队头相邻两点的斜率，若小于或等于 k，则出队，直到大于 k 为止。

（3）取队头 j 为最优决策，根据状态转移方程计算 dp[i]。

（4）将新决策 i 加入单调队列中。新决策点出现在下凸壳的最右端，若队列尾部两点和第 i 个点不满足下凸性，则队尾出队，直到满足下凸性，将 i 加入单调队列尾部。

（5）最优解为 dp[n]。

斜率优化后的时间复杂度为 $O(n)$。

2. 算法实现

```
ll GetY(int k1,int k2){
    return dp[k2]+a[k2+1]*a[k2+1]-(dp[k1]+a[k1+1]*a[k1+1]);
}


ll GetX(int k1,int k2){
    return a[k2+1]-a[k1+1];
}


ll GetVal(int i,int j){
    return dp[j]+(a[i]-a[j+1])*(a[i]-a[j+1])+c;
}


int main(){
    while(~scanf("%d%d",&n,&c),n+c){
        for(int i=1;i<=n;i++)
            scanf("%d",&a[i]);
        dp[0]=0;
        int head=0,tail=0;
        q[tail++]=0;
        for(int i=1;i<=n;i++) {
            while(head+1<tail&&GetY(q[head],q[head+1])<=2*a[i]*GetX(q[head],q[head+1]))
                head++;
            dp[i]=GetVal(i,q[head]);

while(head+1<tail&&GetY(q[tail-1],i)*GetX(q[tail-2],q[tail-1])<=GetY(q[tail-2],q[tail-1])
*GetX(q[tail-1],i))
                tail--;
            q[tail++]=i;
        }
        printf("%I64d\n",dp[n]);
```

```
    }
    return 0;
}
```

⋰ 训练 10　批处理调度

题目描述（POJ1180）：有 N 个作业要在一台机器上处理，编号为 $1\sim N$。作业序列不得改变，可以划分为一个或多个批次，其中每个批次都由序列中的连续作业组成。处理从时间 0 和第 1 批作业开始，一批一批地处理。批次中的作业在机器上依次处理，处理完一个批次中的所有作业后，机器立即输出该批次中所有作业的结果。作业 j 的输出时间是包含 j 的批处理完成的时间。

在每个批次启动机器都需要 S 时间。对每个作业 i，其处理时间都为 T_i，费用系数都为 F_i。若批处理包含作业 $x,x+1,\cdots,x+k$，从时间 t 开始，则该批次中每个作业的输出时间都为 $t+S+(T_x+T_{x+1}+\cdots+T_{x+k})$。若作业 i 的输出时间为 O_i，则其成本为 $O_i\times F_i$。

假设有 5 个作业，启动时间 $S=1$，$(T_1,T_2,T_3,T_4,T_5)=(1,3,4,2,1)$，$(F_1,F_2,F_3,F_4,F_5)=(3,2,3,3,4)$。若将作业分成三批 {1,2}、{3}、{4,5}，则输出时间为 (5,5,10,14,14)，成本为 (15,10,30,42,56)，总成本是所有作业成本的总和 153。

输入：第 1 行包含作业数 N（$1\leqslant N\leqslant 10000$），第 2 行包含批次启动时间整数 S（$0\leqslant S\leqslant 50$）。以下 N 行，每行都包含两个整数，即作业的处理时间 T_i 和费用系数 F_i（$1\leqslant T_i$，$F_i\leqslant 100$）。

输出：单行输出批处理作业的最小总成本。

输入样例	输出样例
5	153
1	
1 3	
3 2	
4 3	
2 3	
1 4	

1．算法设计

本题求解批处理作业的最小成本，可以采用动态规划解决。

状态表示：dp[i][j] 表示将前 i 个作业分成 j 批进行处理的最小成本。

状态转移：sum$T$[i] 为前 i 个作业的时间和，sum$F$[i] 为前 i 个作业的费用系数和。若前 k 个作业被分成 $j-1$ 批，则最小成本为 dp[k][$j-1$]，第 $k+1..i$ 为第 j 批作业，第 j 批的所有作业费用系数和为 sum$F$[i]−sum$F$[k]，第 j 批的完成时间为所有批次的启动时间加上作业时间和 $S\times j+$sum$T$[i]，第 j 批作业的成本为 $(S\times j+$sum$T$[i]$)\times($sum$F$[i]−sum$F$[k]$)$。

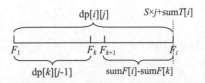

dp[i][j]等于前 k 个作业被分成 $j-1$ 批的最小成本加上第 j 批作业的成本。

状态转移方程：dp[i][j]=min(dp[k][$j-1$]+ ($S{\times}j$+sum$T$[i])${\times}$(sum$F$[i]−sum$F$[k]))，$0{\leqslant}k{<}i$。

若枚举状态 i、j、k，则时间复杂度为 $O(n^3)$，$n{\leqslant}10000$，$n^3{\leqslant}10^{12}$，显然会超时。

2．算法优化

在状态转移方程中需要枚举前 i 个作业划分的批数 j，否则不知道机器的启动时间是多少。本题并不要求分为多少批，若将批数去掉，则 dp[i]表示处理前 i 个作业的最小成本。前一阶段为 dp[j]，当前批作业为 $j+1..i$，其启动时间为 S，这个启动时间将会累加到 $j+1$ 之后的所有作业完成时间上，有后效性。动态规划的适用条件之一是没有后效性，所以需要转化。

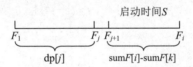

有两种方法可以解决此问题：逆向 DP 和费用提前计算。

1）逆向 DP

既然状态转移有后效性，所以可以考虑通过逆向处理消除后效性。

状态表示：sum$T$[i]表示第 $i..n$ 个作业的时间和；sum$F$[i]表示第 $i..n$ 个作业的费用系数和；dp[i]表示第 $i..n$ 个作业处理的最小成本。状态转移从后向前，前一阶段为 dp[j]，当前批作业为 $i..j-1$，其启动时间为 S，当前批作业的完成时间不仅对当前批作业有影响，还会累加到 j 之后的所有作业完成时间上，所以增加成本为(sum$T$[i]−sum$T$[j]+S)${\times}$sum$F$[i]。

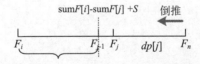

状态转移方程：dp[i]=min(dp[j]+(sum$T$[i]−sum$T$[j]+S)${\times}$sum$F$[i])，$1{\leqslant}i{<}j{\leqslant}n+1$。

若枚举状态 i、j，则时间复杂度均为 $O(n^2)$，$n{\leqslant}10000$，$n^2{\leqslant}10^8$，仍然超时（时间复杂度为 10^7，可一秒通过），考虑能否优化。整理状态转移方程，把仅与 j 有关的项放到等号左侧，把与 i、j 乘积有关的项放到等号右侧，把常数和仅与 i 有关的项也放到等号右侧，得到 dp[j]=sum$F$[i]${\times}$sum$T$[j]+dp[i]−(sum$T$[i]+S)${\times}$sum$F$[i]。

可以将上面的公式看作 $y=kx+b$ 的线性表示，y=dp[j]，x=sum$T$[j]，k=sum$F$[i]，

$b=$dp$[i]-($sum$T[i]+S)\times$sum$F[i]$。其中，x 为横坐标，y 为纵坐标。

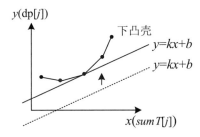

本题中 $1\leqslant i<j\leqslant n+1$，$i$ 减 1 时，j 也减 1，所以可以省略 j，枚举 i 后再利用单调队列维护。单调队列按照横坐标递增，维护相邻两点线段斜率递增的下凸壳。斜率优化后的时间复杂度为 $O(n)$。

算法求解步骤如下。

（1）逆向枚举 $i=n..1$，斜率 $k=$sum$F[i]$。

（2）检查单调队列队头相邻两点的斜率，若小于或等于 k 则出队，直到大于 k 为止。

（3）取队头 j 为最优决策，根据状态转移方程计算 dp$[i]$。

（4）将新决策 i 加入单调队列中。检查队列尾部两点和第 i 个点是否满足下凸性，若不满足，则队尾出队，直到满足下凸性，将 i 加入单调队列尾部。

（5）最优解为 dp$[1]$。

算法代码：

```
int GetY(int k1,int k2){
    return dp[k2]-dp[k1];
}

int GetX(int k1,int k2){
    return sumt[k2]-sumt[k1];
}

int GetVal(int i,int j){
    return dp[j]+(s+sumt[i]-sumt[j])*sumf[i];
}

int main() {
    while(~scanf("%d",&n)){
        scanf("%d",&s);
        for(int i=1;i<=n;i++)
            scanf("%d%d",&t[i],&f[i]);
        sumt[n+1]=sumt[n+1]=0;
```

```
    for(int i=n;i>=1;i--){
        sumt[i]=sumt[i+1]+t[i];
        sumf[i]=sumf[i+1]+f[i];
    }
    int head=0,tail=0;
    q[tail++]=n+1;
    dp[n+1]=0;
    for(int i=n;i>=1;i--) {
        while(head+1<tail && GetY(q[head],q[head+1])<=GetX(q[head],q[head+1])*sumf[i])
            head++;
        dp[i]=GetVal(i,q[head]);
        while(head+1<tail &&
GetY(q[tail-1],i)*GetX(q[tail-2],q[tail-1])<=GetY(q[tail-2],q[tail-1])*GetX(q[tail-1],i))
            tail--;
        q[tail++]=i;
    }
    printf("%d\n",dp[1]);
    }
    return 0;
}
```

2）费用提前计算

$dp[i]$表示处理前 i 个作业的最小成本，$sumT[i]$为前 i 个作业的时间和，$sumF[i]$为前 i 个作业的费用系数和。因为不知道上一阶段划分了多少批次（每个批次都有一个启动时间 S），所以无法求出第 i 个作业的具体完成时间，可以先忽略机器启动时间，只考虑作业完成时间 $sumT[i]$，然后将当前批的启动时间 S 累加到 j 之后的所有作业成本中，提前计算费用，先把成本累加到答案中。

状态转移方程：$dp[i]=\min(dp[j]+sumT[i]\times(sumF[i]-sumF[j])+S\times(sumF[N]-sumF[j]))$，$0\leqslant j<i$。

若枚举状态 i、j，则时间复杂度均为 $O(n^2)$，$n^2\leqslant10^8$，仍然超时。整理状态转移方程，把仅与 j 有关的项放到等号左侧，把与 i、j 乘积有关的项放到等号右侧，把常数和仅与 i 有关的项也放到等号右侧，得到 $dp[j]=(S+sumT[i])\times sumF[j]+dp[i]-sumT[i]\times sumF[i]-S\times sumF[N]$。

可以将上面的公式看作 $y=kx+b$ 的线性表示，$y=dp[j]$，$x=sumF[j]$，$k=S+sumT[i]$，$b=dp[i]-umT[i]\times sumF[i]-S\times sumF[N]$。其中，$x$ 为横坐标，y 为纵坐标。

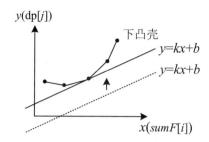

本题中 $0 \leqslant j < i$，i 增加 1 时，j 也增加 1，可以省略 j，枚举 i 时再利用单调队列维护。单调队列按照横坐标递增，维护相邻两点斜率递增的下凸壳。斜率优化后的时间复杂度为 $O(n)$。

算法求解步骤如下。

（1）枚举 $i=1..n$，斜率 $k=S+\mathrm{sum}T[i]$。

（2）检查单调队列队头相邻两点的斜率，若小于或等于 k，则出队，直到大于 k 为止。

（3）取队头 j 为最优决策，根据状态转移方程计算 dp[i]。

（4）将新决策 i 加入单调队列。如果队列尾部两点和第 i 个点不满足下凸性，则队尾出队，直到满足下凸性，将 i 加入单调队列尾部。

（5）最优解为 dp[n]。

算法代码：

```
int GetY(int k1,int k2){
    return dp[k2]-dp[k1];
}

int GetX(int k1,int k2){
    return sumf[k2]-sumf[k1];
}

int GetVal(int i,int j){
    return dp[j]+sumt[i]*(sumf[i]-sumf[j])+s*(sumf[n]-sumf[j]);
}

int main() {
    while(~scanf("%d",&n)){
        scanf("%d",&s);
        for(int i=1;i<=n;i++)
            scanf("%d%d",&t[i],&f[i]);
        sumt[0]=sumt[0]=0;
        for(int i=1;i<=n;i++){
            sumt[i]=sumt[i-1]+t[i];
            sumf[i]=sumf[i-1]+f[i];
        }
```

```
    int head=0,tail=0;
    q[tail++]=0;
    dp[0]=0;
    for(int i=1;i<=n;i++) {
        while(head+1<tail &&
GetY(q[head],q[head+1])<=GetX(q[head],q[head+1])*(s+sumt[i]))
            head++;
        dp[i]=GetVal(i,q[head]);
        while(head+1<tail &&
GetY(q[tail-1],i)*GetX(q[tail-2],q[tail-1])<=GetY(q[tail-2],q[tail-1])*GetX(q[tail-1],i))
            tail--;
        q[tail++]=i;
    }
    printf("%d\n",dp[n]);
  }
  return 0;
}
```

⋉⋊ 训练 11　划分

题目描述（HDU3480）：S 是一个整数集合。若 MIN 是 S 中的最小整数，MAX 是 S 中的最大整数，则将 S 集合的价值定义为 $(MAX–MIN)^2$。给定整数集合 S，找出 S 的 M 个子集 $S_1,S_2,\cdots,S_M$，满足 $S_1 \cup S_2 \cup \cdots \cup S_M = S$，且每个子集的总价值都是最小的。

输入：输入包含多个测试用例。第 1 行包含整数 T，表示测试用例的数量。每个测试用例的第 1 行都包含两个整数 N（$N \leqslant 10000$）和 M（$M \leqslant 5000$）。N 是 S 中的元素个数（可以重复），M 是子集数量。在下一行中包含集合 S 中的 N 个整数。

输出：对每个测试用例，都单行输出最小的总价值。

输入样例	输出样例
2	Case 1: 1
3 2	Case 2: 18
1 2 4	
4 2	
4 7 10 1	

1. 算法设计

本题求解将集合划分为 M 个子集的最小价值，可以采用动态规划解决。因为子集价值的定义为子集中的最大值减去最小值差的平方，所以为了方便处理，可以先对序列非递减排序，这样子集中的最后一个元素就是最大值，第 1 个元素就是最小值。

状态表示：dp[i][j] 表示前 i 个整数分成的 j 个子集的最小价值。

状态转移：前 i 个整数分成的 j 个子集的最小价值分为两部分，分别是前 k 个整数分成的 $j-1$ 个子集，最小价值 $dp[k][j-1]$，以及最后一个子集，价值为 $(a[i]-a[k+1])^2$。

状态转移方程：$dp[i][j]=\min(dp[k][j-1]+(a[i]-a[k+1])^2$，$0 \le k < i$。

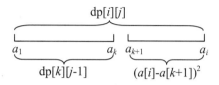

若枚举状态 i、j、k，则时间复杂度为 $O(mn^2)$，$n \le 10000$，$m \le 5000$，$mn^2 \le 5 \times 10^{11}$，超时。

2. 算法优化

本题可以采用斜率优化，也可以采用四边不等式优化（见下节）。在上面的状态转移方程中，i 表示序列的最后一个元素下标，j 表示划分段（子集数），题目要求划分为 M 个子集，两个量都无法省略。

可以把分段 j 看作外层循环的定值，把 i 看作状态变量，把 k 看作决策变量。在方程中存在乘积项 $a[i] \times a[k+1]$，可以考虑使用斜率优化。整理状态转移方程，把仅与决策变量 k 有关的项放在等号左边，把与 i、k 有关的乘积项及仅与 i 有关的项和常项放在等号右边，得到 $dp[k][j-1]+a[k+1] \times a[k+1]=2 \times a[i] \times a[k+1]+dp[i][j]-a[i] \times a[i]$。

可以将上面的公式看作 $y=ux+b$ 的线性表示，$y=dp[k][j-1]+a[k+1] \times a[k+1]$，$x=a[k+1]$，$u=2 \times a[i]$，$b=dp[i][j]-a[i] \times a[i]$。其中，$x$ 为横坐标，y 为纵坐标。

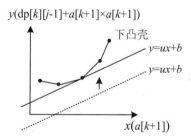

本题中 $0 \le k < i$，i 增加 1 时，k 也增加 1，所以可以省略 k，枚举 i，再利用单调队列维护。单调队列按照横坐标递增，维护相邻两点斜率递增的下凸壳。

算法求解步骤如下。

（1）枚举 $j=1..m$。对每一个 j 都枚举 $i=1..n$，斜率 $u=2 \times a[i]$。

（2）检查单调队列队头相邻两点的斜率，若小于或等于 u，则出队，直到大于 u 为止。

（3）取队头 k 为最优决策，根据状态转移方程计算 $dp[i][j]$。

（4）将新决策 i 加入单调队列中。如果队列尾部两点和第 i 个点不满足下凸性，则队尾出队，直到满足下凸性，将 i 加入单调队列尾部。

（5）最优解为 dp[n][m]。

每一轮斜率优化的时间复杂度都为 $O(n)$，外层循环 $j=1..m$，总时间复杂度为 $O(nm)$。

空间优化：算法空间复杂度为 $O(nm)$。通过观察分析发现，求解当前 dp[i][j] 时只需求解 dp[k][$j-1$] 的值，所以只需用滚动数组 dp[n][2] 即可，空间复杂度为 $O(n)$。用 index 控制滚动数组的第 2 维下标。

状态转移方程：dp[i][index]=min(dp[k][index^1]+($a[i]-a[k+1]$)^2，$0 \leqslant k < i$。

3. 算法实现

```
int q[MAX];
int a[MAX],dp[MAX][2];//滚动数组
int GetY(int k1,int k2){
    return dp[k2][index^1]+a[k2+1]*a[k2+1]-(dp[k1][index^1]+a[k1+1]*a[k1+1]);
}

int GetX(int k1,int k2){
    return a[k2+1]-a[k1+1];
}

int GetVal(int i,int k){
    return dp[k][index^1]+(a[i]-a[k+1])*(a[i]-a[k+1]);
}

void solve(){
    int head=0,tail=0;
    index=0;
    for(int i=1;i<=n;i++)
        dp[i][index]=INF;
    for(int j=1;j<=m;j++){
        index=index^1;
        head=tail=0;
        q[tail++]=0;
        for(int i=1;i<=n;i++){
            while(head+1<tail &&
GetY(q[head],q[head+1])<=2*a[i]*GetX(q[head],q[head+1]))
                head++;
            dp[i][index]=GetVal(i,q[head]);
            while(head+1<tail &&
GetY(q[tail-1],i)*GetX(q[tail-2],q[tail-1])<=GetY(q[tail-2],q[tail-1])*GetX(q[tail-1],i))
                tail--;
            q[tail++]=i;
        }
```

```
    }
}
```

训练 12　劳伦斯

题目描述（HDU2829）：某国情报部门给每个车站都分配了一个战略重要性：从 1 到 100 的整数。单个车站自身没有价值，与其他车站相连才有价值。整个铁路的战略价值是将铁路线直接或间接连接的每对车站的战略价值的乘积相加来计算的。假设铁路如下图所示，则其战略价值为 4×5+4×1+4×2+5×1+5×2+1×2=49。

假设只有一次攻击，不可以攻击车站，只能攻击两个车站之间的铁路线。若攻击了中间的这条铁路线，则剩余铁路的战略价值为 4×5+1×2=22。

但是，假设攻击了 4 和 5 之间的铁路线，则剩余铁路的战略价值为 5×1+5×2+1×2=17。

给出一条铁路的描述和可以执行的攻击次数，找出可以实现的最小战略价值。

输入：输入包含几个测试用例。每个测试用例都以两个整数 n（$1 \leqslant n \leqslant 1000$）和 m（$0 \leqslant m < n$）为开头。n 是铁路上的站点数量，m 是攻击数量。下一行是 n 个整数，范围为 1~100，依次表示每个站点的战略价值。输入以两个 0 结束。

输出：对每个测试用例，都单行输出通过攻击可以实现的铁路的最小战略值。

输入样例	输出样例
4 1	17
4 5 1 2	2
4 2	
4 5 1 2	
0 0	

1．算法设计

本题求解 m 次攻击的最小战略价值，可以采用动态规划解决。

状态表示：

- dp[i][j]表示前 i 个站点分成的 j 段的最小战略价值；
- sum[i]表示前 i 个站点的战略价值之和；
- cost[i]表示从 1~i 的站点的战略价值两两相乘的总和。

cost[i]等于从 1~i 的每个站点出发，与后面站点（最后一个站点为 i）分别相乘的乘积之和，如下图所示。

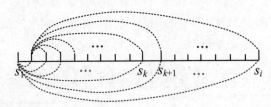

例如，5 个站点战略价值为(s_1,s_2,s_3,s_4,s_5)，则

- cost[1]=0
- cost[2]=$s_1 \times s_2$
- cost[3]=$s_1 \times s_2 + s_1 \times s_3 + s_2 \times s_3$
- cost[4]=$s_1 \times s_2 + s_1 \times s_3 + s_1 \times s_4 + s_2 \times s_3 + s_2 \times s_4 + s_3 \times s_4$
- cost[5]=$s_1 \times s_2 + s_1 \times s_3 + s_1 \times s_4 + s_1 \times s_5 + s_2 \times s_3 + s_2 \times s_4 + s_2 \times s_5 + s_3 \times s_4 + s_3 \times s_5 + s_4 \times s_5$

区间的战略价值可以通过 cost[] 和 sum[] 数组得到，例如[k+1,i] 区间的战略价值为 cost[i]−cost[k]−sum[k]×(sum[i]−sum[k])。cost[i]−cost[k]表示战略价值的前缀和差值，sum[k]×(sum[i]−sum[k])表示区间[1,k]的每个站点分别与[k+1,i]区间每个站点的战略价值的乘积，即$(s_1+s_2+\cdots+s_k)\times(s_{k+1}+s_{k+2}+\cdots+s_i)$。

若前 k 个站点分成的 j−1 段的最小战略价值为 dp[k][j−1]，则 dp[i][j]等于 dp[k][j−1]加上[k+1, i]区间的战略价值。

状态转移方程：dp[i][j]=min(dp[k][j−1]+cost[i]−cost[k]−sum[k]×(sum[i]−sum[k]))，$0 \leqslant k < i$。

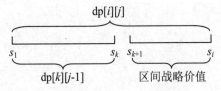

若枚举状态 i、j、k，则时间复杂度为 $O(mn^2)$，$n \leqslant 1000$，$m < n$，$mn^2 \leqslant 10^9$，超时。

2. 算法优化

在上面的状态转移方程中，i 表示站点，j 表示划分段，分段和攻击次数有关，两个量都无法省略。可以把分段 j 看作外层循环的定值，把 i 看作状态变量，把 k 看作决策变量。在方程中存在乘积项 sum[k]×sum[i]，考虑使用斜率优化。整理状态转移方程，把仅与决策变量 k 有关的项放在等号左边，把与 i、k 有关的乘积项及仅与 i 有关的项和常项放在等号右边，得到

dp[k][j−1]−cost[k]+sum[k]×sum[k] = sum[i]×sum[k]+dp[i][j]−cost[i]

可以把上面的公式看作 $y=ax+b$ 的线性表示，y=dp[k][j−1]−cost[k]+sum[k]×sum[k]，x=sum[k]，a=sum[i]，b=dp[i][j]−cost[i]。其中，x 为横坐标，y 为纵坐标。

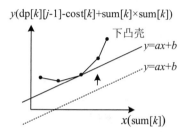

本题中 $0{\leqslant}k{<}i$，当 i 增加 1 时，k 也增加 1，可以省略 k，枚举 i 时再利用单调队列维护。单调队列按照横坐标递增，维护相邻两点斜率递增的下凸壳。斜率优化后的时间复杂度为 $O(n)$。

算法求解步骤如下。

（1）枚举 j=1.. m。对每一个 j 都枚举 i=1.. n，斜率 a=sum[i]。

（2）检查单调队列队头相邻两点的斜率，若小于或等于 a，则出队，直到大于 a 为止。

（3）取队头 k 为最优决策，根据状态转移方程计算 dp[i][j]。

（4）将新决策 i 加入单调队列中。如果队列尾部两点和 i 点不满足下凸性，则队尾出队，直到满足下凸性，将 i 加入单调队列的尾部。

（5）最优解为 dp[n][m]。

空间优化：空间复杂度为 $O(nm)$。观察分析发现，求解当前的 dp[i][j] 时只需 dp[k][j−1] 的值，所以滚动数组 dp[n][2] 即可，空间复杂度为 $O(n)$。

状态转移方程：dp[i][index]=min(dp[k][index^1]+cost[i]−cost[k]−sum[k]×(sum[i]−sum[k]))，$0{\leqslant}k{<}i$。

3．算法实现

```
int dp[MAX][2],cost[MAX],sum[MAX];//dp 采用滚动数组
int GetY(int k1,int k2){
    return
dp[k2][index^1]-cost[k2]+sum[k2]*sum[k2]-(dp[k1][index^1]-cost[k1]+sum[k1]*sum[k1]);
}

int GetX(int k1,int k2){
    return sum[k2]-sum[k1];
}
```

```
int GetVal(int i,int k){
    return dp[k][index^1]+cost[i]-cost[k]-sum[i]*sum[k]+sum[k]*sum[k];
}


void solve(){
    index=0;
    for(int i=1;i<=n;i++)
        dp[i][index]=cost[i];
    for(int j=1;j<=m;j++){//分成j段，j作为第1层循环时才用滚动数组
        index=index^1;
        head=tail=0;
        q[tail++]=0;
        for(int i=1;i<=n;i++){
            while(head+1<tail &&
GetY(q[head],q[head+1])<=GetX(q[head],q[head+1])*sum[i])
                head++;
            dp[i][index]=GetVal(i,q[head]);
            while(head+1<tail &&
GetY(q[tail-1],i)*GetX(q[tail-2],q[tail-1])<=GetY(q[tail-2],q[tail-1])*GetX(q[tail-1],i))
                tail--;
            q[tail++]=i;
        }
    }
}


int main(){
    while(~scanf("%d%d",&n,&m),n+m){
        for(int i=1;i<=n;i++)
            scanf("%d",&s[i]);
        for(int i=1;i<=n;i++)
            sum[i]=sum[i-1]+s[i];
        memset(cost,0,sizeof(cost));
        for(int i=1;i<=n;i++)
            for(int j=i+1;j<=n;j++)
                cost[j]+=s[i]*s[j];
        for(int i=1;i<=n;i++)
            cost[i]+=cost[i-1];
        solve();
        printf("%d\n",dp[n][index]);
    }
    return 0;
}
```

📖 原理5　四边不等式优化

这里以7.4节的猴子派对问题（HDU3506）为例，讲解四边不等式优化。

$$m[i][j] = \begin{cases} 0 & , \ i = j \\ \min_{i \leqslant k \leqslant j}(m[i][k] + m[k+1][j] + w(i,j)), & i < j \end{cases}$$

$s[i][j]$表示取得最优解$m[i][j]$的最优策略位置。

四边不等式： 当函数$w[i,j]$满足$w[i,j] + w[i',j'] \leqslant w[i',j] + w[i,j']$，$i \leqslant i' \leqslant j \leqslant j'$时，称$w$满足四边形不等式。

在四边不等式的坐标表示中，$A + C \leqslant B + D$。在四边不等式的区间表示中，$w[i,j] + w[i',j'] \leqslant w[i',j] + w[i,j']$。

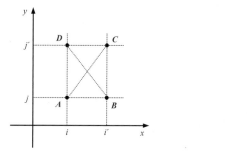
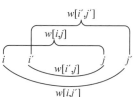

区间包含关系单调： 当函数$w[i,j]$满足$w[i',j] \leqslant w[i,j']$，$i \leqslant i' \leqslant j \leqslant j'$时，称$w$关于区间包含关系单调。

定理1： 若函数$w[i,j]$满足四边不等式和区间包含关系单调，则$m[i,j]$也满足四边不等式。

定理2： 若函数$m[i,j]$满足四边不等式，则最优决策$s[i,j]$有单调性。

$m[i,j]$满足四边不等式是使用四边不等式优化的必要条件。

下面证明3个问题：

（1）$w[i,j]$满足四边不等式和区间单调性；

（2）$m[i,j]$也满足四边不等式；

（3）$s[i,j]$有单调性。

证明1： $w[i,j]$满足四边不等式。

在石子归并问题中，因为$w[i,j] = \sum_{l=i}^{j} a[l]$，所以$w[i,j] + w[i',j'] = w[i',j] + w[i,j']$，则$w[i,j]$满足四边形不等式，同时由于$a[i] \geqslant 0$，可知$w[i,j]$满足区间包含关系单调性。

证明2： $m[i,j]$满足四边不等式。

对满足四边形不等式的单调函数 $w[i,j]$，可推知由递归式定义的函数 $m[i,j]$ 也满足四边形不等式，即 $m[i,j]+m[i',j']\leqslant m[i',j]+m[i,j']$，$i\leqslant i'\leqslant j\leqslant j'$。

对四边形不等式中"长度" $l=j'-i$ 进行归纳：当 $i=i'$ 或 $j=j'$ 时，不等式显然成立。由此可知，当 $l\leqslant 1$ 时，函数 $m[i,j]$ 满足四边不等式。

下面分两种情形进行讲解。

情形 1：$i<i'=j<j'$

在这种情形下，四边形不等式可简化为反三角不等式：$m[i,j]+m[j,j']\leqslant m[i,j']$。

设 $k=\min\{p|m[i,j']=m[i,p]+m[p+1,j']+w[i,j']\}$，再分两种情形 $k\leqslant j$ 或 $k>j$。下面只讨论 $k\leqslant j$ 的情况，$k>j$ 同理。

$k\leqslant j$：

$$
\begin{aligned}
m[i,j]+m[j,j'] &\leqslant w[i,j]+m[i,k]+m[k+1,j]+m[j,j']\\
&\leqslant w[i,j']+m[i,k]+m[k+1,j]+m[j,j']\\
&\leqslant w[i,j']+m[i,k]+m[k+1,j']\\
&=m[i,j']
\end{aligned}
$$

情形 2：$i<i'<j<j'$

$$
y=\min\{p\mid m[i',j]=m[i',p]+m[p+1,j]+w[i',j]\}
$$

$$
z=\min\{p\mid m[i,j']=m[i,p]+m[p+1,j']+w[i,j']\}
$$

仍需再分两种情形讨论，即 $z\leqslant y$ 或 $z>y$。下面只讨论 $z\leqslant y$ 的情况，$z>y$ 同理。

由 $i<z\leqslant y\leqslant j$，有：

$$
\begin{aligned}
m[i,j]+m[i',j'] &\leqslant w[i,j]+m[i,z]+m[z+1,j]+w[i',j']+m[i',y]+m[y+1,j']\\
&\leqslant w[i,j']+w[i',j]+m[i',y]+m[i,z]+m[z+1,j]+m[y+1,j']\\
&\leqslant w[i,j']+w[i',j]+m[i',y]+m[i,z]+m[z+1,j']+m[y+1,j]\\
&=m[i,j']+m[i',j]
\end{aligned}
$$

综上所述，$m[i,j]$ 满足四边形不等式。

证明 3：$s[i,j]$ 有单调性。

令 $s[i,j]=\min\{k\mid m[i,j]=m[i,k]+m[k+1,j]+w[i,j]\}$，由函数 $m[i,j]$ 满足四边形不等式，可以推出函数 $s[i,j]$ 的单调性，即

$$
s[i,j-1]\leqslant s[i,j]\leqslant s[i+1,j],\quad i\leqslant j
$$

当 $i=j$ 时，单调性显然成立。所以下面只讨论 $i<j$ 的情形。由于对称，只要证明 $s[i,j]\leqslant s[i+1,$

j],便可证明 $s[i, j-1] \leq s[i, j]$。

令 $m_k[i, j]=m[i, k]+m[k+1, j]+w[i, j]$。要证明 $s[i, j] \leq s[i+1, j]$,只要证明对所有 $i<k' \leq k \leq j$ 且 $m_k[i, j] \leq m_{k'}[i, j]$,$m_k[i+1, j] \leq m_{k'}[i+1, j]$ 成立即可。

因为 $m[i, j]$ 满足四边形不等式,所以 $m[i, k']+m[i+1, k] \leq m[i, k]+m[i+1, k']$

移项可得:

$$m[i+1, k'] - m[i+1, k] \geq m[i, k'] - m[i, k]$$

根据 k 的最优性:

$$m[i, k'] + m[k'+1, j] \geq m[i, k] + m[k+1, j]$$

所以

$m_{k'}[i+1, j] - m_k[i+1, j]$

$= m[i+1, k'] + m[k'+1, j] + \text{w}[i+1, j] - (m[i+1, k] + m[k+1, j] + \text{w}[i+1, j])$

$= m[i+1, k'] - m[i+1, k] + m[k'+1, j] - m[k+1, j]$

$\geq m[i, k'] - m[i, k] + m[k'+1, j] - m[k+1, j]$

$= m[i, k'] + m[k'+1, j] - (m[i, k] + m[k+1, j])$

≥ 0

说明对于 $m[i+1, j]$,k 比 k' 更优。

综上所述,当 m 满足四边形不等式且函数 $s[i, j]$ 有单调性时,可以采用四边不等式优化。

于是,利用 $s[i, j]$ 的单调性,得到优化的状态转移方程如下:

$$m[i][j] = \begin{cases} 0 & , \quad i = j \\ \min\limits_{s[i][j-1] \leq k \leq s[i+1][j]} (m[i][k] + m[k+1][j] + w(i, j)), & i < j \end{cases}$$

普通枚举算法的时间复杂度为 $O(n^3)$,利用四边形不等式优化,限制 $k=i, \cdots, j-1$ 的取值范围为 $s(i, j-1) \sim s(i+1, j)$,$s[i][j]$ 表示取得最优解 $dp[i][j]$ 的位置,达到优化效果 $O(n^2)$。

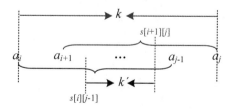

经过优化,算法时间复杂度可以减少至 $O(n^2)$。

$\sum\limits_{d=2}^{n} \sum\limits_{i=1}^{n-d+1} (s[i+1][j] - s[i][j-1] + 1)$,因为公式中 $j=i+d-1$,所以:

$$\sum_{d=2}^{n}\sum_{i=1}^{n-d+1}(s[i+1][i+d-1]-s[i][i+d-2]+1)$$

$$=\sum_{d=2}^{n}\left\{\begin{array}{l}(s[2][d]-s[1][d-1]+1\\+s[3][d+1]-s[2][d]+1\\+s[4][d+2]-s[3][d+1]+1\\+\cdots\\+s[n-d+2][n]-s[n-d+1][n-1]+1)\end{array}\right\}$$

$$=\sum_{d=2}^{n}(s[n-d+2][n]-s[1][d-1]+n-d+1)$$

$$\leqslant\sum_{d=2}^{n}(n-1+n-d+1)$$

$$=\sum_{d=2}^{n}(2n-d)$$

$$\approx O(n^2)$$

上述方法利用了四边形不等式推出最优决策的单调性，减少了每个状态转移的状态数，降低了算法的时间复杂度。

上述方法是有普遍性的。状态转移方程与上述递归公式类似，且 $w[i, j]$ 满足四边形不等式的动态规划问题都可以采用相同的优化方法解决，例如最优二叉排序树等。

᠅ 训练 13　划分

题目描述（HDU3480）见 7.9 节训练 11。

根据状态转移方程：dp[i][j]=min(dp[k][j−1]+(a[i]−a[k+1])^2)，$0\leqslant k<i$，考察 $w(i,j)=(a[j]-a[i])^2$ 是否满足四边不等式和区间包含单调性。

1. 四边不等式

证明：$w(i,j-1)+w(i+1,j)\leqslant w(i,j)+w(i+1,j-1)$

$(a[j-1]-a[i])^2+(a[j]-a[i+1])^2\leqslant(a[j]-a[i])^2+(a[j-1]-a[i+1])^2$

$-2\times a[j-1]\times a[i]-2\times a[j]\times a[i+1]\leqslant-2\times a[j]\times a[i]-2\times a[j-1]\times a[i+1]$

$-2\times a[j-1]\times a[i]-2\times a[j]\times a[i+1]+2\times a[j]\times a[i]+2\times a[j-1]\times a[i+1]\leqslant0$

$2\times a[i+1]\times(a[j-1]-a[j])-2\times a[i]\times(a[j-1]-a[j])\leqslant0$

$2\times(a[i+1]-a[i])\times(a[j-1]-a[j])\leqslant0$

因为 $a[i+1]-a[i]\geqslant0$，$a[j-1]-a[j]\leqslant0$，所以上述不等式成立。

2. 区间包含单调性

证明：$w(i+1,j-1) \leqslant w(i,j)$

$(a[j-1]-a[i+1])^2 \leqslant (a[j]-a[i])^2$，根据序列的有序性，$a[j]-a[i]$ 的差必大于或等于 $a[j-1]-a[i+1]$，所以满足区间单调性。

$w(i,j)=(a[j]-a[i])^2$ 满足四边不等式和区间包含单调性，所以 dp[i][j] 也满足四边不等式。

3. 决策单调性

dp[i][j]满足四边不等式，则决策 $s[i,j]$ 有单调性。

令 $s[i,j]= \min\{k \mid dp[i,j]=dp[i,j-1]+(a[i]-a[k+1])^2\}$，由函数 $dp[i,j]$ 满足四边形不等式可以推出函数 $s[i,j]$ 的单调性，即

$$s[i,j-1] \leqslant s[i,j] \leqslant s[i+1,j], \quad i \leqslant j$$

所以当 $dp[i,j]$ 满足四边形不等式时，函数 $s[i,j]$ 有单调性，可以采用四边不等式优化。

求解 dp[i][j] 时，枚举的决策范围为 $0 \leqslant k<i$，四边不等式优化后枚举的决策范围为 $s[i][j-1] \leqslant k' \leqslant s[i+1][j]$，时间复杂度由 $O(mn^2)$ 降为 $O(mn)$，但是该算法常数较大，比斜率优化慢了一倍多。

算法代码：

```
void solve(){
    for(int i=1;i<=n;i++){
        dp[i][1]=(a[i]-a[1])*(a[i]-a[1]);
        s[i][1]=1;
    }
    for(int j=2;j<=m;j++){
        dp[j][j]=0;
        s[n+1][j]=n;
        for(int i=n;i>j;i--){//逆序求解，因为要先得到s[i][j-1]～s[i+1][j]
            dp[i][j]=INF;
            for(int k=s[i][j-1];k<=s[i+1][j];k++){
                if(dp[i][j]>dp[k][j-1]+(a[i]-a[k+1])*(a[i]-a[k+1])){
                    dp[i][j]=dp[k][j-1]+(a[i]-a[k+1])*(a[i]-a[k+1]);
                    s[i][j]=k;
                }
            }
        }
    }
}
```

第**8**章 网络流

生活中的电网、水管网、交通运输网都有一个共同点：在网络传输中有方向和容量。假设存在有向带权图 $G=(V,E)$，$V=\{s,v_1,v_2,v_3,\cdots,t\}$，其中有两个特殊的节点 s 和 t，s 叫作源点，t 叫作汇点；边的方向表示允许的流向；边上的权值表示该边允许通过的最大流量 cap（cap$\geqslant$0），即边的容量；若在该图中有一条边(u,v)，则必然不存在反方向的边(v,u)。这样的有向带权图就叫作网络。

网络流即网络上的流，是定义在网络边集上的一个非负函数 flow=\{flow(u,v)\}，flow(u,v)是边(u,v)上的流量。满足以下 3 个性质的网络流叫作可行流。

（1）容量约束。任意一条边(u,v)的流量都不可以超过其最大容量，即 flow$(u,v)\leqslant$cap(u,v)。

（2）反对称性。假设从 u 到 v 的流量是 flow(u,v)，从 v 到 u 的流量是 flow(v,u)，则满足 flow(u,v)= −flow(v,u)。

（3）流量守恒。除源点 s 和汇点 t 外，所有内部节点的流入量都等于流出量，即

$$\sum_{(x,u)\in E}\text{flow}(x,u)=\sum_{(u,y)\in E}\text{flow}(u,y)$$

例如：若流入节点 u 的流量之和是 10，则从节点 u 流出的流量之和也是 10。

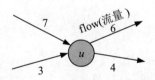

源点（s）主要流出流量，但也可能流入流量，例如货物运出后检测到一些不合格产品需要返厂，则对源点来说这些产品就是流入量。源点的净输出值 f=流出量之和−流入量之和。即

$$f=\sum_{(s,x)\in E}\text{flow}(s,x)-\sum_{(y,s)\in E}\text{flow}(y,s)$$

例如：若源点 s 的流出量之和是 10，流入量之和是 2，则净输出是 8。

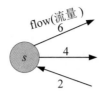

汇点（*t*）主要流入流量，但也可能流出流量，例如货物到达仓库后检测出一些不合格产品需要返厂，则对汇点来说这些产品就是流出量。汇点的净输入值 *f*=流入量之和−流出量之和，即

$$f = \sum_{(x,t)\in E} \text{flow}(x,t) - \sum_{(t,y)\in E} \text{flow}(t,y)$$

例如：若汇点 *t* 的流入量之和是 9，流出量之和是 1，则净输入是 8。

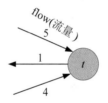

注意：任何一个网络可行流 flow，其净输出都等于其净输入，满足流量守恒定律。

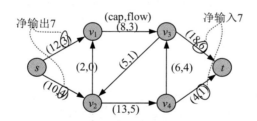

网络最大流指在满足容量约束和流量守恒的前提下，净输出最大的网络流。1957 年，Ford 和 Fullkerson 提出了求解网络最大流的方法。该方法的基本思想是在网络中找增广路，沿增广路增流（增加流量），直到不存在增广路为止。

实流网络是只包含实际流量的网络。网络 *G* 及可行流 flow 对应的实流网络如下图所示。

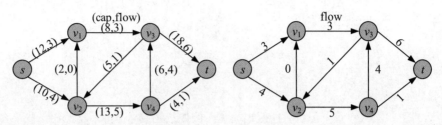

残余网络（G^*）与网络 G 的节点相同，G 中的每条边都对应 G^* 中的一条边或两条边。在残余网络中，与网络边对应的同向边是可增量（还可以增加多少流量），反向边是实际流量。

在残余网络中不显示 0 流量边。网络 G 及可行流对应的残余网络 G^* 如下图所示。

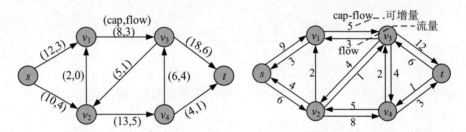

增广路是残余网络上从源点 s 到汇点 t 的一条简单路径。增广量指增广路上每条边都可以增流的最小值。例如，一个网络流如下图所示，$s\text{-}v_1\text{-}v_3\text{-}t$ 就是一条增广路，增广量为 5。

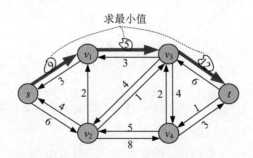

增广路定理：设 flow 是网络 G 的一个可行流，若不存在从源点到汇点的增广路，则 flow 是 G 的一个最大流。

增广路算法的基本思想：在残余网络中找增广路，然后在实流网络中沿增广路增流，在残余网络中沿增广路减流，重复以上步骤，直到不存在增广路时为止。此时，实流网络中的可行流就是所求的最大流。增广路算法其实不是一种算法，而是一种方法，找增广路的算法不同，时间复杂度相差很大。

8.1　EK算法

📖 原理　EK算法详解

EK（Edmonds-Karp）算法是以广度优先搜索为基础的最短增广路算法。采用队列 q 存放已访问未检查的节点，数组 vis[]标识节点是否被访问，pre[]数组记录增广路上节点的前驱。pre[v]=u 表示增广路上 v 节点的前驱是 u。

1．算法步骤

（1）初始化可行流 flow 为 0 流，vis[]数组为 false，pre[]数组为–1，最大流值 maxflow=0。

（2）令 vis[s]=true，将 s 加入队列 q 中。

（3）若队列为空，则算法结束，当前的实流网络就是最大流网络，返回最大流值。

（4）队头元素 new 出队，在残余网络中检查 new 的所有邻接节点 i，若未被访问，则访问它，令 vis[i]=true，pre[i]=new，若 i=t，则说明已到达汇点，找到一条增广路，转向第 5 步，否则将节点 i 加入队列 q，转向第 3 步。

（5）从汇点开始，通过前驱数组 pre[]，在残余网络中逆向找增广路上每条边值的最小值 d。

（6）在实流网络中增流，在残余网络中减流。maxflow+=d，转向第 2 步。

2．完美图解

（1）初始化可行流 flow 为 0 流，即在实流网络中全是 0 流边，在残余网络中全是最大容量边（可增量），如下图所示。初始化访问数组 vis[]为 0，前驱数组 pre[]为–1。

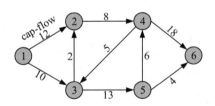

（2）令 vis[1]=true，将 1 加入队列 q 中。

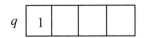

（3）队头元素 1 出队，在残余网络中依次检查 1 的邻接节点 2 和 3，均未被访问，令 vis[2]=true，pre[2]=1，将节点 2 加入队列 q 中；vis[3]=true，pre[3]=1，将节点 3 加入队列 q 中，如下

图所示。

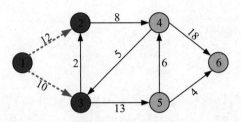

访问标记数组 vis[]、前驱数组 pre[] 及队列 *q* 的状态如下图所示。

	1	2	3	4	5	6
vis[*i*]	1	1	1	0	0	0

	1	2	3	4	5	6
pre[*i*]	-1	1	1	-1	-1	-1

q | 2 | 3 | | |

（4）队头元素 2 出队，在残余网络中依次检查 2 的邻接节点 4，4 未被访问，令 vis[4]=true，pre[4]=2，将节点 4 加入队列 *q* 中，如下图所示。

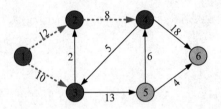

访问标记数组 vis[]、前驱数组 pre[] 及队列 *q* 的状态如下图所示。

	1	2	3	4	5	6
vis[*i*]	1	1	1	1	0	0

	1	2	3	4	5	6
pre[*i*]	-1	1	1	2	-1	-1

q | 3 | 4 | | |

（5）队头元素 3 出队，在残余网络中依次检查 3 的邻接节点 2 和 5，2 被访问，什么也不做；5 未被访问，令 vis[5]=true，pre[5]=3，将节点 5 加入队列 *q* 中，如下图所示。

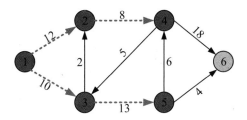

（6）队头元素 4 出队，在残余网络中依次检查 4 的邻接节点 3 和 6，3 被访问，6 未被访问，令 vis[6]=true，pre[6]=4，到达汇点，找到一条增广路，如下图所示。

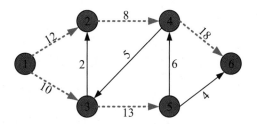

（7）读取前驱数组 pre[6]=4，pre[4]=2，pre[2]=1，即 1–2–4–6。在残余网络中找到该路径上最小的边值 8，增广量 d=8，如下图所示。

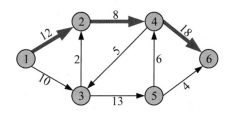

（8）实流网络增流：与增广路同向边增流 d，反向边减流 d。残余网络减流：与增广路同向边减流 d，反向边增流 d。增减流后的实流网络和残余网络如下图所示。2-4 的边流量为 0，在残余网络中消失。

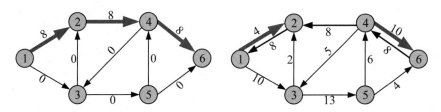

（9）重复第 2～8 步，找到第 2 条增广路 1-3-5-6，该路径上最小的边值为 4，增广量 d=4。增减流后的实流网络和残余网络如下图所示。

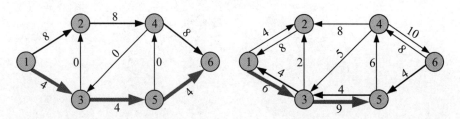

（10）重复第 2～8 步，找到第 3 条增广路 1-3-5-4-6，该路径上最小的边值为 6，增广量 d=6。增减流后的实流网络和残余网络如下图所示。

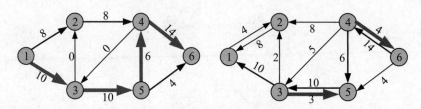

（11）重复第 2～8 步，找不到增广路，算法结束，最大流值为 18。

若分别存储残余网络和实流网络空间，则复杂度较高，所以在算法实现时引入**混合网络**，将残余网络和实流网络融为一体。混合网络的特殊之处在于它的正向边有两个变量 cap、flow，增流时 cap 不变，flow+=d；反向边的 cap=0，flow=−flow，增流时 cap 不变，flow−=d。

这样很容易看出哪些边是实流边（flow>0），哪些边是实流边的反向边（flow<0）。网络 G 中的边对应的混合网络边如下图所示。

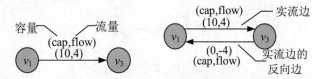

网络 G 对应的混合网络如下图所示。本章中的所有算法代码均采用混合网络实现。

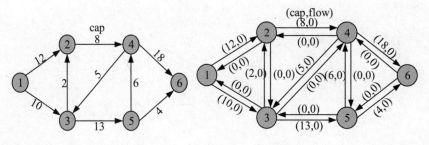

3. 算法实现

（1）找增广路。在混合网络中进行广度优先搜索，从源点 s 开始，搜索 s 的邻接点 v，若 v

未被访问，则标记已访问且记录 v 节点的前驱为 u。若 v 节点不是汇点，则入队，继续广度优先搜索。若 v 节点是汇点，则找到一条增广路。若队列为空，则说明已经找不到增广路。

```cpp
struct Edge{//边结构体，链式前向星存储混合网络
    int v,next;
    int cap,flow;
}E[M<<1];//双边

bool bfs(int s,int t){
    memset(pre,-1,sizeof(pre));
    memset(vis,0,sizeof(vis));
    queue<int>q;
    vis[s]=1;
    q.push(s);
    while(!q.empty()){
        int u=q.front();
        q.pop();
        for(int i=head[u];~i;i=E[i].next){
            int v=E[i].v;
            if(!vis[v]&&E[i].cap>E[i].flow){
                vis[v]=1;
                pre[v]=i;//边下标
                q.push(v);
                if(v==t) return 1;//找到一条增广路
            }
        }
    }
    return 0;
}
```

（2）沿增广路增流。根据前驱数组从汇点向前一直到源点，找增广路上所有边的最小值，即增广量 d。然后从汇点向前一直到源点，与增广路同向的边增加 d，反向的边减小 d。

```cpp
int EK(int s,int t){
    int maxflow=0;
    while(bfs(s,t)){//可以增广
        int d=inf,v=t;
        while(v!=s){//找最小增量
            int i=pre[v];
            d=min(d,E[i].cap-E[i].flow);
            v=E[i^1].v;
        }
        maxflow+=d;
        v=t;
```

```
        while(v!=s){//沿增广路增流
            int i=pre[v];
            E[i].flow+=d;
            E[i^1].flow-=d;// i^1 表示 i 的反向边
            v=E[i^1].v;
        }
    }
    cout<<endl<<"网络的最大流值: "<<maxflow<<endl;
    return maxflow;
}
```

算法分析：从算法描述可以看出，找到一条增广路的时间是 $O(E)$，最多会执行 $O(VE)$ 次，因为关键边（每次增流后消失的边）的总数为 $O(VE)$，所以总的时间复杂度为 $O(VE^2)$，其中 V 为节点个数，E 为边的数量。因为使用了一些辅助数组，所以空间复杂度为 $O(V)$。

⁜ 训练 1　最大流问题

题目描述（HDU3549）：给定一个有向带权图，找出最大流。

输入：输入的第 1 行包含一个整数 T，表示测试用例的数量。每个测试用例的第 1 行都包含两个整数 N 和 M（$2 \leqslant N \leqslant 15$，$0 \leqslant M \leqslant 1000$），表示节点和边的数量。接下来的 M 行，每行都包含三个整数 X、Y 和 C，表示从 X 到 Y 有一条边，其容量为 C（$1 \leqslant X$，$Y \leqslant N$，$1 \leqslant C \leqslant 1000$）。

输出：对每个测试用例，都输出从源 1 到汇 N 的最大流。

输入样例	输出样例
2	Case 1: 1
3 2	Case 2: 2
1 2 1	
2 3 1	
3 3	
1 2 1	
2 3 1	
1 3 1	

题解：本题为网络最大流问题，可以直接采用 EK 算法模板求解。算法源码见下载文件。

⁜ 训练 2　排水系统

题目描述（HDU1532）：约翰修建了一套排水沟，池塘中的水被排到附近的小溪里。约翰在每条水沟的开头都安装了调节器，可以控制水流入沟渠的流量。约翰不仅知道每条水沟每分钟可以输送多少加仑的水，还知道水沟的确切布局。水沟从池塘中流出，相互汇入，形成一个潜在的复杂网络。需要确定水从池塘输送到溪流的最大流量。

输入：输入包括几个测试用例。每个测试用例的第 1 行都包含两个整数 N（$0 \leq N \leq 200$）和 M（$2 \leq M \leq 200$）。N 表示排水沟的数量，M 表示水沟的交叉点数量。交叉点 1 是池塘。交叉点 M 是河流。以下 N 行，每行都包含三个整数：S_i、E_i 和 C_i。S_i 和 E_i（$1 \leq S_i, E_i \leq M$）表示水沟的交叉点。水会从 S_i 流到 E_i，最大流量为 C_i（$0 \leq C_i \leq 10000000$）。

输出：对每个测试用例，都单行输出从池塘中排出水的最大流量。

输入样例	输出样例
5 4	50
1 2 40	
1 4 20	
2 4 20	
2 3 30	

题解：本题为网络最大流问题，可以直接采用上节的 EK 算法求解。算法源码见下载文件。

8.2　Dinic 算法

Dinic 算法是一个计算最大网络流的多项式复杂度算法。EK 算法每次都通过广度优先搜索（BFS）找到一条增广路，增流后需要重新进行广度优先搜索以寻找下一条增广路，直到找不到增广路时为止。Dinic 算法首先通过广度优先搜索分层，然后通过深度优先搜索（DFS）沿着层次增 1 且 cap>flow 的方向找增广路，回溯时增流。一次深度优先搜索可以实现多次增流，这正是 Dinic 算法的巧妙之处。

📖 原理　Dinic 算法详解

1. 算法步骤

（1）在混合网络上通过广度优先搜索进行分层。

（2）在层次图中深度优先搜索，沿着层次增 1 且 cap>flow 的方向找增广路，回溯时增流。

（3）重复以上步骤，直到不存在增广路时为止。

2. 完美图解

（1）从源点出发进行广度优先搜索，构造分层图，如下图所示。因为混合网络边数太多，所以为了更清楚地展示，在图解中仍然采用了残余网络。

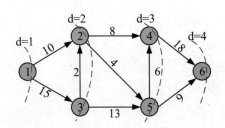

（2）在层次图中进行深度优先搜索，找到第 1 条增广路 1-2-4-6，回溯时增流 8（同向边减 8，反向边加 8）。

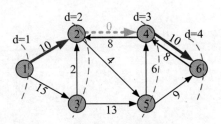

回溯到 2 号，它还有一个邻接点 5，从 2 出发继续深度优先搜索，又找到增广路 2-5-6，回溯时增流 2。因为 1-2 的可增量为 10，2-4 已经增流 8，所以从 2 出发还可以增流 2。

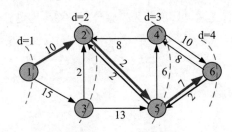

回溯到 1 号节点，回溯时增流 10（从 1 到 2 的边减 10，从 2 到 1 的边加 10）。

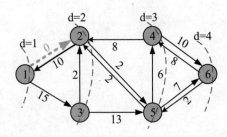

1 号节点还有一个邻接点 3，继续深度优先搜索，找到增广路 1-3-5-6，回溯时增流 7。

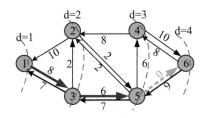

（3）再次从源点出发进行广度优先搜索，构造分层图。

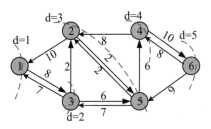

（4）在层次图中进行深度优先搜索，找到 1-3-2，此时从 2 出发无法沿着层次增 1 且有可增量的方向行进，增流为 0，修改 d[2]=0。回溯到 3 号节点。

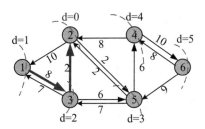

3 号节点还有一个邻接点 5，继续深度优先搜索，找到增广路 1-3-5-4-6，回溯时增流 6。

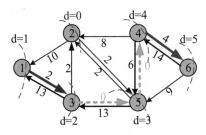

（5）再次从源点出发进行广度优先搜索，构造分层图，找不到汇点，算法结束，得到最大流值 23。

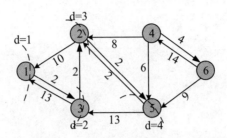

算法分析：Dinic 算法在执行过程中每次都要重新分层，从源点到汇点的层次是严格递增的，包含 V 个点的层次图最多有 V 层，所以最多重新分层 V 次。在同一个层次图中，因为每条增广路都有一个瓶颈（每次增流都至少消失一条边，称之为关键边），而两次增广的瓶颈不可能相同，所以增广路最多有 E 条。搜索每条增广路时，前进和回溯最多 V 次，两者的时间复杂度为 $O(VE)$。Dinic 算法的时间复杂度为 $O(V^2E)$。

3. 算法实现

```cpp
bool bfs(int s,int t){//分层
    memset(d,0,sizeof(d));
    queue<int>q;
    d[s]=1;
    q.push(s);
    while(!q.empty()){
        int u=q.front();
        q.pop();
        for(int i=head[u];~i;i=E[i].next){
            int v=E[i].v;
            if(!d[v]&&E[i].cap>E[i].flow){
                d[v]=d[u]+1;
                q.push(v);
                if(v==t) return 1;
            }
        }
    }
    return 0;
}

int dfs(int u,int flow,int t){//在分层的基础上深度优先搜索
    if(u==t) return flow;
    int rest=flow;
    for(int i=head[u];~i&&rest;i=E[i].next){
        int v=E[i].v;
        if(d[v]==d[u]+1&&E[i].cap>E[i].flow){
            int k=dfs(v,min(rest,E[i].cap-E[i].flow),t);
```

```
            if(!k) d[v]=0;
            E[i].flow+=k;
            E[i^1].flow-=k;
            rest-=k;
        }
    }
return flow-rest;
    }


    int Dinic(int s,int t){
        int maxflow=0;
        while(bfs(s,t)){
            for(int i=1;i<=n;i++)
                maxflow+=dfs(s,inf,t);
        }
        return maxflow;
    }
```

⋰⋰ 训练 1 最大销售量

题目描述（**POJ1149**）：养猪场由 M 个上锁的猪舍组成，米尔科没有钥匙，所以不能打开任何猪舍。客户们纷纷来到农场。他们每个人都有一些猪舍的钥匙，想买一定数量的猪。米尔科一大早就得知当天参观农场的客户数量，他可以制定销售计划以最大限度地增加猪的销售数量。流程如下：①客户到达，打开其有钥匙的所有猪舍；②米尔科从所有已打开的猪舍向客户出售一定数量的猪，若米尔科愿意，则他可以在已打开的猪舍之间重新分配剩余的猪。每个猪舍都可以放无限头猪。

输入：第 1 行包含两个整数 M 和 N（$1 \leqslant M \leqslant 1000$，$1 \leqslant N \leqslant 100$），表示猪舍数量和客户数量。猪舍编号为 $1 \sim M$，客户编号为 $1 \sim N$。下一行包含 M 个整数，表示每个猪舍的初始猪数量。每个猪舍中猪的数量都大于或等于 0，小于或等于 1000。接下来的 N 行包含 "$A, K_1, K_2, \cdots, K_A, B$" 形式的客户记录（第 i 个客户的记录在第 $i+2$ 行中），表示这个客户有 $K_1, K_2, \cdots, K_A$（非递减排序）的猪舍钥匙，想买 B 头猪。数字 A 和 B 可以等于 0。

输出：单行输出可以出售的猪的最大数量。

输入样例	输出样例
3 3	7
3 1 10	
2 1 2 2	
2 1 3 3	
1 2 6	

题解：本题有 M 个猪圈，N 个客户，每个客户都有一些猪圈的钥匙，只可以购买这些有钥

匙的猪圈里的猪，而且要买一定数量的猪。每个猪圈都有已知数量的猪，但是猪圈可以重新打开，将猪的数量重新分配，使得卖出的猪的数量最多。客户有先后顺序，钥匙和买猪的数量有约束，属于多约束问题，可以考虑用网络流解决。

1. 构建网络

（1）构造网络，将客户作为节点，另外增加源点和汇点。

（2）将源点和每个猪圈的第 1 个客户都连边，容量为开始时猪圈中猪的数量。若源点和某个节点之间有重边，则将容量合并。

（3）若客户 j 紧跟客户 i 之后打开某个猪圈，则将<i, j>连一条边，容量为无穷大。

（4）在每个客户和汇点之间都连边，容量为客户希望购买的猪的数量。

2. 完美图解

在输入样例中，3 个猪圈分别有 3、1、10 头猪。客户 1 有两把钥匙（1、2），要买 2 头猪；客户 2 有两把钥匙（1、3），要买 3 头猪；客户 3 有一把钥匙（2），要买 6 头猪。

（1）增加源点 0，汇点 4。

（2）将源点和每个猪圈的第 1 个客户都连边，容量为开始时猪圈中猪的数量。第 1 个猪圈的第 1 个客户是 1，第 2 个猪圈的第 1 个客户也是 1，从源点到客户 1 有重边，合并后容量为 3+1=4。第 3 个猪圈的第 1 个客户是 2，所以从源点到 2 有一条边，容量为 10。

（3）客户 2 跟在客户 1 后面打开第 1 个猪圈，客户 3 紧跟在客户 1 后面打开第 2 个猪圈，所以将 1-2、1-3 连边，容量为无穷大。

（4）从客户 1、2、3 到汇点 4 都有一条边，容量分别为客户的购买数量 2、3、6。

构建的网络如下图所示，采用 Dinic 算法求解网络最大流即可。算法源码见下载文件。

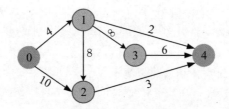

※ 训练 2 电力网络

题目描述（POJ1459）：一个电力网络由通过电力传输线连接的节点（发电站、用户和中转站）组成。对于节点 u，其他节点为其提供的功率 $s(u) \geq 0$，生产功率 $0 \leq p(u) \leq p_{max}(u)$，消耗功率 $0 \leq c(u) \leq \min(s(u), c_{max}(u))$，传递功率 $d(u) = s(u) + p(u) - c(u)$。任何发电站都 $c(u)=0$，任何用户都 $p(u)=0$，任何中转站都 $p(u)=c(u)=0$。在网络中，从节点 u 到节点 v 的输电线 (u,v) 最多可以有一条，从 u 到 v 的传输功率 $0 \leqslant l(u,v) \leqslant l_{max}(u,v)$。设 $Con = \sum_u c(u)$ 为网络中的消耗功率，请计算 Con 的最大值。

u	type	$s(u)$	$p(u)$	$c(u)$	$d(u)$
0	power	0	4	0	4
1	station	2	2	0	4
3		4	0	2	2
4	consumer	5	0	1	4
5		3	0	3	0
2	dispatcher	6	0	0	6
6		0	0	0	0

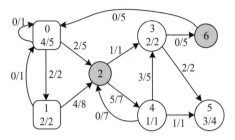

图中发电站 u 的标签 x/y 表示 $p(u)=x$ 和 $p_{max}(u)=y$，用户 u 的标签 x/y 表示 $c(u)=x$ 和 $c_{max}(u)=y$，输电线 (u,v) 的标签 x/y 表示 $l(u,v)=x$ 和 $l_{max}(u,v)=y$，则 Con=6。注意：网络还有其他可能的状态，但 Con 的值不可以超过 6。

输入：输入包含多个数据集。每个数据集都以 4 个整数为开头：$0 \leqslant n \leqslant 100$（节点）、$0 \leqslant np \leqslant n$（发电站）、$0 \leqslant nc \leqslant n$（用户）和 $0 \leqslant m \leqslant n^2$（输电线）。接下来输入 m 个三元组 $(u,v)z$，其中 u 和 v 是节点编号（从 0 开始），$0 \leqslant z \leqslant 1000$ 是 $l_{max}(u,v)$ 的值。接着输入 np 个二元组 $(u)z$，其中 u 是发电站编号，z 是 $p_{max}(u)$ 的值，$0 \leqslant z \leqslant 10000$。数据集以 nc 个二元组 $(u)z$ 结尾，其中 u 是用户编号，z 是 $c_{max}(u)$ 的值，$0 \leqslant z \leqslant 10000$。所有输入的数字都是整数。除了 $(u,v)z$ 三元组和 $(u)z$ 二元组不包含空格，在输入中都可以自由出现空格。

输出：对每个数据集都单行输出在网络中消耗的最大功率。

输入样例	输出样例
2 1 1 2 (0,1)20 (1,0)10 (0)15 (1)20	15
7 2 3 13 (0,0)1 (0,1)2 (0,2)5 (1,0)1 (1,2)8 (2,3)1 (2,4)7	6
(3,5)2 (3,6)5 (4,2)7 (4,3)5 (4,5)1 (6,0)5	
(0)5 (1)2 (3)2 (4)1 (5)4	

提示：输入样例包含两个数据集。第 1 个数据集有两个节点，包含两条输电线 $l_{max}(0,1)=20$ 和 $l_{max}(1,0)=10$；发电站 0 的最大发电量 $p_{max}(0)=15$；用户 1 的最大消费量 $c_{max}(1)=20$，Con 的最大值是 15。第 2 个数据集根据图 1 对网络进行编码。

题解：本题包括 n 个节点，其中有 np 个发电站提供电力，nc 个用户消费电力，剩余 $(n-np-nc)$ 个中转站既不提供电力也不消费电力，节点之间有 m 条输电线，每条线路都有传输量限制，求在网络中消耗的最大功率。发电站可以提供电力，所以可以作为源点；用户会消耗电力，所以可以作为汇点。由于本题有多个发电站和用户，属于多源多汇问题，所以可以增加一个超级源点和一个超级汇点。这样就转化为网络最大流问题。

1. 构建网络

（1）构造网络，将发电站、用户和中转站作为节点，另外增加超级源点和汇点。

（2）将每条输电线都连一条边，容量为最大传输量。

（3）将超级源点与每个发电站都连一条边，容量为发电站的最大发电量。

（4）将每个用户与超级汇点都连一条边，容量为用户的最大耗电量。

2. 完美图解

根据输入样例 2 构建网络。

（1）增加超级源点 8、超级汇点 9。

（2）13 条线路：(0,0)1、(0,1)2、(0,2)5、(1,0)1、(1,2)8、(2,3)1、(2,4)7、(3,5)2、(3,6)5、(4,2)7、(4,3)5、(4,5)1、(6,0)5。将每条输电线都连一条边，容量为最大传输量。

（3）两个发电站：(0)5、(1)2，从超级源点到每个发电站都引一条边，容量为最大发电量。

（4）3 个客户：(3)2、(4)1、(5)4，从每个用户到超级汇点都引一条边，容量为最大耗电量。

构建的网络如下图所示，采用 Dinic 算法求解网络最大流即可。算法源码见下载文件。

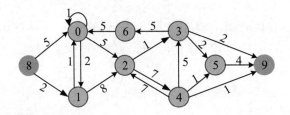

8.3　ISAP 算法

最短增广路算法是采用广度优先搜索"去权值"的最短增广路。从源点到汇点，像声音传播一样，总是找到最短路径，如下图所示。

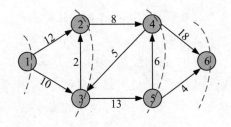

📖 原理　ISAP 算法详解

第 1 次找到的增广路是 1-2-4-6，但在广度优先搜索时，3、5 两个节点也搜索到了，多搜索了一些节点。如何一直沿着最短路的方向快速到达汇点呢？

有人想到了一条妙计——贴标签：首先对所有节点都标记到汇点的最短距离，称之为高度。怎么标高呢？从汇点开始，以广度优先搜索的方式，汇点的高度为 0，邻接点的高度为 1，继续访问的节点高度为 2……一直到源点结束，如下图所示。

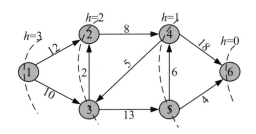

贴好标签之后，就可以从源点开始，沿着高度减 1 且有可行邻接边（cap>flow）的方向前进了，例如：h(1)=3，h(2)=2，h(4)=1，h(6)=0，是不是很快就找到汇点了？然后沿着增广路 1-2-4-6 增流。在当前节点无法前进时，重贴标签。这种算法叫作标签算法或 ISAP 算法（Improved Shortest Augument Path）。

1.　算法步骤

（1）标高操作。从汇点开始对节点贴标签。

（2）找增广路。若源点的高度≥节点数，则转向第 5 步；否则沿着高度 h(u)=h(v)+1 且有可行邻接边（cap>flow）的方向前进，若到达汇点，则转向第 3 步；若无法行进，则转向第 4 步。

（3）增流操作。在混合网络中沿着增广路的同向边增流，沿着反向边减流。

（4）重贴标签。当前节点无法前进时，若拥有当前节点高度的节点只有一个，则转向步 5；否则令当前节点的高度=所有可行邻接点高度的最小值加 1，若没有可行邻接边，则令当前节点的高度等于节点数，退回一步，转向第 2 步。

（5）算法结束，已经找到最大流。

特别注意：ISAP 算法有一个很重要的优化，可以提前结束程序，很多时候提速非常明显（高达 100 倍以上）。当前节点 u 无法行进时，说明 u、t 之间的连通性消失，但若 u 是最后一个和 t 距离 d[u] 的点，则说明此时 s、t 也不连通了。这是因为虽然 u、t 已经不连通了，但走的是最短路径，其他点此时到 t 的距离一定大于 d[u]，其他点要到 t，必然要经过一个和 t 距离为 d[u] 的点。所以在重贴标签之前，若判断当前高度为 d[u] 的节点只有 1 个，则立即结束。例如 u 的高度是 d[u]=3，当前无法行进，说明 u 当前无法到达 t，因为走的是最短路径，所以若从其他节点到 t 有路径，则这些点到 t 的距离一定大于 3，在这条路径上一定经过一个距离为 3 的节点。所以，若不存在其他距离为 3 的节点，则必然没有路径，算法结束。

2. 完美图解

（1）标高。从汇点开始进行广度优先搜索，第 1 次搜索到的节点高度为 1，下一次搜索到的节点高度为 2……直到标记完所有节点为止。用 $h[]$ 数组记录每个节点的高度，即到汇点的最短距离。同时用 $g[d]$ 数组记录到汇点的距离为 d 的节点个数，例如 $g[1]=2$，表示到汇点的距离为 1 的节点有两个。标高后的混合网络如下图所示。

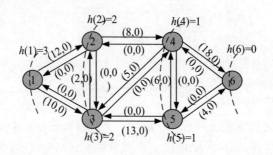

（2）找增广路。从源点开始，沿着高度减 1 且有可行邻接边（cap>flow）的方向前进，找到一条增广路径：1-2-4-6，可增量 $d=8$。

（3）增流操作。沿着增广路的同向边增流 flow=flow+d，反向边减流 flow=flow−d。

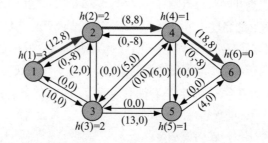

（4）找增广路。从源点开始，沿着高度 $h(u)=h(v)+1$ 且有可行邻接边（cap>flow）的方向前进，到达 2 号节点时无法行进，重贴标签。令 2 号节点的高度=所有可行邻接点高度的最小值+1，$h(2)=h(1)+1=4$，退回一步，回到源点继续搜索，又找到一条增广路径 1-3-5-6，可增量 $d=4$。

（5）增流操作。沿着增广路同向边增流 flow=flow+d，反向边减流 flow=flow−d。

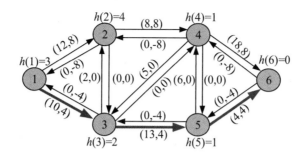

（6）找增广路。从源点开始，沿着高度 $h(u)=h(v)+1$ 且有可行邻接边（cap>flow）的方向搜索，$h(1)=3$，$h(3)=2$，$h(5)=1$，走到 5 号节点时无法行进，重贴标签。令 $h(5)=h(4)+1=2$，退回一步，重新搜索；退回到 3 号节点，因为 $h(3)=2$，仍然无法前进，重贴标签。令 h(3)=h(5)+1=3；退回到 1 号节点，因为 $h(1)=3$，仍然无法前进，重贴标签。令 $h(1)=h(3)+1=4$，源点不用退回。继续搜索，又找到一条增广路径：1-3-5-4-6，可增量 $d=6$。

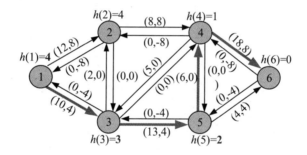

（7）增流操作。沿着增广路的同向边增流 flow=flow+d，反向边减流 flow=flow−d。

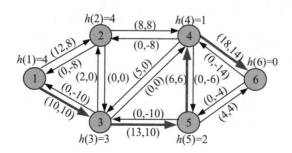

（8）找增广路。从源点开始，沿着高度 $h(u)=h(v)+1$ 且有可行邻接边（cap>flow）的方向前进，$h(1)=4$，虽然 $h(3)=3$，但已经没有可增加的流量，不可行，重贴标签。令 $h(1)=h(2)+1=5$，源点不用退回。继续搜索，$h(1)=5$，$h(2)=4$，到达 2 号节点时无法行进，发现高度为 4 的节点只有 1 个，说明已经无法到达汇点，算法结束，如下图所示。

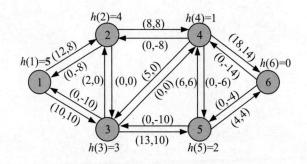

3. 算法实现

```
void set_h(int t,int n){//标高
queue<int> q;
memset(h,-1,sizeof(h));
 memset(g,0,sizeof(g));
h[t]=0;
q.push(t);
while(!q.empty()){
    int u=q.front();q.pop();
    ++g[h[u]];//高度为 h[u]的节点个数
    for(int i=head[u];~i;i=E[i].next){
        int v=E[i].v;
        if(h[v]==-1){
            h[v]=h[u]+1;
            q.push(v);
        }
    }
}
}

int ISAP(int s,int t,int n){
set_h(t,n);
int ans=0,u=s,d;
while(h[s]<n){
    int i=head[u];
    if(u==s)
    d=inf;
    for(;~i;i=E[i].next){
        int v=E[i].v;
        if(E[i].cap>E[i].flow&&h[u]==h[v]+1){
```

```
                    u=v;
            pre[v]=i;
            d=min(d,E[i].cap-E[i].flow);
            if(u==t){
                    while(u!=s){
                            int j=pre[u];
                            E[j].flow+=d;
                            E[j^1].flow-=d;
                            u=E[j^1].v;
                    }
                    ans+=d;
                    d=inf;
            }
            break;
            }
        }
        if(i==-1){
            if(--g[h[u]]==0)
                break;
            int hmin=n-1;
            for(int j=head[u];~j;j=E[j].next)
                    if(E[j].cap>E[j].flow)
                            hmin=min(hmin,h[E[j].v]);
            h[u]=hmin+1;
            ++g[h[u]];
            if(u!=s)
                    u=E[pre[u]^1].v;
        }
    }
    return ans;
}
```

算法分析：本算法找到一条增广路的时间为 $O(V)$，最多执行 $O(VE)$ 次，因为关键边的总数为 $O(VE)$，所以总的时间复杂度为 $O(V^2E)$，其中 V 为节点数，E 为边数；空间复杂度为 $O(V)$。

训练 1　岛屿运输

题目描述（HDU4280）：在遥远的辽阔海域有许多岛，岛上的所有交通都依靠船只。每条路线都是连接两个不同岛屿的直线，并且是双向的。在一个小时内，一条航线可以向一个方向运送一定数量的旅客。除出发岛和到达岛外，没有两条路线交叉或重叠。每个岛都可被视为 XY 平面坐标系上的一个点。X 坐标由西向东递增，Y 坐标由南向北递增。有许多旅客都从最西端的岛出发，希望到达最东端的岛，计算每个小时到达最东端的岛的旅客最大数量（运输力）。

输入：第 1 行包含一个整数 T（$1 \leqslant T \leqslant 20$），即测试用例的数量。每个测试用例的第 1 行都包含两个整数 N 和 M（$2 \leqslant N$，$M \leqslant 100000$），表示岛屿数和航线数。岛屿编号为 1～N。接下来的 N 行，每行都包含两个整数，即一个岛的 X 和 Y 坐标。N 行中的第 K 行表示 K 岛，所有坐标的绝对值都不超过 100000。再接下来有 M 行，每行都包含三个整数 I_1、I_2（$1 \leqslant I_1$、$I_2 \leqslant N$）和 C（$1 \leqslant C \leqslant 10000$），表示有一条连接 I_1 岛和 I_2 岛的航线，可以在一小时内单向运送 C 名乘客。最西边只有一个岛，最东边只有一个岛。没有两个岛屿有相同的坐标。每个岛都可以按航线去任何其他岛。

输出：对每个测试用例，都在一行中输出一个整数，即运输力。

输入样例	输出样例
1	9
5 7	
3 3	
3 0	
3 1	
0 0	
4 5	
1 3 3	
2 3 4	
2 4 3	
1 5 6	
4 5 3	
1 4 4	
3 4 2	

题解：首先根据输入坐标找到 X 的最小值和最大值作为源点和汇点，然后读入边，构建网络，求解最大流。本题数据量大，节点和边均为 10^5，可采用 ISAP 算法求解最大流，Dinic 算法险过。注意：边是双向的，每条航线都相当于在混合网络中建 4 条边。算法源码见下载文件。

⋎⋏ 训练 2　美味佳肴

题目描述（POJ3281）：每头牛对某些食物和饮料都有偏好。约翰烹制了 F（$1 \leqslant F \leqslant 100$）种食物和 D（$1 \leqslant D \leqslant 100$）种饮料。他的 N（$1 \leqslant N \leqslant 100$）头牛都自己决定是否愿意吃某种食物或喝某种饮料。约翰必须给每头牛都分配一种食物类型和一种饮料类型，以使同时获得这两种食物的奶牛数量最大化。每道菜或饮料都只可以由一头牛食用（即一旦将食物类型 2 分配给一头牛，其他牛就不可以被分配食物类型 2 了）。

输入：第 1 行包含 3 个整数 N、F 和 D。第 2..N+1 行，每行都以两个整数 F_i 和 D_i 为开头，表示第 i 头牛喜欢的菜肴数和饮料数。接下来的 F_i 个整数表示第 i 头牛喜欢的菜，D_i 个整数表示第 i 头牛喜欢的饮料。

输出：单行输出一个整数，表示可以同时喂养符合其意愿的食物和饮料的奶牛的最大数量。

输入样例	输出样例
4 3 3	3
2 2 1 2 3 1	
2 2 2 3 1 2	
2 2 1 3 1 2	
2 1 1 3 3	

注意，满足 3 头牛的一种方法：牛 1：不吃饭；牛 2：食物 2、饮料 2；牛 3：食物 1、饮料 1；牛 4：食物 3、饮料 3。

题解：本题为求解多约束最大值问题，可以考虑用网络最大流解决。若按照源点-食物-牛-饮料-汇点构建网络，则可以满足每份食物和饮料只可以给一头牛吃的约束，但是无法解决每头牛只可以吃一种食物和饮料的问题。所以需要拆点，将每头牛都拆成两个点，两个点之间的容量为 1。

构建网络：

（1）增加源点和汇点，将源点 s 编号 0，将汇点 t 编号 $f+2\times n+d+1$。

（2）将源点到食物连边，容量为 1。

（3）将牛到牛拆点连边，容量为 1。

（4）将饮料到汇点连边，容量为 1。

（5）对 n 头牛，读入每头牛都可以选择的食物和饮料数量 x、y：

- 从牛喜欢的食物到牛的入点连边，容量为 1；
- 从牛的出点到牛喜欢的饮料连边，容量为 1。

输入样例，构建的网络如下图所示。

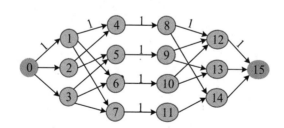

构建网络后，可以采用 ISAP 求解最大流。算法源码见下载文件。

✧ 训练 3 跳跃蜥蜴

题目描述（HDU2732）：一队流浪蜥蜴进入了迷宫中的一个陌生房间，当四处寻找隐藏的宝藏时，一只新手踩在一块看起来平淡无奇的石头上，房间的地板突然消失了！每一只蜥蜴都站在一根看起来脆弱的柱子上，下面开始燃烧。别留下蜥蜴！请让尽可能多的蜥蜴离开房间，报告伤亡数。柱子排列成一个网格，每根柱子都距离其东、西、北和南的柱子各 1 个单元。网格边缘的柱子距离房间边缘 1 个单位（安全）。并非所有柱子上都有蜥蜴。蜥蜴可以跳跃到当前柱子 d 个单位内任何未被占据的柱子上。若一只蜥蜴站在一根柱子上，离房间边缘的跳跃距离很近，那么它总是可以跳到安全的地方。但有一个陷阱：每次跳跃后，每根柱子都会变弱，很快就会坍塌，其他蜥蜴就不能再使用了。跳到柱子上不会使柱子变弱或倒塌，只是跳下去会使柱子变弱并最终倒塌。在任何时候，在一根柱子上只可以有一只蜥蜴。

输入：第 1 行为一个整数 T（$T \leqslant 25$），表示测试用例的数量。每个测试用例都以正整数 n 开始，表示地图中的行数，然后是一个非负整数 d（$1 \leqslant d \leqslant 3$），表示蜥蜴的最大跳跃距离。接下来是两个地图，每个地图都是一行一行的字符。第 1 个地图将在每个位置都包含一个数字（0～3），表示该位置的柱子在塌陷前将保持的跳跃次数（0 表示没有柱子）；在第 2 张地图上，每个蜥蜴在柱子上的位置都有一个 "L"，每个空柱子都有一个 "."。在没有柱子的地方永远不会有蜥蜴。每个地图都为 $n \times m$ 的矩形（$1 \leqslant n$，$m \leqslant 20$）。

输出：对每个测试用例，都按样例格式单行输出无法逃脱的蜥蜴数量。

输入样例	输出样例
4	Case #1: 2 lizards were left behind.
3 1	Case #2: no lizard was left behind.
1111	Case #3: 3 lizards were left behind.
1111	Case #4: 1 lizard was left behind.
1111	
LLLL	
LLLL	
LLLL	
3 2	
00000	
01110	
00000	
.....	
.LLL.	
.....	
3 1	
00000	
01110	
00000	
.....	
.LLL.	
.....	
5 2	
00000000	

```
02000000
00321100
02000000
00000000
........
........
..LLLL..
........
........
```

题解：本题给出地图行数和蜥蜴可以跳的最大距离，然后给出两个地图，第 1 个图为每根柱子可以承受跳跃的次数，第 2 个图为蜥蜴所在的位置，求解无法逃脱的蜥蜴数量。本题为多约束求解问题，考虑采用网络流解决。

构建网络：

（1）增加源点和汇点，将源点 s 编号 0，将汇点 t 编号 $n×m×2+1$。

（2）柱子(i, j)的编号 id 为 $i×m+j+1$。将每根柱子都拆成两个点 id 和 id+$n×m$。n 和 m 为网格的行和列数，其中 id 点表示蜥蜴进来，id+$n×m$ 点表示蜥蜴出去。

（3）若柱子 id 上有蜥蜴，则从 s 到 id 引一条边(s, id, 1)。

（4）若柱子 id 可以承受 x 次跳出，则从 id 到 id+$n×m$ 引一条边(id, id+$n×m$, x)。

（5）若从柱子 id 可以直接跳出网格边界，则从 id+$n×m$ 到 t 引一条边(id+$n×m$, t, inf)。

（6）若从柱子 id 不可以直接跳出网格边界，则从 id+$n×m$ 到与 id 的距离不大于 d 的网格 id_2 引一条边(id+$n×m$, id_2, inf)。注意：这里的距离是曼哈顿距离（行列差的绝对值之和）。

输入样例 4，构建的网络如下图所示。

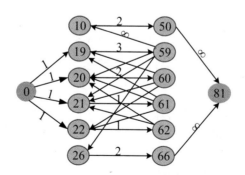

构建网络后，就可以采用 ISAP 求解最大流了，最大流的值是可以跳出网格的蜥蜴数，将蜥蜴的总数减去逃出的蜥蜴数就是未逃出的蜥蜴数。算法源码见下载文件。

训练 4 计算机工厂

题目描述（POJ3436）：每台计算机都由 P 个零件组成。当所有这些零件都存在时，计算机就组装好了。有 N 台不同的机器组装计算机。每台机器都从半成品计算机上删除或添加一些零件。输入规范描述了在半成品计算机中必须包含哪些零件。规范是一组 P 个数字 0、1 或 2，其中 0 表示不需要该零件，1 表示需要该零件，2 表示无所谓。输出规范描述了操作结果，是一组 P 个数字 0 或 1，其中 0 表示该零件不存在，1 表示该零件存在。求解如何重新安排生产线可获得最大的整体性能。

输入：输入文件包含整数 P、N，然后是机器的 N 个描述。对第 i 台机器的描述用 $2P+1$ 整数 $Q_i S_{i,1} S_{i,2} \cdots S_{i,P} D_{i,1} D_{i,2} \cdots D_{i,P}$ 表示，其中 Q_i 表示单位时间的产能，$S_{i,j}$ 表示第 j 部分的输入规范，$D_{i,k}$ 表示第 k 部分的输出规范。$1 \leqslant P \leqslant 10$，$1 \leqslant N \leqslant 50$，$1 \leqslant Q_i \leqslant 10000$。

输出：输出可能的最大整体性能，然后是 M（必须建立的连接数），接着是 M 个连接描述。对机器 A 和机器 B 之间的每个连接都必须用 3 个正数以 "A B W" 形式描述，其中 W 是每小时从机器 A 传送到机器 B 的计算机数量。若存在多个解决方案，则输出其中任意一个。

输入样例	输出样例
3 4	25 2
15 0 0 0 0 1 0	1 3 15
10 0 0 0 0 1 1	2 3 10
30 0 1 2 1 1 1	
3 0 2 1 1 1 1	4 5
3 5	1 3 3
5 0 0 0 0 1 0	3 5 3
100 0 1 0 1 0 1	1 2 1
3 0 1 0 1 1 0	2 4 1
1 1 0 1 1 1 0	4 5 1
300 1 1 2 1 1 1	
2 2	0 0
100 0 0 1 0	
200 0 1 1 1	

题解：有 N 台机器组装计算机，每台计算机都有 P 个零件，将零件全部组装完才算结束。N 台机器相互协作，每台机器都要求输入一定规格的半成品计算机，且输出一定规格的计算机，每台机器都有最大产出效率（每小时生产台数），要求合理安排这些机器，使得总的生产效率最大。本题为多约束求解问题，考虑采用网络流解决。

输入数据的释义如下。

（1）每台计算机都有 P 部分、N 台机器。

（2）每台机器都有 3 部分描述：单位时间产能，需要的零件，处理后计算机包含的零件。

- 单位时间产能：每小时可以加工的零件数量。
- 需要的零件：用 P 个数字表示，数字只有 0、1、2，第 k 位表示是否需要第 k 个零件，0 表示不需要；1 表示需要；2 表示无所谓。
- 处理后计算机包含的零件：用 P 个数字来表示，数字只有 0，1，第 k 位表示第 k 个零件是否存在，0 表示不存在，1 表示存在。

构建网络：将每台机器都拆成两个点，即入点和出点，num[i]表示机器 i 的产能。

（1）增加源点和汇点，将源点 s 编号 0，将汇点 t 编号 2×m+1。

（2）将机器 i 拆成两个点 i 和 $i+m$，从 i 点到 $i+m$ 点引一条边，容量为 num[i]。

（3）检测输入没有 1 的点 i，从源点 s 到 i 引一条边，容量为 num[i]。

（4）检测输出全是 1 的点 i，从 i 到汇点 t 引一条边，容量为 num[i]。

（5）对机器和拆点之间的处理：对机器 i 的输出，检测机器 j 的输入，若全部位置对应相等或机器 j 的输入为 2，则从 $i+m$ 到 j 引一条边，容量为 num[i]，并标记该连接 vis[$i+m$][j]=1。

输入样例 1，构建的网络如下图所示。5 号节点 010 与 3 号节点 012，前两位对应相等，3 号节点的最后一位为 2，表示无所谓，从 5 号到 3 号可以连线，容量为 15。

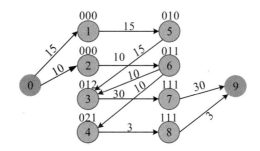

构建网络后，可以采用 ISAP 求解最大流，最大流值就是最大整体性能，流量大于 0 的机器连接数就是必须建立的连接数流量大于 0 的边连接的两个节点 A、B 和流量 W，表示每小时从 A 传送到 B 的计算机数量为 W。算法源码见下载文件。

8.4　二分图匹配

二分图又叫作二部图，是图论中的一种特殊模型。设 G=(V, E)是一个无向图，若节点集 V 可被分割为两个互不相交的子集(V_1, V_2)，并且图中的每条边(i,j)所关联的两个节点 i 和 j 分别属于这两个不同的集合（$i \in V_1$,$j \in V_2$），则称 G 为一个二分图。

匹配：在图论中，一个匹配就是一个边的集合，其中任意两条边都没有公共节点。图中加粗的边是一个匹配：{(1,6),(2,5),(3,7)}。

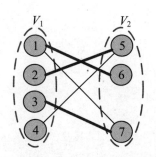

在一个图的所有匹配中，边数最多的匹配叫作该图的最大匹配。

独立集：两两互不相连的节点集合。

边覆盖：任意节点都至少是某条边的端点的边集合。

点覆盖：任意边都至少有一个端点属于该节点集合。

对不存在孤立点的图，|最大匹配|+|最小边覆盖|=|V|，|最大独立集|+|最小点覆盖|=|V|。对二分图，|最小点覆盖|=|最大匹配|。|V|为图中的节点数。

📖 原理 1　最大匹配算法

精明的老板经过观察发现，一个男推销员和一个女推销员搭配工作，业务量明显高于其他人。然而并不是任何两个男女推销员都可以默契合作，有矛盾时更无法一起工作。老板非常了解推销员的配合情况，设计了一个最佳推销员配对方案，使每天派出的推销员最多，以获得最大效益。

最佳推销员配对方案要求两个推销员男女搭配工作，相当于女推销员和男推销员被分为两个不相交的集合，可以配合工作的男女推销员之间有连线，求最大配对数，是二分图最大匹配问题。可以将二分图转化成网络，求最大流即可。

构建网络：添加源点和汇点，将源点与女推销员连线，将男推销员和汇点连线，若男女推销员可以配合，则连线，所有边的容量均为 1。构建的网络如下图所示。

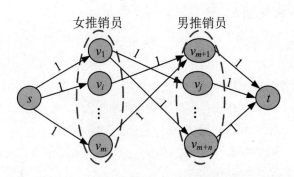

求解最大流，若采用 EK 算法，则时间复杂度为 $O(V^2E)$；若采用 Dinic 或 ISAP 算法，则时

间复杂度为 $O(V^2E)$，其中 V 为节点数，E 为边数。其实，二分图最大匹配问题还有一种效率更高的算法——匈牙利算法。

📖 原理 2　匈牙利算法

若 P 是图 G 中一条连通两个未匹配节点的路径，待匹配的边（边值为 0）和已匹配的边（边值为 1）在 P 上交替出现，则称 P 为一条增广路径。例如，有一条增广路径 4-1-5-2-6-3，如下图所示。

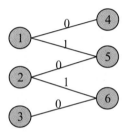

对图中的增广路径，可以将第 1 条边修改为已匹配（边值为 1），将第 2 条边修改为未匹配（边值为 0），以此类推。也就是说，将所有边"反色"，修改后进行匹配仍然是合法的，但是匹配数增加了一。原来的匹配数是 2，反色后匹配数是 3，匹配数增加且仍满足匹配要求（任意两条边都没有公共节点）。

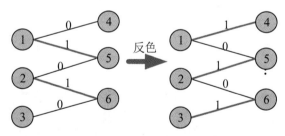

注意：和最大流的增广路径含义不同，最大流中的增广路径指可以增流的路径。

在匹配问题上，增广路径的表现形式是一条"交错路径"，也就是说这条由边组成的路径，它的第 1 条边还没有参与匹配，第 2 条边已参与匹配，第 3 条边没有参与匹配……最后一条边没有参与匹配，并且始点和终点还没有匹配。另外，单独的一条连接两个未匹配点的边显然也是交错路径。不停地找增广路径，并反色增加匹配数，找不到增广路径时，就得到一个最大匹配，这就是匈牙利算法。

1. 算法设计

（1）初始化所有节点为未访问，检查第 1 个集合中的每一个节点 u。

（2）依次检查 u 的邻接点 v，若 v 未被访问，则标记其已访问，若 v 未匹配，则令 u、v 匹配，match[v]=u，返回 true；若 v 已匹配，则从 v 的邻接点出发，查找是否有增广路径，若有，则沿增广路径反色，然后令 u、v 匹配，match[v]=u，返回 true。若 u 的邻接点 v 检查完毕后还有没找到匹配，则返回 false。

（3）找不到增广路径时，即可得到一个最大匹配。

2. 完美图解

仍以最佳的推销员配对方案为例。

（1）根据输入数据构建网络。注意：对图中的边用双向箭头表示，实际上是两条边。

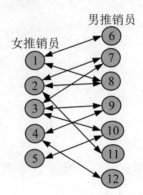

（2）初始化访问数组 vis[i]=false，i=1..12。检查 1 的第 1 个邻接点 6，6 未被访问，标记 vis[6]=true。6 未匹配，令 1 和 6 匹配，即 match[6]=1，返回 true。

（3）初始化访问数组 vis[i]=false，i=1..12。检查 2 的第 1 个邻接点 7，7 未被访问，标记 vis[7]=true。7 未匹配，则令 2 和 7 匹配，即 match[7]=2，返回 true，如下图所示。

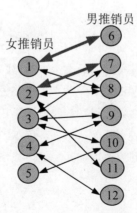

（4）初始化访问数组 vis[i]=false，i=1..12。检查 3 的第 1 个邻接点 7，7 未被访问，标记

vis[7]=true。7 已匹配，match[7]=2，即 7 的匹配点为 2，从 2 出发找增广路径，实际上是为 2 号节点再找一个其他匹配点，若找到了，就把原来的匹配点 7 让给 3 号节点。若 2 号节点没有找到匹配点，则通知 3 号节点继续寻找。

从 2 出发，检查 2 的第 1 个邻接点 7，7 已访问，检查第 2 个邻接点 8，8 未被访问，标记 vis[8]=true。8 未匹配，令 match[8]=2，返回 true，如左图所示。2 号节点找到了一个匹配点 8，把原来的匹配点 7 让给 3 号节点，令 match[7]=3，如右图所示。

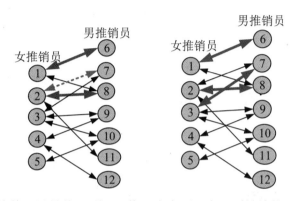

这条增广路径太简单，只是从 2 到 8，若 8 也有匹配点，则继续找下去。若没找到增广路径，则会返回 false，接着检查 3 号节点的下一个邻接点。

（5）初始化 vis[i]= false，i=1..12。检查 4 的第 1 个邻接点 9，9 未被访问，标记 vis[9]=true。9 未匹配，令 match[9]=4，返回 true。

（6）初始化 vis[i]= false，i=1..12。检查 5 的第 1 个邻接点 10，10 未被访问，标记 vis[10]=true，10 未匹配，令 match[10]=5，返回 true。

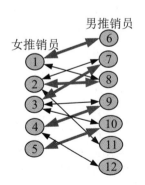

本题中的增广路径非常简单，但在实际案例中增广路径可能较长，如下图所示。

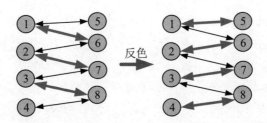

反色过程：上图中左侧的 4 号节点进行匹配时，检查 4 号的邻接点 8，发现 8 已有匹配，match[8]=3，从 3 出发，检查 3 号节点的邻接点 7，发现 7 已经有匹配，match[7]=2，检查 2 号节点的邻接点 6，发现 6 已有匹配，match[6]=1，检查 1 号节点的邻接点 5，发现 5 未匹配，找到一条增广路径：3-7-2-6-1-5，立即反色！令 match[5]=1。1 号节点一旦找到了匹配点，就把原来的匹配点 6 让给 2 号节点，match[6]=2；2 号节点一旦找到了匹配点，就把原来的匹配点 7 让给 3 号节点，match[7]=3；3 号节点一旦找到了匹配点，就把原来的匹配点 8 让给 4 号节点，match[8]=4。

3. 算法实现

```
bool maxmatch(int u){
    for(int i=head[u];~i;i=E[i].next){
        int v=E[i].v;
        if(!vis[v]){
            vis[v]=1;
            if(!match[v]||maxmatch(match[v])){
                match[v]=u;
                return true;
            }
        }
    }
    return false;
}
```

✧ 训练 1 完美的牛棚

题目描述（POJ1274）：约翰刚刚建成了新牛棚，所有牛棚都不一样。第 1 周，约翰随机把奶牛分配到牛棚，但很快就发现奶牛只愿意在某些牛棚产奶。他收集了哪些奶牛愿意在哪个牛棚产奶的数据。一个牛棚只可以被分配给一头牛，一头牛只可以被分配给一个牛棚。请考虑奶牛的偏好，计算出将奶牛分配到产奶牛棚的最大数量。

输入：输入包括几个测试用例。每个测试用例的第 1 行都包含两个整数 N 和 M（$0 \leqslant N$，$M \leqslant 200$），分别表示奶牛数量和牛棚数量。下面 N 行中的每一行都对应一头奶牛。该行的第 1 个整数 S_i（$0 \leqslant S_i \leqslant M$）是奶牛愿意在其中产奶的牛棚数，后续的 S_i 个整数是奶牛愿意产奶的牛棚编号。牛棚编号为 1～M。

输出：对每个测试用例，都单行输出将奶牛分配到产奶牛棚的最大数量。

输入样例	输出样例
5 5	4
2 2 5	
3 2 3 4	
2 1 5	
3 1 2 5	
1 2	

题解：本题属于二分图的最大匹配问题，可以增加源点和汇点构建网络求解最大流，也可以将每头牛与其喜爱的牛棚都连一条容量为 1 的边，用匈牙利算法求最大匹配。算法源码见下载文件。请尝试采用两种算法求解，比较算法的优劣。

❖❖ 训练 2　机器调度

题目描述（POJ1325）：有两台机器 A 和 B。机器 A 有 n 种工作模式，编号 0～$n-1$。机器 B 有 m 种工作模式，编号为 0～$m-1$。它们一开始都在工作模式 0 下工作。给定 k 个作业，每个作业都可以在两台机器中的任何一台上以特定工作模式处理。作业 i 的约束表示为三元组(i, x, y)，表示它可以在机器 A 的工作模式 x 下处理，或者在机器 B 的工作模式 y 下处理。要完成所有工作，就需要不时地重启以修改机器的工作模式。这里需要安排作业的顺序并分配适当的机器，使重启次数最少。

输入：输入包含多个测试用例。每个测试用例的第 1 行都包含三个正整数 n、m 和 k($n, m<100$，$k<1000$)。接下来的 k 行是 k 个作业的约束，每行都是一个三元组 i、x、y。以输入单个"0"的行结束。

输出：对每个测试用例，都单行输出机器重启的最少次数。

输入样例	输出样例
5 5 10	3
0 1 1	
1 1 2	
2 1 3	
3 1 4	
4 2 1	
5 2 2	
6 2 3	
7 2 4	
8 3 3	
9 4 3	
0	

题解： 由于机器一开始在工作模式 0 下工作，而且任务的执行顺序是任意的，所以若有工作模式 0 的任务，则直接跳过。求最少的重启次数，实际上就是求二分图的最小点覆盖数。二分图的最小点覆盖数等于二分图的最大匹配数，将每个作业约束的两种工作模式连线以构建网络，采用匈牙利算法求解二分图的最大匹配。在输入样例中，机器 A、B 均有 5 种工作模式（0～4），10 个作业均没有在工作模式 0 下处理，省略工作模式 0，这样机器 A、B 共有 8 种工作模式，编号为 1～8。输入数据 0 1 1 表示 0 号作业可以在机器 A 中的工作模式 1 下处理，也可以在机器 B 中的工作模式 1 下处理，因为机器 B 中的工作模式 1 编号为 5，因此将 1-5 连接一条边。其他作业也如此连边，10 个作业共 10 条边。构建的网络如下图所示。

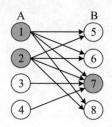

求出二分图的最大匹配数为 3，也就是说，只需 3 个点（1、2、7）就可以覆盖所有边（最小点覆盖）。机器 A 在工作模式 1 下可以完成 4 个作业（连接的四条边），重启机器 A 到工作模式 2 下可以完成 4 个作业，重启机器 B 到工作模式 3 下（节点 7）可以完成两个作业。算法源码见下载文件。

⚙ 训练 3 逃脱

题目描述（HDU3605）： 有 n 个人和 m 个星球，人和星球的编号均从 0 开始。每个人都只可以在一些特定的星球上生活，每个星球容纳的人数有限。确定是否所有人都可以在特定的星球上生活。

输入： 输入包含多个测试用例。每个测试用例的开头都是 n、m（$1 \leqslant n \leqslant 100000$，$1 \leqslant m \leqslant 10$）。接下来的 n 行，每行都代表一个人适合生活的条件，每行都有 m 个数字，第 i 个数字是 1 或 0，1 表示这个人适合在第 i 个星球上生活，0 表示这个人不适合在第 i 个星球上生活。最后一行有 m 个数字，第 i 个数字 a_i（$0 \leqslant a_i \leqslant 100000$）表示第 i 个星球最多可以容纳 a_i 个人。

输出： 确定是否所有人都可以生活在这些星球上。若可以，则输出"YES"，否则输出"NO"。

输入样例	输出样例
1 1	YES
1	NO
1	

```
2 2
1 0
1 0
1 1
```

题解：本题给出每个人适合生活的星球信息和该星球可以容纳多少人，问是不是所有人都可以住到星球上。本题为二分图的多重匹配问题，可采用匈牙利算法或者缩点后求最大流解决。

匈牙利算法：用一个数组存储每个星球已居住的人数，若人数小于星球的最大容纳人数，则可以住在这个星球上（匹配）；否则回溯修改之前的路径，查找能否有其他安排。

最大流算法：本题人数 n 为 100000，星球数 m 只有 10，直接构建网络求最大流会超时。其实，在这道题目里面人是无差别的，有区别的是他们各自的选择，只有 10 个星球，也就是说每个人的选择最多用 10 位二进制表示，所有选择都相同的人完全是等价的！对所有点都进行状态压缩，状态相同的点可以进行合并，这样 n 最多被压缩到 1024 个点。缩点后求最大流。

算法代码：

```
//match[i][j]=u; 表示第 i 个星球已居住的人数为 j，u 被安排居住在第 i 个星球
int dfs(int u){//以匈牙利算法求解多重匹配
    for(int i=0;i<m;i++){
        if(g[u][i]&&!vis[i]){
            vis[i]=true;
            if(cnt[i]<cap[i]){//匹配次数小于容量
                match[i][cnt[i]++]=u;
                return 1;
            }
            for(int j=0;j<cnt[i];j++){
                if(dfs(match[i][j])){
                    match[i][j]=u;
                    return 1;
                }
            }
        }
    }
    return 0;
}
```

8.5　最大流最小割

📖 原理　最大流最小割定理

最大流最小割定理：任何网络中最大流的流量都等于最小割的容量。割指网络中节点的划

分，它把网络中的所有节点都划分成 S 和 T 两个集合，源点 $s \in S$，汇点 $t \in T$，记为 CUT(S,T)，就像一条切割线把图中的节点切割成 S 和 T 两部分，$S=\{s,v_1,v_2\}$，$T=\{v_3,v_4,t\}$，如下图所示。

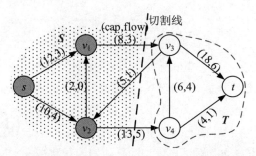

割的净流量 $f(S,T)$：指切割线切中的边中，从 S 到 T 的边的流量减去从 T 到 S 的边的流量。上图中从 S 到 T 的边 v_1–v_3 与 v_2–v_4 的流量为 3 和 5，从 T 到 S 的边 v_3–v_2 的流量为 1。割的净流量 $f(S,T)=3+5-1=7$。

割的容量 $c(S,T)$：指切割线切中的边中，从 S 到 T 的边的容量之和。最小割指容量最小的割。上图中从 S 到 T 的边 v_1–v_3 与 v_2–v_4 的流量为 8 和 13。割的容量 $c(S,T)=8+13=21$。

注意：割的容量不计算 T 到 S 的边。

引理 1：若 f 是网络 G 的一个流，CUT(S,T) 是 G 的任意一个割，则 f 的流值等于割的净流量 $f(S,T)$。

$$f(S,T) = |f|$$

图(a)中割的净流量 $f(S,T)=3+4=7$，图(b)中割的净流量 $f(S,T)=4+1+6-4-0=7$。画出任意一个割，会发现所有割的净流量 $f(S,T)$ 都等于流量 f 的值。

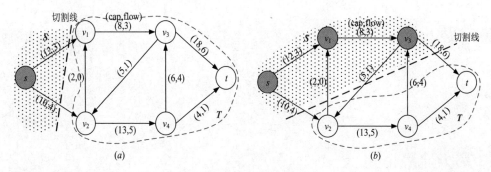

推论 1：若 f 是网络 G 的一个流，CUT(S,T) 是 G 的任意一个割，则 f 的流值不超过割的容量 $c(S,T)$。

$$|f| \leqslant c(S,T)$$

所有流值都小于或等于割的容量，把流值和割的容量用图表示出来，如下图所示。

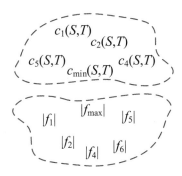

最大流最小割定理：若 f 是网络 G 的最大流，CUT(S,T)是 G 的最小割，则最大流 f 的值等于最小割的容量 $c(S,T)$。

$$| f_{max} |= c_{min}(S,T)$$

在很多问题上若需要求最小割，则只需求解最大流。

∴ 训练 1 最小边割集

题目描述（HDU3251）：国王决定奖励你一些城市，你可以选择哪些是自己的！但你不可以选择从首都可以到达的城市。为了满足这个条件，必须毁坏一些道路。每条道路都是单向的。有些城市是留给国王的，所以即使从首都无法到达这些城市，也不可以选。首都的编号为 1。你的最终收入等于你所选择的城市的总价值减去摧毁道路的成本。

输入：第 1 行包含测试用例的数量 T（$T \leqslant 20$）。每个测试用例的第 2 行都以 3 个整数 n、m、f（$1 \leqslant f < n \leqslant 1000$，$1 \leqslant m < 100000$）开始，表示城市数量、道路数量和可以选择的城市数量。城市编号为 $1 \sim n$，道路编号为 $1 \sim m$。在以下 m 行中每行都包含三个整数 u、v、w，表示从城市 u 到城市 v 的道路，成本为 w。以下 f 行中的每一行都包含两个整数 u 和 w，表示可选城市 u，价值为 w。

输出：对每个测试用例，第 1 行都输出测试用例号和最大收益，第 2 行都输出销毁的道路数量 e，后面紧跟 e 个整数，表示已销毁道路的编号，与它们的输入顺序相同。若有多个解决方案，则任意一个都可以。

输入样例	输出样例
2	Case 1: 3
4 4 2	1 4
1 2 2	Case 2: 4
1 3 3	2 1 3

```
3 2 4
2 4 1
2 3
4 4
4 4 2
1 2 2
1 3 3
3 2 1
2 4 1
2 3
4 4
```

题解：本题给定一张图，可以选择一些点，每个点都有对应的点权，每条边都有边权，选择一部分点后必须摧毁一部分边，保证 1 不可以到达这些点，摧毁的道路就是将选择的城市和首都断开的边割集。获得的收益就是选择的点权和减去摧毁的边权和，要求输出摧毁哪些边。

构建网络：将 1 作为源点 s，增加汇点 $t=n+1$，将每条道路都连一条边（单向道路），将可以选择的城市到汇点连接一条边，容量为该城市的价值。可选择城市的点权总价值减去最小割就是获得的最大收益。若可选节点没被选择，则最小割的切割线肯定切中该节点到 t 的边，总价值减去最小割时会将该城市的点权去掉。若可选节点被选择，则最小割的切割线肯定没切中该节点到 t 点的边，总价值减去最小割时该城市的点权被保留。

输入样例 1 构建的网络如左图所示，求解最大流（最小割）为 4，可选城市 2 和 4 的总价值为 7，获得的收益为 7−4=3。因为城市 2 没被选择，所以减去最小割时将城市 2 的点权 3 去掉了，只需摧毁一条边（2-4），选择城市 4 即可获得最大收益。输入样例 2 构建的网络如右图所示，需要摧毁两条边（1-2、3-2），选择城市 2 和 4，收益为 7−3=4。

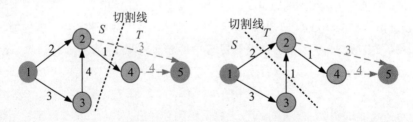

求解最小割（最大流）后，检查道路的边，若一条边的起点属于 S 集合，终点属于 T 集合，则是要摧毁的边。若采用 Dinic 算法求最大流，则可以直接根据最后一次分层进行判断，层次为真的节点属于 S 集合，其他节点属于 T 集合。若采用 EK 或 ISAP 算法求最大流，则需要从源点出发，沿着 cap>flow 的边进行深度优先搜索，标记已访问的节点，源点和已访问的节点为 S 集合，其余的点和汇点为 T 集合。算法源码见下载文件。

⊹ 训练 2 最小点割集

题目描述（HDU3491）：有 N（$2 \leqslant N \leqslant 100$）个城市，并且有 M（$M \leqslant 10000$）条双向道路连接各个城市。一群窃贼计划盗窃 H 市的博物馆。警察知道了这个计划，计划抓住窃贼。窃贼目前在城市里，警察想在 S 到 H 的路上抓住他们。警察已经收集了 I 市需要逮捕的窃贼人数（$1 \leqslant I \leqslant N$）。警察不想在 S 市或 H 市遇到窃贼，想抓最少的人完成任务。

输入：第 1 行包含测试用例的数量 T（$T \leqslant 10$）。每个测试用例的第 1 行都有 4 个整数：城市数量 N；道路数量 M；城市标签 S（$1 \leqslant S \leqslant N$）；城市标签 H（$1 \leqslant H \leqslant N$，$S \neq H$）。第 2 行包含 N 个整数，表示每个城市需要逮捕的窃贼人数，这 N 个整数之和小于 10000。接着是 M 行，每行都包含两个整数 x 和 y，表示在 x 和 y 之间有一条双向道路。注意：在 S 和 H 之间没有道路。在每个测试用例后面都有一个空行。

输出：对每个测试用例，都单行输出警察需要抓到的最少窃贼人数。

输入样例	输出样例
1	11
5 5 1 5	
1 6 6 11 1	
1 2	
1 3	
2 4	
3 4	
4 5	

题解：本题中无向图的每个点都有一个权值，删掉权值之和尽量小的点，使得 S 到 H 不连通，属于无向带权图点连通度问题。在网络流中，点权需要转化为边权，可以将每个点都拆成两个点 u 和 u'，容量为点权。将原图中的无向边 (u,v) 拆成两条边 (u',v)、(v',u)，容量为无穷大，转化为最小割问题，根据最大流最小割定理，求解 S 到 H 的最大流即可。

输入样例的原图如下图所示。从图中可以看出，删掉 4 号节点即可使 1 到 5 不连通。

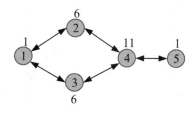

本题有点权，需要拆点，将点权转化为边权。将每个点都拆成两个点，容量为点权，将原来图中的无向边 (u,v) 拆成两条边 (u',v)、(v',u)，拆点后创建的网络如下图中左图所示。求解节点 6 到节点 5 的最大流为 11，实流边如下图中右图所示。算法源码见下载文件。

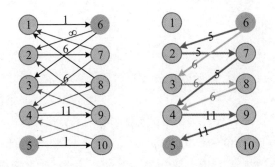

⚡ 训练 3　双核 CPU

题目描述（POJ3469）：N 个模块在双核 CPU（A、B）中运行。模块 i 在核 A、B 上的运行成本分别为 a_i、b_i。同时，M 对模块需要进行数据交换。若它们在同一个内核上运行，则可以忽略数据交换的成本；否则需要额外的费用。如何安排把总成本降到最低？

输入：第 1 行有两个整数 N 和 M（$1 \leq N \leq 20000$，$1 \leq M \leq 200000$）。接下来的 N 行，每行都包含两个整数 a_i、b_i。再接下来的 M 行，每行都包含三个整数 u、v、w，表示若模块 u 和模块 v 不在同一个内核上执行，则它们之间的数据交换需额外支付 w 元。

输出：单行输出最低总成本。

输入样例	输出样例
3 1	13
1 10	
2 10	
10 3	
2 3 1000	

题解：本题要求最低总成本，包括一些模块在 A 上的运行成本、一些模块在 B 上的运行成本及在 A、B 两个模块中进行数据交换的成本。若将在 A 上运行的模块看作 S 集合，将在 B 上运行的模块看作 T 集合，则本问题转化为求最小割的问题。

构建网络：

（1）添加源点 s 和汇点 t。

（2）从 s 向每一个模块都引一条边，容量为 b_i，从每个模块都向 t 引一条边，容量为 a_i。

（3）从所有发生数据交换的模块 u 都向模块 v 连两条边（双向），容量为 w。

构建的网络如下图所示。

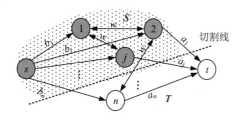

切割线切到的边，其边权包括 S 集合中的模块在 A 上运行的成本 a_i、T 集合中的模块在 B 上运行的成本 b_j 及在 A、B 两个模块进行数据交换的成本 w。最小成本就是最小割，求解最大流即可。算法源码见下载文件。

训练 4　最大收益

题目描述（P2762）：有可供选择的实验集合 $E=\{E_1,E_1,\cdots,E_m\}$，进行这些实验需要使用的全部仪器集合 $I=\{I_1, I_2,\cdots, I_n\}$。实验 E_j 需要用到的仪器是全部仪器集合的子集。配置仪器 I_k 的费用为 c_k 美元。实验 E_j 的赞助商为该实验结果支付 p_j 美元。需要确定进行哪些实验并配置哪些仪器才可以使净收益最大。净收益指进行实验所获得的全部收入与配置仪器的全部费用的差额。

输入：第 1 行包含两个正整数 m 和 n，表示实验数和仪器数。接下来的 m 行，每行都是一个实验的有关数据，第 1 个数为赞助商同意支付该实验的费用，接着是该实验需要用到的若干仪器的编号。最后一行的 n 个数，表示配置每个仪器的费用。

输出：输出包括 3 行，第 1 行是实验编号，第 2 行是仪器编号，最后一行是净收益。

输入样例	输出样例
2 3	1 2
10 1 2	1 2 3
25 2 3	17
5 6 7	

题解：实验项目和仪器是两个集合，每个项目都需要若干仪器，是很明显的二分图。分析能否采用最大网络流解决。

构建网络：添加源点 s 和汇点 t。从源点 s 到每个实验项目 E_i 都连一条边，容量为 p_i。从每个实验仪器 I_j 到汇点 t 都连一条边，容量为 c_j。从每个实验项目到该实验项目用到的仪器都连一条边，容量为无穷大 ∞，如下图所示。

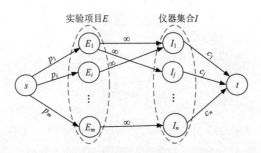

假设 S 集合包含选中的实验和仪器，剩下没选中的实验和仪器构成 T 集合，如下图所示。

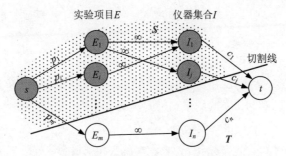

实验方案的净收益=选中实验项目收益−选中的仪器费用，即

$$实验净收益 = \sum_{E_i \in S} p_i - \sum_{I_k \in S} c_k$$

选中的实验项目收益=所有实验项目收益−未选中的实验项目收益，所以上式可转化为

$$实验净收益 = \sum_{E_i \in S} p_i - \sum_{I_k \in S} c_k$$

$$= \left(\sum_{i=1}^{m} p_i - \sum_{E_i \in T} p_i\right) - \sum_{I_k \in S} c_k$$

$$= \sum_{i=1}^{m} p_i - \left(\sum_{E_i \in T} p_i + \sum_{I_k \in S} c_k\right)$$

要想使净收益最大，则后两项之和要最小。而后两项正好是上图中切割线切中的边容量之和，其最小值就是最小割容量。最大流等于最小割，所以实验方案的净收益=所有实验项目的收益−最大流值。最大收益实验方案就是最小割中的 S 集合去掉源点，如下图所示。算法源码见下载文件。

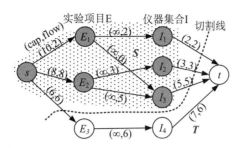

8.6 最小费用最大流

在实际应用中不仅涉及流量，还涉及费用。例如在网络布线工程中有很多种电缆，电缆的粗细不同，流量和费用也不同，若全部使用较粗的电缆，则造价太高；若全部使用较细的电缆，则流量满足不了要求。这里希望建立一个网络，要求费用最小，流量最大，即最小费用最大流。每条边除容量外，还有单位流量的费用，如下图所示。

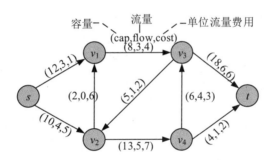

网络流的费用=每条边的流量×单位流量费用。对网络上的一个流 flow，其费用为

$$\text{Cost(flow)} = \sum_{<x,y>\in E} \text{cost}(x,y) \times \text{flow}(x,y)$$

上图中流的费用=3×1+4×5+3×4+0×6+1×2+5×7+4×3+6×6+1×2=122。

求解最小费用最大流有以下两种思路。

（1）先找最小费用路，在该路径上增流，增加到最大流，这叫作最小费用路算法。

（2）先找最大流，然后找负费用圈（一个费用和值为负的环，又叫作负环），消减费用，减少到最小费用，这叫作消圈算法。

📖 原理 最小费用路算法

最小费用路算法是寻找从源点到汇点的最小费用路，即从源点到汇点的以单位费用为边权的最短路，然后沿着最小费用路增流，直到找不到最小费用路时为止。最短增广路算法中的最短增广路是去权值的最短路，而最小费用路是以单位费用为权值的最短路。

1. 完美图解

一个网络及其边上的容量和单位流量费用如下图所示，求该网络的最小费用最大流。

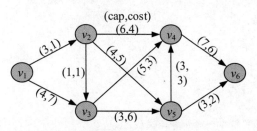

（1）找最小费用路。从源点出发，沿可行边（cap>flow）广度优先搜索每个邻接点 v，若 dist$[v]$>dist$[u]$+E$[i]$.cost，则更新 dist$[v]$=dist$[u]$+E$[i]$.cost，并记录前驱。搜索到汇点后，根据前驱数组找到一条最短费用路：1-2-5-6。在混合网络中，正向边为(cap,flow,cost)，反向边为(0, –flow, –cost)，如下图所示。

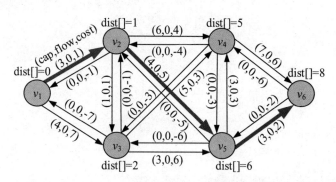

（2）沿最小费用路正向增流 d，反向减流 d。从汇点逆向求解可增量 d=min(d,E$[i]$.cap-E$[i]$.flow)=3，产生的费用为 mincost+=dist$[v_6]$×d=8×3=24。dist$[v_6]$为该路径上单位流量费用之和。

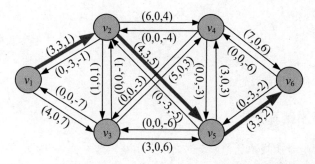

（3）找最小费用路。从源点出发，沿可行边（cap>flow）广度优先搜索每个邻接点 v，若当

前距离 dist[v]>dist[u]+E[i].cost，则更新 dist[v]=dist[u]+E[i].cost 并记录前驱。搜索到汇点后，根据前驱数组找到一条最短费用路：1-3-4-6，如下图所示。

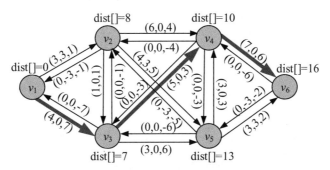

（4）沿最小费用路的正向边增流 d，反向边减流 d。从汇点逆向求解可增量 d=min(d, E[i].cap−E[i].flow)=4，产生的费用为：mincost=24+dist[v_6]×d=24+16×4=88。

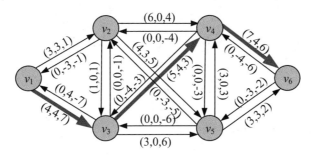

（5）找最小费用路。从源点出发，沿可行边（cap>flow）广度优先搜索每个邻接点，发现从源点出发已没有可行的边，算法结束。此时的网络流就是最小费用最大流。flow>0 的边就是实流边，实流网络如下图所示。

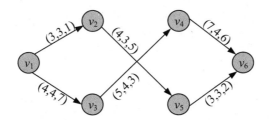

2. 算法实现

（1）求最小费用路。 从源点出发，沿可行边（E[i].cap>E[i].flow）广度优先搜索每个邻接点，若当前距离 dist[v]>dist[u]+E[i].cost，则更新 dist[v]=dist[u]+E[i].cost，并记录前驱。

```
bool SPFA(int s,int t,int n){//求最短费用路算法
```

```
queue<int> q;  //队列，STL 实现
memset(vis,false,sizeof(vis));//访问标记初始化
memset(pre,-1,sizeof(pre));  //前驱初始化
memset(dist,0x3f,sizeof(dist));
vis[s]=true; //节点入队 vis 要做标记
dist[s]=0;
q.push(s);
while(!q.empty()){
    int u=q.front();
    q.pop();
    vis[u]=false;
    //队头元素出队，并且消除标记
    for(int i=head[u];~i;i=E[i].next){//遍历节点 u 的邻接表
        int v=E[i].v;
        if(E[i].cap>E[i].flow&&dist[v]>dist[u]+E[i].cost){//松弛操作
            dist[v]=dist[u]+E[i].cost;
            pre[v]=i;  //记录前驱
            if(!vis[v]){  //节点 v 不在队内
                q.push(v);   //入队
                vis[v]=true; //标记
            }
        }
    }
}
return pre[t]!=-1;
}
```

（2）沿最小费用路增流。 从汇点逆向到源点，寻找可增量 $d=\min(d,\ E[i].cap-E[i].flow)$。沿着最小费用路的正向边增流 d，反向边减流 d。产生的费用为 $mincost += dist[t] \times d$。

```
int MCMF(int s,int t,int n){ //minCostMaxFlow
    maxflow=mincost=0;//maxflow 为当前最大流量，mincost 为当前最小费用
    while(SPFA(s,t,n)){//表示找到了从 s 到 t 的最短路径
        int d=inf;
        for(int i=pre[t];~i;i=pre[E[i^1].v]){
            d=min(d,E[i].cap-E[i].flow); //找最小可增流量
        }
        maxflow+=d;  //更新最大流
        for(int i=pre[t];~i;i=pre[E[i^1].v]){
        //修改残余网络，增加增广路上相应弧的容量，并减少其反向边容量
            E[i].flow+=d;
            E[i^1].flow-=d;
        }
        mincost+=dist[t]*d; //dist[t]为该路径上单位流量费用之和
    }
```

```
    return mincost;
}
```

算法分析：通过本算法找到一条最小费用路的时间是 $O(E)$，最多执行 $O(VE)$ 次，因为关键边的总数为 $O(VE)$，所以总的时间复杂度为 $O(VE^2)$，其中 V 为节点数，E 为边数；因为使用了一些辅助数组，所以空间复杂度为 $O(V)$。

∴ 训练 1　农场之旅

题目描述（POJ2135）：约翰的农场有 N（$1 \leqslant N \leqslant 1000$）块田地，编号为 1 到 N。第 1 块田地上有他的房子，第 N 块田地上有一个大谷仓。有 M（$1 \leqslant M \leqslant 10000$）条道路连接田地，每条道路都连接了两个不同的田地，并且长度大于 0 小于 35000。他从家开始，可能穿过一些田地，最后到谷仓。后来，他又回到家里。他希望自己的旅程尽可能短，但不想经过任何一条道路超过一次。

输入：第 1 行包含两个整数 N 和 M。第 2..M+1 行，每行都包含一条路径的 3 个整数：起始田地、结束田地和道路长度。

输出：单行输出最短行程的长度。

输入样例	输出样例
4 5	6
1 2 1	
2 3 1	
3 4 1	
1 3 2	
2 4 2	

题解：本题要求从节点 1 走到节点 N，再从节点 N 走回节点 1，其中不必经过每个节点，但是每条边最多经过一次，可以设置边的容量为 1。从节点 1 走到 N 再走回节点 1，每条边最多走一次，我们可以将其看作从节点 1 出发到达节点 N 的两条不同路径（路径上的边不可以有重合），所以从节点 1 出发到达节点 N 的总流量为 2。本题求解总路径长度最小值，可以将路径长度看作网络流费用，则问题转化为求解最小费用最大流。

添加源点 s 和汇点 t，从 s 到节点 1 引一条边，容量为 2，费用为 0；从节点 N 到 t 引一条边，容量为 2，费用为 0。对道路 (u,v) 需要添加 $u \rightarrow v$ 和 $v \leftarrow u$ 两条边，容量为 1，费用为道路长度。问题转化为求从 s 到 t 的最小费用最大流。输入样例构建的网络如下图所示。算法源码见下载文件。

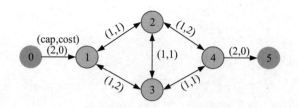

✧ 训练 2　航空路线

题目描述（P2770）：给定一张航空图，图中节点代表城市，边代表两城市间的直通航线，不存在任何两个城市在同一条航线上。从最西端城市出发，单向从西向东途经若干城市到达最东端城市，然后单向从东向西飞回起点（可途经若干城市）。除起点城市外，任何城市都只可以访问一次。找出一条满足条件且途经城市最多的旅行路线。

输入：第 1 行包括两个整数 n 和 v，分别表示航空图的点数和边数；第 2～(n+1)行，每行都包含一个字符串；第 i+1 行的字符串代表从西向东第 i 座城市的名称 s_i。第(n+2)～(n+v+1)行，每行都包含两个字符串 x、y，代表在城市 x 和城市 y 之间存在一条直通航线。

输出：首先判断是否存在满足要求的路线，若不存在，则输出字符串"No Solution!"；若存在，则输出一种旅行方案。输出格式：第 1 行输出一个整数 m，代表途径最多的城市数；第 2～(m+1)行每行都输出一个字符串；第(i+1)行的字符串代表旅行路线中第 i 个经过的城市名称（注意：第 1 个和第 m 个城市必然是出发的城市）。

输入样例	输出样例
8 9	7
Vancouver	Vancouver
Yellowknife	Edmonton
Edmonton	Montreal
Calgary	Halifax
Winnipeg	Toronto
Toronto	Winnipeg
Montreal	Calgary
Halifax	Vancouver
Vancouver Edmonton	
Vancouver Calgary	
Calgary Winnipeg	
Winnipeg Toronto	
Toronto Halifax	
Montreal Halifax	
Edmonton Montreal	
Edmonton Yellowknife	
Edmonton Calgary	

题解：在网络流中只对边进行约束，若节点有约束，则需要拆点。本题除起点外，每个城

市都只可以经过一次，需要将节点 i 拆为两个节点 i 和 i'，且从 i 到 i'连接一条边，边的容量为 1（只可以经过一次），单位流量费用为 0（自己到自己的费用）。若 i 到 j 可以直达，则从节点 i' 到节点 j 连接一条边，边的容量为 1（只可以经过一次），单位流量费用为–1，如下图所示。本题要求经过的城市最多，若费用设为负值，则经过的城市越多，费用越小，转化为最小费用最大流问题。

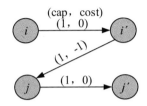

虽然找到的路线是一个简单环形（如 1-2-5-7-8-6-4-3-1），但实际上只需找起点到终点的两条不同线路（1-2-5-7-8 和 1-3-4-6-8）即可，如下图所示。

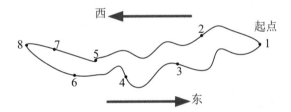

起点和终点相当于访问了 2 次，在起点和终点拆点时将容量设为 2，单位流量费用为 0。n 个城市构建的网络如下图所示，问题转化为从源点 1 到汇点 n' 的最小费用最大流问题。

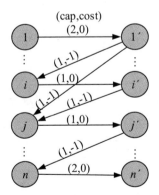

最多城市数为最小费用加负号。输出最优的旅游路线：从源点出发，沿着 flow>0 且 cost ≤0 的方向深度优先搜索（深度优先遍历），到达终点后，再沿着 flow<0 且 cost≥0 的方向深度优先搜索，返回到源点。首先输出出发城市，然后按遍历顺序输出其他城市名，最后回到出发城市。若问题无解，则输出 "No Solution!"。算法源码见下载文件。

训练 3　区间覆盖

题目描述（POJ3680）：给定 n 个加权开放区间，第 i 个区间覆盖 (a_i, b_i)，权值为 w_i。选择一些区间，在实轴上没有点被覆盖超过 k 次的限制下，使总权值最大化。

输入：输入的第 1 行是测试用例的数量。每个测试用例的第 1 行都包含两个整数 n 和 k（$1 \leq k \leq n \leq 200$）。接下来的 n 行，每行都包含三个整数 a_i、b_i、w_i（$1 \leq a_i < b_i \leq 100000$，$1 \leq w_i \leq 100000$），用于描述区间。在每个测试用例前面都有一个空行。

输出：对每个测试用例，都单行输出最大总权值。

输入样例	输出样例
4	14
	12
3 1	100000
1 2 2	100301
2 3 4	
3 4 8	
3 1	
1 3 2	
2 3 4	
3 4 8	
3 1	
1 100000 100000	
1 2 3	
100 200 300	
3 2	
1 100000 100000	
1 150 301	
100 200 300	

题解：本题求解最大权值，可以将权值加负号，求解最小费用后加负号输出。因为区间端点不连续，所以需要对区间端点离散化处理。输入样例 4，实际坐标和离散化后的坐标如下图所示。

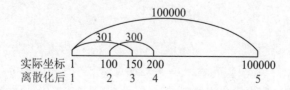

构建网络：

（1）数据离散化，离散化后得到点数 m。

（2）增加源点 0，汇点 $m+1$，从源点 0 到 1 点连一条边，从 n 点到汇点连一条边，容量为 k，费用为 0。

（3）把离散化后的所有点串联，每个点都向后一个点连一条边，容量为 k，费用为 0。

（4）对 (a_i, b_i) 区间找到 a_i 和 b_i 离散化后的下标 u、v，从 u 到 v 连一条边，容量为 1，费用为 $-w_i$。

输入样例 4 构建的网络，如下图所示。

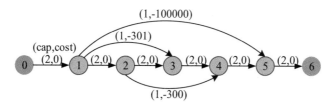

求解最小费用最大流，最小费用为 –100301，最大权值和为 100301。算法源码见下载文件。

❖ 训练 4　疏散计划

题目描述（POJ2175）：有 N 幢大楼和 M 个避难所。第 i 大楼的坐标为 (X_i, Y_i)，有 B_i（$1 \leqslant B_i \leqslant 1000$）个人在里面工作，第 i 个避难所的容纳人数为 C_i。位于 (X_i, Y_i) 的大楼和位于 (P_j, Q_j) 的避难所之间的时间为 $D_{i,j} = |X_i - P_j| + |Y_i - Q_j| + 1$ 分钟。在理想情况下，某一大楼的所有工人都应跑向最近的避难所。然而，这将导致一些避难所过度拥挤，另一些避难所半空。为了解决这个问题，市议会制定了一个疏散计划，在该计划中指定了应该从大楼 i 到避难所 j 避难的人数 E_{ij}。判断所有人避难的所有时间的总和是不是最小。

输入：第 1 行包含两个数字 N 和 M（$1 \leqslant N, M \leqslant 100$）。下面的 N 行，每行都包含整数 X_i、Y_i 和 B_i，其中 X_i、Y_i（$-1000 \leqslant X_i, Y_i \leqslant 1000$）是大楼的坐标，$B_i$（$1 \leqslant B_i \leqslant 1000$）是该大楼的工人人数。后面的 M 行，每行都包含三个整数 P_j、Q_j 和 C_j，其中 P_i、Q_i（$-1000 \leqslant P_j, Q_j \leqslant 1000$）是避难所的坐标，$C_j$（$1 \leqslant C_j \leqslant 1000$）是该避难所的容量。市议会疏散计划的描述包括 N 行。每行都代表一个大楼的疏散计划（按照城市描述中给出的顺序）。第 i 个大楼的疏散计划包含 M 个整数 E_{ij}（$0 \leqslant E_{ij} \leqslant 1000$），表示从第 i 个大楼疏散到第 j 个避难所的工人人数。输入文件中的计划保证有效。

输出：若市议会的计划是最优的，则给输出写一个单词"OPTIMAL"；否则在第 1 行输出"SUBOPTIMAL"；然后是 N 行，用与输入文件相同的格式描述计划。你的计划自身不一定是最优的，但必须是有效的，比市议会的计划更好。

输入样例	输出样例
3 4	SUBOPTIMAL
-3 3 5	3 0 1 1
-2 -2 6	0 0 6 0
2 2 5	0 4 0 1
-1 1 3	
1 1 4	
-2 -2 7	
0 -1 3	
3 1 1 0	
0 0 6 0	
0 3 0 2	

题解： 本题有人数和容量的约束，属于多约束问题，我们很容易想到用网络流解决。

1. 构建网络

（1）添加源点和汇点。

（2）从源点到大楼连边，容量为楼中人数，流量为 0，单位流量费用为 0。

（3）从大楼到避难所连边，容量为无穷大，流量为 0，单位流量费用为曼哈顿距离+1。

（4）从避难所到汇点连边，容量为避难所容量，流量为 0，单位流量费用为 0。

求解最小费用最大流，若最小费用比给出的方案费用小，则避难方案不是最优的，而求解的方案更优且是最优的。该思路虽然没错，但是效率很低，会超时，有没有更好的算法呢？

若给出的方案是最优的，则在最小费用流对应的混合网络中没有负费用圈。若有负费用圈，则沿着该负费用圈增广，就可以得到相同流量下费用更小的流。可以采用 SPFA 算法找负费用圈，若找到，则在负费用圈中增流（1 个流量即可），即可获得更优的方案。不要求最优，比市议会的方案更优即可。

注意：若某个点进栈/队 N 次（假设一共有 N 个节点），则在图中存在负环，但是这个点未必在负环中，只可以说这个点被负环更新过，即负环在这个点之前，所以只要从这个点往前就可以找到负环。

2. 算法设计

（1）根据输入方案构建网络。

（2）采用 SPFA 算法找负费用圈。

（3）若找到负费用圈，则输出"SUBOPTIMAL"，沿着负费用圈增加 1 个流量，输出该方案；否则输出"OPTIMAL"。算法源码见下载文件。

3. 完美图解

（1）输入样例构建的网络如下图所示，所有边都有反向边，正向边为(cap,flow,cost)，反向边为(0,–flow,–cost)。为了简洁，图中没有画出反向边，中间边的容量 inf 也省略了。

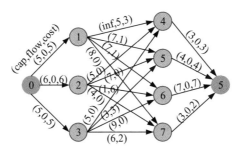

（2）找负费用圈，找到点 4，从 4 出发向前找到负费用圈 1-7-3-5-1。

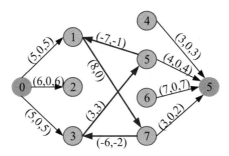

（3）沿着负费用圈的同向边增加 1 个流量，反向边减少 1 个流量，如下图所示。

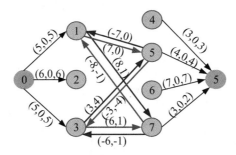

（4）输出大楼到避难所的流量，如下图所示。

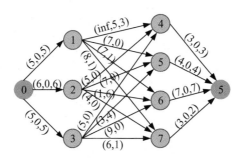

反侵权盗版声明

电子工业出版社依法对本作品享有专有出版权。任何未经权利人书面许可，复制、销售或通过信息网络传播本作品的行为；歪曲、篡改、剽窃本作品的行为，均违反《中华人民共和国著作权法》，其行为人应承担相应的民事责任和行政责任，构成犯罪的，将被依法追究刑事责任。

为了维护市场秩序，保护权利人的合法权益，我社将依法查处和打击侵权盗版的单位和个人。欢迎社会各界人士积极举报侵权盗版行为，本社将奖励举报有功人员，并保证举报人的信息不被泄露。

举报电话：(010)88254396；(010)88258888

传　　真：(010)88254397

E-mail: dbqq@phei.com.cn

通信地址：北京市万寿路173信箱　电子工业出版社总编办公室

邮　　编：100036